KB254076

EMBEDDED PROGRAMMING with ANDROID

Bringing Up an Android System from Scratch

안드로이드
임베디드 프로그래밍
깊게 들어가기

저자 소개

로저 예(Roger Ye)는 임베디드 시스템과 최신 기술에 대해 관심이 많은 임베디드 시스템 프로그래머이다. 모토로라, 에머슨, 인텔에서 근무했으며 모토로라와 에머슨에서 모바일 기기와 통신 인프라에 대한 임베디드 시스템 프로젝트에 참여했다. 로저는 현재 인텔 시큐리티에서 안드로이드 애플리케이션즈팀을 이끌며 엔지니어링 매니저로 활약하고 있다. 로저는 지금 그의 아내 보 콴과 딸 유신 예와 함께 중국에 살고 있다. GitHub에서 그와 관련한 더 많은 정보를 찾을 수 있다.
https://github.com/shugaoye/

Authorized translation from the English language edition, entitled Embedded Programming with Android: Bringing Up an Android System from Scratch, 1st Edition by YE, ROGER, published by Pearson Education, Inc., publishing as Addison-Wesley Professional, Copyright©2016

All rights reserved. No part of this book may be reproduced or transmitted in any form by any means, electronic, mechanical, including photocopying, recording or by any information storage retrieval system, without permission from Pearson Education, Inc.

Korean language edition published by Spotlight Book, Copyright©2017

이 책의 한국어판 저작권은 에이전시 원을 통해 저작권자와의 독점 계약으로 스포트라잇북에 있습니다.
신저작권법에 의해 한국 내에서 보호를 받는 저작물이므로 무단전재와 무단복제를 금합니다.

안드로이드 임베디드 프로그래밍 깊게 들어가기

로저 예 지음 · 이상훈 김은혜 옮김

스포트라잇북
SPOTLIGHT BOOK

역자 소개

이상훈

임베디드 전문 프로그래머. 현재 KOITT(한국 아이티 기술)에서 Xilinx Zynq FPGA, TI DSP, MCU 프로그래밍 및 회로 설계 전문가 과정 등을 맡고 있으며 RC 전투함, RC 자동차, RC 전투기 등의 프로젝트를 진행하고 있다. 수년간 역자가 지도한 주요 과정들은 임베디드 리눅스 기반 IoT/Wearable 디바이스 개발자 양성 과정(BIT교육센터), 무선사업부 IoT 교육(삼성전자), 박사 대상 Android NDK 기반의 암호학 교육(국민대), 임베디드 전문가 장기 과정, 3D 게임 프로그래밍 장기 과정(이상 HEST교육센터), OpenGL 교육(그린정보통신), R 통계 프로그래밍, WebGL 프로그래밍, 리눅스 디바이스 드라이버 기반의 해킹 트레이스(이상 KG ITBANK), Cortex-R5F MCU 기반 선박 엔진 제어, Xilinx Zynq FPGA, TI DSP, MCU 프로그래밍 및 회로 설계 전문가 과정, TI Cortex-R5F Real-Time Safety MCU 제어, TI TMS320C6678 Multi-Core DSP 신호 처리, TI AM5728 Heterogeneous Architecture, TI TMS320F28069 Real-Time DSP Motor Control, C/C++로 직접 구현하는 통계학(이상 KOITT) 등이다. 최근에는 임베디드 관련서 번역 및 집필을 다수 진행 중이다. http://cafe.naver.com/hestit

김은혜

프로그래머. 로봇 알고리즘, 통계 서버, 빅데이터 엔진 등 다양한 분야에서 시스템 프로그래밍을 10년 넘게 해왔다. 역자는 이 책 〈안드로이드 임베디드 프로그래밍 깊게 들어가기〉를 C, C++ 혹은 JAVA에 익숙하지만 펌웨어 분야를 처음 접하는 프로그래머들에게 적극 추천한다. 아울러 처음부터 완전한 펌웨어 시스템을 구축해보고 싶은 사람들에게도 매우 유익할 것이라 말한다. 더욱이 안드로이드 리눅스 커널을 구축하는 내용이라 가치가 높다고 부연했다.

자바 밑에 리눅스를 실행시키는 실체는 무엇일까?

하드웨어 자체를 제어한다는 것은 어떻게 하는 것일까?

이 책은 그러한 호기심을 충족시켜줄 뿐만 아니라

실무를 체험하는 것과 유사한 경험을 쌓게 해줄 것이다.

역자 일동

C O N T E N T S

서문 12

누가 이 책을 읽어야 하나? 12
이 책은 어떻게 구성되어 있는가? 13

제1부 베어 메탈 프로그래밍   19

1장 임베디드 시스템 프로그래밍 소개 21

임베디드 시스템 개요...21
베어 메탈 프로그래밍..21
임베디드 시스템 배우기..24
임베디드 시스템의 소프트웨어 계층..25
도구 및 하드웨어 플랫폼...29
가상 하드웨어와 실제 하드웨어의 차이점...................................29

2장 내부 안드로이드 에뮬레이터 31

가상 하드웨어 개요..31
안드로이드 가상 장치 설정...33
하드웨어 인터페이스...35
시리얼..36
타이머..37

3장 개발 환경 설정 43

호스트와 클라이언트 환경..43
개발 환경 설정..44
안드로이드 SDK 다운로드 및 설치하기.....................................45
ARM을 위한 GNU 툴체인 다운로드 및 설치하기............................45
통합 개발 환경..47
당신의 첫 번째 ARM 프로그램..47
바이너리로 빌드하기...49
안드로이드 에뮬레이터에서 실행하기.......................................51
예제 프로젝트를 위한 Makefile...54

4장 링커 스크립트 및 메모리 맵. **57**

메모리 맵 57

링커 59

    심볼 처리 60

    예 c04e1의 메인 프로그램 60

    .byte 지시어 61

    .align 지시어 62

    c04e1예제의 서브루틴 62

    재배치 63

    섹션 병합 66

    섹션 배치 67

링커 스크립트 69

    링커 스크립트 예제 70

RAM에서 데이터 초기화하기 73

    로드 주소 지정하기 75

    데이터를 램으로 복사하기 75

5장 C 언어 사용하기. **79**

베어 메탈 환경에서 C 시작하기 79

    스택 81

    전역 변수 84

    읽기 전용 데이터 84

    시작 코드 84

호출 규칙 94

    어셈블리어 코드에서 C 함수 호출하기 94

    C 코드에서 어셈블리 언어 함수 호출하기 96

골드피시 시리얼 포트 지원 97

    데이터 버퍼 검사 102

    데이터 인풋과 아웃풋 103

    시리얼 함수들의 단위 테스트 104

C O N T E N T S

6장 C 라이브러리 사용하기 **108**

C 라이브러리 변형 108
　운영체제가 존재할 때 C 라이브러리 변형 108
　베어 메탈 시스템에서 C 라이브러리 변형 109
Newlib C 라이브러리 110
일반적인 스타트업 코드 순서 111
　CS3 링커 스크립트 111
골드피시 플랫폼을 위한 사용자 정의 CS3 시작 코드 117
시스템 호출 구현 118
라이브러리 실행과 디버깅 126
QEMU ARM Semihosting과 함께 Newlib 사용 130
　Newlib C에서 Semihosting 지원 131
　Semihosting 예제코드 132

7장 예외 처리 및 타이머 **137**

골드피시 인터럽트 컨트롤러 137
가장 단순한 인터럽트 핸들러 140
　인터럽트 지원 함수 141
　가장 단순한 인터럽트 핸들러 구현 143
중첩된 인터럽트 핸들러 151
　중첩된 인터럽트 핸들러 구현 153
　중첩 인터럽트 테스트와 프로세서 모드 스위치 발견하기 165
시스템 호출/소프트웨어 인터럽트 테스트하기 173
타이머 175
　골드피시 전용 타이머 함수들 181
　U-Boot API 181
실시간 클록 182
　타이머와 RTC의 단위 테스트 183

8장 골드피시에서 NAND 플래시 지원. 192

안드로이드 파일 시스템 192
NAND 플래시 속성 194
골드피시 플랫폼의 NAND 플래시 프로그래밍 인터페이스 196
메모리 기술 장치 지원 197
MTD API 199
　　NAND 플래시를 지원하는 U-Boot API 212
　　골드피시 NAND 플래시 드라이버 함수들 213
NAND 플래시 프로그래밍 인터페이스 테스트 프로그램 214
　　리눅스 커널의 NAND 플래시 정보 214
　　NAND 플래시 테스트 프로그램 217

제2부 U-Boot   225

9장 U-Boot 포팅하기 227

U-Boot 소개 227
U-Boot 다운로드와 컴파일 228
GDB로 U-Boot 디버깅하기 232
골드피시 플랫폼에 U-Boot 포팅하기 237
　　새로운 보드 생성 237
　　프로세서 세부사항 수정 238
　　보드 세부사항 수정 238
　　디바이스 드라이버 수정 247
　　시리얼 드라이버 248
　　NAND 플래시 드라이버 249
　　RTC 드라이버 252
　　이더넷 드라이버 253

C O N T E N T S

10장 골드피시 커널을 부팅하기 위해 U-Boot 사용하기 256

골드피시 커널 구축하기 256
Prebuilt 툴체인과 커널 소스코드 257
에뮬레이터에서 커널 실행과 디버깅 259
NOR 플래시부터 안드로이드 부팅 261
　램디스크 이미지 생성하기 264
　플래시 이미지 생성하기 265
　플래시 이미지 부팅하기 266
　플래시 이미지의 소스-레벨 디버깅 273
NAND 플래시로부터 안드로이드 부팅 277
　system.img 준비하기 278
　NAND 플래시로부터 부팅하기 278

제3부 안드로이드 시스템 통합　　　　　　　　　　　　　　289

11장 AOSP와 CyanogenMod 구축하기 291

AOSP와 CyanogenMod 소개 291
안드로이드 가상 디바이스 설정하기 292
AOSP 안드로이드 에뮬레이터 빌드 296
　AOSP 빌드 환경 296
　AOSP 소스 다운로드하기 297
　AOSP 안드로이드 에뮬레이터 이미지 빌드하기 298
　AOSP 이미지 테스트하기 301
CyanogenMod 안드로이드 에뮬레이터 빌드 306
　CyanogenMod 소스 다운로드하기 306
　CyanogenMod 안드로이드 에뮬레이터 빌드하기 306
　CyanogenMod 이미지 테스트하기 312

12장 사용자 정의 안드로이드와 나만의 안드로이드 롬 만들기 319

AOSP에서 새로운 하드웨어 지원하기 319
    AOSP 와 함께 커널 빌드하기 327
    AOSP와 함께 U-Boot 빌드하기 332
    NAND 플래시로부터 U-Boot과 함께 안드로이드 부팅하기 333
CyanogenMod에서 새로운 하드웨어 지원하기 342
    CyanogenMod와 함께 커널 빌드하기 344
    U-Boot 빌드하고 CyanogenMod 부팅하기 346

부록   **349**

A_ 이 책의 소스코드 빌드하기 **350**

빌드 환경 설정하기 350
가상 머신 설정하기 353
소스코드 체계 353
1부를 위한 소스코드 354
    커맨드 라인에서 빌드하고 테스트하기 354
    이클립스에서 빌드하고 테스트하기 355
2부의 소스코드 360
3부의 소스코드 361
    AOSP 빌드하기 361
    CyanogenMod 빌드하기 362

B_ 이 책과 관련된 저장소 사용하기 **364**

저장소(Repo)에 있는 자원들 364
    즉시 새 소스트리 동기화하기 364
지역 매니페스트를 사용하여 Git Repositories 다운로드하기 366

서문

폭발적으로 컴퓨터를 사용하는 시대이다. 컴퓨팅 장치는 전통적인 데스크톱에서 태블릿과 모바일 장치로 진화하고 있다. 최신 플랫폼과 함께, 임베디드 컴퓨팅은 기존의 메인프레임과 데스크톱 기반의 컴퓨팅보다 더욱 중요한 역할을 하고 있다. 임베디드 시스템 프로그래밍은 매우 다양한 서로 다른 환경에서 구현된다. OS가 탑재되지 않은 상태에서 C와 어셈블리어를 사용하여 응용 프로그래밍을 하는 환경뿐만 아니라, RTOS(real-time operating system)가 탑재된 경우도 있다. 가장 복잡한 환경은 리눅스나 윈도우와 같은 현대적인 운영체제가 사용되는 데스크톱 시스템일 것이다. 목적도 다르고 서로 다른 하드웨어 아키텍처 환경이다 보니, 학교나 대학에서 표준화된 방법으로 임베디드 프로그래밍을 가르치는 것은 매우 어려운 실정이다. 즉, 서로 다른 아키텍처 기반의 하드웨어 플랫폼이 상당히 많다.

프로세서 혹은 마이크로프로세서는 단순한 8비트 모델이거나 복잡한 32비트나 64비트 장치가 가능하다. 대부분, 학생들은 전용 하드웨어 레퍼런스 보드 위에서 특정한 회사의 컴파일러와 디버거를 사용하여 임베디드 프로그래밍하는 것을 배우게 된다. 물론 이러한 개발 환경은 배울 때뿐이며, 다른 환경에서 같은 방식으로 구동하기 어렵다. 이러한 문제를 극복하기 위해, 이 책은 모든 프로그래머가 손쉽게 인터넷상에서 얻을 수 있는 개발 환경을 제공하기 위해, 가상화 기술과 오픈소스 도구를 사용한다.

누가 이 책을 읽어야 하나?

임베디드 시스템 프로그래밍, 특히 안드로이드로 임베디드 시스템 프로그래밍을 공부하려는 사람, 직접 프로그래밍한 안드로이드를 갖고 싶은 이를 위한 책이다. 플랫폼이나 개발 도구에 대해 걱정할 필요 없이, 모든 예제들은 오픈소스 도구들로 빌드하고 안드로이드 에뮬레이터에서 테스트할 수 있다. 소스코드는 GitHub에 올라가 있다.

> **Note**
>
> Git는 많은 오픈소스 프로젝트에서 사용되는 버전 관리 도구이다. 초보자라면, 인터넷에서 'git'나 'GitHub'로 검색하여 사용 방법을 찾을 수 있을 것이다. Scott Chacon가 쓴 Pro Git이라는 e-Book을 GitHub에 있는 다음 url에서 무료로 다운로드할 수 있다.　　　　http://git-scm.com/book/en/v2
>
> GitHub는 오픈소스 프로젝트를 인터넷에서 무료로 서버에 호스트할 수 있는 저장소다. 다음 주소에서 이 책의 저장소를 찾을 수 있다.　　　　https://github.com/shugaoye/

이 책은 임베디드 시스템 소프트웨어 엔지니어에 관련된 경력 없이, 지금 막 시작하는 사람이 봐도 무방하다. 안드로이드 에뮬레이터에 U-Boot를 어떻게 포팅하는지부터 세세하게 알려준다.

소프트웨어 개발자라면, 복잡한 디바이스 드라이버 디버깅이 상당히 어렵다는 것을 알 것이다. 이 책에서 우리는 디바이스 드라이버 개발로부터 하드웨어 인터페이스 디버깅을 분리하는 방법을 다룬다. 시리얼 포트(serial ports), 인터럽트 컨트롤러(interrupt controllers), 타이머(timers), 리얼타임 클록(real-time clock), 그리고 NAND 플래시(NAND flash)를 베어 메탈 환경에서 어떻게 디버깅하는지 경험해 본다. U-Boot 드라이버를 예제들과 결합시키는 방법도 알아볼 것이다. 같은 방법을 리눅스나 윈도우 드라이버를 개발할 때도 적용할 수 있다.

이 책은 어떻게 구성되어 있는가?

이 책에서 우리는 임베디드 시스템 프로그래밍의 전반적인 분야를 논의한다. 기본적인 베어 메탈 프로그래밍부터 부트로더에서 안드로이드 시스템 부팅까지 일반적인 프로그래밍 지식의 제공뿐 아니라 컴파일러를 개발하고 디버깅 기술에도 초점을 맞추고 있다. 목표는 탄탄한 기초를 다질 수 있게 임베디드 시스템 프로그래밍의 기본적인 지식을 전하여, 이를 통해 좀 더 전문적인 영역으로 나아갈 수 있는 통로를 제공하려고 한다. 이 책은 수준에 따라 원하는 장을 읽고 하위 주제를 탐구하는 방식으로 선택하여 읽기를 권한다. 책은 3부로 이루어져 있다.

제1부는 저수준 프로그래밍의 기반을 포함한 소위 베어 메탈이라고 하는 프로그래밍과 안드로이드 시스템 프로그래밍에 초첨을 맞춘다.

- 1장~4장 : 어셈블리 코드를 직접 사용하여 하드웨어에서 프로그램을 실행하는 방법을 포함한 베어 메탈 프로그래밍과 관련된 핵심 지식을 제공한다. 5장에서는 C 언어 프로그래밍으로 관심이 이동한다.

제1부의 나머지 부분은 U-Boot를 사용하여 리눅스 커널을 부팅하는 데 필요한 하드웨어 인터페이스의 최소 요소들을 설명한다.

- 5장~8장 : 베어 메탈 환경에서 하드웨어 인터페이스 프로그래밍의 시리얼 포트, 인터럽트 컨트롤러, 리얼타임 클록과 NAND 플래시 컨트롤러에 초점을 맞춘다.

제2부는 9장부터 시작되고, U-Boot를 골드피시 플랫폼으로 포팅하는 방법이 기술되어 있다.

- 10장 : U-Boot를 사용하여 리눅스 커널과 안드로이드 시스템을 부팅한다.

5장부터 8장까지에 소개된 작업을 완료하면, U-Boot에 드라이버 프레임워크에서 하드웨어 복잡성을 분리하여 U-Boot 포팅을 처리할 수 있게 된다. 같은 기술을 리눅스 드라이버에 구현할 때 마찬가지로 사용할 수 있다.

제2부에서는 또한 안드로이드 시스템을 부팅하기 위해 안드로이드 SDK 파일 이미지를 사용한다. NOR과 NAND 플래시, 두 가지 다른 부팅 과정을 보여주기 위해, 반드시 안드로이드 SDK로부터 파일 시스템을 커스터마이즈(사용자 정의)해야 한다. 이 작업은 바이너리 레벨에서 진행하게 된다. 파일 레벨에서 커스터마이즈는 제한되어 있기 때문에, 우리는 어떤 파일의 내용도 수정할 수 없다. 파일 시스

템을 커스터마이즈하는 전략은 제3부에서 다룬다.

제3부에서는 부트로더로부터 커널의 파일 시스템으로 초점을 이동한다. 사용자 정의된 ROM과 안드로이드 디바이스를 구동하기 위해 가상 디바이스를 사용한다. 안드로이드 디바이스의 사용자 정의된 ROM을 최초로 빌드하는 과정을 설명하고 지원한다. 최신 디바이스와 부트로더 통합과 안드로이드 소스 트리에 있는 리눅스 커널을 지원하는 방법을 설명한다. 11장에서는 환경 설정 방법과 안드로이드 에뮬레이터 표준 빌드 절차를 상세하게 알아본다. 12장에서는 U-Boot와 리눅스 커널의 결합을 포함한 가상 드라이버를 위해 사용자 정의된 롬을 만들게 된다. 마지막 장에서 독자들은 모바일 디바이스 제조 레벨에서 안드로이드 시스템 개발자들과 같이 완성된 그림을 갖게 될 것이다.

각 장에서 다루는 내용은 다음과 같다.

제1부_ 베어 메탈 프로그래밍에서는 베어 메탈 프로그래밍을 중점적으로 다룬다.

- 1장_ 임베디드 시스템 프로그래밍 소개 : 임베디드 시스템 프로그래밍에 대해 기본적인 내용과 이 책에서 다루는 범위를 소개한다.

- 2장_ 내부 안드로이드 에뮬레이터 : 안드로이드 에뮬레이터 소개와 책 전반에 걸쳐 사용되는 하드웨어 인터페이스를 간결하게 소개한다.

- 3장_개발 환경 설정 : 개발 환경과 우리의 프로젝트에서 사용되는 도구에 대해 자세히 설명한다. 또한 개발 환경에서 테스트할 수 있도록 첫 번째 예제를 제공한다.

- 4장_링커 스크립트 및 메모리 맵 : 어셈블리 프로그램 개발 기초에 대한 내용으로 가득하다. 두 가지 예제를 사용하여 하나의 프로그램이 어떻게 어셈블리어화되고 링크되는지 분석한다. 이후에 이진 이미지가 어떻게 안드로이드 에뮬레이터에 로드되고, 시작되는지 분석한다.

- 5장_C 언어 사용 : C 시작 코드 소개와 어셈블리 언어에서 C 언어 환경으로 어떻게 전환하는지 설명한다. 또한 골드피시 플랫폼의 골드피시 하드웨어 인터페이스를 살펴볼 것이다. 그리고 골드피시 플랫폼의 시리얼 포트를 알아본다.

- 6장_C 라이브러리 사용 : 베어 메탈 프로그래밍 환경으로 C 런타임 라이브러리를 통합하는 방법에 대해 자세한 내용을 제공한다. C 런타임 라이브러리의 다른 접근 방식을 소개하고, C 런타임 라이브러리를 통합하는 방법을 Newlib로 예를 들어 설명한다.

- 7장_ 예외 처리 및 타이머 : 골드피시 플랫폼의 인터럽트 컨트롤러, 타이머 및 리얼타임 클록(RTC)을 탐험한다. 이러한 하드웨어 인터페이스를 처리하는 방법을 살펴보는 다양한 예제를 가지고 작업한다. 여기서 개발된 모든 예제코드는 이후 9장의 U-Boot 포팅을 위해 사용될 수 있다.

- 8장_ 골드피시에서 NAND 플래시 지원 : 골드피시 플랫폼의 NAND 플래시 인터페이스를 탐험한다. 이것은 또한 U-Boot 포팅에 있어서 중요한 부분이다. 10장에서 NAND 플래시로부터 어떻게 안드로이드 시스템이 부팅되는지 설명한다.

제2부_ U-Boot는, U-Boot 포팅과 디버깅 방법을 소개한다. U-Boot 이미지를 작업한 후, 자신의 골드피시 커널과 안드로이드 이미지를 부팅하는 데 사용할 수 있다.

- 9장_U-Boot 포팅 : U-Boot 포팅에 대한 세부적인 정보를 제공한다 .

- 10장_골드피시 커널을 부팅시키기 위한 U-Boot 사용 : 자신의 골드피시 리눅스 커널을 빌드하는 방법을 논의한다. 이 커널 이미지는 U-Boot를 사용한 골드피시 리눅스 커널을 부팅하기 위해 다양한 시나리오를 시연하는 데 사용된다. NOR 플래시와 NAND 플래시 둘 모두의 부팅 과정에 대해 논의한다.

제3부_ 안드로이드 시스템 통합은 안드로이드 오픈소스 프로젝트(AOSP)와 사이애노젠모드(CyanogenMod) 소스 트리에 U-Boot와 리눅스 커널을 통합하는 방법을 고려한다.

- 11장_자신의 AOSP와 사이애노젠모드 구축 : AOSP와 사이애노젠모드에 안드로이드 에뮬레이터를 빌드하는 세부적인 정보를 제공한다.

- 12장_사용자 정의 안드로이드와 자신의 안드로이드 롬 만들기 : 가상 안드로이드 디바이스에서 자신의 안드로이드 롬(ROM)을 생성하는 것을 가르친다. 이 안드로이드 롬은 9장에서 만든 U-Boot에 의해 이루어질 수 있다.

예제코드

이 책의 많은 예제들은 각 장의 내용을 테스트하는 데 유용하므로, 읽는 동안 예제코드를 입력하고 실행하는 것이 좋다. 이렇게 하면 직접 만들어 보는 좋은 경험을 얻게 될 것이고, 각 장에서 다루는 주제를 이해할 때 가치 있는 통찰력을 제공할 것이다. 3장부터 8장까지의 코드는 각 장별로 구성되어 있다. 일부 폴더는 모든 예제에 공통으로 사용되며 include와 driver 파일들을 포함하는 경우가 해당된다. 다른 모든 폴더는 장별로 구분되며 c03, c04, c05 폴더들은 해당 장 안의 예제코드를 가진다. 공통 makefile인 makedefs.arm은 디렉토리의 top-level에 존재한다. 또한 각 예제코드에 해당하는 각각의 makefiles도 제공한다. 예제코드의 makefile 템플릿은 아래와 같다.

```
#
# The base directory relative to this folder
#
ROOT=../..
PROJECTNAME=
#
# Include the common make definitions.
#
```

```
include ${ROOT}/makedefs.arm
#
# The default rule, which causes the ${PROJECTNAME} example to be built.
#
all: ${COMPILER}
all: ${COMPILER}/${PROJECTNAME}.axf
#
# The rule to debug the target using Android emulator.
#
debug:
        @ddd --debugger arm-none-eabi-gdb ${COMPILER}/${PROJECTNAME}.axf &
        @emulator -verbose -show-kernel -netfast -avd hd2 -shell -qemu -monitor
telnet::6666,server -s -S -kernel ${COMPILER}/${PROJECTNAME}.axf
#
# The rule to clean out all the build products.
#
clean:
        @rm -rf ${COMPILER} ${wildcard *~}
#
# The rule to create the target directory.
#
${COMPILER}:
        @mkdir -p ${COMPILER}
#
# Rules for building the ${PROJECTNAME} example.
#
${COMPILER}/${PROJECTNAME}.axf: ${COMPILER}/${PROJECTNAME}.o
${COMPILER}/${PROJECTNAME}.axf: ${PROJECTNAME}.ld
SCATTERgcc_${PROJECTNAME}=${PROJECTNAME}.ld
ENTRY_${PROJECTNAME}=ResetISR
#
# Include the automatically generated dependency files.
#
ifneq (${MAKECMDGOALS},clean)
-include ${wildcard ${COMPILER}/*.d} __dummy__
endif
```

이 책에 실린 나머지 예제코드는 https://github.com/shugaoye/에 링크된 GitHub에서 구할 수 있다. 자세한 내용은 부록을 참조하자.

이 책에 사용된 규칙

이 책에서 사용된 표기 규칙은 아래와 같다.

- 〈!-- **꺾쇠 괄호 안 굵은 폰트** --〉 코드나 콘솔 출력에 주석을 나타낸다.

- 코딩 본문의 **굵은 폰트**는 사용자가 입력해야 하는 명령이나 다른 텍스트를 보여준다.

- 코딩 본문의 이탤릭체는 사용자 제공 값 또는 컨텍스트에 의해 결정된 값으로 대체되어야 하는 텍스트를 나타낸다.

Note
Note에는 참고할 팁, 제안, 일반 메모를 담았다.

감사의 글

애디슨웨슬리 출판사와 함께 이 책을 출간할 수 있는 기회를 준 피어슨 기술 그룹의 로라 르윈과 버나드 굿윈에게 감사드린다. 애디슨 웨슬리 팀에도 고맙다는 말을 전한다.

마이클 서스턴은 개발자 출신 편집자로 모든 장들을 검토하고 콘텐츠 프리젠테이션 차원에서 가치 있는 제안을 해주었다. 올리비아 베지오와 미셸 허슬리는 내가 에디슨 웨슬리 팀과 협업할 수 있도록 도움을 주었다. 프로젝트 편집자 엘리자베스 라이언은 일정에 차질이 발생하지 않도록 정확하게 체크해주었다. 또한 이 책의 가독성 향상을 위해 큰 일을 해낸 원고 편집자 질 홉스에게도 감사드린다.

이 책은 기술 검토가 없었다면, 출판될 수 없었다. 오류를 식별하고 콘텐츠에 대해 가치있는 피드백을 제공해준 모든 리뷰어들에게 감사드린다.

특별히 안드로이드 전문가 지그드 매드니크과 G. 블레크 메이크에게 감사한다. 그들은 〈엔터프라이즈 안드로이드와 프로그래밍〉을 포함한 안드로이드 관련 서적들을 공동으로 집필했다.

또한 모토로라와 에머슨에 있는 모든 친구들과 동료들에게 감사드리고 싶다. 우리는 지난 10년동안 발생한 테크니컬 붐의 많은 경험 속에서 대단한 기여를 하며 멋진 시간을 보냈다. 우리는 오늘날 우리의 삶을 변화시키는 하이테크 제품들이 도입되는 것을 함께 보아왔다.

마지막으로, 이 책을 작업하는 동안 많은 것들을 지원해주고 격려해준 내 사랑하는 아내와 사랑스러운 딸에게 감사의 마음을 전한다.

제1부

베어 메탈 프로그래밍

1장 임베디드 시스템 프로그래밍 소개

2장 내부 안드로이드 에뮬레이터

3장 개발 환경 설정

4장 링커 스크립트 및 메모리 맵

5장 C 언어 사용하기

6장 C 라이브러리 사용하기

7장 예외 처리 및 타이머

8장 골드피시에서 NAND 플래시 지원

초등학생이 되었을 때, 교과서가 이 세상과 관련된 진실을 알려줄 것이라 굳게 믿었다. 많은 시간이 흘러 지금 생각해 보니, 각각의 책은 저자의 관점에서 파생된 사실이라는 점을 깨닫게 되었다. 임베디드 시스템 프로그래밍의 세계에도 이 점은 동일하게 적용된다. 이 주제에 대해 많은 책이 출판되었으며, 각 저자는 필연적으로 자신의 관점과 경험을 공유하게 된다. 이 책도 마찬가지로, 나의 과거 업무 경험을 토대로 나의 임베디드 시스템 프로그래밍 지식을 공유한다. 같은 관점으로 여기 1장에서 임베디드 시스템 프로그래밍을 소개한다.

임베디드 시스템 개요

임베디드 시스템은 컴퓨팅 장치 또는 구성요소이고 최종 사용자에게 특정한 용도의 기능을 제공한다. 시스템의 일부일 수도 있고, 독립형 장치일 수도 있다. 우리가 사는 세상에 존재하는 많은 제품들과 기타 장치들을 임베디드 시스템이라고 한다. 일상생활에서 직접 사용하는 제품들도 있는데, DVD 플레이어, 스캐너, 프린터, 스위치 그리고 라우터 등이다. 또한 기지국, 위성, 엘리베이터 제어, 자동차 엔진 제어, 병원 제어 장치 및 촬영 시스템 등 큰 시스템 내부에 숨겨져 있는 것도 있다.

임베디드 시스템은 간단한 단일 장치이거나 복잡한 시스템이기도 한데, 값싼 장치부터 고가의 시스템 모두 포함된다. 이러한 장치 및 구성요소는 설계 목표를 충족하는 하드웨어 아키텍처를 사용할 수 있다. 사실, 광범위한 주제를 아우르는 완성된 그림을 그리기가 쉽지 않다. 이 책에서 우리는 기본적인 예제를 통해 임베디드 시스템의 세계를 살펴보고, 일반적인 임베디드 시스템 프로그래밍 방법을 익히려 한다.

베어 메탈 프로그래밍

베어 메탈 프로그래밍은 하드웨어 상단에 직접 코드를 작성하는 것을 의미한다. 다른 소프트웨어보다 아래쪽에 내 프로그램이 존재하는 것이고, 이는 마이크로컨트롤러 프로그래밍에서는 매우 일반적이다. 임베디드 프로그래밍에 초점을 둔 책들이 많으나, 베어 메탈 프로그래밍을 깊이 있게 논의하는 경

우는 드물다. 하지만 베어 메탈 프로그래밍에 대해 인터넷을 검색해 보면, 이 주제에 대해 논의하는 많은 글들과 기사들을 찾을 수 있을 것이다. 책에서 베어 메탈 프로그래밍을 보통 잘 다루지 않는 이유는 이 주제가 하드웨어에 크게 의존적이기 때문이다. 그래서 모든 독자들이 손쉽게 충분한 지식을 얻을 수 있는 이런 주제의 책을 만들기가 어렵다.

베어 메탈 프로그래밍에 대해 이야기하려면, 특정 하드웨어 레퍼런스 보드를 참조해야 한다. 물론, 모든 독자들이 그 보드를 갖고 있다고 가정할 수 없다. 이 책에서는, 가상화 환경을 통해 이러한 하드웨어 종속성 문제를 해결했다. 특별히 안드로이드 에뮬레이터는 하드웨어 레퍼런스 보드로 사용되었다.

가장 간단한 시스템의 하드웨어 제한은 베어 메탈 프로그래밍을 하려는 가장 주요한 이유 중 하나가 될 수 있다. 가장 간단한 시스템에서 마이크로컨트롤러를 주로 사용할 것이다. 이러한 시스템에서 하드웨어 자원은 매우 제한적이기 때문에, 운영체제를 실행할 여력이 없다. 하드웨어에서 직접 실행되는 작은 프로그램이 이 상황에서 유일한 대안이 될 수 있다. 때로는 고급 혹은 복잡한 시스템의 베어 메탈 프로그래밍을 수행하게 될 수 있다. 복잡한 시스템에는 마이크로프로세서가 탑재되며, 엔드-유저 환경에서 운영체제가 존재할 수 있다.

연구실에서 칩-레벨 하드웨어 검증을 한다면, 그것은 연구실을 총동원해도 초창기 칩에 대한 검증은 너무 어려워 수행하기 힘들다. 운영체제가 있는 전체 소프트웨어 스택을 사용해도 초창기 칩 검증은 마찬가지로 꽤 어렵다. 이를 수행하는 가장 간단한 방법은 칩 설계자와 검증팀이 하드웨어 인증 자체에 집중할 수 있도록 하드웨어 바로 위에 간단한 환경을 생성하는 것이다. 당신이 하드웨어 레퍼런스 보드 개발 팀에서 일한 경험이 있다면, 검증팀이나 하드웨어 설계자가 많은 하드웨어 모듈을 위해 제공하는 초기화 코드에 대해 알 것이다. 그들은 운영체제에 의존하기보다는 하드웨어에서 직접 실행되는 코드 조각을 제공한다. 사실 운영체제를 위한 디바이스 드라이버 개발자는 레퍼런스 같은 하드웨어 명세서를 사용하며 테스트 코드에 기초하여 하드웨어 드라이버를 개발할 수 있다.

베어 메탈 프로그래밍은 대부분 C와 어셈블리 언어로 이루어진다. 둘 다 런타임이 없거나 적어도 최소한의 런타임 지원 라이브러리를 사용할 수 있기 때문이다. 그것은 프로그램을 우리가 선택한 메모리상의 어떤 위치에도 로드할 수 있음을 의미한다. 우리는 리셋 벡터를 구현하여 프로그램을 실행할 수 있고, 그렇게 함으로써 하드웨어는 최초로 명령을 패치(fetch)한다. 그 후, 우리는 printf 함수와 오류 메시지를 제공하는 것처럼 간단하면서도 유용한 일을 하는 C 런타임 라이브러리를 추가할 수 있다. 당신이 '베어 메탈'에서 상단 작업을 따라가는 것이 가능할 수 있도록, 우리는 어셈블리 언어, C 그리고 당신의 컴퓨터에 다운로드하여 실행시킬 수 있는 가상 하드웨어 – 즉, 안드로이드 골드피시 에뮬레이터를 사용할 것이다. 우리는 코드의 첫 번째 라인부터 우리의 프로그램을 작성하게 될 것이다.

처음에는 그 프로그램이 어셈블리 언어로 작성될 것이지만, 곧바로 C 언어로 옮기는 작업을 할 것이다. 단계적으로, 우리는 가상 하드웨어에 직접 실험적인 코드를 만들어 하드웨어 인터페이스를 탐사할 것이다. 이렇게 탐사 시 작성했던 코드를 나중에 U-Boot를 포팅할 때 재사용할 것이다.

> **Note**
> 골드피시라고 알려진 가상 하드웨어 보드는 안드로이드 에뮬레이터에 정의된 가상 하드웨어다. 이에 대해 2장에서 상세히 다룬다.

우리가 시스템 구축을 완료하는 방식은, 최대한 많이 현존하는 기술을 통합하고자 노력하여, 최종 시스템 구축에 필요한 시간을 줄이는 것이다. 우리는 C 런타임 라이브러리에서 코드를 통합, 하드웨어 주변 장치에 대한 코드를 재사용하고 단계별로 부트로더(U-Boot), 골드피시 커널 및 파일 시스템을 구축한다. 이 책의 끝에서, 당신은 임베디드 시스템이 어떻게 구축되고, 개발 환경은 어떤 모습인지 선명한 아이디어를 갖게 될 것이다. 이러한 과정을 통해 진행하면서 이 책은 직접적인 실습을 강조한다. 또한 ARM 아키텍처, C 프로그래밍 및 안드로이드 시스템과 관련하여 세부 정보를 찾기 위해 별도의 탐구 작업을 해야 할 수도 있다.

몇 가지 유용한 리소스 :

- 〈ARM System Developer's Guide〉 Andrew N. Sloss, Dominic System, Chris Wright

- ARM Architecture Reference Manual ARMv7-A and ARMv7-R edition

- RealView Platform Baseboard for ARM1176JZF-S

- 〈Embedded Android〉 Karim Yaghmour

- 〈Building Embedded Linux Systems〉 Karim Yaghmour, Jon Masters, Gilad Ben-Yossef, and Philippe Gerum

- 〈Programing Embedded System in C and C++〉 Michael Barr

〈베어 메탈 프로그래밍〉과 〈임베디드 시스템 프로그래밍〉 용어들은 전부 이 책에서 사용되었다. 베어 메탈 프로그래밍은 하드웨어 위에서 이루어지는 매우 간단한 프로그래밍의 일종이다. 위의 용어들은 이런 실습과 관련하여 많은 리소스를 관리하는 활동을 의미하는 것은 아니다. 필요한 사람은 CPU, 메모리, 인터럽트 및 스토리지 같은 하드웨어 관련 자료를 참고하기 바란다. 비교하자면, 임베디드 시스템 프로그래밍은 더 넓은 의미의 용어이다. - 베어 메탈 프로그래밍과 RTOS를 위한 프로그래밍 둘 다 포함한 하드웨어 위의 모든 프로그래밍 종류를 참조할 때. 실제로 베어 메탈 프로그래밍과 RTOS 프로그래밍 사이의 명확한 구분이 언제나 분명한 것은 아니다. 그래서 어떤 경우에는 이런 활동들을 나타내는 더 넓은 의미의 용어를 사용하는 것이 적절할 수 있다.

프로그램이 점점 더 복잡해질수록 베어 메탈 프로그래밍에서 RTOS 프로그래밍으로 옮겨갈 것이다. 인터럽트 핸들링과 메모리 할당과 같은 간단한 자원 관리는 베어 메탈 프로그래밍에서 할 수 있다. 당신이 C 라이브러리 즉, 예를 들어, malloc() 함수를 호출하기 시작할 때, 당신은 메모리 할당 관리를 동작시킨 것이다. 서로 다른 기능을 처리하는 무한루프 태스크를 여러 개 추가할 때, 당신은 스케줄링 처리 작업을 동작시킨 것이다. 부트로더와 같은 복잡한 베어 메탈 프로그래밍을 작업할 때, 임베디드 운영체제의 활성화는 당신의 손에 달려있게 된다.

임베디드 시스템 배우기

임베디드 시스템을 배우기 위해, 전자, 디지털 전자 회로, 마이크로컨트롤러 및 어셈블리와 C 언어의 기본 지식이 필요하다. 이런 핵심 지식과 함께, 첫 번째 단계는 실제 프로젝트를 시작하고 기본적인 개발 과정을 배운다. 실제 프로젝트로부터 하드웨어 보드와 관련된 개발 환경 설정, 빌드 및 디버깅 단계의 실질적 경험을 얻게 될 것이다. 프로젝트를 수행하는 동안, 모든 종류의 문제에 부닥칠 것이다. 문제들을 하나씩 해결해나가면서 분석 능력이 향상될 것이고, 기존의 모든 하드웨어와 소프트웨어 지식 사이에 연관성을 만들어 갈 것이다. 이 점이 지도하기 까다롭고 힘들고 고통스러움이 반복되어, 교실에서는 가르치기 어렵다.

학습을 줄이려면, 먼저 가상 환경에서 연습하는 것이 유용하다. 가상 환경에서 당신은 실제 하드웨어 보드에서 할 수 있는 일을 비교함과 동시에 더욱 자유롭게 작업할 수 있다. 게다가, 당신은 일반적으로 순수 소프트웨어 환경에서 타깃을 디버그하고 분석하기 위한 더 좋은 도구를 가지게 된다. 예를 들어 QEMU 혹은 안드로이드 에뮬레이터 둘 중 하나의 가상 하드웨어 보드에서는 소스-레벨 디버깅이 더욱 쉽게 처리될 수 있다. 이런 환경에서 당신은 하나의 계층에서 다른 계층으로 디버깅 과정을 쉽게 전환할 수 있다. - 어떤 전환 과정은 실제 하드웨어 보드에서는 매우 어렵게 처리된다. 우리는 9장에서 이러한 이점을 활용하여 U-Boot에서 리눅스 커널로 부팅시키는 과정을 분석하기 위해 소스 레벨에서 디버깅하게 된다.

이 책에 나와있는 프로젝트를 작업하여 충분한 경험을 얻은 후에는 실제 하드웨어 보드를 가지고 프로젝트를 시작할 준비가 되어 있을 것이다. 실제 하드웨어와 가상 하드웨어 사이에 프로그래밍 측면으로는 유사한 점이 상당히 많다는 점을 발견하게 될 것이다. - 그러나 둘 사이에 몇 가지 다른 점도 있다는 것 또한 알게 될 것이다. 실제 프로젝트에서는 소프트웨어 문제와 하드웨어 문제가 동시에 발견될 수 있다. 특히, 최초 버전의 하드웨어 보드를 부팅시키는 과정은 매우 어렵다. 하드웨어와 소프트웨어 두 엔지니어들은 초기 시작 단계에서 문제를 극복하기 위해 함께 일해야 한다.

또한 실제 하드웨어 환경에서는 더 많은 디버깅과 분석 도구들을 사용해야만 한다. 이들 대다수 도구들은 특정 하드웨어 플랫폼에 고유하다. 당신이 다른 프로젝트로 이동하는 경우, 또다시 새로운 도구를 사용하는 방법을 익혀야만 한다. 그러나, 당신이 새로운 것을 배우는 능력에 따라 더 많은 도구를 사용하게 되고, 더욱 자신감을 가질 수 있을 것이다. 당신은 이상적으로 처리하고자 하는 프로그래밍에서 마주치는 문제들과 도전들을 분리하려고 한다. 그렇게 처리할 때는 한 번에 오직 하나 또는 둘만 다루어야 한다. 이런 방법으로, 당신이 그 문제들을 처리하기 앞서 복잡한 문제를 단순화할 수 있다.

당신이 몇 가지 프로젝트들을 성공적으로 완료한 후에는, 임베디드 시스템 개발 분야에서 더 어려운 작업을 시작할 수 있을 것이다. 운영체제 특히 RTOS 지식을 얻는 것이 당신이 더 탐구하고자 하는 대상이 될 수도 있다. 당신은 USB 혹은 이더넷과 같은 것들뿐만 아니라 더욱 복잡한 하드웨어 인터페이스 위에서 작업을 시작할 수도 있다.

이러한 계층화된 소프트웨어 스택은 하드웨어 층으로부터 시작한다. 예를 들어, 이더넷 프로토콜, IP

프로토콜, TCP 프로토콜에 익숙해질 필요가 있으며, 일부 네트워크 인터페이스 관련 임베디드 프로젝트를 수행하기 위해 애플리케이션 레벨 프로토콜까지 계속해야 할 수도 있다. 이러한 모든 도전들을 처리하기 위해, 당신이 직접 작업을 수행하면서 배운 지식들을 활용하는 것 외에도, 참조 가능한 운영체제 및 전용 하드웨어 인터페이스에 대한 많은 책들을 참고할 수 있다.

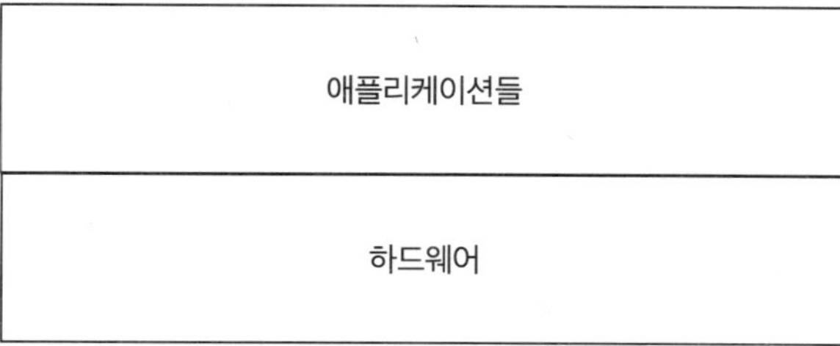

그림 1.1 단순한 임베디드 시스템 구조

다양한 임베디드 시스템 프로젝트의 범위와 성격이 매우 다르다 할지라도, 각 프로젝트를 정복하는 데 사용되는 기본지식은 매우 유사하다. 이 책은 필수적인 지식 및 사례에 대한 안내와 함께 당신의 첫 번째 프로젝트를 작업하는 데 도움을 줄 수 있도록 설계되었다.

임베디드 시스템의 소프트웨어 계층

애플리케이션 유형은 임베디드 시스템의 소프트웨어 아키텍처를 결정한다. 임베디드 시스템의 소프트웨어 아키텍처는 [그림 1.1]에서 보여주는 바와 같이, 마이크로컨트롤러 기반 애플리케이션처럼 간단할 수 있다. 이러한 애플리케이션은 온도계 또는 전자렌지 같은 장치에서 찾을 수 있다.

이런 종류의 시스템에서는 애플리케이션 그 자체인 단 하나의 소프트웨어 계층만 존재한다. 그 애플리케이션은 직접 하드웨어를 제어한다. 그것은 일반적으로 가장 먼저 하드웨어를 초기화하고, 전용 기능의 동작을 하는 무한루프를 실행시킨다. 예를 들어 온도계 애플리케이션은 먼저 센서를 초기화하고서 온도를 반복적으로 체크하는 무한루프를 동작시킨다.

더욱 복잡한 임베디드 시스템은 [그림 1.2]에서 보여주는 것처럼 일반 컴퓨터에서 발견되는 모든 계층을 전부 포함할 수도 있다. 그러한 시스템은 일반적으로 프로세서를 포함하고 완전한 운영체제를 지원할 수 있다. 그 시스템은 하드웨어 주변 장치를 초기화하고, 그 운영체제를 로딩하는 부트로더로부터 시작한다. 일단 운영제체가 준비되면, 몇 가지 애플리케이션들이 운영체제 위에서 다양한 기능을 동작시키기 위해 실행된다. 전형적인 예가 휴대전화, GPS 탐색기 및 기지국이다. [그림 1.2]에 나타난 계층을 주의 깊게 살펴보자. 특정 애플리케이션에 종속된 시스템의 실제 소프트웨어 스택 계층을 나타내며 매우 일반적이다. 예를 들어, 하나의 시스템은 펌웨어로 설계할 수도 있고, 펌웨어 없이 설계할 수도 있다. 펌웨어는 부트로더, BIOS 혹은 DSP를 위한 코렉이 될 수도 있다. 일반적으로 부트로더는 시스

템이 올라온 후 사라진다(일반적으로 부팅 정보는 롬에서 램으로 이동시켜 시스템을 업로드하고 나면, 해당 메모리는 더는 사용되지 않아도 되기 때문에 다른 데이터가 덮어 써지게 되면서 부팅 정보가 사라지는 것이다. - 역자 주). 특정한 몇 가지 경우에는, 펌웨어가 메모리에 머물면서, 시스템이 실행된 후 몇 가지 런타임 서비스들을 제공하기도 한다. 예를 들면, 최신 UEFI-based BIOS는 UEFI 런타임 서비스를 포함한다. - 운영체제 대신 BIOS에 의해 제공되는 서비스 집합이다. UEFI BIOS와 하드웨어에서 실행되는 운영체제는 UEFI 런타임 서비스를 이용할 수 있다.

그림 1.2 풀 소프트웨어 스택의 임베디드 시스템

벤더는 일반적으로 서로 다른 임베디드 애플리케이션의 요구를 충족시키기 위해 다양한 마이크로프로세서를 제공한다. 한 예로, 다양한 프로세서 시리즈로 인기 있는 ARM 프로세서를 사용할 수 있다. 다양한 응용프로그램에서 동적 요구를 처리하기 위해 ARM 아키텍처는 시리즈 세트 제품으로 진화하고 있다.

현재, 대상 응용 프로그램에 따라 적용할 수 있는 ARM 프로세서의 네 가지 시리즈는 다음과 같다.

- CORTEX-A: 개방형 운영 시스템을 위한 고성능 프로세서
- CORTEX-R: 실시간 애플리케이션을 위한 탁월한 성능 프로세서
- CORTEX-M: 결정적 마이크로컨트롤러 애플리케이션을 위한 저비용 솔루션
- SecurCore: 높은 수준의 보안 애플리케이션을 위한 프로세서
- FPGA Cores: FPGA를 위한 프로세서

SecurCore 및 FPGA 코어는 일반적으로 특별한 하드웨어 구성요소로 설계될 수 있고, 더 큰 시스템의 일부로 사용된다. 이런 종류의 프로세서 내부 소프트웨어는 대체로 펌웨어라 하는데 이는 소프트웨어

프로그래머들이 아닌 하드웨어 설계자에 의해 사용되는 Verilog나 HDL 같은 프로그래밍 언어에 의존한다.

CORTEX-M 시리즈는 마이크로컨트롤러를 포함한다. 이 경우의 시스템 아키텍처는 [그림 1.1]에 묘사된 것과 유사하다. 소프트웨어 애플리케이션은 일반적으로 직접 하드웨어의 상단에서 실행하고 특정 기능을 수행한다. 이런 종류의 소프트웨어 애플리케이션은 또한 펌웨어라고도 한다. 그것은 읽기-전용 메모리(ROM) 장치 내부에 구워졌기 때문이다. 애플리케이션이 시장에 출하된 후 펌웨어는 변경되지 않는다.

CORTEX-R 혹은 CORTEX-A의 시스템 아키텍처는 [그림 1.2]에 묘사된 그림과 비슷하다. 이 둘 사이의 차이점은 지원될 수 있는 운영체제에 있다. CORTEX-R은 실시간 운영체제에 더 적합하다. 반면에 CORTEX-A는 완전한) 운영체제를 지원할 수 있다. 하드웨어 제한으로 인해 CORTEX-R 시리즈는 완전한 운영체제를 지원할 수 없는 반면, CORTEX-A는 아무 문제 없이 실시간 운영체제에서 실행할 수 있다. 실시간 운영체제와 완전한 운영체제 간의 주요 차이점은 RTOS에서는 시스템이 올라오기 전에 태스크 개수와 메모리 사용량이 미리 결정된다는 것이다. 이것은 완전한 운영체제보다 RTOS에서 훨씬 간단하게 스케줄러를 만들 수 있게 해준다.

> **Note**
> 안드로이드 에뮬레이터를 작동시키는 ARM 프로세서는 ARM926EJ-S이다. 이것은 완전한 운영체제를 지원할 수 있는
> 프로세서로, 처음 시작하는 초보자들에게 적합하다.

제1부에서는 프로그래밍 언어와 임베디드 시스템 개발에서 사용되는 기본적인 하드웨어 주변 인터페이스를 논의한다. 시스템 아키텍처는 [그림 1.3]의 다이어그램과 유사하다. 5장에서는 골드피시의 시리얼 포트를 논의한다. 7장에서는 인터럽트 핸들링, 타이머, RTC를 다룬다. 8장에서 골드피시 플랫폼에서 NAND 플래시 프로그래밍을 살펴본다. 제2부는 9장과 함께 시작하며, U-Boot를 골드피시 플랫폼에 포팅하는 내용을 담고 있다.

<table>
<tr><td colspan="5" align="center">Applications</td></tr>
<tr><td>Serial port</td><td>Interrupt</td><td>Timer</td><td>RTC</td><td>NAND flash</td></tr>
<tr><td colspan="5" align="center">HW (Android emulator)</td></tr>
</table>

그림 1.3 제1부의 시스템 다이어그램

1부에 나오는 모든 하드웨어 주변은 U-Boot에서 지원할 수 있다. 이런 케이스와 관련된 시스템 다이어그램은 [그림 1.4]에서 보여주고 있다. 10장에서, 우리는 골드피시 리눅스 커널을 구축하고, 전체 시스템을 가지고 U-Boot와 골드피시 커널을 사용하여 부팅하는 방법을 시연한다.

3부에서는 [그림 1.5]의 시스템 다이어그램을 사용하는 작업을 계속한다. 차이점은 안드로이드 파일 시스템을 포함하여 처음부터 모든 것을 구축하는 것이다 (예, 안드로이드 프레임워크, 런타임 및 시스템 애플리케이션).

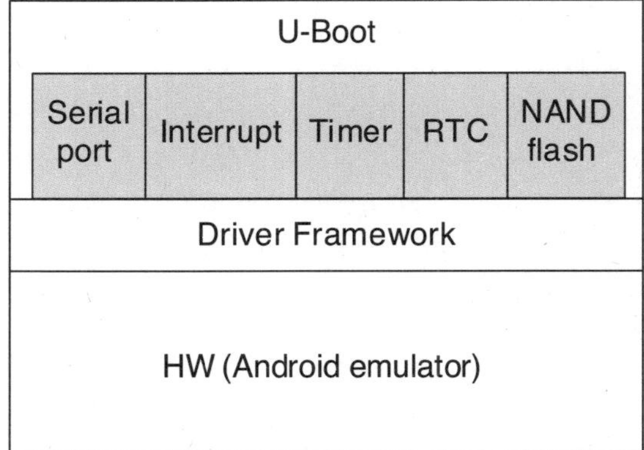

그림 1.4 9장의 시스템 다이어그램

그림 1.5 이 책이 다루는 안드로이드 시스템

도구 및 하드웨어 플랫폼

GNU 툴체인은 점점 더 임베디드 소프트웨어 개발에 사용되고 있다. 프로그래밍 커뮤니티의 많은 기여 덕분에 GNU 툴체인은 대부분 하드웨어 아키텍처를 지원할 수 있다. 그것은 임베디드 시스템 프로그래머들을 위한 가장 인기 있는 선택이 되어가고 있다.

가상 기술이 발전하면서, 실제 하드웨어 레퍼런스 보드 대신 가상 하드웨어를 사용하여 임베디드 프로그래밍을 연습하는 것이 가능하다. 교육적인 관점에서, 가상 하드웨어 상단에서 GNU 툴체인을 사용하여 임베디드 프로그래밍을 가르치는 것이나 배우는 것은 매우 가치가 있다. 이런 접근으로 시간과 공간 두 가지의 제한은 매우 유용할 수 있고, 이 방식으로, 시간과 공간 두 가지의 한계를 획기적으로 감소시킬 수 있다. 많은 가상화 기술과 함께 QEMU는 임베디드 시스템 프로그래밍을 연습하기 위해 명백히 가장 좋은 선택이다. 그것은 다양한 하드웨어 아키텍처와 명령어 셋을 지원할 수 있다. QEMU 에는 내장시킨 드라이버를 가지고 있는데, 이는 TI, 프리스케일, 인텔 및 다른 벤더 회사들의 하드웨어 레퍼런스 보드를 많이 지원할 수 있다(프리스케일은 최근 NXP에 인수되었다. – 역자 주).

이 책에서 하드웨어 레퍼런스 보드를 시뮬레이션하기 위해 QEMU를 사용할 수도 있었다. 그러나 QEMU는 많은 하드웨어 보드를 에뮬레이트할 수 있는 일반적인 에뮬레이터이며, 하드웨어 보드의 성숙도 수준(maturity levels)은 매우 상이할 수 있다. QEMU에 의해 지원되는 다양한 보드의 성숙도 수준까지 고려한다면, 안드로이드 에뮬레이터가 우리의 목적에 더 나은 선택이다. 안드로이드 에뮬레이터는 QEMU를 기반으로 하고 있다. 구글은 QEMU의 특정 버전을 기반으로 몇 가지를 원하는 방식으로 변경하였고, 안드로이드 SDK에 이런 기능을 포함하였다. 주요 변경 사항은 가상 하드웨어(골드피시)를 지원하는 것과 안드로이드 가상 디바이스 매니저를 지원하는 계층을 추가한 것이다. 안드로이드 에뮬레이터는 매우 유용한 디스플레이 지원, 키보드 및 전원 관리 시뮬레이션 능력을 제공한다.

앞서 언급한 '골드피시'라는 특별한 가상 하드웨어 플랫폼을 위해 구축되었고, 구글이 개발하고 QEMU의 상단에서 실행된다. 구글 골드피시 플랫폼을 위한 공식 하드웨어 사양은 없지만, 우리는 필요한 하드웨어 정보를 찾기 위해 골드피시 커널 코드를 조사하여 세부사항을 탐색할 수 있다.

이에 비해, QEMU는 다양한 가상화 기술의 개발을 위해 훨씬 더 적합하다. QEMU는 사용자/개발자 커뮤니티에 의해 더욱 발전되고 빠르게 변화하고 있다. 한편, 안드로이드 에뮬레이터는 안드로이드 애플리케이션의 개발을 위해서 혹은 이 책으로 프로그래밍을 배우기 위한 기초로 적합하다. 두 가지 경우 모두, 에뮬레이터 자체의 신뢰성이 중요한 고려 사항이다.

가상 하드웨어와 실제 하드웨어의 차이점

비록 임베디드 프로그래밍을 배우기 위한 하드웨어 에뮬레이터 사용이 매우 편리할지라도 당신은 실제 하드웨어 플랫폼 프로그래밍 사이의 차이점에 대해 반드시 인식해야 한다. 에뮬레이터의 좋은 점은 당신이 실수했다 하더라도 하드웨어 손상과 관련해서 걱정할 필요가 없다. 또한 당신은 어떤 어려움

없이 소스코드 레벨 디버깅을 할 수 있다. 실제 하드웨어 플랫폼에서 초기 하드웨어 시작에 소스코드 레벨 디버깅 수행하는 것은 매우 큰 도전이 될 수 있다.

초기 디버깅 노력에 JTAG 디버거 및 플래시 툴과 같은 특별한 도구를 사용해야만 한다. 고려해야 할 또 다른 점은 가상 환경은 실제 하드웨어와 완전히 같을 수는 없다. 일부 기능은 특별한 하드웨어 보드에 대해 QEMU에서 누락될 수 있고, 또는 몇 가지 특징들이 가상 및 실제 버전에서 다를 수 있다. 예를 들어, QEMU는 ARM Versatile Express 보드를 지원하며, ARM Versatile Express의 대부분의 기능들은 QEMU에서 작업한다. 그러나, 가상 플랫폼과 실제 하드웨어 사이에 여전히 몇 가지 다른 점들이 존재한다. 9장에서 골드피시 플랫폼에 U-Boot를 포팅할 때, 우리는 Versatile Express QEMU와 실제 Versatile Express 참조할 것이다.

운이 좋게도, 안드로이드 에뮬레이터 사용은 우리가 가상 하드웨어와 실제 하드웨어 사이의 차이점에 대해 걱정하지 않아도 된다. 골드피시 플랫폼은 구글의 순수 가상 하드웨어 플랫폼이다. 하드웨어 사양은 구글이 안드로이드 에뮬레이터 소스코드에서 정의한 그대로다.

요약

1장에서는 일반적인 임베디드 시스템 프로그래밍과 베어 메탈 프로그래밍의 기본적인 내용을 살펴보았다. 임베디드 시스템 애플리케이션의 서로 다른 종류의 시스템 아키텍처를 알아보고, 이 책에서 사용할 개발 도구와 하드웨어 플랫폼도 알아보았다.

2장
내부 안드로이드 에뮬레이터

하드웨어 측면에서 안드로이드 에뮬레이터를 살펴본다. 안드로이드 에뮬레이터는 안드로이드 애플리케이션 개발자가 실제 하드웨어에 의존하지 않고 안드로이드 애플리케이션을 테스트할 수 있도록 구글에서 개발했다. 이 에뮬레이터는 오픈소스 가상 머신 QEMU의 상단에 내장되어 있다. QEMU는 오픈소스 커뮤니티에 의해 활성화되어 있는 개발 프로젝트이다. 그것은 ARM, x86, 및 MIPS를 포함하여 다양한 하드웨어 아키텍처를 지원한다. 현재 시장에서 사용할 수 있는 모바일 기기의 대부분은 ARM 아키텍처용으로 설계되어 있음을 감안하여, 이 책에서는 안드로이드 에뮬레이터의 ARM 기반 인스턴스를 사용한다.

가상 하드웨어 개요

프로그래밍으로 뛰어들기 전에, 책을 통해 사용하게 될 가상 하드웨어를 살펴보자. 보통 실제 하드웨어 플랫폼을 결정하기 위한 하드웨어 사양이 없기 때문에, 골드피시 커널 소스코드로 세부사항을 공부해야 한다.

다행히 안드로이드 에뮬레이터와 골드피시 리눅스 커널 둘 다 오픈소스 프로젝트여서 우리는 쉽게 소스코드를 얻고, 그것들을 다룰 수 있다. 그림 2.1에서 안드로이드 에뮬레이터 사용자 인터페이스를 보여준다.

안드로이드 에뮬레이터와 골드피시 커널 소스코드를 찾을 수 있는 주소를 소개한다.

- 안드로이드 에뮬레이터: http://android.googlesource.com/platform/external/qemu/
- 골드피시 커널 : https://android.googlesource.com/kernel/goldfish.git

앞서 말했듯이, 안드로이드 에뮬레이터는 ARM, x86, MIPS와 같이 다양한 프로세서 아키텍처를 지원한다. 이 책에서는 ARM 아키텍처를 살펴본다.

모바일 장치에서 발견할 수 있는 대부분의 하드웨어 기능을 지원하는 안드로이드 에뮬레이터의 기능은 다음과 같다.

그림 2.1 Android emulator

- ARMv5 CPU와 상응하는 memory-management unit (MMU)

- 16비트 LCD 디스플레이

- 하나 이상의 키보드(쿼티 기반의 키보드와 연결된 전화 버튼)

- 출력 및 입력 기능을 갖춘 사운드 칩

- 플래시 메모리 파티션(개발 시스템에 디스크 이미지 파일 에뮬레이트)

- GSM 모뎀, 시뮬레이션 SIM 카드

- 카메라, 개발 컴퓨터와 연결한 웹 캠의 사용

- 가속도계와 같은 센서들, USB로 연결된 안드로이드 디바이스에서 데이터 사용

[그림 2.2]는 안드로이드 에뮬레이터 하드웨어의 블록 다이어그램을 보여준다. x86 혹은 MIPS와 같이 다른 하드웨어 아키텍처에 대해, CPU를 제외한 모든 하드웨어 주변기기는 동일하다.

안드로이드 가상 장치 설정

애뮬레이터를 사용하기 위해, 우리는 첫 번째로 하나 이상의 안드로이드 가상 장치(Android Virtual Devices : AVD) 구성(configurations)을 생성해야 한다. 사용하고자 하는 에뮬레이터에서 실행할 안드로이드 플랫폼과 하드웨어 옵션 셋과 에뮬레이터 스킨을 지정해야 한다. 그 다음에 에뮬레이터를 시작할 때, 로드할 AVD 구성을 지정한다.

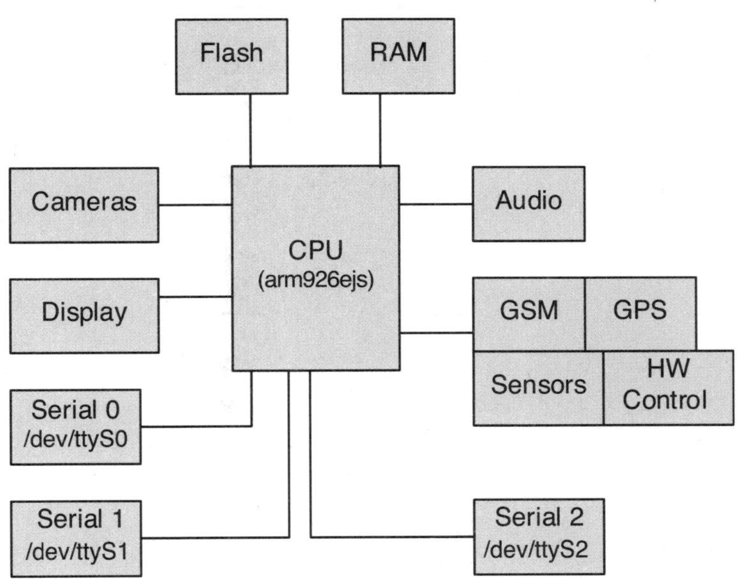

그림 2.2 골드피시 플랫폼 하드웨어 블록 다이어그램

Note

여기서 설명하는 안드로이드 플랫폼은 안드로이드의 타겟 버전과 CPU 아키텍처가 포함되어 있다. [그림 2.3]에서 안드로이드 4.0.3과 ARM 프로세서를 위한 AVD를 생성한다. 특정 안드로이드 버전을 위해 AVD를 생성하려면, 당신은 안드로이드 SDK 매니저를 사용하여 해당 버전의 SDK 플랫폼과 시스템 이미지를 다운로드해야 한다. 리눅스 유저일 경우, 안드로이드 SDK 매니저를 실행시킬 수 있는 명령어는 다음과 같다.

```
$ android sdk
```

각 안드로이드 가상 디바이스는 특정 소프트웨어 및 하드웨어 구성에 특정한 가상 하드웨어 장치가 고려될 수 있다. 하드웨어 구성에 x86 혹은 ARM과 같은 프로세서 아키텍처를 지정한다. 물론 메모리, 스크린 사이즈, 혹은 카메라와 같은 주변장치도 지정한다. 소프트웨어 구성에는 구글 서비스를 포함하거나 혹은 포함하지 않은 안드로이드 버전을 지정한다. 이 책의 1부와 2부(1~10장)에서, [그림 2.3]에 정의된 구성을 사용한다. 3부에서는 U-Boot와 안드로이드 소스코드를 포함한 리눅스 커널의 통합을 논의하고자 더욱 최신의 안드로이드 버전을 사용한다.

하나의 독립 장치로서 각각의 AVD 구성은 사용자 데이터를 위한 비공개 스토리지, SD 카드 및 기타 등을 소유한다. 우리가 AVD 구성과 함께 에뮬레이터를 시작할 때, 사용자 데이터와 AVD 디렉토리로부터 SD 카드 데이터를 자동으로 로드한다. 디폴트로, 에뮬레이터는 AVD 디렉토리에 사용자 데이터, SD 카드, 캐시를 기억한다. AVD를 생성하고 관리하기 위해, 우리는 [그림 2.3]에서 보여주는 것과 같이 AVD 매니저 사용자 인터페이스나 SDK를 포함한 안드로이드 도구를 사용할 수 있다.

AVD Name:	hd2
Device:	Nexus S (4.0", 480 × 800: hdpi)
Target:	Android 4.0.3 - API Level 15
CPU/ABI:	ARM (armeabi-v7a)
Keyboard:	☑ Hardware keyboard present
Skin:	☑ Display a skin with hardware controls
Front Camera:	Emulated
Back Camera:	Emulated
Memory Options:	RAM: 512 VM Heap: 32
Internal Storage:	200 MiB
SD Card:	◉ Size: 100 MiB ○ File: Browse...
Emulation Options:	☐ Snapshot ☐ Use Host GPU
	☐ Override the existing AVD with the same name
	Cancel OK

그림 2.3 안드로이드 가상 장치 매니저

안드로이드 SDK를 내려 받고 설치한 후, 우리는 아래 명령어 라인을 사용하여 AVD 매니저를 시작할 수 있다. 안드로이드 명령어는 ${SDK ROOT}/tools 폴더에서 찾을 수 있다.

```
$ android avd
```

[그림 2.3]에서, 우리는 AVD 이름을 'hd2'로 지정했다. 이 구성은 512MB 램, 4인치 WVGA 스크린, 200MB 내부 플래시 메모리, 100MB SD 카드 용량을 포함한다. 에뮬레이터 인스턴스(@실행 가능한 즉

메모리에 위치한 프로그램)를 생성한 후에, 이 인스턴스는 아래 명령어를 사용하여 시작할 수 있다.

```
Emulator —avd <avd_name> [<options>]
```

하드웨어 인터페이스

임베디드 시스템 프로그래밍 차원에서 우리는 안드로이드 에뮬레이터의 하드웨어 프로그래밍 인터페이스에 흥미를 느끼게 된다. 이 책을 통해 사용하게 될 몇 가지 하드웨어 인터페이스에 대해 논의해 보자. 대부분의 goldfish-specific 하드웨어 인터페이스는 리눅스 커널 소스코드 arch/arm/mach-goldfish/include/mach/hardware.h에 정의되어 있다. Memory-mapped input/output (I/O)는 골드피시 하드웨어 주변기기에 의해 사용된다. 이런 타입의 I/O는 메모리와 I/O 장치 두 가지 주소가 동일한 주소 공간을 사용한다. I/O 장치의 메모리와 레지스터가 프로세서 주소 공간을 위해 매핑되어 있다. 골드피시 플랫폼에서, 모든 하드웨어 인터페이스는 공통 기본 주소인 0xff000000를 공유한다. 가상 주소의 기본 주소는 0xfe000000이다.

> **Note**
>
> 1부와 2부에서는 분석을 위해 커널 소스가 필요하다. 3부에서는 안드로이드 소스코드 트리를 알아본다. 이 책에서는 두 개의 골드피시 커널을 사용한다. 1부와 2부에서 참고하기 위해 android-goldfish-2.6.29 branch를 체크아웃한다. 3부에서는, 안드로이드 4.4.x 소스트리를 컴파일하고, android-goldfish-3.4 버전을 사용할 것이다. 이 책에서 사용되는 소스코드의 상세한 정보는 부록 B를 참고하자.

이 장 후반에서 다룰 골드피시 커널의 스타트업 로그를 보면, 안드로이드 에뮬레이터를 지원하는 하드웨어 인터페이스의 개요를 빠르게 확인할 수 있다. [표 2.1]은 골드피시 하드웨어 인터페이스를 요약한 것이다.

표 2.1 하드웨어 레지스터와 인터럽트

하드웨어	C 언어 정의	기본 주소 오프셋	인터럽트
Serial 1	GOLDFISH_TTY_BASE	(0x2000)	4
Timer	GOLDFISH_TIMER_BASE	(0x3000)	3
Audio	GOLDFISH_AUDIO_BASE	(0x4000)	15
Memlog	GOLDFISH_MEMLOG_BASE	(0x6000)	
RTC	GOLDFISH_RTC_BASE	(0x10000)	10
Serial 2	GOLDFISH_TTY1_BASE	(0x11000)	11
Serial 3	GOLDFISH_TTY2_BASE	(0x12000)	12
Ethernet	GOLDFISH_smc91x_BASE	(0x13000)	13
Frame Buffer	GOLDFISH_FB_BASE	(0x14000)	14
Event	GOLDFISH_EVENTS_BASE	(0x16000)	18
NAND Flash	GOLDFISH_NAND_BASE	(0x17000)	

Pipe	GOLDFISH_PIPE_BASE	(0x18000)	19
Switch 0	GOLDFISH_SWITCH0_BASE	(0X19000)	20
Switch 1	GOLDFISH_SWITCH1_BASE	(0x1a000)	21

표 2.2 시리얼 하드웨어

시리얼 하드웨어	기본 주소	인터럽트
Serial 1	0xff002000	4
Serial 2	0xff011000	11
Serial 3	0xff012000	12

다음 절에서는 시리얼과 타이머 인터페이스의 미리보기를 예제로 제공한다. 이 책 전반에 걸쳐, U-Boot와 베어 메탈 환경을 위해 포팅하는 하드웨어 인터페이스를 소개한다. 5장에서 시리얼 하드웨어를, 7장에서 인터럽트 컨트롤러를, 8장에서 NAND 플래시 하드웨어를 논의한다.

시리얼

골드피시 플랫폼은 세 개의 시리얼 포트를 포함한다. 이들 포트의 기본 주소를 [표 2.2]에서 보여준다. 다음 다섯 개의 32비트 레지스터는 시리얼 포트의 데이터 통신을 처리하기 위해 사용된다. 이들 레지스터의 정의는 골드피시 커널 소스의 drivers/char/goldfish_tty.c 파일에서 찾을 수 있다.

- PUT_CHAR at offset 0x0 : 쓰기 전용 레지스터로, 값을 쓰는 것은 콘솔에 문자를 넣는 일이다.

- BYTES_READY at offset 0x4 : 문자의 개수를 반환하고 콘솔에서 읽기 위해 대기한다. 읽기 전용 레지스터다.

- CMD at offset 0x8 : 쓰기 전용 레지스터다. 명령어 작성은 네 개의 섹션 중 하나를 수행한다.

  - CMD_INT_DISABLE (0) 콘솔 인터럽트 비활성화.

  - CMD_INT_ENABLE (1) 콘솔 인터럽트 활성화.

  - CMD_WRITE_BUFFER (2) 가상 주소 DATA_PTR에서 콘솔로 DATA_LEN bytes 복사.

  - CMD_READ_BUFFER (3) 콘솔에서 가상 주소 DATA_PTR로 DATA_LEN bytes 복사. 바이트 개수는 BYTES_READY에 의해 지정된 개수를 초과하지 않아야 한다.

- DATA_PTR at offset 0x10 : 쓰기 전용 레지스터. 이 레지스터의 값은 읽기와 쓰기 버퍼 명령어에서 사용되는 가상 주소다.

- DATA_LEN at offset 0x14 : 쓰기 전용 레지스터. 이 레지스터의 값은 읽기 혹은 쓰기 버퍼 명령어와 함께 복사하기 위한 바이트 개수다.

타이머

타이머 컨트롤러를 위한 오프셋은 0x3000에 있다. 다음에 나열된, 6개의 32 비트 레지스터는 arch/arm/mach-goldfish/include/mach/timer.h에 정의되어 있다. 타이머는 흐르는 64비트 카운터에 의해 표시된다.

- TIMER_LOW at offset 0x0 : 64비트 카운터로부터 최저 32비트를 반환. 또한 상위 32비트가 TIMER_HIGH로의 접근을 잠근다. 일관된 값을 얻기 위해 TIME_HIGH를 읽기 전에 TIME_LOW를 읽어야 한다. TIME_LOW는 읽기 전용 레지스터다.

- TIMER_HIGH at offset 0x4 : 읽기 전용 레지스터로, 64비트 카운터의 상위 32비트를 저장한다. 오직 TIME_LOW 값을 읽은 후에야 TIMER_HIGH를 읽을 수 있다.

- ALARM_LOW at offset 0x8 : 쓰기 전용 레지스터로, 다음 알람 값의 최저 32비트를 저장한다. 같은 값을 얻으려고 알람을 세팅할 때 ALARM_HIGH 값은 처음에 저장되어야 한다. 카운터 값과 알람 값이 일치할 때 인터럽트가 발생한다.

- ALARM_HIGH at offset 0xc : 쓰기 전용 레지스터로, 다음 알람 값의 상위 32 비트를 저장한다. 이 레지스터에 쓰는 것은 내부 64비트 알람 레지스터를 업데이트하지 않게 한다. 업데이트는 ALARM_LOW에 쓰는 중에 완료된다.

- CLEAR_INTERRUPT at offset 0x10 : 쓰기 전용 레지스터다. 이 레지스터에 쓰인 때, 이전에 알람에 의해 게시된 인터럽트는 삭제된다.

- CLEAR_ALARM at offset 0x14 : 쓰기 전용 레지스터다. 이것은 타이머 인터럽트를 삭제하기 위해 사용된다.

[예제 2.1]은 골드피시 커널(안드로이드 SDK와 함께 제공된) 스타트업 로그를 보여준다. 우리가 나중에 부팅 프로세스를 디버그할 때 참조할 것이다.

예제 2.1 골드피시 커널 스타트업 로그

```
Uncompressing
Linux ........................................................................
..................... done, booting the kernel.
goldfish_fb_get_pixel_format:167: display surface,pixel format:
  bits/pixel:  16
  bytes/pixel: 2
  depth:       16
  red:         bits=5 mask=0xf800 shift=11 max=0x1f
```

```
green:          bits=6 mask=0x7e0 shift=5 max=0x3f
blue:           bits=5 mask=0x1f shift=0 max=0x1f
alpha:          bits=0 mask=0x0 shift=0 max=0x0
Initializing cgroup subsys cpu
Linux version 2.6.29-gea477bb (kroot@kennyroot.mtv.corp.google.com) (gcc version
4.6.x-google 20120106 (prerelease) (GCC) ) #1 Wed Sep 26 11:04:45 PDT 2012
```

[예제 2.1]에서 우리는 커널 버전 2.6.29를 볼 수 있다. 이 버전은 안드로이드4.0.3 SDK와 함께 구성되어 있다.

```
CPU: ARMv7 Processor [410fc080] revision 0 (ARMv7), cr=10c5387f
CPU: VIPT nonaliasing data cache, VIPT nonaliasing instruction cache
Machine: Goldfish
Memory policy: ECC disabled, Data cache writeback
Built 1 zonelists in Zone order, mobility grouping on.  Total pages: 130048
Kernel command line: qemu.gles=1 qemu=1 console=ttyS0 android.qemud=ttyS1
androidboot.console=ttyS2 android.checkjni=1 ndns=1
Unknown boot option 'qemu.gles=1': ignoring
Unknown boot option 'android.qemud=ttyS1': ignoring
Unknown boot option 'androidboot.console=ttyS2': ignoring
Unknown boot option 'android.checkjni=1': ignoring
PID hash table entries: 2048 (order: 11, 8192 bytes)
Console: colour dummy device 80x30
Dentry cache hash table entries: 65536 (order: 6, 262144 bytes)
Inode-cache hash table entries: 32768 (order: 5, 131072 bytes)
Memory: 512MB = 512MB total
Memory: 515584KB available (2900K code, 707K data, 124K init)
```

메모리 크기는 [그림 2.3]에서 정의한 크기인 512MB로 초기화되어 있다.

```
Calibrating delay loop... 235.11 BogoMIPS (lpj=1175552)
Mount-cache hash table entries: 512
Initializing cgroup subsys debug
Initializing cgroup subsys cpuacct
Initializing cgroup subsys freezer
CPU: Testing write buffer coherency: ok
net_namespace: 936 bytes
NET: Registered protocol family 16
bio: create slab <bio-0> at 0
NET: Registered protocol family 2
```

```
IP route cache hash table entries: 16384 (order: 4, 65536 bytes)
TCP established hash table entries: 65536 (order: 7, 524288 bytes)
TCP bind hash table entries: 65536 (order: 6, 262144 bytes)
TCP: Hash tables configured (established 65536 bind 65536)
TCP reno registered
NET: Registered protocol family 1
checking if image is initramfs... it is
Freeing initrd memory: 176K
```

다음은 커널에 의해 초기화된 하드웨어 인터페이스 목록이다. 해당 장치 이름을 지나, 기본 주소, 인터럽트 번호가 나열되어 있다. 한 가지 예로, 시리얼 포트 1은 장치 이름이 goldfish_tty, base address 0xff002000, interrupt number 4로 초기화되어 있다.

```
goldfish_new_pdev goldfish_interrupt_controller at ff000000 irq -1
goldfish_new_pdev goldfish_device_bus at ff001000 irq 1
goldfish_new_pdev goldfish_timer at ff003000 irq 3
goldfish_new_pdev goldfish_rtc at ff010000 irq 10
goldfish_new_pdev goldfish_tty at ff002000 irq 4
goldfish_new_pdev goldfish_tty at ff011000 irq 11
goldfish_new_pdev goldfish_tty at ff012000 irq 12
goldfish_new_pdev smc91x at ff013000 irq 13
goldfish_new_pdev goldfish_fb at ff014000 irq 14
goldfish_new_pdev goldfish_audio at ff004000 irq 15
goldfish_new_pdev goldfish_mmc at ff005000 irq 16
goldfish_new_pdev goldfish_memlog at ff006000 irq -1
goldfish_new_pdev goldfish-battery at ff015000 irq 17
goldfish_new_pdev goldfish_events at ff016000 irq 18
goldfish_new_pdev goldfish_nand at ff017000 irq -1
goldfish_new_pdev qemu_pipe at ff018000 irq 19
goldfish_new_pdev goldfish-switch at ff01a000 irq 20
goldfish_new_pdev goldfish-switch at ff01b000 irq 21
goldfish_pdev_worker registered goldfish_interrupt_controller
goldfish_pdev_worker registered goldfish_device_bus
goldfish_pdev_worker registered goldfish_timer
goldfish_pdev_worker registered goldfish_rtc
goldfish_pdev_worker registered goldfish_tty
goldfish_pdev_worker registered goldfish_tty
goldfish_pdev_worker registered goldfish_tty
goldfish_pdev_worker registered smc91x
```

```
goldfish_pdev_worker registered goldfish_fb
goldfish_pdev_worker registered goldfish_audio
goldfish_pdev_worker registered goldfish_mmc
goldfish_pdev_worker registered goldfish_memlog
goldfish_pdev_worker registered goldfish-battery
goldfish_pdev_worker registered goldfish_events
goldfish_pdev_worker registered goldfish_nand
goldfish_pdev_worker registered qemu_pipe
goldfish_pdev_worker registered goldfish-switch
goldfish_pdev_worker registered goldfish-switch
ashmem: initialized
Installing knfsd (copyright (C) 1996 okir@monad.swb.de).
yaffs Sep 26 2012 11:04:43 Installing.
msgmni has been set to 1007
alg: No test for stdrng (krng)
io scheduler noop registered
io scheduler anticipatory registered (default)
io scheduler deadline registered
io scheduler cfq registered
allocating frame buffer 480 * 800, got ffa00000
console [ttyS0] enabled
loop: module loaded
nbd: registered device at major 43
goldfish_audio_probe
tun: Universal TUN/TAP device driver, 1.6
tun: (C) 1999-2004 Max Krasnyansky <maxk@qualcomm.com>
smc91x.c: v1.1, sep 22 2004 by Nicolas Pitre <nico@cam.org>
eth0 (smc91x): not using net_device_ops yet
eth0: SMC91C11xFD (rev 1) at e080c000 IRQ 13 [nowait]
eth0: Ethernet addr: 52:54:00:12:34:56
```

다음으로, NAND 플래시는 NAND 플래시 크기, 페이지 크기, 여분 공간 크기, 지울 수 있는 블록 크기 (erase block size)로 초기화되어 있다. 아래에는 세 개의 NAND 플래시 장치가 발견되고, 시스템, 데이터, 캐시로서 탑재되어 있다.

```
goldfish nand dev0: size c5e0000, page 2048, extra 64, erase 131072
goldfish nand dev1: size c200000, page 2048, extra 64, erase 131072
goldfish nand dev2: size 4000000, page 2048, extra 64, erase 131072
mice: PS/2 mouse device common for all mice
```

```
*** events probe ***
events_probe() addr=0xe0814000 irq=18
events_probe() keymap=qwerty2
input: qwerty2 as /devices/virtual/input/input0
goldfish_rtc goldfish_rtc: rtc core: registered goldfish_rtc as rtc0
device-mapper: uevent: version 1.0.3
device-mapper: ioctl: 4.14.0-ioctl (2008-04-23) initialised: dm-devel@redhat.com
logger: created 64K log 'log_main'
logger: created 256K log 'log_events'
logger: created 64K log 'log_radio'
Netfilter messages via NETLINK v0.30.
nf_conntrack version 0.5.0 (8192 buckets, 32768 max)
CONFIG_NF_CT_ACCT is deprecated and will be removed soon. Please use
nf_conntrack.acct=1 kernel paramater, acct=1 nf_conntrack module option or
sysctl net.netfilter.nf_conntrack_acct=1 to enable it.
ctnetlink v0.93: registering with nfnetlink.
NF_TPROXY: Transparent proxy support initialized, version 4.1.0
NF_TPROXY: Copyright (c) 2006-2007 BalaBit IT Ltd.
xt_time: kernel timezone is -0000
ip_tables: (C) 2000-2006 Netfilter Core Team
arp_tables: (C) 2002 David S. Miller
TCP cubic registered
NET: Registered protocol family 10
ip6_tables: (C) 2000-2006 Netfilter Core Team
IPv6 over IPv4 tunneling driver
NET: Registered protocol family 17
NET: Registered protocol family 15
RPC: Registered udp transport module.
RPC: Registered tcp transport module.
802.1Q VLAN Support v1.8 Ben Greear <greearb@candelatech.com>
All bugs added by David S. Miller <davem@redhat.com>
VFP support v0.3: implementor 41 architecture 3 part 30 variant c rev 0
goldfish_rtc goldfish_rtc: setting system clock to 2013-05-20 13:29:09 UTC (1369056549)
Freeing init memory: 124K
mmc0: new SD card at address e118
mmcblk0: mmc0:e118 SU02G 100 MiB
 mmcblk0:
init: cannot open '/initlogo.rle'
```

NAND 플래시 파티션은 다음 섹션의 로그에 블록 디바이스로 탑재되어 있다.

```
yaffs: dev is 32505856 name is "mtdblock0"
yaffs: passed flags ""
yaffs: Attempting MTD mount on 31.0, "mtdblock0"
yaffs_read_super: isCheckpointed 0
save exit: isCheckpointed 1
yaffs: dev is 32505857 name is "mtdblock1"
yaffs: passed flags ""
yaffs: Attempting MTD mount on 31.1, "mtdblock1"
yaffs_read_super: isCheckpointed 0
yaffs: dev is 32505858 name is "mtdblock2"
yaffs: passed flags ""
yaffs: Attempting MTD mount on 31.2, "mtdblock2"
yaffs_read_super: isCheckpointed 0
init: cannot find '/system/etc/install-recovery.sh', disabling 'flash_recovery'
init: untracked pid 47 exited
eth0: link up
```

요약

이 장에서 안드로이드 에뮬레이터 내부를 보았다. 안드로이드 에뮬레이터 인스턴스의 구성을 위해 안드로이드 가상 장치 매니저를 사용하는 방법을 다뤘다. 또한 시리얼 인터페이스 및 타이머 인터페이스인 두 가지 일반적인 하드웨어 인터페이스를 자세히 살펴보았다. 하드웨어를 이해하는 것은 어떤 임베디드 시스템 프로그래밍 과정에든지 첫 번째 단계다.

3장
개발 환경 설정

이 장에서는 사용할 개발 환경을 설정하는 가상 하드웨어 플랫폼을 살펴본다. 이어서 개발 환경을 검증하기 위해 작은 테스트 프로그램을 작성한다.

호스트와 클라이언트 환경

임베디드 시스템 개발은 일반적으로 호스트 환경과 클라이언트 환경(또는 디바이스)으로 구성되어 있다. 호스트 환경은 소프트웨어 개발과 시스템 구성을 위해 무엇을 사용하는가에 달려있다. 클라이언트 환경은 우리의 소프트웨어를 테스트하기 위해 무엇을 사용하는가에 달려 있다. 여기에서는 호스트로는 리눅스 환경을 사용하고 테스트를 위한 에뮬레이터 디바이스는 안드로이드 에뮬레이터를 사용한다. 대부분의 ARM 개발 도구(툴체인)는 리눅스, 윈도우, 맥 OS X을 지원한다. 이 책의 호스트 개발 환경으로 우분투 12.04LTS를 사용한다.

첫 번째, 호스트에 ARM 개발과 안드로이드 SDK를 위한 GNU 툴체인을 설치해야 한다. 안드로이드 에뮬레이터는 안드로이드 SDK의 일부다. 그것은 특정 QEMU 버전과, ARM 기반 머신들을 포함한 다양한 장치를 에뮬레이팅할 수 있는 머신 에뮬레이터를 포함한다. 우리는 GNU 툴체인을 사용해 컴파일하여, ARM 어셈블리어나 C 프로그램들을 작성하고 안드로이드 에뮬레이터에서 그들을 실행하고 테스트한다. QEMU과 같은 안드로이드 에뮬레이터는 gdb 인터페이스를 지원할 수 있다. 이것은 안드로이드 에뮬레이터에서 실행되고 있는 프로그램을 모니터하는 좋은 방법이다. gdb를 통해 에뮬레이터를 연결한 다음 순서대로 디버깅할 수 있다. 더 나은 사용자 인터페이스를 위해, gdb와 함께 사용될 수 있게 추가한다. 프로시저와 스크립트 설치는 다른 리눅스 배포판에 아주 쉽게 포팅할 수 있게 해준다.

아래 두 개의 리스트는 클라이언트와 호스트 환경에 정의되어 있다. 장치의 하드웨어 사양으로 클라이언트 구성을 생각할 수 있다. 대조적으로 호스트 구성은 작업 환경 사양이다.

다음은 클라이언트 환경에서의 구성이다.

- 안드로이드 에뮬레이터([그림 2.3]에 AVD 정의)

- 프로세서 : ARM (armeabi-v7a)

- 디스플레이 : 4.0”,480×800:hdpi

- 메모리 : 512MB RAM

- 플래시 : 200MB NAND 플래시

- 100MB SD 카드

- 전방 혹은 후방 카메라

- 쿼티 기반 키보드와 전화 버튼

- GSM 모뎀

- 가속도계

다음은 호스트 환경에서의 구성이다.

- 우분투 12.04LTS

- Sourcery CodeBench Lite Edition

- 안드로이드 SDK

- ddd

개발 환경 설정

개발 환경 구성을 위해, 먼저 ARM과 안드로이드 SDK를 위한 툴체인을 다운로드해야 한다. 안드로이드와 임베디드 시스템의 개발은 빠르고 역동적으로 변화하는 기술이다. 이 책을 따라하기 위한 기초로서 특정 버전의 ARM 툴체인과 안드로이드 SDK를 선택해야 한다. 변하는 개발 환경을 맞추기 위한 노력을 해야 한다.

이 책에서 사용된 버전은 다음과 같다.

- ARM 툴체인 버전 : CodeBench Lite arm-2013.11

- 안드로이드 SDK 버전 : ADT 번들 릴리즈 20140702

직접적인 링크를 사용하여 위 버전을 얻을 수 있으니, 나중에 다운로드하는 방법도 살펴볼 것이다. CodeBench Lite의 최신 버전으로, 멘토 그래픽스는 ARM과 X86 아키텍처 두 가지를 자사 웹사이트에서 삭제했다. 이제는 회사 웹 사이트에서 등록한 후, 평가판을 얻을 수 있다.

구글은 웹 사이트에서 통합 개발 환경(IDE)으로 이클립스를 사용하는 ADT 번들에 대한 지원을 없앴다. 하지만 SDK-only 패키지나 Android Studio를 통합한 버전을 다운로드할 수 있다. ARM 툴체인이나 안드로이드 SDK를 다운로드하고 설치하는 것을 수월하게 하기 위해, 우분투 환경에 설치 스크립트를 내려 받아 실행할 수 있다. 스크립트 주소는 다음을 참고하자(http://github.com/shugaye/build/blob/master/bin/install.sh.).

안드로이드 SDK 다운로드 및 설치하기

안드로이드 SDK를 다운로드할 수 있는 주소는 다음과 같다. http://developer.android.com 이 소프트웨어 개발 키트는 몇 가지 다른 형식으로 배포된다. 우리는 안드로이드 개발자 도구(ADT) 번들을 사용할 것이다. 이 패키지는 안드로이드 SDK와 이클립스 ADT 플러그인을 포함한다. 앞서 언급한 바와 같이, 앞에서 제시된 링크와 함께 안드로이드 SDK나 Android Studio의 독립 실행 버전을 찾을 수 있지만, ADT 번들은 그렇지 않다. 대신에 해당 번들을 다운로드할 다른 링크를 사용해야 한다. 이 책에서 사용한 ADT 번들을 다운로드하기 위해, 독자의 우분투 환경에 따라 아래 링크 중 하나를 선택한다.

- ADT 번들의 x86_64 버전 : http://dl.google.com/android/adt/adt-bundle-linux-x86_64-20140702.zip

- ADT 번들의 x86 버전 : http://dl.google.com.android/adt/adt-bundle-linux-x86-20140702.zip

ADT 번들은 응용 프로그램 개발을 위해 필요한 모든 것을 제공하고, 개발을 간소화하기 위해 ADT가 내장된 이클립스 IDE의 버전을 포함하고 있다. 패키지를 다운로드한 후, ZIP 파일(adt-bundle-⟨os_platform⟩.zip)의 압축을 해제하고 홈 디렉토리 하위의 개발 디렉토리 같은 적당한 장소에 저장한다. 이클립스는 adt-bundle-⟨os_platform⟩/eclipse/ 폴더에서, 안드로이드 SDK는 adt-bundle-⟨os_platform⟩/sdk/ 폴더에서 찾을 수 있다.

이 책의 3부에서 안드로이드 소스코드를 빌드하려면 x86_64 우분투 환경을 세팅해야 한다. 이 환경에서 다음의 명령어를 사용하여 다운로드하고 실행할 수 있다.

```
$ cd $HOME

$ wget -O ~/Downloads/adt-bundle-linux-x86_64-20140702.zip
https://dl.google.com/android/adt/adt-bundle-linux-x86_64-20140702.zip

$ unzip ~/Downloads/adt-bundle-linux-x86_64-20140702.zip
```

ARM을 위한 GNU 툴체인 다운로드 및 설치하기

사전 구축된 많은 ARM 툴체인은 개발자들이 무료로 사용할 수 있다. 그들은 일반적으로 다른 타겟을 빌드하는 다양한 형식으로 툴체인을 제공한다(http://www.linaro.org/). Linaro는 그 중에서도 ARM EABI, GNU/리눅스 및 64비트 GNU/리눅스를 위해 별도의 툴체인을 제공한다. 구글 또한 안드로이드 커널이나 안드로이드 오픈소스 프로젝트(AOSP)를 구축하기 위한 용도로 툴체인을 제공한다. 다음의 링크에서 빌드 환경과 구글이 사전 구축한 툴체인을 얻을 수 있다. http://source.android.com/index.html.

이 책에서는, 멘토 그래픽스(Mentor Graphics)의 ARM 툴체인을 사용할 것이다. 이 회사는 임베디드 소프트웨어 개발을 위한 Sourcery CodeBench라는 제품군을 제공한다. 이 제품군에 포함된 Sourcery CodeBench Lite라 불리는 제품은 무료이다. 멘토 그래픽스에서 ARM을 위한 GNU 툴체인은 다음 링크에서 다운로드할 수 있다. http://www.mentor.com/embedded-software/sourcery-tools/sourcery-codebench/editions/lite-editions/.

멘토 그래픽스 웹사이트에는 ARM을 위한 몇 가지 툴체인이 유효하며, 아래 두 가지 모두 필요하다.

- Toolchain for ARM EABI/ELF: RTOS 혹은 운영체제 없는 'bare metal' 시스템을 위한 도구. 이 툴체인은 리눅스 커널 혹은 애플리케이션을 빌드하기 위해 사용되어서는 안 된다.

- Toochain for GNU/Linux: 리눅스를 완벽하게 실행할 수 있도록 MMU와 하나 이상의 CPU를 가진 시스템을 위한 도구. 이런 종류는 리눅스 커널과 애플리케이션 둘 다 빌드를 위해 사용될 수 있다.

단체들이 ARM 같은 프로세서 아키텍처에 대해 서로 다른 형식의 툴체인을 제공하는 이유는 대상 환경이 각각 차이가 있기 때문이다. 예를 들어, 베어 메탈 환경에서 toolchain for GNU/Linux을 사용할 수 없다. toolchain for GNU/Linux의 C 라이브러리는 Glib C이다. 이 대형 C 런타임 라이브러리는 운영체제 시스템과 데스크톱 환경에 적합하지만, 임베디드 시스템에서는 적합하지 않다. 반면 toolchain for ARM EABI/ELF은 일반적으로 NEWLIB와 같은 훨씬 작은 C 라이브러리와 함께 컴파일된다. 그것은 베어 메탈 환경에서 사용될 수 있다. 이 책의 1부에서 우리는 모든 예제를 컴파일하기 위해 toolchain for ARM EABI/ELF를 사용한다. 2부와 3부에서는 ARM EABI/ELF와 GNU/Linux toolchain 모두를 사용한다.

앞서 언급한, ARM 및 x86을 위한 CodeBench Lite 공식 다운로드 페이지는 멘토 그래픽스에 의해 없어졌고 CodeBench trial 버전 다운로드 페이지로 대체되었다. 그러나 여전히 이용 가능한 이전 버전을 직접 다운로드할 수 있는 링크가 있다. 아래 명령어를 통해 두 가지 패키지를 다운로드할 수 있다.

```
$ wget -O ~/Downloades/arm-2013.11-24-arm-none-eabi-i686-pc-linux-gnu.tar.bz2
https://sourcery.mentor.com/public/gnu_toolchain/arm-none-eabi/arm-2013.11-24-arm-none-eabi-i686-pc-linux-gnu.tar.bz2

$ wget -O ~/Downloads/arm-2013.11-33-arm-none-linux-gnueabi-i686-pc-linux-gnu.tar.bz2
http://sourcery.mentor.com/public/gnu_toolchain/arm-none-linux-gnueabi/arm-2013.11-33-arm-none-linux-gnueabi-i686-pc-linux-gnu.tar.bz2
```

이 패키지를 다운로드한 후, 해당 폴더에서 압축된 파일을 볼 수 있다. 이 파일을 홈 디렉토리에 압축 해제한다.

```
$ ls
arm-2013.11-24-arm-none-eabi-i686-pc-linux-gnu.tar.bz2
arm-2013.11-33-arm-none-linux-gnueabi-i686-pc-linux-gnu.tar.bz2
```

```
$ tar xvfj ~/Downloads/arm-2013.11-24-arm-none-eabi-i686-pc-linux-gnu.tar.bz2
$ tar xvfj ~/Downloads/arm-2013.11-33-arm-none-linux-gnueabi-i686-pc-linux-gnu.tar.
bz2
```

툴체인을 압축 해제하거나 설치 후, 컴파일 도구를 실행할 수 있도록 full path가 아닌 PATH를 환경변수에 추가한다.

```
$ export PATH=$HOME/{your installation folder}/bin:$PATH
```

환경변수를 영구적으로 지정하기 위해 스타트업 스크립트인 .bashrc에 추가 하길 원할 수 있다. 당신이 다운로드한 .bashrc에서 사용할 수 있는 스크립트 파일을 만들었다. 아래의 링크를 참조하라.

https://github.com/shugaoye/build/blob/master/bin/setup.sh.

gdb를 위한 더 나은 사용자 인터페이스를 위해 우분투에서 ddd를 설치할 수 있다.

```
$ sudo apt-get install ddd
```

통합 개발 환경

우리가 하위 레벨 프로그래밍 작업을 하기 때문에, 이 책의 IDE 혹은 편집기로 이클립스를 사용한다. 이클립스는 안드로이드 애플리케이션은 물론이고, C와 어셈블리어를 사용해 시스템 레벨의 개발이 가능한 개발 환경이다. 이 책의 모든 예제들을 이클립스에서 명령어 라인으로 편집과 빌드, 두 가지를 처리할 수 있다. 부록 A에는 프로젝트를 이클립스에 임포트하는 방법이 설명되어 있다.

당신의 첫 번째 ARM 프로그램

환경 설정이 끝나면 개발 환경을 검증하기 위해 간단한 ARM 프로그램을 작성할 준비가 되었다. 프로그래밍 언어를 처음 배울 때 표준 출력하는 대표적인 프로그램은 "Hello world!"다. 그러나 이것은 단순히 어셈블리어 몇 줄로 처리하기에는 어려운 작업이다. 이 작업은 나중에 언어를 C로 옮겼을 때 작성할 것이다. 첫 프로그램 테스트를 시작하기 전, 오픈소스 저장소 GitHub에서 소스코드를 체크아웃한다. 부록 A에는 이 책의 소스코드에 대한 상세한 설명이 제공된다. 지금은, 다음의 명령어를 이용하여 소스코드를 얻어 홈 디렉토리에 저장한다.

```
$ mkdir book
$ cd book
$ git clone https://github.com/shugaoye/bo.git
$ ls -F
```

```
c03/   c05/   c07/   drivers/   makedefs       README.md
c04/   c06/   c08/   include/   makedefs.arm
```

3~8장을 위한 예제코드는 c03~c8 폴더에 위치한다. 각 장의 예제 디렉토리, include와 drivers 디렉토리 및 공통 파일들이 존재한다.

예제 3.1 두 수 덧셈(c03/c03e1/c03e1.S)

```
...
ResetISR:                        @ The starting address after power-up
        mov    r0, #5            @ Load register r0 with the value 5
        mov    r1, #4            @ Load register r1 with the value 4
        add    r2, r1, r0        @ Add r0 and r1 and store in r2
ResetISR_STOP:
b ResetISR_STOP        @ Infinite loop to stop execution
...
```

첫 번째 소스코드는 c03/c03e1 폴더에서 찾을 수 있다. 첫 번째 어셈블리 프로그램에서 레지스터를 사용해 두 개의 숫자를 함께 추가한다. 어셈블리 프로그램 소스 파일은 한 줄에 하나인 문장 시퀀스로 구성되어 있다. 각 문장은 다음의 형식을 따른다.

```
label:     instruction            @ comment
```

이 책을 통해 만들 첫 번째 프로그램은 어셈블리어다. 필수 어셈블리어 요소들에 대해 정리해 보자.

- 레이블 : 메모리에서 명령어의 위치를 참조할 수 있는 편리한 방법이다. 주소가 어디든 브랜치 명령어의 오퍼랜드로서 사용될 수 있다. 레이블 이름은 문자, 숫자, 밑줄(_) 및 달러($) 기호로 구성되어 있다.

- 주석 : @ 심볼로 시작한다. 이 심볼 뒤의 문자는 무시된다.

- 명령어: ARM 명령어나 어셈블러 지시문이 될 수 있다. 어셈블러 지시문은(Assembler directives) 어셈블러에 명령한다. 어셈블러 지시어는 항상 마침표(.)로 시작한다.

[예제 3.1]은 두 숫자를 더하는 매우 간단한 ARM 어셈블리 프로그램이다.

보드에 전원을 공급한 후, 프로세서는 메모리에서 초기화된 주소로부터 시작할 것이다. 예제 프로그램은 보드에 전원을 공급한 후 초기화된 주소를 로드했기 때문에 시작할 수 있다. 이러한 베어 메탈 애플리케이션은 시스템의 초기화로부터 시작된다.

바이너리로 빌드하기

프로젝트 빌드를 위해, c03/c03el 폴더에서 make 명령을 호출할 수 있다

```
$ make DEBUG=1 VERBOSE=1

arm-none-eabi-gcc -marm -mno-thumb-interwork -mabi=aapcs-linux -march=armv5te -fno-
common -ffixed-r8 -msoft-float -fno-builtin -ffreestanding -MD -g -D DEBUG -Dgcc -o
gcc/c03e1.o -c c03e1.S
arm-none-eabi-ld -T c03e1.ld --entry ResetISR -o gcc/c03e1.axf gcc/c03e1.o /opt/arm-
2012.03/bin/../lib/gcc/arm-none-eabi/4.6.3/../../../../arm-none-eabi/lib/libm.a /opt/
arm-2012.03/bin/../lib/gcc/arm-none-eabi/4.6.3/../../../../arm-none-eabi/lib/libc.a /
opt/arm-2012.03/bin/../lib/gcc/arm-none-eabi/4.6.3/libgcc.a
```

makefile 출력에서, 어셈블러 소스 파일이 오브젝트 파일 c03el.o이 되기 위해 arm-none-eabi-gcc 가 호출되는 것을 볼 수 있다. 그 다음에 오브젝트 파일은 arm-none-eabi-ld를 사용하여 실행 파일 c03el.axf에 링크된다. 명령줄에서, 두 개의 파라미터를 제공한다. 매크로 DEBUG=1 : 실행 파일이 디버그 정보를 포함하여 gdb를 이용해 디버깅할 수 있도록 디버그 모드로 빌드한다. 매크로 VERBOSE=1 : 어셈블러와 링커의 디버그 정보가 빌드 과정에서 표시되게 한다. 또한 아래의 명령에서와 같이 파일을 수동으로 빌드하기 위해, 직접 GNU 툴체인의 어셈블러를 호출할 수 있다.

```
$ arm-none-eabi-as -g -march=armv5te -o gcc/c03e1.o -c c03e1.S
```

> **Note**
>
> 크로스-컴파일 툴체인은 호스트 툴체인과 이름 충돌을 피하기 위해 항상 빌드할 타겟 아키텍처가 고정되어 있다. 가독성을 위해, 이 책에서는 prefix 없이 도구를 참조할 것이다. 예를 들어, 어셈블러를 위한 arm-none-eabi-as 대신 as로 표기할 것이다.

수동으로 실행 파일을 만들기 위해, 아래 보여주는 명령어와 같이 GNU 툴체인의 링커 ld를 호출할 수 있다.

```
$ arm-none-eabi-ld -T c03e1.ld --entry ResetISR --gc-sections -o gcc/c03e1.axf gcc/
c03e1.o
```

이 명령은 makefile의 하나로 같은 것이다. 우리는 지금 당장 모든 라이브러리 파일을 지정할 필요가 없다. 우리는 아직 어떤 C 라이브러리 함수를 사용하지 않았기 때문이다. C 라이브러리 함수의 사용은 6장에서 설명한다. 다시 한번, -o 옵션은 출력 파일 이름을 지정한다. -Tc03el.ld 옵션은 링크 스크립트 파일 이름을 지정한다(링크 스크립트 파일은 4장에서 다룬다).

우리가 실행하기 전, 도구 nm을 사용하는 것을 볼 수 있다. 다양한 라벨의 주소 할당을 보려면, 다음과 같이 nm 명령어를 실행한다.

```
$ arm-none-eabi-nm gcc/c03e1.axf
00010000 T ResetISR
0001000c t ResetISR_STOP
00030000 T _bss
00030000 T _data
00030000 T _ebss
00030000 T _edata
00010010 T _etext
00010000 T _text
```

label ResetISR과 ResetISR_STOP 주소 할당을 참고하자. ResetISR은 64KB의 메모리 위치 주소인 0x00010000에 할당되었다. label ResetISR_STOP은 세 가지 명령 후에 나타난다. 각 명령의 크기는 4 바이트이다. 따라서 ResetISR_STOP은 ResetISR+12 (0x0001000C) 주소에 할당되었다. 0x00030000보다 큰 주소 라벨은 램 데이터를 위한 것이다. 우리는 4장에서 다시 한번 link scropts에 관해 논의할 것이다.

ld 명령어에 의해 만들어진 출력 파일은 ELF(실행 가능하고 링크 가능한 형식)라는 포맷이다. 다양한 파일 포맷은 실행 코드를 저장하는 데 사용할 수 있다. 사용자가 운영체제 환경에서 사용하는 경우 ELF 포맷은 잘 동작한다. 우리가(베어 메탈 환경) 직접 하드웨어에 프로그램을 실행하려고 하기 때문에, 바이너리 형식이라는 간단한 파일 형식으로 변환해야 한다. 바이너리 포맷 파일은 특정한 메모리 주소에서 연속된 바이트들을 가지고 있다. 다른 추가 정보가 파일에 저장되지 않는다. 이 포맷은 플래시 프로그래밍 도구에 있어 편리하다. 파일의 각 바이트를 메모리에 명시된 기본 주소에서 연속된 주소까지 복사하는 일이 프로그래밍을 할 때 수행되어야 할 전부이기 때문이다.

GNU 툴체인의 objcopy 명령어는 서로 다른 오브젝트 파일 형식 사이를 변환하는데 사용될 수 있다. 명령을 사용하는 방법을 살펴보자.

```
objcopy -O <output-format> <in-file> <out-file>
```

c03e1.axf를 바이너리 파일로 전환하기 위한 명령어 :

```
$ arm-none-eabi-objcopy -O binary gcc/c03e1.axf gcc/c03e1.bin
```

안드로이드 에뮬레이터에서 실행하기

ARM 프로세서가 초기화될 때, 플래시 메모리나 롬에서부터 실행이 시작되고 리셋 벡터가 호출된다. 안드로이드 에뮬레이터의 플래시 메모리 시작 주소를 0x0이라 가정한다. 플래시 메모리의 시작 위치에 있는 명령어는 실행될 것이다.

안드로이드 에뮬레이터에서, 파일은 플래시 메모리로 처리할 것을 지정해야 한다. ELF와 BIN 포맷 둘 다 안드로이드 에뮬레이터에서 사용될 수 있다. 안드로이드 에뮬레이터는 이러한 두 가지 다른 형식의 파일을 로드하는 동안 약간 다르게 동작한다. 그것은 ELF 포맷을 로드할 때, 안드로이드 에뮬레이터는 링크 스크립트에 정의된 로딩 주소로부터 시작된다. 우리의 경우, 시작 주소는 64KB 주소에서 0x00010000이다. 반대로 BIN 포맷을 로드할 때, 작은 부트로더가 실행된다. 그 후, 에뮬레이터는 0x00010000(64KB) 주소로 점프한다. 이것이 링크 스크립트에서 로딩 주소로 0x00010000를 선택한 이유이다.

> **Note**
>
> 10장에서 QEMU에 있는 작은 부트로더를 다시 알아볼 것이다. 거기에서, 우리는 QEMU와 안드로이드 에뮬레이터가 바이너리 이미지를 관리하는 방법을 더욱 명확하게 이해할 수 있다.

이전 단계에서 생성된 바이너리 파일 c03el.axf은 테스트를 위해 사용될 수 있다. 초기화 이후, 프로세서는 이 경우에 주소를 로드하여 실행을 시작할 것이고, 프로그램 명령이 실행될 것이다. 에뮬레이터를 호출하기 위한 명령은 다음과 같다.

```
$ emulator -verbose -show-kernel -netfast -avd hd2 -shell -qemu -s -S –kernel gcc/
c03e1.axf
...
emulator: Initializing hardware OpenGLES emulation support
QEMU waiting for connection on: telnet:localhost:6666,server
```

이 명령을 위해 다양한 커맨드라인 옵션들을 살펴보자.

- verbose: 에뮬레이터에 대한 디버그 정보를 켠다.

- show-kernel: 베어 메탈 프로그램, 부트로더 혹은 리눅스 커널이 될 수 있는 커널에 대한 디버그 정보를 켠다.

- avd hd2: 2장에서 만들었던 AVD 이름을 지정한다.

- shell : 현재 콘솔에서 생성되어야 하는 디버그 콘솔을 지정한다. 이 옵션은 후에 골드피시 커널 부트를 논의할 때, 유용할 것이다.

- qemu 이후 에뮬레이터 내부의 내장된 QEMU에 전달된 모든 옵션

- kernel: 플래시 메모리를 대표하는 c03el.axf 파일을 지정한다.

- s : QEMU가 TCP port 1234에 gdbserver 오픈 하는 것을 지정한다.

- S : QEMU 모니터 혹은 gdb에서 호출될 때까지 CPU가 점유하도록 지정.

에뮬레이터가 시작한 후, 사용자 인터페이스는 [그림 3.1]에서처럼 나타날 것이다. CPU에서 무슨 일이 일어나고 있는지 더 잘 보기 위해, ddd를 사용한 명령어를 다음과 같이 추가하여 시작할 수 있다.

```
$ ddd --debugger arm-none-eabi-gdb gcc/c03e1.axf
```

gdb 명령창에서, QEMU gdbserver에 연결하기 위한 타겟 명령을 사용한다.

```
Copyright © 1999-2001 Universität Passau, Germany.
Copyright © 2001 Universität des Saarlandes, Germany.
Copyright © 2001-2004 Free Software Foundation, Inc.
(gdb) target remote localhost:1234
0x00010000 in ?? ()
```

보기 메뉴에서 기계 코드창을 선택하면, [그림 3.2]와 같이 현재의 CPU 명령어들(instructions)이 실행되고 있는 것을 볼 수 있다.

그림 3.1 안드로이드 에뮬레이터 사용자 인터페이스

DDD 메뉴에서 레지스터의 내용을 보기 위해 [Status]-[Registers]를 선택하면, Register 상태창이 [그림 3.3]과 같이 나타난다. 프로그램의 실행 시작 전에, 레지스터의 내용이 [그림 3.3]과 같이 발견된다. 모든 레지스터는 레지스터 pc를 위해 0을 제외한 값을 가지고 있는 것을 유의하자. 레지스터 pc의 값은 프로그램이 시작되는 위치이다.

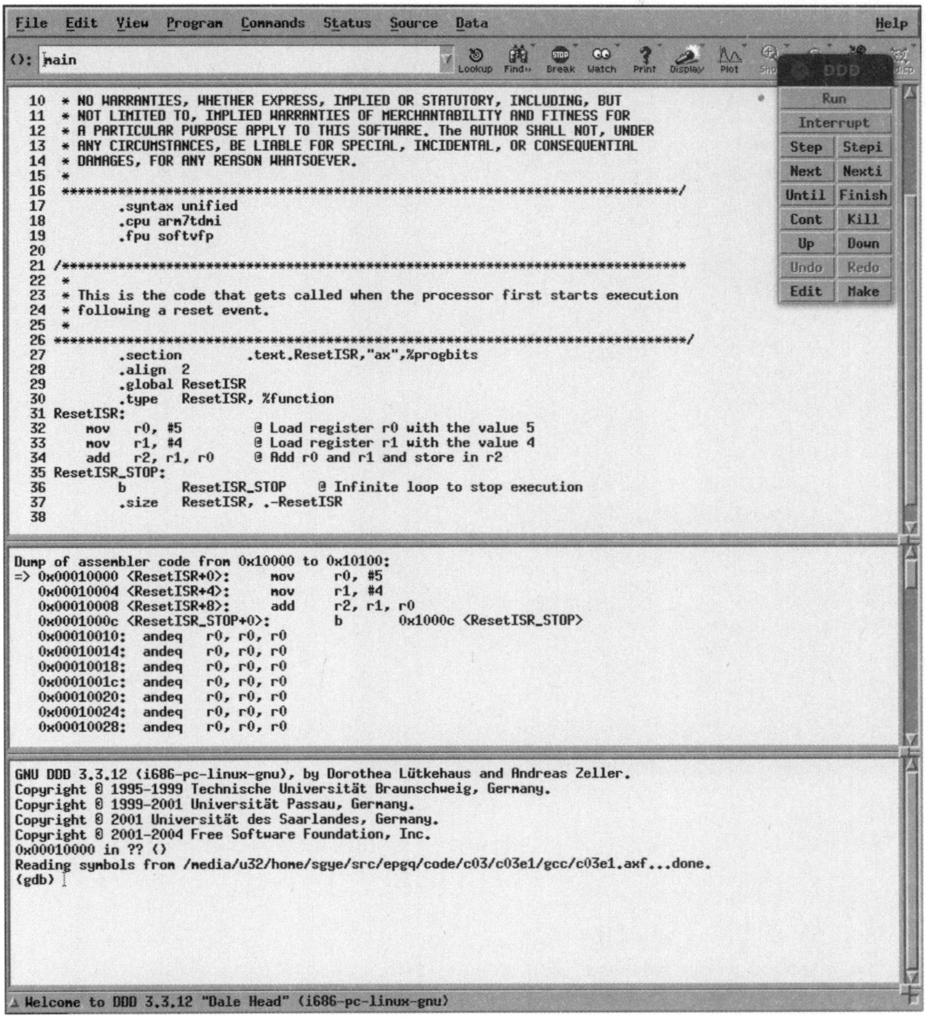

```
 File   Edit   View   Program   Commands   Status   Source   Data                    Help
(): main
                                Lookup  Find»  Break  Watch  Print  Display  Plot  Sho    DDD

  10   * NO WARRANTIES, WHETHER EXPRESS, IMPLIED OR STATUTORY, INCLUDING, BUT        Run
  11   * NOT LIMITED TO, IMPLIED WARRANTIES OF MERCHANTABILITY AND FITNESS FOR     Interrupt
  12   * A PARTICULAR PURPOSE APPLY TO THIS SOFTWARE. The AUTHOR SHALL NOT, UNDER  Step  Stepi
  13   * ANY CIRCUMSTANCES, BE LIABLE FOR SPECIAL, INCIDENTAL, OR CONSEQUENTIAL    Next  Nexti
  14   * DAMAGES, FOR ANY REASON WHATSOEVER.                                       Until Finish
  15   *                                                                           Cont  Kill
  16   **********************************************************************/       Up   Down
  17          .syntax unified                                                      Undo  Redo
  18          .cpu arm7tdmi                                                        Edit  Make
  19          .fpu softvfp
  20
  21   /**********************************************************************
  22   *
  23   * This is the code that gets called when the processor first starts execution
  24   * following a reset event.
  25   *
  26   **********************************************************************/
  27          .section          .text.ResetISR,"ax",%progbits
  28          .align  2
  29          .global ResetISR
  30          .type   ResetISR, %function
  31   ResetISR:
  32      mov   r0, #5          @ Load register r0 with the value 5
  33      mov   r1, #4          @ Load register r1 with the value 4
  34      add   r2, r1, r0      @ Add r0 and r1 and store in r2
  35   ResetISR_STOP:
  36      b       ResetISR_STOP    @ Infinite loop to stop execution
  37      .size   ResetISR, .-ResetISR
  38

Dump of assembler code from 0x10000 to 0x10100:
=> 0x00010000 <ResetISR+0>:       mov     r0, #5
   0x00010004 <ResetISR+4>:       mov     r1, #4
   0x00010008 <ResetISR+8>:       add     r2, r1, r0
   0x0001000c <ResetISR_STOP+0>:  b       0x1000c <ResetISR_STOP>
   0x00010010:      andeq   r0, r0, r0
   0x00010014:      andeq   r0, r0, r0
   0x00010018:      andeq   r0, r0, r0
   0x0001001c:      andeq   r0, r0, r0
   0x00010020:      andeq   r0, r0, r0
   0x00010024:      andeq   r0, r0, r0
   0x00010028:      andeq   r0, r0, r0

GNU DDD 3.3.12 (i686-pc-linux-gnu), by Dorothea Lütkehaus and Andreas Zeller.
Copyright @ 1995-1999 Technische Universität Braunschweig, Germany.
Copyright @ 1999-2001 Universität Passau, Germany.
Copyright @ 2001 Universität des Saarlandes, Germany.
Copyright @ 2001-2004 Free Software Foundation, Inc.
0x00010000 in ?? ()
Reading symbols from /media/u32/home/sgye/src/epgq/code/c03/c03e1/gcc/c03e1.axf...done.
(gdb)

△ Welcome to DDD 3.3.12 "Dale Head" (i686-pc-linux-gnu)
```

그림 3.2 사용자 인터페이스 더하기

우리가 레지스터 상태창에서 각 레지스터의 상태를 지속적으로 체크하는 동안, DDD 창에서 단계별 지시를 수행할 수 있다. 이 시스템은 명령을 수행하고 완료된 후, 무한루프를 돈다. [그림 3.4]에서 CPU가 무한루프로 빠진 후 레지스터의 값들을 보여준다. 레지스터 r2값에 주목하자. 이 레지스터는

덧셈의 결과를 포함하고 9의 기대 값과 일치해야 한다. 또한 레지스터 r0 과 r1에 저장된 두 가수를 볼 수 있다.

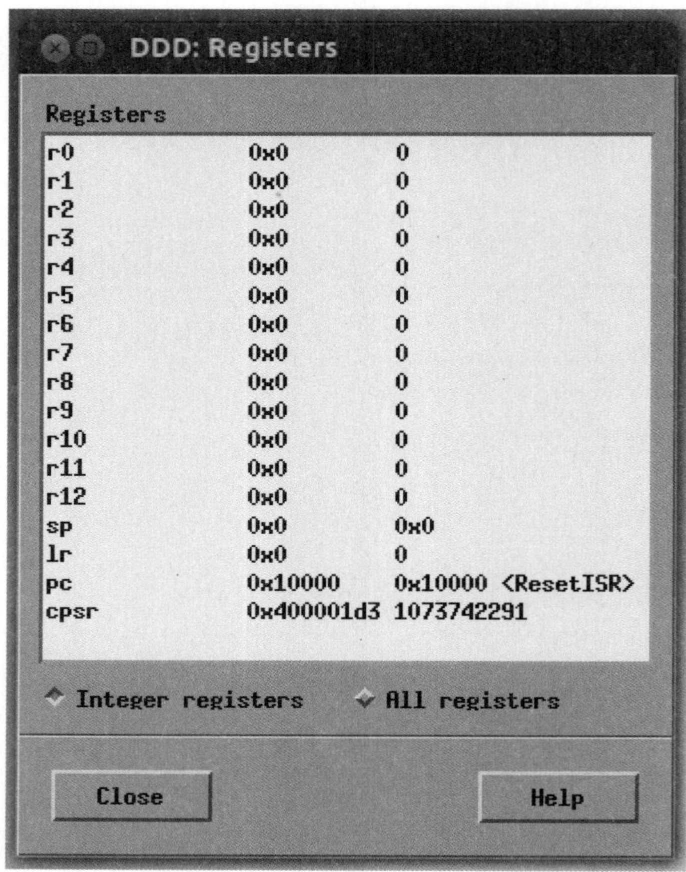

그림 3.3 시작 전 레지스터 상태

예제 프로젝트를 위한 Makefile

빌드와 디버그 과정을 단순화하기 위해, 표준 makefile 템플릿이 이 책의 모든 예제 프로젝트를 위해 사용될 것이다. 이 makefile 템플릿은 다음 빌드 타겟을 지원한다.

- -All : 디폴트 빌드 타겟으로, 어떤 인자도 지정하지 않았을 때 사용된다.

- -clean : 이 타겟은 .o와 .axf 파일과 같은 생성된 모든 파일을 제거하기 위해 프로젝트를 정리 한다.

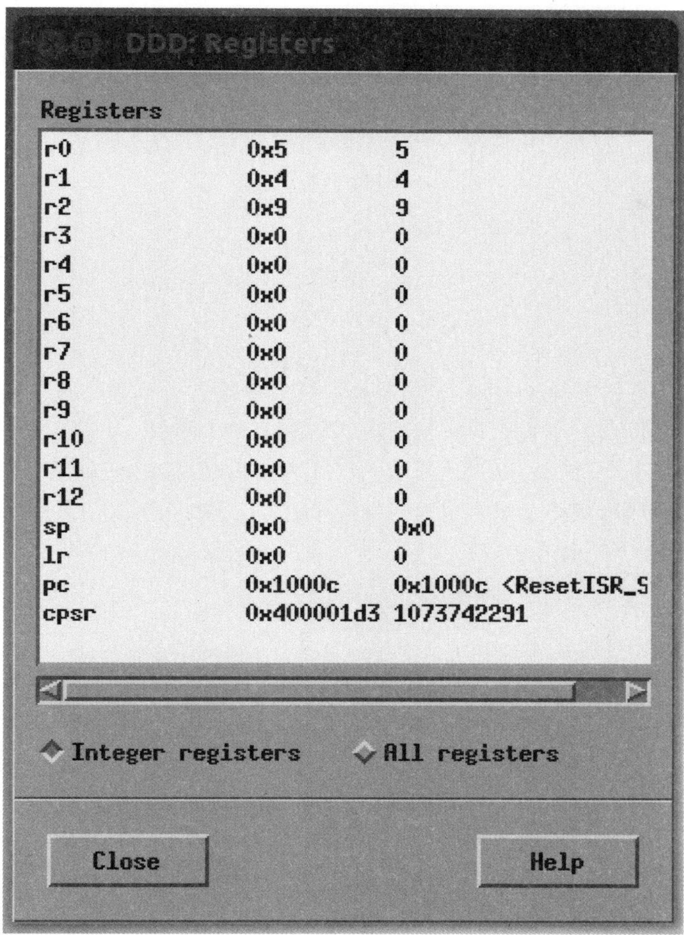

그림 3.4 실행된 후의 레지스터 상태

- debug : 이 타켓은 먼저 ddd 사용자 인터페이스에서 gdb를 실행한 후 안드로이드 에뮬레이터를 시작한다.

makefile 템플릿에는 빌드 타켓이 만들어 질 때 적용할 수 있는 다양한 옵션이 있다. 가장 일반적인 옵션은 DEBUG와 VERBOSE이다.

- DEBUG : DEBUG=1로 세팅되었을 때, 디버그 빌드가 생성된다. 우리는 gdb와 디버그 빌드 기능을 사용해야 한다 .

- VERBOSE : VERBOSE=1로 세팅되었을 때, 실제 빌드 명령은 콘솔에 표시된다. 이것은 makefile 자체를 디버그하는 데 도움이 된다.

빌드 프로세스 정보와 디버그 버전을 구축하는 예는 콘솔에 다음과 같이 표시된다.

```
$ make DEBUG=1 VERBOSE=1
```

빌드 타겟 디버깅의 예는 다음과 같다.

```
$ make debug
```

요약

이번 장에서는 개발 환경과 도구를 설정하는 방법에 대해 배웠다. 그리고 프로그래밍을 시작하기 위해 필요한 간단한 프로그램을 만들었다. 이 간단한 예제를 통해 우리가 베어 메탈 프로그램을 빌드하고 안드로이드 에뮬레이터에서 gdb/ddd로 디버그하는 방법을 익힐 수 있다. 또한 디버그 과정 동안, gdb 명령을 통해 시스템 상태를 모니터하는 것과 상태 윈도우를 등록할 수 있음을 알게 되었다.

4장
링커 스크립트 및
메모리 맵

3장에서는 개발 환경을 세팅하고 환경을 검증하기 위해 간단한 어셈블리어 프로그램을 만들었다. 이번 장에서 우리는 어셈블리어 프로그래밍을 계속 알아본다. 실행 이미지의 구성 방법과 실행 전에 어떤 방법으로 메모리에 로드되는지 공부할 것이다. 이번 과정을 이해하기 위해, 첫 번째로 메모리 매핑을 고려해본다. 그 다음에 심볼 해상도, 재배치, 섹션 병합 등의 기본 개념을 공부한다. 이후 기초적인 개념과 함께, 예제를 사용해 링커 스크립트에 대해 논의한다.

메모리 맵

임베디드 시스템에서 일반적으로 램과 롬 형태의 메모리를 가진다. 플래시 메모리나 롬은 보통 읽기 전용 메모리이다. 하드디스크와 같이 보조적인 저장소 형태는 유용하지만, 플래시 메모리에 변수를 저장하는 것은 불편하다. 대신에 이 변수들은 수정을 쉽게 할 수 있도록 램에 저장되어야 한다. 롬에서 읽기 전용 데이터를 저장하는 것은 가능하지만, 롬은 램보다 읽기 속도가 훨씬 느리다. 안드로이드 에뮬레이터에서 NOR 플래시를 지원하지 않는다 하더라도, 그것을 에뮬레이트하기 위해 램을 사용할 수 있다. NOR 플래시 메모리로부터 안드로이드를 부팅하는 10장에서는 램을 사용해 NOR 플래시를 에뮬레이트할 것이다.

> **Note**
>
> 플래시 메모리는 전기적으로 삭제되고 재프로그램될 수 있는 비휘발성인 컴퓨터 저장 매체다. NOR 플래시 읽기는 램을 읽는 것과 유사하다. NOR 플래시 메모리는 (XIP) 메모리 장소에서 실행함으로써 사용될 수 있다. 반면에 NOR 플래시에 저장된 프로그램은 먼저 램으로 복사할 필요 없이 해당 위치에서 바로 실행할 수 있다. 이 옵션은 일반적으로 성능상 실행을 위해 NOR 플래시에서 램으로 코드와 데이터를 복사하지만, 특정한 경우에 매우 유용하다. NAND 플래시는 하드디스크와 같은 블록 장치처럼 동작한다. NAND 플래시에 있는 데이터와 프로그램은 접근할 수 있기 전에 먼저 램으로 복사되어야 한다.

프로그램과 메모리를 좀 더 잘 제어하기 위해, 우리는 전체 메모리 공간이 구축되는 방법을 알아두는 게 좋다. 실제 하드웨어 보드에서는 여러 개의 램과 롬 자원이 있다. 가령, 애플리케이션 프로세서는 그래픽 디스플레이를 다루는 자체 램이 있기도 하다. 프로세서는 서로 겹치는 영역이 있을 수 있고, 혹

은 그래픽 프로세서 레지스터들이 애플리케이션 프로세서 메모리 영역에 매핑될 수도 있다. 전체 메모리 공간 사용의 기술 명세를 메모리 맵이라고 한다. 골드피시 보드의 메모리 맵은 [그림 4.1]에 있다.

[그림 4.1]에 나와있는 메모리 맵은 이 책에서 사용하는 유일한 메모리 영역을 포함한다. 완전한 그림을 위해 다른 것들을 이 메모리 맵에 삽입해야 할 수도 있다. 0x00000000에서 시작하는 최하위 주소에 인터럽트 벡터나 시스템 예약을 위한 64KB 메모리 블록이 있다. 64KB 경계치를 가진 메모리 0x00010000 주소에서 우리의 프로그램이 구동하도록 로드한다. 베어 메탈 프로그래밍은 최소한의 메모리 자원이 필요하다. 5장부터 8장 사이에 나오는 프로그래밍 샘플들은 프로그램을 저장하기 위해 필요한 공간이 128KB 미만이다.

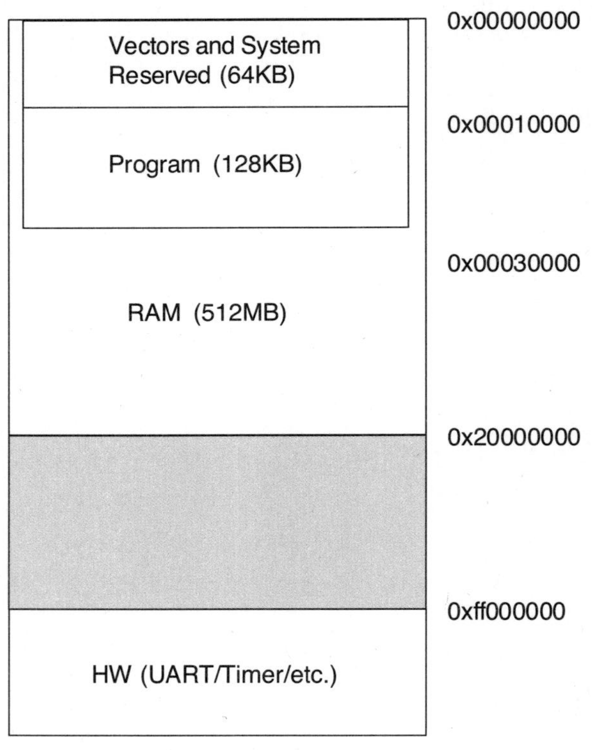

그림 4.1 가상 골드피시 보드 메모리 맵

이 128KB 메모리는 16진수 0x20000로 표현될 수 있다. 0x00030000~0x20000000 주소는 데이터를 위한 램 공간이다. 2장에서는 512MB 램과 함께 hd2 디바이스를 생성해서 전체 RAM 공간이 512MB였다. 512MB 메모리는 0x20000000에서 끝난다. 0xff000000부터 시작하는 기본 주소를 가지는 상위 주소 공간에서, 골드피시에 특화된 하드웨어 인터페이스가 있다.

안드로이드 에뮬레이터는 QEMU를 기반으로 하기 때문에 0x00010000에서 프로그램을 로드한다.

QEMU는 -kernel과 -initrd 옵션을 사용하는 리눅스 커널과 램디스크를 로드할 수 있다. 이들 옵션은 에뮬레이트된 메모리에 두 개의 바이너리 파일을 로드한다. 0x00010000(64KB) 주소의 커널 바이너리와 0x00800000(8MB)주소의 램 디스크 바이너리다.

이어서 QEMU는 커널을 실행시키기 위해 커널 인수를 준비하고 0x00010000(64KB)로 점프한다. QEMU는 여러 개의 바이너리 형식을 인식한다. 우리의 예제코드를 ELF (.axf)와 BIN (.bin) 두 가지 형식의 실행 파일로 빌드한다. QEMU는 두 가지 실행 파일을 지원한다.

적절한 메모리 영역에 프로그램을 배치하기 위해, 우리는 어셈블러와 링커가 어떻게 프로그램을 파일 이미지로 조립하는지, 어떻게 파일 이미지를 다른 메모리 영역으로 로드하는지를 이해해야 한다.

링커

3장에서 ELF-format 실행 파일을 생성하기 위해 두 가지 단계를 제시했다. 첫째로 어셈블러가 그러했듯이 오브젝트 파일을 사용해서 생성한다. 그때 오브젝트 파일을 ELF 형식 실행 파일로 변환하기 위해 ld 링커를 사용했다. 이제 링킹 단계에 대해 더욱 상세하게 살펴볼 것이다.

링킹은 메모리에 로드할 수 있는 하나의 실행을 형성하기 위해 각종 코드와 데이터 조각을 결합하는 과정이다. 링킹은 컴파일 타임, 로더에 의한 로드 타임 또는 애플리케이션 프로그램에 의한 런타임에 동작할 수 있다. 우리가 다중 파일 프로그램을 작성할 때, 각 파일은 개별적으로 오브젝트 파일로 어셈블리어화 되고, 그 다음 링커는 최종 실행 형태를 위해 이런 오브젝트 파일들을 결합한다.

그림 4.2에 보면, 세 개의 어셈블리 소스 파일이 있다(a.S, b.S, and c.S). 오브젝트 파일로 조립한 후, 링커를 사용해 실행 가능한 abc.axf를 생성한다.

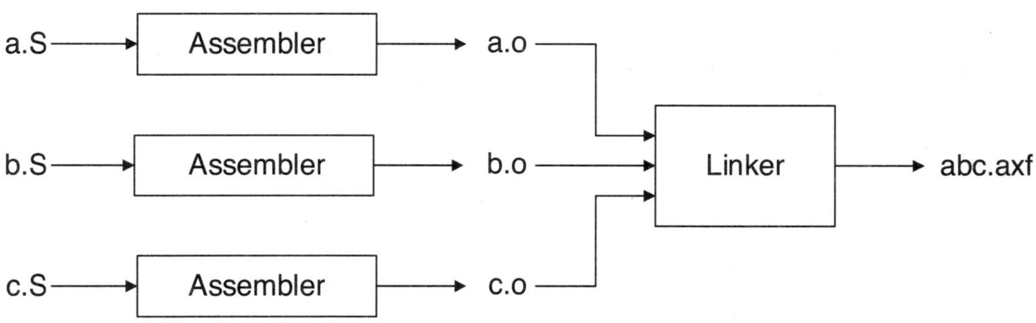

그림 4.2 링커의 역할

오브젝트 파일들이 서로 결합하는 동안, 링커는 심볼의 해석과 재배치를 수행한다. 세부적으로 이러한 작업들을 살펴보자.

Note

존 R. 레빈이 쓴 책 <링커와 로더>는 훌륭한 참고서이다. 이 책을 보면 심볼 처리, 섹션 병합, 다양한 파일 형식 등
더 많은 정보를 찾을 수 있을 것이다. 링커로부터의 실행 가능한 출력은 일반적으로 다음과 같은 세그먼트를 포함한다.

- **bss segment** : 초기화 되지 않은 전역 변수들을 포함
- **Data segment** : 초기화된 전역 변수들을 포함
- **Text segment** : 코드와 상수 데이터를 포함. read-only 메모리 혹은 RAM에 위치할 수 있음

심볼 처리

단일 파일 프로그램에서, 오브젝트 파일을 생성하는 동안에, 어셈블러는 모든 라벨에 대한 주소의 레
퍼런스(references)를 대체한다. 대조적으로 다중 파일 프로그램에서, 라벨의 레퍼런스가 다른 파일에
정의되었다면, 어셈블러는 이 레퍼런스를 '미해결'로 표시한다. 이후 이 오브젝트 파일이 링커에 전달
된다. 링커는 다른 오브젝트 파일들로부터 이들 레퍼런스를 위한 값을 결정하고, 올바른 값과 코드를
패치(재배치)한다.

심볼의 처리 과정 수행을 보여주기 위해, 정수들의 배열을 합산하는 예를 사용해 보자. 두 파일이 어셈
블리어화 되고, 레퍼런스의 '미해결' 대상을 표시하기 위해 심볼 테이블을 검사할 것이다. [역자주: 레
퍼런스(references)란 주소와 매핑되는 심볼, 즉 별명이다. 반면 포인터는 주소값이다. 이 둘은 다른 개
념으로 레퍼런스는 심볼의 주소가 어디인지 알기 위해 레퍼런스 테이블을 참조해야 한다.]

예 c04e1의 메인 프로그램

sum-sub.S 파일은 sum 서브루틴을 포함하고, c04el.S 인자와 함께 서브루틴을 호출한다. 파일들의
소스는 [예제 4.1]에 나타나 있다.

예제 4.1 c04e1.S: Integer 배열 합산(code\c04\c04e1)

```
    .syntax unified
    .cpu arm7tdmi
    .fpu softvfp

    .section   .data

data1:

    .word    0

    .section .text.ResetISR
    .align
    .global ResetISR
    .type ResetISR, %function

ResetISR:

    b start                @ Skip over the data
```

```
arr:
    .byte 2, 4, 8, 16, 32    @ Read-only array of bytes
eoa:                          @ Address of end of array + 1

    .align

start:
    ldr   r0, =arr            @ r0 = &arr
    ldr   r1, =eoa            @ r1 = &eoa
    bl    sum                 @ Invoke the sum subroutine
    ldr   r0, =data1          @ r0 = &data1
    str   r3, [r0]            @ result in r3 and store it to data1
ResetISR_STOP:
    b ResetISR_STOP     @ Infinite loop to stop execution
    .size ResetISR, .-ResetISR
```

[예제 4.1]의 코드는 데이터의 배열을 합산하기 위해 서브루틴(sum)을 호출한다. 그렇게 수행하기 전에, 레지스터 r0에 배열의 시작 주소(arr)와 레지스터 r1에 배열의 끝 주소(eoa)를 준비한다. sum에서 반환 후, data1 메모리 위치에 있는 반환값은 레지스터 r3에 저장된다. 이 코드는 또한 어셈블러 지시어인 .byte, .word, and .align.를 사용했다.

> **Note**
>
> ARM 어셈블리어에 대해 더 많이 알고 싶다면 <ARM 시스템 개발자 가이드(ARM System Developer's Guide)>(Andrew N. Sloss, Dominic Symes, Chris Wright 저)를 참조하길 바란다. 여기에서는 지시어 정도만 소개한다.

.byte 지시어

.byte의 바이트 크기 메모리에서 연속된 바이트로 조립(assembled)된다. 각각 16비트 값과 32비트 값을 저장하기 위한 유사 지시어는 .2byte 및 .4byte이다. 일반적인 문법은 다음과 같다.

```
.byte   exp1 (8bit), exp2 (8bit), ...
.2byte  exp1 (16bit), exp2 (16bit), ...
.4byte  exp1 (32 bit), exp2 (32 bit), ...
```

.word 지시어는 .4byte와 동일한 효과를 가지는 지시어이다.

.byte로 받는 인수는 이진수(0b 또는 0B 접두어), 팔진수(0 접두어), 십진수 또는 16진수(0x 또는 0X 접두어)로 표현되는 단순 integer 리터럴(고정된 값)을 지시한다. Integers는 또한 문자의 ASCII 값이 사용될 경우, 문자 상수(작은 따옴표로 둘러싸인 문자)로 표현할 수 있다. 최종적으로, 인수는 리터럴과 다른 기호로 구성된 C 표현이 될 수 있다.

```
pattern:  .byte 0b01010101, 0b00110011, 0b00001111
npattern: .byte npattern - pattern
halpha:   .byte 'A', 'B', 'C', 'D', 'E', 'F'
dummy:    .4byte 0xDEADBEEF
nalpha:   .byte 'Z' - 'A' + 1
```

.align 지시어

ARM은 명령어가 32비트 정렬된 메모리 위치에 존재하도록 요구한다. 명령어의 첫 번째 바이트 주소는 4바이트 포함하는 4의 배수여야 한다. 이를 지키기 위해, 다음 바이트 주소가 4의 배수가 될 때까지 패딩 바이트를 삽입하는 데 .align 지시어를 사용할 수 있다.

c04e1예제의 서브루틴

[예제 4.2] sum 서브루틴의 소스코드를 보여준다. 레지스터 r0(배열의 시작 주소)와 레지스터 r1(배열의 끝 주소)에 두 개의 입력 매개변수를 가진다. 결과는 data2 메모리 위치에 레지스터 r3의 값을 저장한다.

예제 4.2 sum-sub.S: Subroutine Definition (code₩c04₩c04e1)

```
    .syntax unified
    .cpu arm7tdmi
    .fpu softvfp
    .section .data
data2:
    .word 0
    .section .text.sum
    .align
    .global sum
sum:
    mov   r3, #0          @ r3 = 0
loop:
    ldrb  r2, [r0], #1    @ r2 = *r0++        ; Get array element
    add   r3, r2, r3      @ r3 += r2          ; Calculate sum
    cmp   r0, r1          @ if (r0 != r1)     ; Check if hit end-of-array
    bne   loop            @ goto loop         ; Loop
    ldr   r0, =data2      @ r0 = &data2
    str   r3, [r0]        @ result in r3 and store it to data2
    mov   pc, lr          @ pc = lr           ; Return when done
```

서브루틴에서, .global 지시문은 다른 파일에서 호출할 수 있는 함수로 sum을 선언하는 데 사용되었다. C 언어에서, 명시적 static 선언을 제외한, 함수 외부에 선언된 모든 변수들은 다른 파일에서 나타난다. 어셈블리에서는, 모든 labels은 static이고 파일에 지역적이거나, 명시적인 .global 지시어를 통해 코드를 다른 파일에서 볼 수 있는 상태로 만들 수 있다. 파일을 조립하고 nm 커맨드를 사용해 심볼 테이블로 덤프를 뜰 수 있다.

```
$ arm-none-eabi-as -g -o gcc/c04e1.o c04e1.S
$ arm-none-eabi-as -g -o gcc/sum-sub.o sum-sub.S
$ arm-none-eabi-nm —n gcc/c04e1.o
         U sum
00000000 T ResetISR
00000000 d data1
00000004 t arr
00000009 t eoa
0000000c t start
00000020 t ResetISR_STOP

$ arm-none-eabi-nm —n gcc/sum-sub.o
00000000 d data2
00000000 T sum
00000004 t loop
```

이제부터는 심볼 유형을 지정하는 두 번째 열의 문자에 초점을 맞추어보자. 문자 't'는 text section을 정의하는 심볼이다. 문자 'u'는 심볼이 정의되지 않았다는 것을 가리킨다. 대문자는 .global로 선언되었다는 것을 가리킨다.

심볼 sum은 sum-sub.o에 정의되어 있고 c04el.o에서는 해결되지 않은 게 분명하다. 링커가 호출될 때, 심볼의 참조가 해결되고 실행 파일이 생성될 것이다.

라벨 eoa는 4바이트 경계에 정렬되지 않은 것을 볼 수 있다. .align 지시어를 제거하면 다음과 같은 에러 메시지가 나타난다.

```
$ arm-none-eabi-as -g  -o gcc/c04e1.o c04e1.S
c04e1.S: Assembler messages:
c04e1.S: Error: unaligned opcodes detected in executable segment
```

재배치

재배치는 이미 라벨에 할당된 주소를 변경하는 과정이다. 이것은 또한 새롭게 할당된 주소를 반영하기 위해 모든 참조 라벨을 패치하는 것을 포함할 것이다. 재배치는 주로 섹션을 병합하고 교환하는 작업이다. 재배치를 이해하려면 섹션 개념의 이해가 필수적이다.

코드와 데이터의 런타임 요구사항은 서로 다르다. 예를 들어, 코드는 읽기 전용 메모리에 위치할 수 있다. 반면에 데이터는 읽기-쓰기 메모리를 요구할 것이다. 코드와 데이터가 끼워 넣기(interleaved)되지 않는 것이 편리하기도 하다. 이런 목적으로 프로그램은 섹션으로 나누어진다. 대부분의 프로그램은 적어도 두 개의 섹션으로 구성되어 있다. 코드를 위한 텍스트 섹션과 데이터를 위한 데이터 섹션이다. 두 개의 섹션 사이를 앞뒤로 전환하기 위해 text와 data라는 어셈블러 지시어를 사용한다.

섹션을 그릇으로 생각하면 도움이 된다. 어셈블러가 섹션 지시어를 만났을 때, 코드 혹은 데이터는 지시어에 따라 선택된 그릇에 담긴다. 따라서 특정 섹션에 함께 담기는 코드나 데이터는 연속된 위치에 나타난다.

추가 분석을 위해 ld를 사용하여 ELF 포맷의 결과를 생성해 보자.

```
$ arm-none-eabi-ld -T c04e1.ld --entry ResetISR --gc-sections -o gcc/c04e1.axf gcc/c04e1.o gcc/sum-sub.o
```

우리는 이미 ELF-형식의 실행 파일 c04e1.axf이 있다. [그림 4.3]을 검토해서 데이터를 섹션에 재배열하는 것을 살펴보자. nm 명령을 통한 c04e1.o와 sub-sum.o의 출력에서, 양쪽 모두 목적 파일의 시작 주소가 0x0임을 인식하자. 링킹이 완료된 후, [그림 4.3]에서 보여주는 것처럼 텍스트 섹션에서 함수 sum은 0x10030부터 시작한다.

또한 어셈블리 소스코드가 어떻게 오브젝트 파일에 매핑되는지 인식하자. 오브젝트 파일은 objdump 명령어를 사용하여 덤프를 뜰 수 있다. 우리는 [그림 4.3]에서 이 명령어의 출력을 비교할 수 있다.

objdump 명령어와 옵션 −d를 사용해 텍스트 섹션의 주소 배열을 덤프 뜰 수 있다.

```
$ arm-none-eabi-objdump -d gcc/c04e1.axf
gcc/c04e1.axf:        file format elf32-littlearm
Disassembly of section .text:
00010000 <ResetISR>:
   10000:       ea000001        b       1000c <start>
00010004 <arr>:
   10004:       10080402        .word   0x10080402
   10008:       20              .byte   0x20
00010009 <eoa>:
   10009:       00              .byte   0x00
...
0001000c <start>:
   1000c:       e59f0010        ldr     r0, [pc, #16]    ; 10024 <ResetISR_STOP+0x4>
   10010:       e59f1010        ldr     r1, [pc, #16]    ; 10028 <ResetISR_STOP+0x8>
   10014:       eb000005        bl      10030 <sum>
   10018:       e59f000c        ldr     r0, [pc, #12]    ; 1002c <ResetISR_STOP+0xc>
```

```
   1001c:          e5803000            str     r3, [r0]
00010020 <ResetISR_STOP>:
   10020:          eafffffe            b       10020 <ResetISR_STOP>
   10024:          00010004            .word   0x00010004
   10028:          00010009            .word   0x00010009
   1002c:          00030000            .word   0x00030000
00010030 <sum>:
   10030:          e3a03000            mov     r3, #0
00010034 <loop>:
   10034:          e4d02001            ldrb    r2, [r0], #1
   10038:          e0823003            add     r3, r2, r3
   1003c:          e1500001            cmp     r0, r1
   10040:          1afffffb            bne     10034 <loop>
   10044:          e59f0004            ldr     r0, [pc, #4]      ; 10050 <loop+0x1c>
   10048:          e5803000            str     r3, [r0]
   1004c:          e1a0f00e            mov     pc, lr
   10050:          00030004            .word   0x00030004
```

-s 옵션을 사용하면 objdump를 사용하여 .data 섹션의 주소 배열을 덤프할 수 있다.

```
$ arm-none-eabi-objdump -s gcc/c04e1.axf
gcc/c04e1.axf:      file format elf32-littlearm
Contents of section .text:
 10000 010000ea 02040810 20000000 10009fe5  ........ .......
 10010 10109fe5 050000eb 0c009fe5 003080e5  .............0..
 10020 fefffffea 04000100 09000100 00000300  ................
 10030 0030a0e3 0120d0e4 033082e0 010050e1  .0... ...0....P.
 10040 fbffff1a 04009fe5 003080e5 0ef0a0e1  .........0......
 10050 04000300                             ....
Contents of section .data:
 30000 00000000 00000000                    ........
Contents of section .ARM.attributes:
 ........
```

[그림 4.3]에서 보듯, 코드 섹션은 0x10000에서 0x0002FFFF까지다. 데이터 섹션은 메모리에 그 결과를 저장하는 데 사용되며, data1과 data2를 위한 시작 주소는 0x00030000이다. 이제 섹션에 대한 이해와 함께, 재배치를 수행하는 주된 이유를 살펴보자.

섹션 병합

다중 파일 프로그램을 처리할 때, 같은 이름을 가진 섹션(예를 들어 텍스트 섹션)이 각 파일에 나타날 수 있다. 링커는 입력 파일의 섹션을 일치하는 출력 파일의 섹션에 병합하게 할 책임이 있다. 기본적으로, 각 파일에 이름이 같은 섹션은 인접하여 위치하게 되고, 라벨 참조는 새로운 주소를 반영하기 위해 패치된다.

섹션 병합의 효과는 오브젝트 파일의 심볼 테이블과 일치하는 실행 파일을 보면 알 수 있다. 숫자들을 합산하는 예제 프로그램의 출력은 섹션 병합의 예로 사용될 수 있다. 오브젝트 파일 c04e1.o와 sum-sub.o의 심볼 테이블과 그 실행 파일 c04el.axf의 심볼 테이블은 다음에서 보여준다.

```
                                          . text section

    .section .data
data1:                         00010000 <ResetISR>:
    .word 0                        10000:  ea000001  b        1000c <start>

.section .text.ResetISR        00010004  <arr>:
    .align                         10004:  10080402  .word    0x10080402
    .global ResetISR               10008:  20        .byte    0x20
    .type ResetISR, %function
ResetISR:                      00010009  <eoa>:
    b start                        10009:  00        .byte    0x00
arr:                                       ...
    .byte 2, 4, 8, 16, 32      0001000c <start>:
eoa:                               1000c:  e59f0010  ldr      r0, [pc, #16]
    .align                         10010:  e59f1010  ldr      r1, [pc, #16]
start:                             10014:  eb000005  bl       10030 <sum>
    ldr   r0, =arr                 10018:  e59f000c  ldr      r0, [pc, #12]
    ldr   r1, =eoa                 1001c:  e5803000  str      r3, [r0]

    bl    sum                  00010020 <ResetISR_STOP>:
    ldr   r0, =data1              10020:  eafffffe  b        10020
    str   r3, [r0]            <ResetISR_STOP>
ResetISR_STOP:                    10024:  00010004  .word    0x00010004
    b ResetISR_STOP               10028:  00010009  .word    0x00010009
    .size ResetISR, .-ResetISR    1002c:  00030000  .word    0x00030000


                               00010030 <sum>:
                                  10030:   e3a03000  mov      r3, #0

                               00010034 <loop>:
    .section .data                10034:  e4d02001  ldrb     r2, [r0], #1
data2:                            10038:  e0823003  add      r3, r2, r3
    .word 0                       1003c:  e1500001  cmp      r0, r1
                                  10040:  1afffffb  bne      10034 <loop>
sum:                              10044:  e59f0004  ldr      r0, [pc, #4]
    mov r3, #0                           ; 10050 <loop+0xlc>
loop:                             10048:  e5803000  str      r3, [r0]
    ldrb r2, [r0], #1             1004c:  e1a0f00e  mov      pc, lr
    add r3, r2, r3               10050:   00030004  .word    0x00030004
    cmp r0, r1
    bne loop
    ldr r0, =data2                            . data section
    str r3, [r0]
mov  pc, lr                    30000 00000000 00000000
```

그림 4.3 섹션으로의 데이터 재배치

```
$ arm-none-eabi-nm -n gcc/c04e1.o
         U sum
00000000 T ResetISR
00000000 d data1
00000004 t arr
00000009 t eoa
0000000c t start
00000020 t ResetISR_STOP
$ arm-none-eabi-nm -n gcc/sum-sub.o
00000000 d data2
00000000 T sum
00000004 t loop
$ arm-none-eabi-nm -n gcc/c04e1.axf
00010000 T ResetISR
00010000 T _text
00010004 t arr
00010009 t eoa
0001000c t start
00010020 t ResetISR_STOP
00010030 T sum
00010034 t loop
00010054 T _etext
00030000 D _data
00030000 d data1
00030004 d data2
00030008 D _bss
00030008 D _ebss
00030008 D _edata
```

> **Note**
>
> 심볼 루프는 sum-sub.o에서 0x4였던 주소가 c04el.axf에서 0x10034 주소로 재배치되었다. 병합하는 과정에서
> sum-sub.o의 .text section 바로 뒤에 c04el.o의 텍스트 섹션이 위치하면서 주소가 조정되었기 때문이다.
> 심볼 data1는 c04el.o에서 0x0번지 주소에, data2는 sum-sub.o에서 0x0번지 주소에 위치해 있다가 링킹 후에는
> data1은 0x00030000번지에서 data2는 0x00030004번지에 할당되어 램 영역에서 발견된다.

섹션 배치

프로그램이 어셈블리어화 될 때, 각 섹션은 주소 0부터 시작한다고 가정한다. 라벨은 차례로 섹션의 시작을 기준으로 값이 할당된다. 최종적으로 실행 파일이 생성될 때, 섹션은 주소 X에 위치된다. 추가로, 섹션에 정의된 라벨의 모든 참조는 새로운 위치를 가리키도록 X에 의해 증가된다.

오브젝트 모듈에서 이러한 종류를 재배치 가능한 코드라고 한다. 재배치가 가능한 프로그램은 링커에 의해 할당된 주소에서 실행될 수 있다. 링크 작업은 런타임이 아닌 컴파일하는 동안 발생할 수 있기 때문에 중요하다. 예를 들어, 모든 공유 라이브러리는 빌드 타임이 아닌 런타임에 링크되었다.

링커가 적절한 실행 값으로 모든 주소에 대한 참조를 보정할 수 있도록 하려면, 코드는 특정 지침을 따라야 한다. 예를 들면, 재배치 가능한 오브젝트 파일을 생성하기 위해 절대 메모리 주소로 점프할 수 없다. 재배치 코드를 작성하는 방법에 대한 상세한 논의는 이 책의 범위를 벗어나기 때문에 컴파일러 설명서를 참조하기 바란다. 이러한 ARM 아키텍처 코드를 작성시, 당신은 ARM관련 〈RealView Compilation Tools Developer Guide〉 책을 참조하기를 권한다.

메모리의 특정 위치에 있는 각 섹션의 배치와 섹션의 라벨에 대한 모든 참조를 패치하는 것은 링커가 다룬다. 섹션 배치의 영향은 오브젝트 파일과 그와 일치하는 실행 파일의 심볼 테이블을 보면 알 수 있다.

[예제 3.1]은 섹션 배치의 자료로 사용될 수 있다. 우리는 먼저 c03e1.S 파일을 어셈블링한다. 출력에서, 우리는 라벨이 섹션의 0부터 시작하여 할당되는 주소를 볼 수 있다.

```
$ arm-none-eabi-as -g -o gcc/c03e1.o c03e1.S
arm-none-eabi-nm -n gcc/c03e1.o
00000000 T ResetISR
0000000c t ResetISR_STOP
```

더 명확하게 하기 위해 텍스트 섹션을 링크 단계의 주소 0x100에 배치할 수 있다.

```
$ arm-none-eabi-ld -Ttext=0x100 --entry ResetISR -o gcc/c03e1.axf gcc/c03e1.o
$ arm-none-eabi-nm -n gcc/c03e1.axf
00000100 T ResetISR
0000010c t ResetISR_STOP
00008110 A __bss_end__
00008110 A __bss_start
00008110 A __bss_start__
00008110 T __data_start
00008110 A __end__
00008110 A _bss_end__
00008110 A _edata
00008110 A _end
00080000 N _stack
```

실행 파일이 생성될 때, 링커는 옵션 −Ttext=0x100와 함께 0x100 주소의 텍스트 섹션에 위치되도록 지시한다. 텍스트 섹션의 라벨 주소는 0x100에서부터 시작하여 할당되고, 모든 라벨 참조는 새로운 위치를 반영하도록 패치된다.

nm 출력으로부터 심볼 타입을 보자. 앞서 언급했던, 대문자는 심볼이 전역임을 의미하는 반면, 소문자는 심볼이 지역임을 의미한다. 심볼 타입 'T' 혹은 't'는 심볼이 텍스트 섹션에 있다는 것을 지시한다. 심볼 타입 'A'는 심볼의 값이 절대적이고, 추가 링킹에 의해 변할 수 없다는 것을 지시한다. 심볼 타입 'N'은 심볼이 디버깅 심볼이라는 것을 의미한다.

링커 스크립트

앞서 언급했던 섹션에 따라, 섹션의 병합과 배치는 링커가 다룬다. 프로그래머는 섹션이 병합되는 방법과 메모리에 배치되는 위치를 링커 스크립트 파일을 통해 제어할 수 있다. 링커 스크립트는 링커의 동작을 제어하는 데 사용한다. 이 스크립트는 링커의 명령어로 작성된다. 주요 목적은 입력 파일에서 섹션을 출력 파일로 매핑하는 방법을 설명하고, 출력 파일의 메모리 레이아웃을 제어하기 위함이다.

링커는 항상 링커 스크립트를 사용한다. 스크립트를 직접 제공하지 않는다면, 링커는 디폴트 스크립트를 사용하여 실행 파일로 컴파일된다. 디폴트 링커 스크립트를 화면에 디스플레이 하기 위해 -verbose command-line 옵션을 사용할 수 있다. 뿐만 아니라 -r이나 -N과 같은 특정 커맨드 라인 옵션들은 디폴트 링커 스크립트에 영향을 줄 것이다.

T 커맨드 라인 옵션을 사용하여 자신의 링커 스크립트를 제공할 수 있다. 당신이 그렇게 하면, 당신의 링커 스크립트는 디폴트 링커 스크립트를 대신하게 될 것이다. 링커 스크립트의 사용에 대하여 자세히 알고 싶다면, GNU 링커를 위한 사용자 매뉴얼을 사용하여 참조하길 바란다. 이것은 온라인 또는 Sourcery CodeBench Lite의 설치 폴더에서 찾을 수 있다.

[예제 4.3]은 매우 간단한 링커 스크립트를 보여준다.

예제 4.3 기본 링커 스크립트

```
SECTIONS {
        . = 0x00010000;
        .text : {
                abc.o (.text);
                def.o (.text);
        }
}
```

이 간단한 링커 스크립트에서 우리가 찾을 수 있는 것이 무엇인지 알아보자.

- 섹션 명령은 가장 중요한 링커 명령어다. 섹션들이 병합될 방법과 배치될 위치를 지정한다.

- 섹션 명령어 다음에 블록 안에서, 마침표는 (.) 위치 카운터를 나타낸다. 위치는 항상 처음에 0x0로 초기화되기 때문에 처음에 0x0으로 값을 설정하는 것은 불필요 하다. 그 곳에 새로운 값

을 대입하여 수정할 수 있다.

- 세 번째 라인에 지정된 텍스트 섹션은 abc.o와 def.o의 입력 파일에서 출력 파일의 텍스트 섹션으로 이동한다.

링커 스크립터는 [예제 4.4]에서 보여주는 바와 같이 파일 이름을 개별적으로 지정하는 대신 와일드카드(*)를 사용하여 좀 더 간단하게 처리하고 일반화할 수 있다.

예제 4.4 링커 스크립트에서 와일드카드

```
SECTIONS {
        . = 0x00010000;
        .text : { * (.text); }
}
```

프로그램에 텍스트 섹션과 데이터 섹션 둘 다 포함되어 있다면, 데이터 섹션의 병합과 자세한 위치를 [예제 4.5]와 같이 지정할 수 있다.

예제 4.5 링커 스크립트에서 멀티플 섹션

```
SECTIONS {
        . = 0x00010000;
        .text : { * (.text); }
        . = 0x00030000;
        .data : { * (.data); }
}
```

여기에서는 텍스트 섹션의 위치를 0x10000에 지정했고 데이터 섹션의 위치를 0x30000에 지정했다.

참고로, 위치 카운터(location counter)가 다른 값으로 할당되지 않았다면, 텍스트 섹션과 데이터 섹션들은 인접한 메모리 위치에 있게 될 것이다.

링커 스크립트 예제

링커 스크립트의 사용을 설명하기 위해, 우리는 그들이 작동하는 방법을 알아보기위해 [예제 4.6]의 어셈블리 코드와 [예제 4.7]의 링커 스크립트를 사용할 것이다. [예제 4.6]은 [예제 4.1]에서 보았던 'sum of arrays' 프로그램의 버전을 약간 수정한 것이다. [예제 4.7]에서 보았던 링커 스크립트는 프로그램의 텍스트 섹션, rodata 및 데이터 섹션들의 위치를 제어한다.

예제 4.6 c04e2.S: 데이터 배열 합산 프로그램 수정 코드(code₩c04₩c04e2)

```
    .syntax unified
    .cpu arm7tdmi
.fpu softvfp
    .section  .data
data1:
    .word 0
    .section .rodata
arr:
    .byte 2, 4, 8, 16, 32      @ Read-only array of bytes
eoa:
    .section .text.ResetISR
    .align
    .global ResetISR
    .type ResetISR, %function
ResetISR:
    ldr   r0, =arr             @ r0 = &arr
    ldr   r1, =eoa             @ r1 = &eoa
    bl    sum                  @ Invoke the sum subroutine
    ldr   r0, =data1           @ r0 = &data1
    str   r3, [r0]             @ Result in r3 and store it to data1
ResetISR_STOP:
    b ResetISR_STOP            @ Infinite loop to stop execution
    .size ResetISR, .-ResetISR
```

예제 4.7 c04e2.ld: 데이터 배열 프로그램 합산 링커 스크립트(code₩c04₩c04e2)

```
MEMORY
{
    FLASH (rx) : ORIGIN = 0x00010000, LENGTH = 128K
    SRAM (rwx) : ORIGIN = 0x00030000, LENGTH = 512M}
SECTIONS
{
    .text :
    {
        _text = .;
        KEEP(*(.isr_vector))
        *(.text*)
        *(.rodata*)
        _etext = .;
```

```
    } > FLASH
    .data : AT(ADDR(.text) + SIZEOF(.text))
    {
        _data = .;
        *(vtable)
        *(.data*)
        _edata = .;
    } > SRAM
    .bss :
    {
        _bss = .;
        *(.bss*)
        *(COMMON)
        _ebss = .;
    } > SRAM
}
```

여기의 유일한 변화는 배열이 이제 rodata 섹션에 표시되는 것이다. 또한 참고로, 링커 스크립트가 적절한 위치에 텍스트와 rodata 섹션을 배치할 것이기 때문에 데이터를 건너뛰기 위한 분기 명령은 더 이상 필요하지 않다. 그 결과, 문장은 임의의 편리한 방식으로 프로그램에 배치될 수 있고, 링커 스크립트는 섹션을 메모리에 정확히 저장하는 것에 주의를 기울일 것이다.

프로그램이 연결될 때, 다음 명령과 같이 링커 스크립트는 링커에 매개변수로 전달된다.

```
$ arm-none-eabi-as —o gcc/c04e2.o c04e2.S
$ arm-none-eabi-as —o gcc/sum-sub.o sum-sub.S
$ arm-none-eabi-ld -T c04e2.ld -o gcc/c04e2.axf gcc/c04e2.o gcc/sum-sub.o
```

파일 c04e2.ld 를 링커 스크립트로 사용되도록 옵션 -T c04e2.ld를 지정하였다. 평소와 같이, 우리는 섹션이 메모리에 배치되는 방법에 대한 통찰력을 얻기 위해 심볼 테이블을 덤프 뜰 수 있다.

```
$ arm-none-eabi-nm -n gcc/c04e2.axf
00010000 T ResetISR
00010000 T _text
00010014 t ResetISR_STOP
00010024 T sum
00010028 t loop
00010048 t arr
0001004d T _etext
0001004d t eoa
00030000 D _data
```

```
00030000 d data1
00030004 d data2
00030008 D _bss
00030008 D _ebss
00030008 D _edata
```

이 심볼 테이블에서, 텍스트 섹션은 0x10000 주소로부터 시작하고 rodata 섹션은 텍스트 섹션 이후에 배치되는 것이 분명하다. label ResetISR은 텍스트 섹션의 시작 부분에 표시되고, 라벨 arr은 rodata 섹션의 시작 부분에 표시된다. 위치 정보는 [예제 4.7]에서 볼 수 있다.

RAM에서 데이터 초기화하기

이제 우리는 링커 스크립트들을 작성하는 방법에 대해 알고, 램이나 롬 둘 중 하나에 섹션들을 사용해 데이터를 위치시킬 수 있다. 단순히 [예제 4.6]과 [예제 4.7]에서 했던 것처럼, 읽기 전용 데이터일 경우 롬에 위치시킬 수 있다. 이들 예제에서, 우리는 읽기 전용 데이터 배열 arr을 rodata 섹션에, rodata 섹션을 롬에 배치했다. 우리는 결과를 저장해서 그것들을 사용할 필요가 있기 때문에 RAM에 data1 과 data2 변수들을 배치했다. 그러나 어떤 변수들은 초기화된 값들을 가지도록 하려면 그리고 이 값들을 후에 변경할 필요가 있다면 우리는 무엇을 해야 할까? 이 문제는 고수준 프로그래밍을 통해서는 다룰 수 없다. 왜냐하면, 프로그램 로더는 고수준 프로그램이 실행하기 위해 준비되기 전에 모든 것을 처리해 놓아야 하기 때문이다. 임베디드 시스템 프로그래밍에서, 전원이 켜졌을 때 모든 램 데이터가 초기화 되는 게 아니다. 결과적으로, 그것들에게 할당된 초기화된 값들이 있다면, 램의 변수들을 초기화하기 위해 특별한 무엇인가를 해야 한다.

다음 예제에서는, 어떻게 램의 데이터를 롬의 값으로 초기화할 수 있는지 검토한다. [예제 3.1]은 두 숫자와 결과를 저장하는 데 사용되는 레지스터에 두 숫자를 추가하는 것을 보여준다. [예제 4.8]과 [예제 4.9]에서는, 숫자와 결과를 저장하기 위해 RAMdmf 사용하여 이 프로그램을 변경할 것이다. 코드는 램에서 두 변수를 로드하여 그것들을 추가하고, 램의 변수에 그 결과를 저장하도록 수정된다. 두 변수와 결과를 위한 공간은 데이터 섹션에 배치된다.

예제 4.8 c04e3.S: 램에서 데이터 더하기(code/c04/c04e3)

```
    .data
val1: .4byte 10 @ First number
val2: .4byte 30 @ Second number
result: .space 4 @ space for the result
    .section .text.ResetISR,"ax",%progbits
    .align
    .global ResetISR
```

```
    .type ResetISR, %function
ResetISR:
    /* Add and store result. */
    ldr r0, =val1 @ r0 = &val1
    ldr r1, =val2 @ r1 = &val2
    ldr r2, [r0] @ r2 = *r0
    ldr r3, [r1] @ r3 = *r1
    add r4, r2, r3 @ r4 = r2 + r3
    ldr r0, =result @ r0 = &result
    str r4, [r0] @ *r0 = r4
ResetISR_STOP:
    b ResetISR_STOP @ Infinite loop to stop execution
```

프로그램이 연결될 때, 링커 스크립트는 [예제 4.7]의 하나와 유사하다. c04e3.axf 테이블의 심볼 덤프는 아래와 같다.

```
$ arm-none-eabi-nm -n gcc/c04e3.axf
00010000 T ResetISR
00010000 T _text
0001001c t ResetISR_STOP
0001002c T _etext
00030000 D _data
00030000 d val1
00030004 d val2
00030008 d result
0003000c D _bss
0003000c D _ebss
0003000c D _edata
```

변수 val1, val2와 결과 값은 각각 램의 0x00030000, 0x00030004, 및 0x00030008에 배치된다. 그러나 램은 휘발성 메모리여서, power-up RAM에 유효한 초기값으로 직접 데이터를 구성하는 것이 불가능하다. 실제로 0x00010000에서 0x00030000의 위치에 플래시 메모리를 가지고 있지 않다 하더라도, 프로그래밍 관점에서 플래시 메모리 같이 이 범위를 처리할 수 있다.

모든 코드와 데이터는 power-up 이전에 플래시 메모리(ROM)에 저장되어야 한다. power-up에서, 스타트업 코드는 플래시 메모리에서 램으로 데이터를 복사하기로 되어 있다. 이 과정은 초기값들을 램의 변수들로 할당하는 데 도움을 줄 것이다. C 언어에서, 초기화된 변수과 초기화되지 않은 변수들 둘 다 가질 수 있다. 이것은 시스템이 시작될 때, 임베디드 시스템에서 초기화된 변수를 초기화시키는 방법이다. 따라서 프로그램의 데이터 섹션은 플래시 메모리(ROM)에서 로드한 주소와 램에서 런타임 주소 두 개를 가진다.

> **Note**
> ld 용어로, 적재 주소는 LMA(load memory address), 런타임 주소는 VMA(virtual memory address)라고 한다.

[예제 4.8]에서, 초기화 코드가 없다. 우리는 예제4.8에서 프로그램이 올바르게 동작하도록 다음과 같이 두 가지 수정안을 제시한다.

- 링커 스크립트는 데이터 섹션의 로드 주소와 런타임 주소 모두를 지정하도록 수정되어야 한다.

- 코드의 작은 조각은 데이터 섹션을 플래시 메모리(road memory)에서 램(runtime address)으로 복사해야 한다.

로드 주소 지정하기

잠시 [예제 4.7]의 링커 스크립트를 다시 보자. 만약 로드 주소가 명시적으로 지정되지 않는다면, 런타임 주소는 정상적인 주소를 갖지 못한다. 만약 실행하는 동안 데이터가 램에 위치해 있다 하더라도, 로드 주소는 플래시 메모리와 일치해야 하고 런타임 주소는 램과 일치해야 한다.

런타임 주소와 다른 로드 주소는 AT 키워드를 사용해서 지정할 수 있다.

```
.data : AT(ADDR(.text) + SIZEOF(.text))
```

AT 키워드는 데이터 섹션의 로드 주소를 지정한다. 주소 혹은 심볼(유효한 주소 값)은 AT에 인수로 전달될 수 있다. [예제 4.7]에서 데이터의 로드 주소는 _etext와 같고, 플래시 메모리의 모든 코드가 실행된 이후에 지정된다.

> **Note**
> 심볼은 값을 할당함으로써 섹션 명령어에서 그때 그때 만들어질 수 있다. [예제 4.7]의 링커 스크립트에서,
> _etext 위치에 위치 카운터의 값이 할당된다. 이것은 코드 끝에서 플래시 메모리의 다음 빈 위치의 주소를 포함한다.
> 이 값은 이후에 플래시 메모리에 배치되기 위해 데이터 섹션을 지정하기 위해 사용될 것이다. 참고로 _etext 그 자체는
> 어느 메모리에도 할당되지 않을 것이다. 그것은 단지 심볼 테이블의 진입부(entry)다.

데이터를 램으로 복사하기

플래시 메모리의 데이터를 램에 복사하기 위해 다음의 정보가 필요하다.

- 플래시 메모리(_etext)의 데이터 주소는, 코드의 끝과 같다.

- 램(_data)에 있는 데이터의 주소

- 데이터 섹션(_edata to _data)의 크기

이 정보와 함께 데이터를 [예제 4.9]에 있는 코드를 사용해 플래시 메모리에서 램으로 복사할 수 있다. [예제 4.9]는 이전 예제의 수정된 버전이다.

예제 4.9 c04e4.S: 데이터를 램으로 복사하기(code/c04/c04e4)

```
    .data
val1: .4byte 10 @ First number
val2: .4byte 30 @ Second number
result: .space 4 @ 1 byte space for result
    .section .text.ResetISR,"ax",%progbits
    .align 2
    .global ResetISR
    .type ResetISR, %function
ResetISR:
ldr r0, =_etext
ldr r1, =_data
ldr r2, =_edata
subs r2, r2, r1
copy:
ldrb r4, [r0], #1
strb r4, [r1], #1
subs r2, r2, #1
bne copy
/* Add and store result. */
ldr r0, =val1 @ r0 = &val1
ldr r1, =val2 @ r1 = &val2
ldr r2, [r0] @ r2 = *r0
ldr r3, [r1] @ r3 = *r1
add r4, r2, r3 @ r4 = r2 + r3
ldr r0, =result @ r0 = &result
str r4, [r0] @ *r0 = r4
ResetISR_STOP:
    b ResetISR_STOP @ Infinite loop to stop execution
```

[예제 4.7]과 같이 프로그램은 링커 스크립트 c04e4.ld를 사용해 어셈블된 후 링크된다. 평소처럼 make 명령으로 예제를 빌드할 수 있다.

```
$ make DEBUG=1
        AS c04e4.S
        LD gcc/c04e4.axf
$ make debug
```

Makefile debug target을 사용해서, 이 프로그램은 안드로이드 에뮬레이터에서 실행되고 테스트될 수 있다. 우리는 gdb를 사용해 실행을 추적하고 감시할 수 있다(역자주 : debug는 Makefile에 정의된 하나의 실행 타겟이다. makefile에는 여러 타겟들이 정의될 수 있고, 그 중 아래와 같이 한 번에 하나의 타겟만 실행할 수 있다. makefile의 타겟을 실행하기 위해서는 다음과 같은 형식을 따른다. $ make target)

Note

SDRAM과 실제 시스템에서, 메모리는 즉시 액세스할 수 없다. 즉 메모리 컨트롤러는 메모리 엑세스 수행 이전에 초기화되어야 한다. 우리의 시뮬레이션 메모리는 초기화하기 위해 메모리 컨트롤러를 필요로 하지 않기 때문에 우리의 코드는 작동한다.

메모리 초기화 코드를 조사하려면, 당신은 U-Boot에서 특정 보드의 초기화 코드를 참조 할 수 있다. U-Boot에 있는 폴더 board/[vendor]/[board model]에서 보드 초기화 코드를 찾을 수 있다. 예를 들어, 당신은 파일 board/freescale/p1010rdb/ddr.c에서 Freescale P1010을 위한 메모리 초기화 코드를 찾을 수 있다.

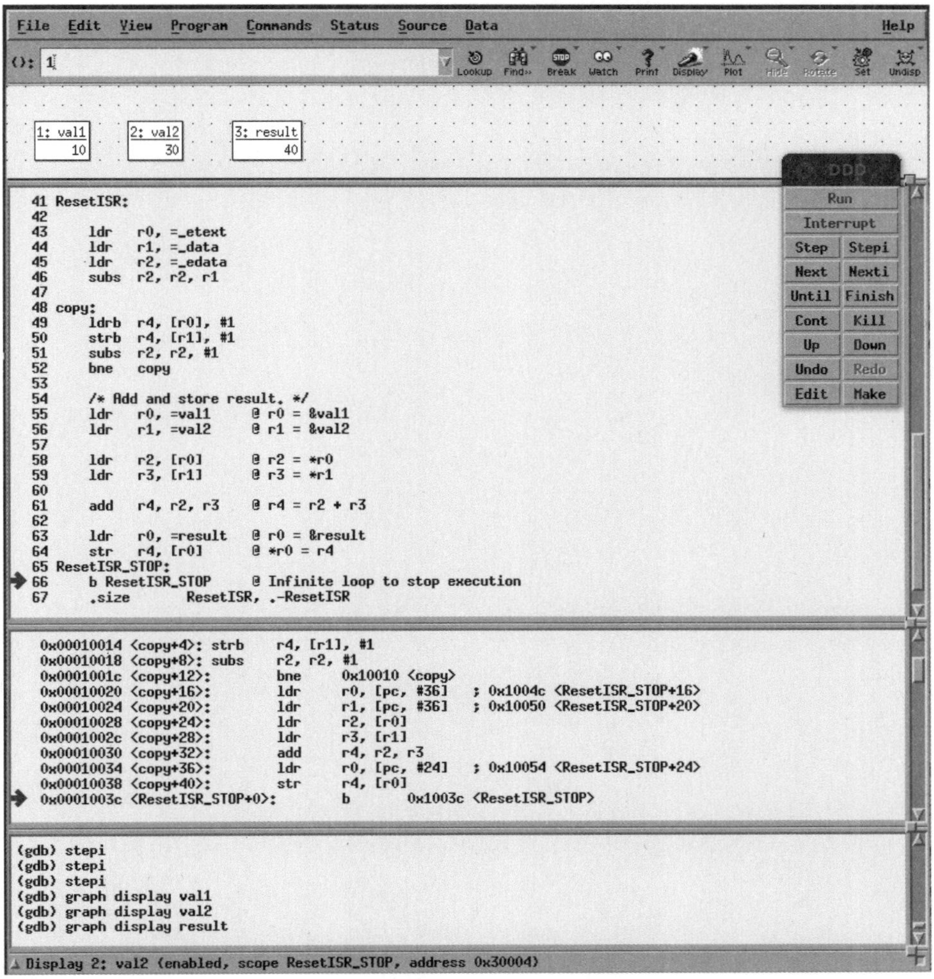

그림 4.4 gdb에서 ddd 사용자 인터페이스로 코드 디버깅

프로그램의 실행이 시작되면, 우리는 [그림 4.4]에서 보는 바와 같이 ddd에서 변수 val1, val2, 및 결과 값을 모니터링할 수 있다. 그림에서, 그 코드가 플래시 메모리의 로드 주소에서 그들 값을 복사한 후 변수 val1와 val2이 초기화됨을 알 수 있다.

요약

개발 환경을 설정한 후, 베어 메탈 환경에서 애플리케이션 개발을 시작할 수 있다. 이번 장에서, 우리는 개발을 시작하기 위해 필요한 첫 번째 몇 가지 단계들을 탐구했다. 프로그램이 어떻게 어셈블러에 의해 어셈블링되고 링커에 의해 연결되는지 공부하였다. 또한 파일이 조립되고 링크된 후 프로그램이 시스템 메모리에 어떻게 로드되는지 공부하였다. 프로그램이 정상적으로 시작할 수 있도록 power-up 이후에 메모리 시스템이 초기화되어야 한다는 것을 보았다.

이 지식들과 함께 C 언어 프로그래밍을 시작해 보자.

5장
C 언어
사용하기

4장에서 어떻게 베어 메탈 프로그래밍을 하는지 알아보면서 우리는 어셈블리어 언어를 사용해 베어 메탈 애플리케이션을 만들었다. 그 과정을 완성하여, 우리는 C 언어 프로그래밍 환경으로 가능한 빠르게 전환하고자 한다. C와 함께, 보다 효율적인 작업이 가능하고 보다 이동성이 높아진 코드를 활용할 수 있게 된다. 이 장에서는 어셈블리어로 작업한 프로그램들을 어떻게 C 언어 환경으로 바꾸는지 살펴볼 것이다. C 언어 환경은 'C 스타트업 코드'라는 어셈블리 코드의 조각에 의해 준비된다. 이 코드 작업들이 어떻게 동작하는지 보고, 어셈블리어로부터 C 함수를 호출하는 방법과 C 언어에서 어셈블리 함수를 호출하는 방법을 공부할 것이다.

베어 메탈 환경에서 C 시작하기

디바이스 리셋으로 프로세서가 구동할 때 C 코드를 직접 실행하는 것은 불가능하다. 어셈블리 언어로 작성된 프로그램과는 달리, C 프로그램은 실행하기 전에 몇 가지 기본적인 전제 조건이 충족될 필요가 있다. 이러한 전제 조건을 설명하고 이를 충족하는 방법에 대해 설명한다. C 코드로 제어를 전환하기 전에, 다음 단계를 올바르게 설정해야 한다.

- C 언어로 작성된 코드에 대한 스택을 준비한다.

- C에 의해 사용될 전역 변수를 초기화. 이것은 초기화된 데이터와 초기화되지 않은 데이터 둘 다 포함한다.
  - 초기화된 데이터는 데이터 섹션에 저장해야 한다.
  - 초기화되지 않은 데이터는 bss 섹션에 저장해야 한다.

- 읽기 전용 데이터는 코드 섹션 후 롬에 저장될 수 있다. 우리는 이 데이터를 rodata 섹션에 저장한다.

C 언어 프로그래밍을 시연해보기 위해 골드피시 플랫폼에서 지원하는 시리얼 포트를 사용해 보자. 우리는 이번 장에서 단계별로 이 예제를 향상시킬 것이다. 이 예제는 9장에 U-Boot 작업을 수행할 때 또 다시 사용한다. 우리는 필요한 설정을 수행한 후, C 코드로 제어를 전환하여 이를 실행할 것이다.

이 예제는 다음과 같은 파일들이 포함된 폴더 c05/c05e1에서 발견할 수 있다.

- startup.S : 제어를 C 코드로 전환하기 전에 필요한 셋업을 수행하는 시작 코드

- c05e1.c : C 코드는 main() 함수를 포함한다.

- Makefile : 이 프로젝트를 빌드하는 makefile

- c05e1.ld : 프로젝트를 위한 링커 스크립트

예제5.1에서 보여주는 main()함수를 보자.

예제 5.1 어셈블리어에서의 C 코드(code/c05/c05e1/c05e1.c)

```c
#define NULL 0
const int UART_IO_BASE = 0xff002000;
char *uart_name = "goldfish UART 1";
/* remove this, when port to u-boot */
struct serial_device {
/* enough bytes to match alignment of following func pointer */
char name[16];
int (*start)(void);
int (*stop)(void);
void (*setbrg)(void);
int (*getc)(void);
int (*tstc)(void);
void (*putc)(const char c);
void (*puts)(const char *s);
struct serial_device *next;
};
struct serial_device goldfish_drv;
int strlen(const char * s)
{
const char *sc;
for (sc = s; *sc != '\0'; ++sc)
/* nothing */;
return sc - s;
}
int main(int argc, char *argv[])
{
int i = 0, len = 0;
```

```
if(argc > 0) {
for (i = 0; i < argc; i++) {
len = strlen(argv[i]);
}
}
len = strlen(uart_name);
return len;
}
```

이 예제코드에서, 다음 변수에 주의하자.

- UART_IO_BASE는 const integer 변수이고 .rodata 섹션에 위치되어 있어야 한다.

- char *uart_name는 초기화된 데이터이고 .data 섹션에 위치되어 있어야 한다.

- struct serial_device goldfish_drv 초기화 되지 않은 데이터이고 .bss 섹션에 위치되어 있어야 한다.

어셈블리 코드에서 [예제 5.1]의 main() 함수를 호출하기 위해, 반드시 첫 번째로 스택이 준비돼야 한다.

스택

C는 로컬(자동) 변수를 저장하고, 함수 인수를 전달하고 무엇보다도 반환 주소를 저장하기 위해 스택을 사용한다. 제어가 C 코드로 전환되기 전에 핵심적으로 중요한 사항은 스택이 올바르게 셋업되어 있는가이다.

구현하는 문제는 완전히 소프트웨어 몫으로서, ARM 아키텍처에서 스택은 매우 유연하다. 다른 컴파일러에 의해 생성된 코드가 서로 사용이 가능한지 확인하기 위해, ARM은 ARM Architecture Procedure Call Standard(AAPCS) 즉, ARM 아키텍처 프로시저 호출 표준을 만들었다. 스택 포인터로 사용되는 레지스터와 스택이 증가하는 방향 모두 AAPCS에 의해 결정된다. 예를 들어, AAPCS에 따르면, 레지스터 r13은 스택 포인터로 사용되어야 하고 스택은 전체가 아래로 자라도록 해야 한다.

> **Note**
>
> **스택의 종류**
>
> 스택에 접근하는 서로 다른 네 가지 방법으로는 빈 내림차순(ED), 빈 상승(EA), 전체 내림차순(FD), 전체 상승(FA)이 있다. 스택 포인터가 어떻게 변경되고 스택의 항목이 어떻게 참조되는지의 측면에서 방향이 달라진다. 여기 다이어그램은 두 가지 옵션을 제시하고 있다.

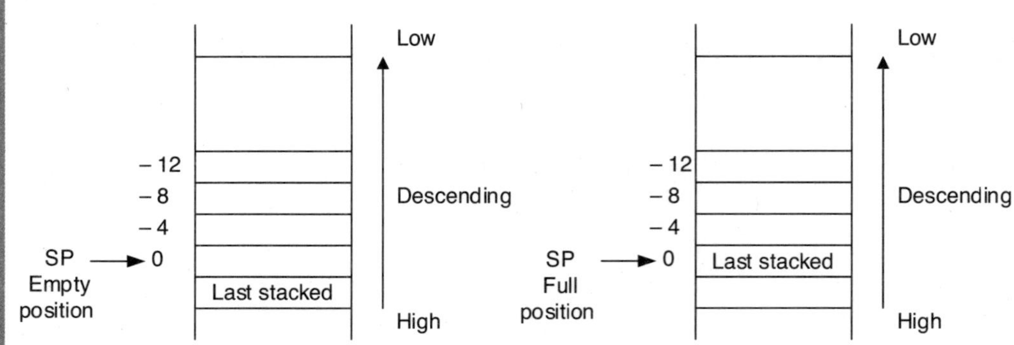

빈 내림차순 (Empty Descending)

push 연산은 내림차순으로 스택에 값을 넣는다. 스택 포인터 sp는 다음 빈 위치를 가리킨다. pop 연산은 sp를 증가시키고 스택에서 항목을 복사한다.

전체 내림차순 (Full Descending)

push 연산은 내림차순으로 스택에 값을 넣는다. 스택 포인터 sp는 마지막으로 넣은 최신 항목을 가리킨다. pop 연산은 스택에서 항목을 복사하고 sp를 증가시킨다.

ARM 아키텍처에는 다음과 같이 총 7개의 프로세서 모드가 있다. 여섯 개의 권한 모드 : 중단(abort), 빠른 인터럽트 요청(fast interrupt request), 인터럽트 요청(interrupt request), 감독(supervisor), 시스템 (system), 정의되지 않음(undefined) 그리고 한 개의 비권한 모드(user). 프로세서가 상이한 모드로 들어갈 때, 레지스터들은 약간 다르게 사용될 수 있다. banked registers라 불리는 이러한 레지스터들은 [그림 5.1]에서 보여준다(역자주: 'banked'는 '쌓아 올려진' 이라는 뜻을 가지고 있다).

모든 banked 스택 포인터들은 다음 코드에서 보여주는 것과 같이 초기화될 수 있다. 이 코드에서, 우리는 먼저 특수 패턴인 STACK_FILL로 스택 공간을 채운다. 다음으로, 우리는 스택 포인터의 주소인 banked register r13(sp)를 작성하기 위해 특정한 프로세서 모드로 전환한다. 특정한 프로세서 모드로 전환할 때, 우리는 현재 프로그램 상태 레지스터인 CSPR(Current Program Status Register:CSPR)에 프로세서 모드와 인터럽트 상태를 세팅한다.

```
init_stack:
/* Initialize the stack pointer and fill the .stack section */
LDR r1,=__stack_start__
LDR r2,=__stack_end__
LDR r3,=STACK_FILL

1:
CMP r1,r2
```

```
STMLTIA r1!,{r3}
BLT 1b
/* Initialize stack pointers for all ARM modes */
MSR CPSR_c,#(IRQ_MODE | I_BIT | F_BIT)
LDR sp,=__irq_stack_top__                    /* set the IRQ stack pointer */
MSR CPSR_c,#(FIQ_MODE | I_BIT | F_BIT)
LDR sp,=__fiq_stack_top__                    /* set the FIQ stack pointer */
MSR CPSR_c,#(SVC_MODE | I_BIT | F_BIT)
LDR sp,=__svc_stack_top__                    /* set the SVC stack pointer */
MSR CPSR_c,#(ABT_MODE | I_BIT | F_BIT)
LDR sp,=__abt_stack_top__                    /* set the ABT stack pointer */
MSR CPSR_c,#(UND_MODE | I_BIT | F_BIT)
LDR sp,=__und_stack_top__                    /* set the UND stack pointer */
MSR CPSR_c,#(SYS_MODE | I_BIT | F_BIT)
LDR sp,=__c_stack_top__                            /* set the C stack pointer */
```

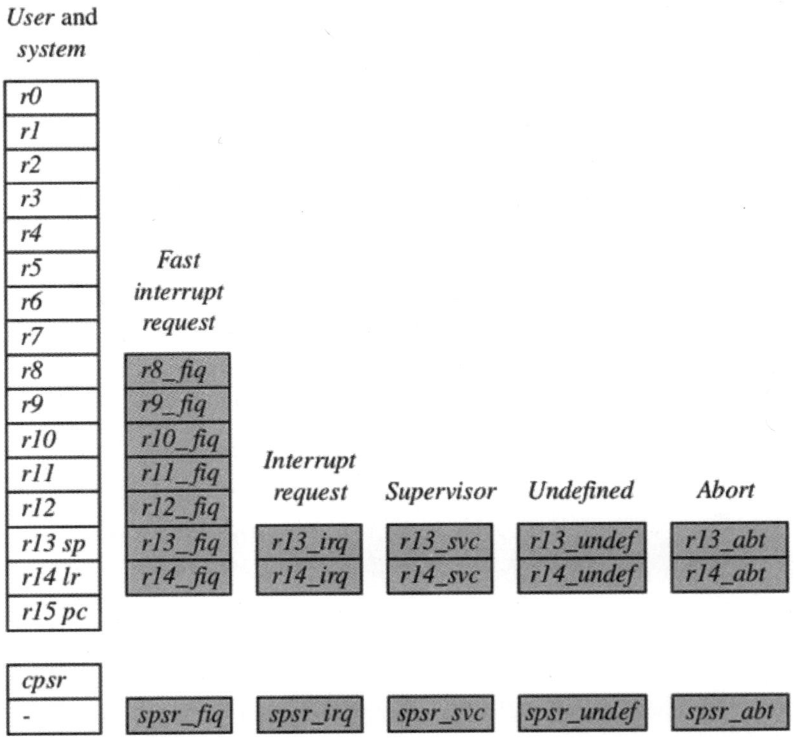

그림 5.1 ARM 레지스터 세트

전역 변수

C 코드가 컴파일될 때, 컴파일러는 데이터 섹션에 전역 변수들을 초기화하여 위치시킨다. 스타트업되는 동안 데이터 섹션은 플래시 메모리에서 램으로 반드시 복사되어야 한다. 모든 초기화되지 않은 전역 변수들은 스타트업 동안 0으로 초기화된다. 이 과정은 C 스타트업 코드에서 수행될 필요가 있다. C 프로그램이 컴파일될 때, bss라 불리는 별도의 섹션은 초기화되지 않은 변수를 유지하는 데 사용된다. 이들 모든 변수들이 동일한 값(zero)을 가지고 있기 때문에, 플래시 메모리에 저장될 필요가 없다. C 코드로 제어를 전환하기 전에, 이들 변수에 대응되는 메모리 위치를 0으로 초기화해야 한다.

읽기 전용 데이터

GCC는 rodata로 불리는 별도의 섹션에 const로 표시된 전역 변수들을 위치시킨다. rodata 섹션은 또한 문자열 상수를 저장하기 위해 사용된다. rodata 섹션의 내용이 수정되지 않을 것이기 때문에, 플래시 메모리에 위치시킬 수 있다.

시작 코드

이제 사전 요구 조건이 무엇인지 알았으므로, 링커 스크립트와 시작코드를 생성할 수 있다. 링커 스크립트에서, 다음의 섹션들의 위치를 지정할 필요가 있다.

- .isr_vector
- .text
- .rodata
- .data
- .bss
- .stack

[그림 5.2]는 다양한 섹션들의 위치를 보여준다. 플래시 메모리에서 rodata 섹션은 텍스트 섹션 바로 뒤에 위치된다. 램에서 데이터 섹션의 적재(load) 주소는 플래시 메모리에서와 마찬가지로 rodata 섹션 뒤에 위치된다. C 스타트업 코드는 적재 주소에서 실행 주소인 데이터 섹션으로 복사된다(그림 5.2에서 데이터 섹션 참조). 램에서 bss 섹션은 데이터 섹션 바로 뒤에 배치된다. bss의 시작과 bss의 끝에서 찾아낸 기호(Symbols)는 링커 스크립트에서 생성한다. 스택과 banked stacks는 bss 섹션 뒤에 위치된다.

memory-mapped 하드웨어 레지스터들은 UART 또는 타이머(시작 주소 0xff000000)를 위한 하드웨어 레지스터들과 마찬가지로 램에 할당된다.

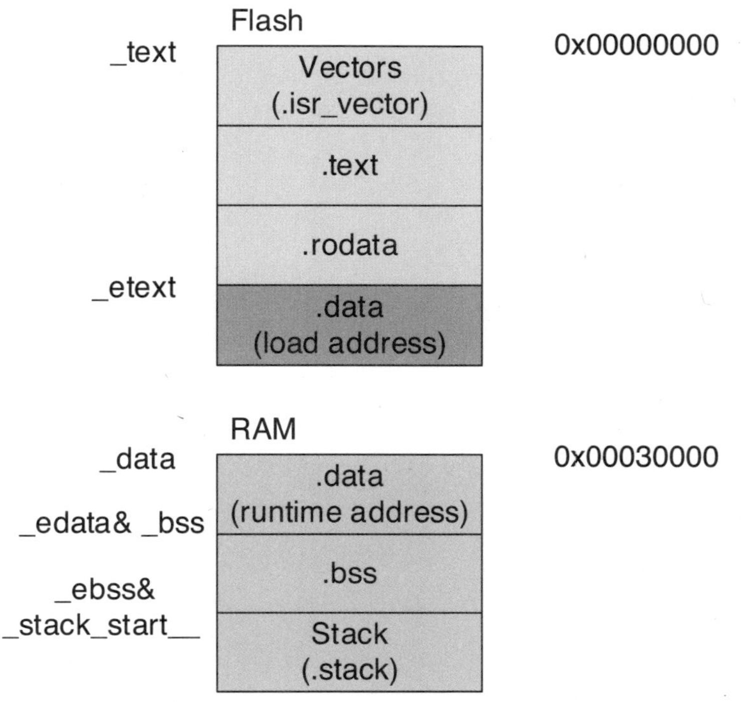

그림 5.2 섹션 배치

[예제 5.2]에서 링크 스크립트를 보기 전에, 링커 스크립트의 기본 개념을 다시 상기해 보자. 데이터 혹은 텍스트처럼 섹션들은 마침표(.)로 시작된다. 모든 다른 항목들은 주소나 일반적인 값을 정의하기 위해 사용되는 심볼들이다. 우리가 심볼들을 정의할 때, 일반적인 규칙은 _text 혹은 _data와 같이 심볼이 주소값을 대표하기 위해 밑줄(_) 접두사를 사용하는 것이다. 우리는 C_STACK_SIZE 혹은 IRQ_STACK_SIZE처럼 상수를 식별하기 위해 모두 대문자를 사용할 수 있다. 4장에서 언급했듯이, 마침표(.)는 위치 카운터를 나타낸다. 예를 들면, _edata=.을 사용하여 현재 주소를 심볼에 지정할 수 있다.

[예제 5.2]에서 링크 스크립터는 [그림 5.2]에서 섹션 배치와 일치한다. 텍스트 섹션은 0x10000 주소로부터 시작된다. 레이블(label) _text는 텍스트 섹션의 시작 주소이고, 레이블(label) _etext는 텍스트 섹션의 끝 주소다. 데이터 섹션의 적재 주소는 rodata 섹션 뒤에 배치되고, _etext에서부터 시작된다. 데이터 섹션의 시작 레이블과 끝 레이블은 각각 _data 와 _edata이다. 이러한 항목들은 .data 섹션의 실행 주소를 제공한다. bss 섹션은 데이터 섹션 뒤에 위치된다. bss 섹션의 시작과 끝은 각각 _bss 와 _ebss이다. 스택은 bss 섹션 뒤에 위치된다. 각 프로세서 모드를 위한 스택 포인터(_irq_stack_top_, __fiq_stack_top_, __svc_stack_top_, __abt_stack_top_, __und_stack_top_, __c_stack_top_) 들은 스택 섹션에 정의된다.

예제 5.2 C 코드를 위한 링커 스크립트(code/c05/c05e1.ld)

```
OUTPUT_ARCH(arm)
ENTRY(_start)
MEMORY
{
    FLASH (rx) : ORIGIN = 0x00010000, LENGTH = 128K
    RAM (rwx) : ORIGIN = 0x00030000, LENGTH = 512M}

/* The sizes of the stacks used by the application. NOTE: You can adjust them
according to your requirements. */
C_STACK_SIZE   = 512;
IRQ_STACK_SIZE = 256;
FIQ_STACK_SIZE = 256;
SVC_STACK_SIZE = 256;
ABT_STACK_SIZE = 256;
UND_STACK_SIZE = 256;

/* The size of the heap used by the application. NOTE: You can adjust it according to
your requirements. */
HEAP_SIZE = 0;
SECTIONS
{
  . = 0x10000;
  _text = .;                                      /* This is the start of .text section. */
  .text : {
    KEEP(*(.isr_vector))
    _start = .;
    *(.start)
    *(.text)
    *(.text.*)
    *(.rodata)
    *(.rodata.*)
    . = ALIGN(4);
  } > FLASH

_etext = .; /* This is the end of .text section and the load address of .data
            section. */

.data : AT(ADDR(.text) + SIZEOF(.text)){
```

```
    _data = .; /* This is the start of .data section in RAM and the runtime address
                of .data section. */
    *(.data)
} > RAM


. = ALIGN(4);
.bss : {
    _edata = .;                                 /* This is the end of .data section. */
    data_size = _edata - _data;
    __bss_start = .;
    _bss = .;                                   /* This is the start of .bss section. */
    *(.bss)
} > RAM


/* The stack pointers defined here below are used in Example 5.3. */
.stack (NOLOAD) : {
    _ebss = .; /* This is the end of .bss section. */
    bss_size = _ebss - _bss;
    __stack_start__ = . ; /* This is the start of stack. */

    . += IRQ_STACK_SIZE;
    . = ALIGN (4);
    __irq_stack_top__ = . ;

    . += FIQ_STACK_SIZE;
    . = ALIGN (4);
    __fiq_stack_top__ = . ;

    . += SVC_STACK_SIZE;
    . = ALIGN (4);
    __svc_stack_top__ = . ;

    . += ABT_STACK_SIZE;
    . = ALIGN (4);
    __abt_stack_top__ = . ;

    . += UND_STACK_SIZE;
    . = ALIGN (4);
    __und_stack_top__ = . ;
```

```
        . += C_STACK_SIZE;
        . = ALIGN (4);
        __c_stack_top__ = . ;
        *(.stack)
        __stack_end__ = .; /* This is the end of stack. */
} > RAM
}
```

링커 스크립트를 이해했다면, [예제 5.3]에 있는 C 스타트업 코드를 분석할 준비가 됐다고 할 수 있다. 이 스타트업 코드는 다음과 같은 부분을 포함한다.

- 플래시 메모리에서 램으로 데이터를 복사 : 데이터 섹션의 적재 주소의 시작은 label _etext에 있다. 데이터 섹션의 크기는 _edata – _data이다. 플래시 메모리의 로드 주소로부터 데이터 섹션은 초기화된다.

- bss 섹션 전체를 0으로 하기 위한 코드 : bss 섹션의 크기는 _ebss – _bss이다. 스타트업 코드는 이 범위에 있는 모든 영역을 zero 값으로 채운다.

- 스택 포인터를 설정하기 위한 코드 : .bss 섹션을 zero로 초기화한 후, 코드는 스택 공간을 STACK_FILL 패턴으로 초기화하고 모든 프로세서 모드를 위한 스택 포인터들을 설정한다.

- main()으로 분기 : 모든 것이 준비되면 C 함수의 엔트리 포인트는 호출될 수 있다.

(역자주 : 엔트리 포인트는 제어가 운영체제에서 컴퓨터 프로그램으로 이동하는 것을 말하며, 프로세서는 프로그램이나 코드에 진입해서 실행을 시작한다.)

예제 5.3 C 스타트업 어셈블리 코드(code/c05/c05e1/startup.S)

```
/* Standard definitions of mode bits and interrupt (I & F) flags in PSRs */
    .equ    I_BIT,          0x80        /* when I bit is set, IRQ is disabled */
    .equ    F_BIT,          0x40        /* when F bit is set, FIQ is disabled */
    .equ    USR_MODE,       0x10
    .equ    FIQ_MODE,       0x11
    .equ    IRQ_MODE,       0x12
    .equ    SVC_MODE,       0x13
    .equ    ABT_MODE,       0x17
    .equ    UND_MODE,       0x1B
    .equ    SYS_MODE,       0x1F


/* Constant to prefill the stack */
    .equ    STACK_FILL,     0xAAAAAAAA
```

```
        .arch armv5te
        .fpu softvfp
        .global    version
        .section   .rodata
        .align     2
.LC0:
        .ascii     "Copyright (c) 2013, Roger Ye. All rights reserved.\012"
        .ascii     "\000"
        .data
        .align     2
        .type      version, %object
        .size      version, 4
/* We use this variable to store the pointer to the version information string. */
version:
        .word      .LC0
/*****************************************************************
 *
 * This code is called when the processor first starts execution
 * following a reset event.
 *
 *****************************************************************/
        .section   .text.ResetISR,"ax",%progbits
        .align     2
        .global    ResetISR
        .type      ResetISR, %function
ResetISR:
        /* Copy data from load address to runtime address in RAM. The load address is at
_etext and the runtime address is at _data. */
        ldr    r0, =_etext
        ldr    r1, =_data
        ldr    r2, =_edata
        sub    r2, r2, r1
        @@ Handle data_size == 0
        cmp    r2, #0
        beq    init_bss
copy:
        ldrb   r4, [r0], #1
        strb   r4, [r1], #1
        subs   r2, r2, #1
```

```
    bne     copy

    /* This code zeroes out the .bss section. The .bss start address is _bss and the
end address is _ebss. */
init_bss:
    @@ Initialize .bss
    ldr    r0, =_bss
    ldr    r1, =_ebss
    sub    r2, r1, r0
    @@ Handle bss_size == 0
    cmp    r2, #0
    beq    init_stack

    mov    r4, #0
zero:
    strb   r4, [r0], #1
    subs   r2, r2, #1
    bne    zero


init_stack:
    /* Fill the .stack section with the pattern STACK_FILL. */
    LDR       r1,=__stack_start__
    LDR       r2,=__stack_end__
    LDR       r3,=STACK_FILL
1:
    CMP       r1,r2
    STMLTIA r1!,{r3}
    BLT       1b

    /* Initialize stack pointers for all ARM modes. */
    MSR       CPSR_c,#(IRQ_MODE | I_BIT | F_BIT)
    LDR       sp,=__irq_stack_top__        /* set the IRQ stack pointer */
    MSR       CPSR_c,#(FIQ_MODE | I_BIT | F_BIT)
    LDR       sp,=__fiq_stack_top__        /* set the FIQ stack pointer */
    MSR       CPSR_c,#(SVC_MODE | I_BIT | F_BIT)
    LDR       sp,=__svc_stack_top__        /* set the SVC stack pointer */
    MSR       CPSR_c,#(ABT_MODE | I_BIT | F_BIT)
    LDR       sp,=__abt_stack_top__        /* set the ABT stack pointer */
    MSR       CPSR_c,#(UND_MODE | I_BIT | F_BIT)
    LDR       sp,=__und_stack_top__        /* set the UND stack pointer */
```

```
    MSR       CPSR_c,#(SYS_MODE | I_BIT | F_BIT)
    LDR       sp,=__c_stack_top__              /* set the C stack pointer */

    /* Call main() in C code. */
call_main:
    mov    r0, #1                              /* set argc = 1 */
    ldr    r1, =version                        /* set argv[1] = version */
    bl     main                                /* call main() function. */
ResetISR_STOP:
    b      ResetISR_STOP     @ Infinite loop to stop execution
    .size     ResetISR, .-ResetISR
```

디버그 버전으로 빌드하기 위해, 커맨드 라인에서 DEBUG=1 옵션을 포함해야 한다. 이 옵션이 없으면, 당신은 소스-레벨 디버깅을 수행할 수 없다. 디버그 옵션을 다음과 같이 포함해서 make 명령어를 실행할 수 있다. :

```
$ make DEBUG=1 VERBOSE=1
arm-none-eabi-gcc -marm -mno-thumb-interwork -mabi=aapcs-linux -march=armv5te -fno-
common -ffixed-r8 -msoft-float -fno-builtin -ffreestanding -Os -fstack-usage -fdata-
sections -MD -Wall -Wstrict-prototypes -Wno-format-nonliteral -c -g -D DEBUG -Dgcc -o
gcc/c05e1.o c05e1.c

arm-none-eabi-gcc -marm -mno-thumb-interwork -mabi=aapcs-linux -march=armv5te -fno-
common -ffixed-r8 -msoft-float -fno-builtin -ffreestanding -MD -g -D DEBUG -Dgcc -o
gcc/startup.o -c startup.S

arm-none-eabi-ld -T c05e1.ld --entry ResetISR -o gcc/c05e1.axf gcc/c05e1.o gcc/startup.
o /media/u32/home/sgye/arm-2012.03/bin/../lib/gcc/arm-none-eabi/4.6.3/../../../../
arm-none-eabi/lib/libm.a /media/u32/home/sgye/arm-2012.03/bin/../lib/gcc/arm-none-
eabi/4.6.3/../../../../arm-none-eabi/lib/libc.a /media/u32/home/sgye/arm-2012.03/
bin/../lib/gcc/arm-none-eabi/4.6.3/libgcc.a

arm-none-eabi-objcopy -O binary gcc/c05e1.axf gcc/c05e1.bin
```

이것은 간단한 프로젝트이기 때문에, 우리는 직접 GCC로 프로젝트를 빌드할 수 있다.

```
$ arm-none-eabi-gcc -nostdlib -o gcc/c05e1.axf -T c05e1.ld c05e1.c startup.S
```

-nostdlib 옵션은 표준 C 라이브러리를 링크시키지 않도록 하는 데 사용된다. 다음 6장에서 표준 C 라이브러리에 대하여 논의할 것이다. 심볼 테이블의 덤프는 메모리에서 어떻게 배치되는지 더 나은 그림을 제공한다.

```
$ arm-none-eabi-nm -n gcc/c05e1.axf
00000000 A HEAP_SIZE
00000010 a USR_MODE
00000011 a FIQ_MODE
00000012 a IRQ_MODE
00000013 a SVC_MODE
00000017 a ABT_MODE
0000001b a UND_MODE
0000001f a SYS_MODE
00000040 a F_BIT
00000080 a I_BIT
00000100 A ABT_STACK_SIZE
00000100 A FIQ_STACK_SIZE
00000100 A IRQ_STACK_SIZE
00000100 A SVC_STACK_SIZE
00000100 A UND_STACK_SIZE
00000200 A C_STACK_SIZE
00010000 T _start
00010000 A _text
00010000 T strlen
00010020 T main
0001005c T ResetISR
00010074 t copy
00010084 t init_bss
0001009c t zero
000100a8 t init_stack
000100f0 t call_main
000100fc t ResetISR_STOP
00010170 T UART_IO_BASE
00010184 A _etext
00030000 D _data
00030000 D version
00030004 D uart_name
00030008 D __bss_start
00030008 D _bss
00030008 D _edata
00030008 B goldfish_drv
00030010 D data_size
00030038 B __stack_start__
```

```
00030038 B _ebss
00030068 B bss_size
00030138 B __irq_stack_top__
00030238 B __fiq_stack_top__
00030338 B __svc_stack_top__
00030438 B __abt_stack_top__
00030538 B __und_stack_top__
00030738 B __c_stack_top__
00030738 B __stack_end__
aaaaaaaa a STACK_FILL
```

const integer 변수인 UART_IO_BASE가 플래시 메모리(rodata section)에 있는 것을 주목하자. 초기화된 데이터 uart_name은 데이터 섹션에 있다. 초기화되지 않은 데이터 goldfish_drv는 .bss 섹션에 있다. 플래시 메모리와 램의 메모리 범위를 [그림 4.1]에 있는 메모리 맵을 참조하자.

표 5.1 APCS 레지스터 사용 규칙

레지스터	APCS 이름	APCS 역할
r0	a1	Argument 1/integer result/scratch register
r1	a2	Argument 2/scratch register
r2	a3	Argument 3/scratch register
r3	a4	Argument 4/scratch register
r4	v1	Register variable 1
r5	v2	Register variable 2
r6	v3	Register variable 3
r7	v4	Register variable 4
r8	v5	Register variable 5
r9	sb/v6	Static base/register variable 6
r10	sl/v7	Static limit/register variable 7
r11	fp	Frame pointer
r12	ip	Scratch register/specialist use by linker
r13	sp	Lower end of current stack frame
r14	lr	Link address/scratch register
r15	pc	Program counter

호출 규칙

main() 함수를 호출하는 것으로 어셈블리 언어에서 C로 제어를 전환할 수 있다. 이 시점에서, 우리는 코드의 상단에 UART 테스트 프로그램을 빌드할 수 있다. 이 UART 테스트 프로그램을 사용함으로써, 골드피시에 대한 하드웨어를 이해할 수 있고, 9장에서 U-Boot를 골드피시 플랫폼으로 쉽게 포팅할 수 있게 된다. 이 주제를 더 깊게 탐구하기 전에, ARM의 호출 규칙에 좀 더 시간을 할애해 보자. 우리가 이 호출 규칙을 완전히 이해한다면, 어셈블리 언어와 C 언어 사이에서 함수 호출을 더 잘 처리할 수 있게 된다. 이번 논의는 이 장의 예제코드를 기반으로 한다. 만약 당신이 호출 규칙의 더욱 심도있는 토론을 원한다면, 매뉴얼 Procedure Call Standard for the ARM Architecture(APCS)가 좋은 참고서가 될 것이다. 이 매뉴얼은 ARM 웹사이트에서 무료로 다운로드할 수 있다.

[표 5.1]은 APCS의 레지스터 사용 규칙을 소개한다. 호출자는 함수를 호출하여 피호출자로 가기 전에 (피호출되는 함수가 호출되기 전에) 레지스터들은 [표 5.1]에 표시된 규칙에 따라 채워지거나 저장되어야 한다. 레지스터 r0-r3은 함수에 인수를 전달하는 데 사용된다. 그들은 어떤 목적으로든 함수 내부에서 사용될 수 있다. 레지스터 r0는 일반적으로 함수가 반환할 때 제공하는 값을 가져오는 데 사용된다.

제어가 피호출자로 전환된 후에, r4-r8은 호출된 함수를 저장하는 데 필요한 레지스터이다. 따라서 그들은 제어가 호출한 루틴(e.g., the main program)으로 돌아올 때 반드시 변경되지 않은 값을 가지고 있어야 한다. 만약 호출된 함수가 별도의 작업공간을 위해 이들 레지스터들을 필요로 하는 경우, 그것들을 저장해야만 한다.

어셈블리어 코드에서 C 함수 호출하기

어셈블리어에서 C 함수를 호출하는 방법을 분석하기 위해 예제 5.3의 코드를 스타트업하는 데 사용한다. 우리가 이 방식으로 호출하는 첫 번째 C 함수는 startup.S에 있는 main()이다. 인수를 전달하는 방법을 설명하기 위해, 플래시 메모리에 저장된 버전 정보를 main()에 인수로 전달한다. main() 함수의 프로토타입은 아래와 같다.

```
int main (int argc, char *argv[])
```

인수 argc와 argv는 전형적으로 커맨드라인 인수로 사용된다. 첫 번째 인수 argc는 argv에 들어있는 명령줄 변수들의 수를 나타낸다. 두 번째 인수 argv는 문자열을 포함하는 배열이다. 이 예제코드에서, 우리는 스타트업 코드에서 main()으로 하나의 문자열을 전달해야 한다. 그래서 startup.S에 다음의 코드가 있다.

```
…
mov r0, #1
ldr r1, =version
bl main
```

레지스터 r0는 main()의 argc 즉 첫 번째 인수다. 이 곳에 값 1을 할당한다. 변수 argv는 문자열 배열로 C 언어에서 포인터다. 두 번째 인수인 레지스터 r1에 버전 정보의 주소를 넘긴다. 다음 코드를 참조하자.

```
    .global version
    .section .rodata
    .align 2
.LC0:
    .ascii "Copyright (c) 2013, Roger Ye. All rights reserved.\012"
    .ascii "\000"
    .data
    .align 2
    .type version, %object
    .size version, 4
version:
    .word .LC0
```

버전 정보(.LC0)는 플래시 메모리에 위치한 rodata 섹션에 저장되어 있다. 버전 라벨은 데이터 섹션에서 초기화된 데이터를 포함한다. 그것은 .LC0의 값과 함께 초기화되어 있다.

3장에서 언급한 바와 같이, 여러 개의 make targets를 Makefile에서 사용할 수 있다. 타겟을 디버그를 사용해 안드로이드 에뮬레이터에서 c05e1.axf 바이너리 파일을 실행한 후, 이 작업의 상태를 확인하기 위해 다음과 같은 명령을 사용한다.

$ make debug

Makefile의 디버그 타겟은 다음 두 명령문에 해당한다.

$ emulator -verbose -show-kernel -netfast -avd hd2 -shell -qemu -s -S –kernel gcc/c05e1.axf

$ ddd --debugger arm-none-eabi-gdb gcc/c05e1.axf

[그림 5.3]의 하단에서, gdb에 대한 명령줄을 확인한다. 우리는 (gdb) 명령 프롬프트로부터 gdb를 실행할 수 있다. main()에서 중단점(breakpoint)을 잡고, (gdb) 프롬프트에서 argc와 argv[0]에 대한 출력을 프린트할 수 있다. [그림 5.3]에서, 플래시 메모리에 위치한 argv[0](0x1013c)의 주소를 확인한다. main()으로부터 반환된 값은 uart_name 문자열의 길이를 나타낸다. 시작 파일의 startup.S에서 main() 함수 복귀 후 레지스터 r0 값을 확인할 수 있다.

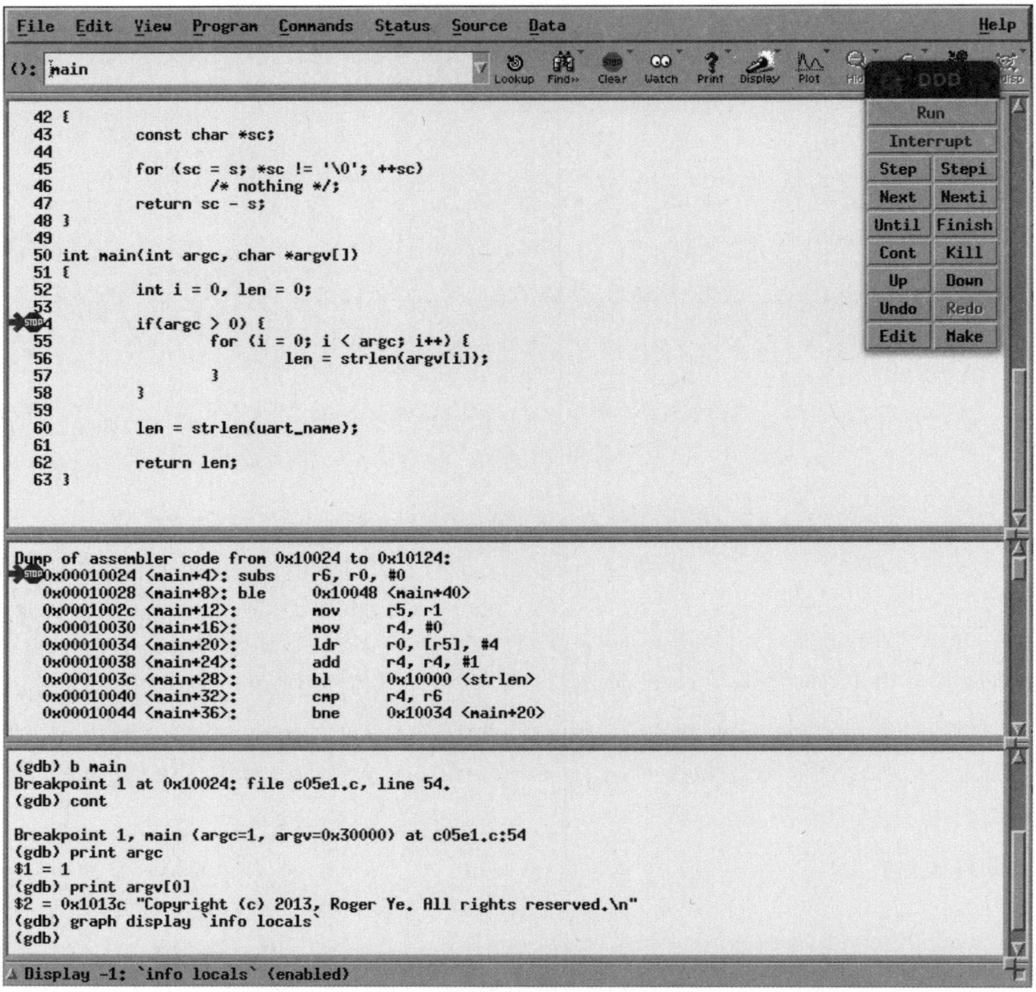

```
 File  Edit  View  Program  Commands  Status  Source  Data                          Help

(): main                              Lookup Find» Clear Watch Print Display Plot  Hid  DDD  disp

    42 {                                                                    Run
    43        const char *sc;                                           Interrupt
    44
    45        for (sc = s; *sc != '\0'; ++sc)                       Step    Stepi
    46             /* nothing */;                                   Next    Nexti
    47        return sc - s;                                        Until   Finish
    48 }                                                            Cont    Kill
    49                                                              Up      Down
    50 int main(int argc, char *argv[])                            Undo    Redo
    51 {                                                           Edit    Make
    52        int i = 0, len = 0;
    53
    54        if(argc > 0) {
    55             for (i = 0; i < argc; i++) {
    56                  len = strlen(argv[i]);
    57             }
    58        }
    59
    60        len = strlen(uart_name);
    61
    62        return len;
    63 }

Dump of assembler code from 0x10024 to 0x10124:
   0x00010024 <main+4>: subs      r6, r0, #0
   0x00010028 <main+8>: ble       0x10048 <main+40>
   0x0001002c <main+12>:    mov       r5, r1
   0x00010030 <main+16>:    mov       r4, #0
   0x00010034 <main+20>:    ldr       r0, [r5], #4
   0x00010038 <main+24>:    add       r4, r4, #1
   0x0001003c <main+28>:    bl        0x10000 <strlen>
   0x00010040 <main+32>:    cmp       r4, r6
   0x00010044 <main+36>:    bne       0x10034 <main+20>

(gdb) b main
Breakpoint 1 at 0x10024: file c05e1.c, line 54.
(gdb) cont

Breakpoint 1, main (argc=1, argv=0x30000) at c05e1.c:54
(gdb) print argc
$1 = 1
(gdb) print argv[0]
$2 = 0x1013c "Copyright (c) 2013, Roger Ye. All rights reserved.\n"
(gdb) graph display `info locals`
(gdb)

Display -1: `info locals` (enabled)
```

그림 5.3 startup.S에서의 main() 호출

C 코드에서 어셈블리 언어 함수 호출하기

C 코드에서 어셈블리어 함수를 호출하려면 어셈블리 서브루틴에 어셈블리 코드가 정의되어야 한다. 이 서브루틴은 .global 지시어를 사용해 전역으로 정의되어야 한다. 어셈블리 언어 함수는 인자를 처리하고 APCS에 따라 값을 반환한다. C 언어로부터 어셈블리 함수를 호출하는 예제는 [예제 5.4(getbaseaddr)]에서 볼 수 있다.

골드피시 시리얼 포트 지원

드디어 골드피시 하드웨어를 알아본다. 이제는 C 언어로 프로그램을 작성할 수 있다. 코드에 하드웨어 지원을 추가해 보자! 골드피시 시리얼 포트의 기능을 지원하기 위해 c05e1을 확장할 것이다.

이 예제를 사용해서 시리얼 포트 기능을 알아보고 C 언어 프로그램에서 어셈블리 함수를 어떻게 호출하는지 살펴보자. 이 절의 예제코드는 c05/c05e2 폴더에서 찾을 수 있고 다음 파일들을 포함한다.

- serial_goldfish.c : serial port 기능을 구현하기 위한 C 코드

- goldfish_uart.S : 특정한 serial port 기능을 구현하기 위한 어셈블리 코드

- startup.S : 제어를 C 코드로 전환하기 전 필요한 셋업을 수행하기 위한 스타트업 코드

- c05e2.c : 테스트 드라이버와 main() 함수를 구현하기 위한 C 코드

- Makefile : 이 프로젝트를 빌드하기 위한 makefile

- c05e2.ld : 프로젝트의 링커 스크립트

> **Note**
>
> 이번 예제 이후부터, 예제코드의 프로젝트 파일들은 공통 파일과 특정 프로젝트 파일로 분리될 수 있다. 공통 파일은 다수의 프로젝트에서 재사용될 수 있다. drivers라는 이름의 폴더가 공통 파일들을 담고 있다. c05e2에 있는 serial_goldfish.c와 goldfish_uart.S도 공통 파일이다. 프로젝트 폴더에는 특정 프로젝트 파일들이 위치하고 있다. c05e2 예제에서 특정 프로젝트 파일들은 c05/c05e2 폴더에 있다.

시작 코드를 위한 startup.S는 [예제 5.3]과 같다. 어셈블리 언어에서 C 언어로 제어가 전환된 후, 시리얼 포트에 대한 몇 가지 단위 테스트 케이스는 main() 함수에 구현되어 있다. serial_goldfish.c에서, 시리얼 포트 작업과 관련된 대부분의 함수들을 구현한다. U-Boot에 정의된 함수의 집합은 이 예제에서 구현되었다. 책 후반부에 가면 U-Boot 포팅에 재사용할 것이다. 시리얼 장치를 위한 U-Boot 자료 구조는 다음과 같이 사용되었다.

```c
struct serial_device {
/* This is a data structure that we need to support in U-Boot serial driver. */
    char name[16];
    int (*start)(void);
    int (*stop)(void);
    void (*setbrg)(void);
    int (*getc)(void);
    int (*tstc)(void);
    void (*putc)(const char c);
    void (*puts)(const char *s);
    struct serial_device *next;
};
```

struct serial_device의 함수 목록을 구현하기 위해, 첫 번째로 레지스터들의 기본 주소를 초기화할 필요가 있다. 우리는 어셈블리어로 이를 구현하여 물리 주소와 가상 주소 모두 제어할 수 있다.

다음은 C 언어의 함수 프로토타입이다.

```
void *getbaseaddr(void);
```

이 함수는 어떤 인자도 받지 않는다. 기본 주소는 void pointer로 반환한다. 예제5.4는 어셈블리어로 구현된 것을 보여준다.

예제 5.4 어셈블리어에서의 UART 함수(drivers/goldfish_uart.S)

```
...
#ifndef ENTRY
#define ENTRY(name) \
  .globl name; \
  ALIGN; \
  name:
#endif

#ifndef WEAK
#define WEAK(name)   \
  .weak name;        \
  name:
#endif
#ifndef END
#define END(name)   \
  .size name, .-name
#endif

/* If symbol 'name' is treated as a subroutine (gets called, and returns)
 * then use ENDPROC to mark 'name' as STT_FUNC for the benefit of
 * static analysis tools such as the stack depth analyzer.
 */
#ifndef ENDPROC
#define ENDPROC(name) \
  END(name)
#endif

…

  .text

#define GOLDFISH_TTY_PUT_CHAR_PHYS (IO_START + GOLDFISH_TTY2_BASE)
```

```
#define GOLDFISH_TTY_PUT_CHAR_BASE (IO_BASE + GOLDFISH_TTY2_BASE)

  .macro    addruart,rx
   /* See if the MMU is enabled and select appropriate base address */
   mrc  p15, 0, \rx, c1, c0
   tst  \rx, #1
   ldreq  \rx, =GOLDFISH_TTY_PUT_CHAR_PHYS
   ldrne  \rx, =GOLDFISH_TTY_PUT_CHAR_BASE
  .endm

ENTRY(getbaseaddr)
  addruart r0
  mov  pc, lr
ENDPROC(getbaseaddr)
...
```

어셈블리 매크로 함수 addruart는 getbaseaddr에서 호출된다. Addruart에서, mrc 명령어를 통해 MMU 상태를 얻는다. MMU가 활성화되어 있다면, 가상 주소가 적재된다. 그 반대는 물리 주소가 적재된다. 골드피시 시리얼 포트의 하드웨어 사양은 2장을 참고하라. 기본 주소와 일치하는 반환 값은 레지스터 r0에 저장되어 있다.

[예제 5.5]에서, static function goldfish_init()은 시리얼 장치의 자료구조를 초기화하는 기능을 담당하고 있다. 이 경우, 그것은 getbaseaddr()을 호출함으로써 전역 변수 gtty를 초기화한다. 골드피시 플랫폼에서, 시리얼 포트 0과 1은 안드로이드 에뮬레이터 자체에 의해 사용된다. 우리가 명령줄 옵션 – shell과 함께 에뮬레이터를 시작할 때, 시리얼 포트 2는 표준 입출력으로서 사용될 수 있다. 이것이 코드 예제에서 serial port 2 (GOLDFISH_TTY2_BASE)를 초기화하는 이유이다. 또한 serial_device의 자료구조를 반환하는 default_serial_console() 함수를 구현한다.

예제 5.5 goldfish_init/default_serial_console (drivers/serial_goldfish.c)

```
...
void *getbaseaddr(void);
static struct goldfish_tty gtty = {0, 0};
static int goldfish_init(void)
{
    void *base = 0;
    base = gtty.base;
    if(!base) {
        /* Initialize base address as UART2 */
        gtty.base = getbaseaddr();
    }
```

```c
    debug ("goldfish_init(), gtty.base=%x\n", gtty.base);
    return 0;
}
…
static struct serial_device goldfish_drv = {
    .name         = "goldfish_serial",
    .start        = goldfish_init,
    .stop         = goldfish_disable_tty,
    .setbrg       = goldfish_setbrg,
    .putc         = goldfish_putc,
    .puts         = default_serial_puts,
    .getc         = goldfish_getc,
    .tstc         = goldfish_tstc,
};
struct serial_device *default_serial_console(void)
{
    return &goldfish_drv;
}
void goldfish_initialize(void)
{
    debug("goldfish_initialize()\n");
    // serial_register(&goldfish_drv);
}
#ifdef __BARE_METAL__
void default_serial_puts(const char *s)
{
    struct serial_device *dev = &goldfish_drv;
        while (*s)
            dev->putc(*s++);
}
#endif
...
```

시리얼 포트 함수에서 사용되는 하드웨어 레지스터는 [예제 5.6]에서 보여주는 것과 같이 hardware.
h 헤더 파일에 선언되어 있다. 이 파일은 골드피시 리눅스 커널에서 두 개의 리눅스 커널 파일을 기
반으로 생성되었다. include/asm-arm/arch-goldfish/irqs.h와 arch/arm/mach-goldfish/include/
mach/hardware.h. hardware.h에는, 인터럽트 넘버와 하드웨어 레지스터의 기본 주소 두 가지가 정
의되어 있다.

예제 5.6 골드피시 플랫폼의 하드웨어 인터페이스 정의(include/hardware.h)

```c
#ifndef __ASM_ARCH_HARDWARE_H
#define __ASM_ARCH_HARDWARE_H
/* include/asm-arm/arch-goldfish/irqs.h */
/* #define _ARCH-GOLDFISH_IRQS_H */
#define IRQ_PDEV_BUS      (1)
#define IRQ_TIMER         (3)
#define IRQ_TTY0          (4)
#define IRQ_RTC           (10)
#define IRQ_TTY1          (11)
#define IRQ_TTY2          (12)
#define IRQ_smc91x        (13)
#define IRQ_FB            (14)
#define IRQ_AUDIO         (15)
#define IRQ_EVENTS        (16)
#define IRQ_PIPE          (17)
#define IRQ_SWITCH0       (18)
#define IRQ_SWITCH1       (19)
#define IRQ_RANDOM        (20)
#define LAST_IRQ RANDOM_IRQ
#define NR_IRQS (LAST_IRQ + 1)
/*
 * Where in virtual memory the I/O devices (timers, system controllers,
 * and so on)
 */
#define IO_BASE           0xfe000000                    // VA of I/O
#define IO_SIZE           0x00800000                    // How much?
#define IO_START          0xff000000                    // PA of I/O
#define GOLDFISH_INTERRUPT_BASE          (0x0)
#define GOLDFISH_INTERRUPT_STATUS        (0x00)    // Number of pending interrupts
#define GOLDFISH_INTERRUPT_NUMBER        (0x04)
#define GOLDFISH_INTERRUPT_DISABLE_ALL   (0x08)
#define GOLDFISH_INTERRUPT_DISABLE       (0x0c)
#define GOLDFISH_INTERRUPT_ENABLE        (0x10)
#define GOLDFISH_PDEV_BUS_BASE        (0x1000)
#define GOLDFISH_PDEV_BUS_END         (0x100)
#define GOLDFISH_TTY_BASE          (0x2000)
#define GOLDFISH_TIMER_BASE        (0x3000)
#define GOLDFISH_AUDIO_BASE        (0x4000)
```

```
#define GOLDFISH_MEMLOG_BASE      (0x6000)
#define GOLDFISH_RTC_BASE         (0x10000)
#define GOLDFISH_TTY1_BASE        (0x11000)
#define GOLDFISH_TTY2_BASE        (0x12000)
#define GOLDFISH_smc91x_BASE      (0x13000)
#define GOLDFISH_FB_BASE          (0x14000)
#define GOLDFISH_EVENTS_BASE      (0x15000)
#define GOLDFISH_NAND_BASE        (0x16000)
#define GOLDFISH_PIPE_BASE        (0x17000)
#define GOLDFISH_SWITCH0_BASE     (0X19000)
#define GOLDFISH_SWITCH1_BASE     (0x1a000)
/* Macro to get at I/O space when running virtually */
#define IO_ADDRESS(x) ((x) + IO_START)
```

시리얼 장치의 기본 주소를 초기화한 후에, 버퍼에 있는 데이터를 주고 받고, 검사하는 것과 같은 작업을 수행하기 위한 함수를 구현할 수 있다.

데이터 버퍼 검사

시리얼 포트로부터 데이터를 받기 전에, 보통 첫 번째로 사용할 수 있는 데이터를 검사한다. [예제 5.7]에서 보여주는 것과 같이 goldfish_tstc 함수는 이러한 목적을 위해 구현되었다.

예제 5.7 데이터 버퍼 검사: goldfish_tstc() (drivers/serial_goldfish.c)

```
static int goldfish_tstc(void)
{
    int count = 0;
    void *base = 0;
    base = gtty.base;
    if(!base) {
        goldfish_init();
        base = gtty.base;
    }
    if(base) {
        count = *((int *)(base + GOLDFISH_TTY_BYTES_READY));
        if(count) {
        debug ("goldfish_tstc(), gtty.base=%x, base=%x, count=%d\n", gtty.base, base,
count);
        }
```

```
    }
    return count;
}
```

goldfish_tstc 함수에서는, GOLDFISH_TTY_BYTES_READY 레지스터의 값을 읽어서 가용 데이터의
바이트 수를 검사할 수 있다.

데이터 인풋과 아웃풋

시리얼 포트에서 데이터를 한 번 발견하면, 데이터 버퍼로부터 데이터 검색을 위한 두 함수를 사용할
수 있다. goldfish_gets() 함수를 사용해서 데이터 스트림을 얻을 수 있다. 혹은 goldfish_getc() 함수
를 사용해서 단일 문자를 얻을 수 있다. 시리얼 포트로 문자를 전송하기 위해, goldfish_putc()를 사용
할 수 있다. [예제 5.8]에서 이러한 함수들이 구현된 방법을 살펴보자.

예제 5.8 데이터 인풋과 아웃풋: goldfish_getc(), goldfish_gets(), and goldfish_putc()
　　　　(drivers/serial_goldfish.c)

```
static void goldfish_gets(char *s, int len)
{
    void *base = 0;
    base = gtty.base;
    if(!base) {
        goldfish_init();
        base = gtty.base;
    }
    *((uint32_t *)(base + GOLDFISH_TTY_DATA_PTR)) = (uint32_t)s;
    *((uint32_t *)(base + GOLDFISH_TTY_DATA_LEN)) = len;
    *((uint32_t *)(base + GOLDFISH_TTY_CMD)) = GOLDFISH_TTY_CMD_READ_BUFFER;
}
static void goldfish_putc(const char c)
{
    void *base = 0;
    base = gtty.base;
    if(!base) {
        goldfish_init();
        base = gtty.base;
    }
    if(c) {
        *((uint32_t *)(base + GOLDFISH_TTY_PUT_CHAR)) = (uint32_t)c;
```

```
    }
}
static int goldfish_getc(void)
{
    char buf[128];
    uint32_t count;
    unsigned int data = 0;
    void *base = 0;
    base = gtty.base;
    if(!base) {
    goldfish_init();
    base = gtty.base;
    }
    debug ("goldfish_getc(), gtty.base=%x, base=%x\n", gtty.base, base);
    if(base) {
        count = *((int *)(base + GOLDFISH_TTY_BYTES_READY));
        if(count == 0) {
        return -1;
        }
        goldfish_gets(buf, 1);
        data = buf[0];
    }
    return (int) data;
}
```

데이터를 검색하기 위해, 골드피시 플랫폼은 데이터 버퍼를 다루기 위해 세 개의 레지스터를 사용한다. goldfish_gets() 함수의, 첫 번째 인자 s는 GOLDFISH_TTY_DATA_PTR 레지스터에 기록되고 s 데이터 버퍼의 길이는 GOLDFISH_TTY_DATA_LEN 레지스터에 기록된다. 그러고 나서, GOLDFISH_TTY_CMD_READ_BUFFER 명령은 GOLDFISH_TTY_CMD로 보낸다. 이 명령은 시리얼 장치를 UART 버퍼에서 데이터 버퍼로 복사하도록 지시한다. goldfish_getc() 함수는 실제로 단일 문자를 얻도록 goldfish_gets()를 호출한다. 입력 데이터와 다르게, 골드피시 플랫폼은 문자를 시리얼 포트로 보내기 위한 전용 레지스터 GOLDFISH_TTY_PUT_CHAR를 사용한다. 이것은 정확하게 goldfish_putc() 함수 출력에서 볼 수 있다. 데이터 스트림 출력 함수 default_serial_puts()는 작업을 수행하기 위해 실제로 goldfish_putc()를 호출한다.

시리얼 함수들의 단위 테스트

시리얼 장치의 구현 이후, 우리는 에뮬레이터에서 이들 U-Boot 드라이버 함수들을 테스트할 수 있다. 5개의 테스트 케이스는 [예제 5.9]에서 보여주듯이 main() 함수에 구현되어 있다.

예제 5.9 시리얼 디바이스 단위 테스트(c05/c05e2/c05e2.c)

```c
#include <serial_goldfish.h>
/* We will run the unit test of serial driver in main() */
int main(int argc, char *argv[])
{
    struct serial_device *drv;
    int c;
    /* Unit test 1: default_serial_console*/
    drv = default_serial_console();
    /* Unit test 2: goldfish_init */
    drv->start();
    /* Unit test 3: default_serial_puts & goldfish_putc */
    if(argc == 1) {
        drv->puts(argv[0]);
    }
    /* Unit test 4: goldfish_tstc */
    while (1) {
        if(drv->tstc()) {
        /* Unit test 5: goldfish_getc */
            c = drv->getc();
            drv->putc(c);
            if(c == 'q') break;
        }
    }
    return 1;
}
```

이제 모든 것이 준비되었다. 우리는 다음과 같이 프로젝트 폴더로부터 프로젝트를 빌드할 수 있다.

```
$ make DEBUG=1
  CC c05e2.c
  AS startup.S
  CC ../../drivers/serial_goldfish.c
  AS ../../drivers/goldfish_uart.S
  LD gcc/c05e2.axf
```

우리가 앞 장에서 했던 것처럼, make debug 명령을 사용해 디버그 세션을 시작할 수 있다.

에뮬레이터는 −shell 옵션과 함께 시작될 것이다. 이 옵션과 함께, searial port 2는 현재 콘솔에서 접속될 것이다.

[그림 5.4]에서 콘솔 로그를 보여준다. 이 그림에서 볼 수 있듯이, copyright 정보는 drv->puts(argv[0])을 통해 출력된다. 콘솔은 표준 입력과 출력 장치로서 사용될 수 있다. 사용자가 〈q〉키를 누르면, 프로그램은 종료될 것이다. main()에서 프로그램이 종료될 때, 스타트업 코드로 반환된다. 스타트업 코드에서, 프로그램은 main()이후 무한 루프로 들어간다.

```
emulator: nand_add_dev: cache,size=0x4200000,file=/home/sye1/.android/avd/hd2.av
d/cache.img
emulator: Initializing hardware OpenGLES emulation support
emulator: ERROR: Could not load OpenGLES emulation library: libOpenglRender.so:
cannot open shared object file: No such file or directory
emulator: WARNING: Could not initialize OpenglES emulation, using software rende
rer.
QEMU waiting for connection on: telnet::6666,server
emulator: Kernel parameters: qemu.gles=0 qemu=1 console=ttyS0 android.qemud=ttyS
1 androidboot.console=ttyS2 android.checkjni=1 ndns=1
goldfish_tty_add id=0 base=ff002000 80 0
goldfish_tty_add id=1 base=ff011000 80 0
goldfish_tty_add id=2 base=ff012000 80 0
emulator: Trace file name is not set

emulator: autoconfig: -scale 1
emulator: Could not open file: (null)/system/build.prop: No such file or directo
ry
emulator: control console listening on port 5554, ADB on port 5555
emulator: can't connect to ADB server: Connection refused
emulator: ping program: /media/u32/home/sgye/src/Android/android-emulator-201309
28/qemu/objs/ddms
Copyright (c) 2013, Roger Ye. All rights reserved.
abcdefgh
```

그림 5.4 시리얼 디바이스의 디버그 콘솔

요약

C 언어로 프로그래밍을 하려면 몇 가지 전제조건을 충족해야 한다. 이번 장에서 설명 중에 가장 중요한 것은 ARM Procedure Call Standard(APCS)로 알려진 호출 규칙이다. 그것은 어셈블리와 C 언어 프로그램이 지켜야 할 규칙 혹은 프로토콜을 정의하고 있다. 이 프로토콜과 함께, 어셈블리 언어 프로그램에서 C 함수를 호출할 수 있다. 또한 골드피시 하드웨어를 탐구하기 시작했다. 그리고 골드피시 시리얼 드라이버를 구현했다. 나중에 U-Boot 포팅에서 그것을 재사용하기 위해, 우리는 serial_device 자료구조와 함께 시리얼 드라이버를 구현했다.

안드로이드 에뮬레이터에서 시리얼 드라이버를 테스트했고 이것은 콘솔에 디버그 로그를 출력할 수 있는 기능을 제공한다. 이것은 다른 하드웨어 인터페이스를 디버깅할 때 매우 도움이 될 것이다.

6장
C 라이브러리 사용하기

이전 장에서 베어 메탈 프로그래밍 환경의 C 언어 사용 방법을 살펴보았다. 그러나 근본적인 주제 중 하나인 printf, scanf, malloc 등의 표준 C 라이브러리 함수를 아직 사용하지 않았다. 일반적으로 C 라이브러리는 운영체제(OS) 서비스에 종속적이다. 운영체제는 시스템 콜을 통해 이러한 서비스들을 제공한다. 베어 메탈 환경에 운영체제가 없기 때문에 직접 이러한 시스템 콜을 구현해야 한다.

C 라이브러리 변형

C 라이브러리가 베어 메탈 환경에서 사용될 때 보통 간단하게 몇 가지를 변형한다. 베어 메탈 환경에는 사용할 수 있는 운영체제가 없기 때문이다. 대조적으로 표준 C 라이브러리는 유닉스나 윈도우와 같은 운영체제 상단에서 대개 빌드된다. 표준 C 라이브러리는 파일 I/O, 메모리 관리 및 타이머와 같은 기능들을 제공하는 운영체제에 의존한다.

운영체제가 존재할 때 C 라이브러리 변형

베어 메탈 시스템에서, 운영체제가 제공하는 서비스 중 어느 것도 사용할 수 없다. 대신, 변형(그 차이는 특정한 C 라이브러리의 기능들을 반영)을 사용한다. 표준 운영체제 환경에서, 정적 변수나 공유 라이브러리 같은 그들의 포맷에 대해서는 C 라이브러리의 변이체를 가진다. 그러나 다른 링크 방법과 달리 기능들(functionalities)은 모든 변이체가 동일하다. [표 6.1]에서 보여주는 것과 같이, 마이크로소프트 C 런타임 라이브러리는 다른 빌드 옵션들에 기반을 둔 여섯 개의 포맷을 포함한다.

표6.1 마이크로소프트 C 런타임 라이브러리(CRT)

C 런타임 라이브러리	관련 DLL	특성	옵션	Preprocessor Directives
libcmt.lib	None, static link	Multithreaded, static link.	/MT	_MT
msvcrt.lib	msvcr110.dll	Multithreaded, dynamic link (MSVCR110.DLL를 위한 import library). 표준 C++ 라이브러리를 사용한다면 프로그램 구동을 위해 MSVCP110.DLL이 필요하다.	/MD	_MT, _DLL
libcmtd.lib	None, static link	Multithreaded, static link (debug).	/MTd	_DEBUG, _MT

msvcrtd.lib	msvcr110d.dll	Multithreaded, dynamic link (import library for MSVCR110D.DLL) (debug).	/MDd	_DEBUG, _MT, _DLL
msvcmrt.lib	None, static link	C Runtime static library. 혼합된 managed/native 코드를 사용하기 위함.	/clr /clr:oldSyntax	
msvcurt.lib	None, static link	C Runtime static 라이브러리는 100% 순수한 MSIL 코드로 컴파일된다. 모든 코드는 MSIL를 위해 ECMA URT 명세로 컴파일한다.	/clr:pure	

베어 메탈 시스템에서 C 라이브러리 변형

베어 메탈 환경에서 C 라이브러리에 대해, 우리는 [그림 6.1]에 표와 같이 system call stubs를 구현하는 방법에 집중할 것이다. system call stubs는 운영체제에 의해 제공되는 몇 가지 서비스들을 제공해야 한다. 그러나 우리는 실제 운영체제가 없으므로, 완전한 운영체제 서비스를 제공하는 것은 불가능하다. 따라서 베어 메탈 환경에서 C 라이브러리는 일반적으로 표준에 따라 온전한 라이브러리 기능들을 제공할 수 없다.

베어 메탈 환경을 위한 C 라이브러리의 variant는 다른 이름들을 가지고 있다. hosting/semihosting 혹은 none/nohost/semihost와 같다. 그러나 semihost/semihosting functionality 이외의 variant는 모든 것을 C 언어 표준으로 구현하지 않을 수 있다. 이러한 라이브러리 변형은 문자열, 메모리 제어 및 파일 기반의 I/O 제어를 제외하고는 대부분 C 언어 표준에 따라 C 라이브러리 함수를 제공한다.

<table>
<tr><td>

Application
C library
System call
Operating system
Hardware

</td><td>

Application
C library
System call
System call stubs
Hardware

</td></tr>
<tr><td align="center">운영체제에서 C 라이브러리</td><td align="center">베어 메탈 환경에서 C 라이브러리</td></tr>
</table>

그림 6.1 C 라이브러리와 시스템 호출

임베디드 시스템 개발자는 시스템 용량과 시스템 위에서 빌드되는 C 라이브러리를 충분히 인식해야 한다. 임베디드 시스템에서 가장 인기 있는 C 라이브러리 variant는 Newlib, uclibc 및 Bionic이다. 그들은 약간의 차이가 있는 자신의 시스템을 기반으로 표준 C 라이브러리를 구현한다. 더 나은 디버깅 기능을 제공하기 위해, 임베디드 시스템에 Semihosting이나 semihost는 디버거를 실행하는 호스트

컴퓨터에서 통신과 입력과 출력 기능을 사용하기 위해 임베디드 시스템에서 실행되는 가용 코드 메커니즘이다. 여기서 논의되고 있는 호스트 환경은 3장에서 소개된 환경이다(코딩, 컴파일 및 디버깅과 같은 개발 작업을 수행하기 위해 사용되는 환경).

semihost/semihosting 라이브러리 variant는 파일 I/O를 포함한 표준 C 라이브러리 함수들의 대부분의 구현을 제공한다. 파일 입출력은 디버거를 통해 제어되고 호스트 시스템에서 수행될 것이다. 가령 printf/scanf는 디버거 콘솔창을 사용할 것이고 fread/fwrite는 호스트 시스템에서 파일을 조작할 것이다. 이 모방된 입출력은 오직 디버거 환경에서만 사용될 수 있다. semihosting variant는 전통적으로 개발하는 동안 디버깅 환경의 종류와 함께 사용된다. 그러나 제품을 릴리즈하기 위해 semihosting variant는 사용할 수 없다. 우리는 이번 장에서 두 번째 예제(c06e2)에서 이 과정을 모색할 것이다.

임베디드 프로그래밍을 위해 C 라이브러리를 많이 구현할 수 있다. 어떤 라이브러리를 사용할지의 선택은 툴체인에 크게 의존한다. ARM사의 RealView Development Suite로 알려진 상업 툴체인은 자사의 C 라이브러리 구현을 가지고 있다. 이 variant는 TI, NXP, 및 프리스케일과 같이 다른 실리콘 공급업체에 의해 제공되는 것과 유사하다. 오픈소스 툴체인의 경우, Newlib는 C 라이브러리를 위한 선택에 있어서 가장 인기가 있다. 우리가 이 책에서 Sourcery CodeBench Lite를 사용하는 것과 같은 맥락에서, 베어 메탈 프로그래밍 환경에서 C 라이브러리 지원을 알아볼 때 Newlib이 제공하는 기능을 사용할 것이다.

Note

C 라이브러리에서 같은 소스코드에서 variant는 상이한 타겟 플랫폼에 내장되기도한다. 가령, Sourcery CodeBench Lite에서 Newlib C는 ARM 플랫폼을 위한 arm-none-eabi 툴체인에 내장될 수 있고 MIPS 플랫폼을 위해서는 mips-sde-elf 툴체인에 내장될 수 있다. 마찬가지로 Sourcery CodeBench Lite에서 GNU C 라이브러리는 ARM 플랫폼을 위해 arm-none-linux-gnueabi 툴체인에, MIPS 플랫폼을 위해서는 mipslinux-gnu 툴체인에 내장된다. Newlib C의 다양한 빌드에 대해서 자세한 내용은 Sourcery CodeBench Lite 웹사이트를 참조하자(http://www.mentor.com/embedded-software/sourcery-tools/sourcery-codebench/editions/lite-edition/).

Newlib C 라이브러리

5장에서, 우리는 어셈블리 언어 환경에서 하드웨어 리셋으로부터 프로그램 시작을 구축하는 방법을 배웠다. 또한 C 언어를 위한 프로그래밍 환경을 초기화하고 어셈블리 언어에서 C 언어로 제어를 전환하는 간단한 스타트업 코드를 만들었다. 실제 제품에서, 스타트업 코드는 예제에서 본 것보다 조금 더 복잡하지만, 코드의 기초가 되는 기본 컨셉은 같다. 이번 장에서, 우리는 프로젝트에 복잡한 스타트업 코드를 구축하려 노력하기보다는 Mentor Graphics' Sourcery CodeBench Lite의 상용 스타트업 코드(CS3) 구현을 사용할 것이다. 이 방법은 우리가 직접 모든 것을 구현하는 대신 임베디드 시스템 구축의 필수 요소에만 집중할 수 있다.

이번 장에서, 우리는 두 개의 코드 예제를 만들 것이다. 우리가 임베디드 시스템 개발 환경에서 어떻게

C 라이브러리를 사용할 수 있는지 설명하기 위해 코드 예제를 사용해 본다. 첫 번째 코드 예제에서, 다음의 파일들은 5장의 예제코드를 기반으로 생성한 것들이다. 이 파일들은 두 개의 그룹으로 분류된다 (공통 파일과 프로젝트별 파일. 공통 파일은 책 전반을 통해 재사용될 일반적인 파일; 프로젝트별 파일은 이번 예제만을 위해 사용).

공통 파일:

- startup_cs3.S: 제어를 C 코드로 전환하기 전에 필요한 설정을 수행하는 Sourcery CodeBench CS3 기반의 스타트업 코드

- syscalls_cs3.c: 시스템 서비스 service stub의 구현

- serial_goldfish.c: 시리얼 함수를 구현하기 위한 C 코드. 5장과 같음

- goldfish_uart.S: 시리얼 포트별 기능을 구현하기 위한 어셈블리 코드. 5장과 같음

프로젝트별 파일:

- c06e1.c: main() 함수. 테스트 드라이버 구현을 위한 코드

- Makefile: 이 프로젝트 빌드를 위한 makefile

- c06e1.ld: 프로젝트를 위한 링크 스크립터

일반적인 스타트업 코드 순서

3장에서, ARM 툴체인 Sourcery CodeBench를 소개했다. 우리는 이 책에서 edition Sourcery CodeBench Lite를 무료로 사용한다. CS3는 Sourcery CodeBench의 일부로 저수준 보드 지원 라이브러리를 공급했다. 그것은 프로세서 및 보드 레벨 초기화, 언어 런타임 설정, 인터럽트와 트랩 처리기 정의를 위한 규약의 일관된 세트를 제공한다. Sourcery CodeBench는 내장된 레퍼런스 플랫폼을 많이 지원한다. 지원하는 각 시스템에서 CS3는 시스템의 메모리 맵을 설명하는 링커 스크립트의 세트를 제공한다. 보드를 지원하는 라이브러리는 일반적인 리셋, 스타트업 및 인터럽트 핸들러를 제공한다. 이러한 스크립트와 라이브러리는 모두 프로세서와 보드의 범위에서 표준 규약 집합을 따른다.

CS3 링커 스크립트

CS3는 같은 보드를 사용하는 다른 구성을 위해 여러 링커 스크립트를 제공할 수 있다. CS3가 램이나 롬(플래시 메모리) 중 하나에서 프로그램 실행을 지원할 수 있는 보드도 있다. CS3의 전문 용어로, 이들 각 다른 구성은 프로파일로 지칭된다. 골드피시가 Sourcery CodeBench에 의해 직접 지원되지 않기 때문에, 우리는 [예제 6.1]에서처럼 CS3 스타트업 순서로 작업하기 위해 새로운 링커 스크립트를 만들어야 한다. 일반적 프로파일(arm-none-eabi/lib/generic.ld)을 위한 링커 스크립트는 골드피시 플랫폼을 위해서 수정되는 기초로 사용되었다.

예제 6.1 링커 스크립트(code/c06/c06e1/c06e1.ld)

```
OUTPUT_FORMAT ("elf32-littlearm", "elf32-bigarm", "elf32-littlearm")
ENTRY(__cs3_reset)
SEARCH_DIR(.)
GROUP(-lgcc -lc -lcs3 -lcs3hosted -lcs3arm)
MEMORY
{
    flash (rx) : ORIGIN = 0x00010000, LENGTH = 128K /* Defined ROM size and
the start address */
    ram (rwx) : ORIGIN = 0x00030000, LENGTH = 512M /* Defined RAM size and the start
address */
}
/* These force the linker to search for particular symbols from
* the start of the link process and thus ensure the user's
* overrides are picked up
*/
EXTERN(__cs3_reset __cs3_reset_generic)
EXTERN(__cs3_start_asm __cs3_start_asm_sim)
/* Bring in the interrupt routines and vector */
INCLUDE arm-names.inc
EXTERN(__cs3_interrupt_vector_arm)
EXTERN(__cs3_start_c main __cs3_stack __cs3_heap_end)
/* Force exit to be picked up in a hosted or OS environment
EXTERN(exit atexit) */
/* Provide fall-back values */
PROVIDE(__cs3_heap_start = _end);
PROVIDE(__cs3_heap_end = __cs3_region_start_ram + __cs3_region_size_ram);
PROVIDE(__cs3_region_num = (__cs3_regions_end - __cs3_regions) / 20);
/* Ensure that Newlib runs the finalizers
__libc_fini = _fini; */
PROVIDE(__cs3_stack = __cs3_region_start_ram + __cs3_region_size_ram);
SECTIONS
{
  .text :
  {
    CREATE_OBJECT_SYMBOLS
    __cs3_region_start_flash = .; /* We put .text section in flash */
    _ftext = .;
    *(.cs3.region-head.flash)
```

```
ASSERT (. == __cs3_region_start_flash, ".cs3.region-head.flash not permitted");
    __cs3_interrupt_vector = __cs3_interrupt_vector_arm;
    *(.cs3.interrupt_vector)
    /* Make sure we pulled in an interrupt vector */
    ASSERT (. != __cs3_interrupt_vector_arm, "No interrupt vector");
    PROVIDE(__cs3_reset = __cs3_reset_generic);
    *(.cs3.reset)
  __cs3_start_asm_sim = DEFINED(__cs3_start_asm) ? __cs3_start_asm : __cs3_
start_asm_sim;
  *(.text.cs3.init)
  *(.text .text.* .gnu.linkonce.t.*)
  *(.plt)
  *(.gnu.warning)
  *(.glue_7t) *(.glue_7) *(.vfp11_veneer)
  *(.ARM.extab* .gnu.linkonce.armextab.*)
  *(.gcc_except_table)
  } >flash
  .eh_frame_hdr : ALIGN (4)
  {
  KEEP (*(.eh_frame_hdr))
  *(.eh_frame_entry .eh_frame_entry.*)
} >flash
.eh_frame : ALIGN (4)
{
  KEEP (*(.eh_frame)) *(.eh_frame.*)
} >flash
/* .ARM.exidx is sorted, so it has to go in its own output section */
PROVIDE_HIDDEN (__exidx_start = .);
.ARM.exidx :
{
  *(.ARM.exidx* .gnu.linkonce.armexidx.*)
} >flash
PROVIDE_HIDDEN (__exidx_end = .);
.rodata : ALIGN (4)
{
*(.rodata .rodata.* .gnu.linkonce.r.*)
    . = ALIGN(4);
    KEEP(*(.init))
```

```
. = ALIGN(4);
__preinit_array_start = .;
KEEP (*(.preinit_array))
__preinit_array_end = .;

. = ALIGN(4);
__init_array_start = .;
KEEP (*(SORT(.init_array.*)))
KEEP (*(.init_array))
__init_array_end = .;

. = ALIGN(4);
KEEP(*(.fini))

. = ALIGN(4);
__fini_array_start = .;
KEEP (*(.fini_array))
KEEP (*(SORT(.fini_array.*)))
__fini_array_end = .;

. = ALIGN(0x4);
KEEP (*crtbegin.o(.ctors))
KEEP (*(EXCLUDE_FILE (*crtend.o) .ctors))
KEEP (*(SORT(.ctors.*)))
KEEP (*crtend.o(.ctors))

. = ALIGN(0x4);
KEEP (*crtbegin.o(.dtors))
KEEP (*(EXCLUDE_FILE (*crtend.o) .dtors))
KEEP (*(SORT(.dtors.*)))
KEEP (*crtend.o(.dtors))

. = ALIGN(4);
__cs3_regions = .;
LONG (0)
LONG (__cs3_region_init_ram)
LONG (__cs3_region_start_ram)
LONG (__cs3_region_init_size_ram)
LONG (__cs3_region_zero_size_ram)
```

```
    __cs3_regions_end = .;
    . = ALIGN (8);
    _etext = .;
} >flash
    ASSERT (!(__cs3_region_init_ram & 7), "__cs3_region_init_ram not aligned")
    ASSERT (!(__cs3_region_start_ram & 7), "__cs3_region_start_ram not aligned")
    ASSERT (!(__cs3_region_init_size_ram & 7), "__cs3_region_init_size_ram not
aligned")
    ASSERT (!(__cs3_region_zero_size_ram & 7), "__cs3_region_zero_size_ram not
aligned")
    .data : ALIGN (8)
    {
        _cs3_region_start_ram = .; /* This is the runtime address of .data
        section */
        __cs3_data_load = LOADADDR (.data);
        _cs3_region_init_ram = _etext; /* This is the load address of .data
        section */
KEEP(*(.jcr))
        *(.got.plt) *(.got)
        *(.shdata)
        *(.data .data.* .gnu.linkonce.d.*)
        . = ALIGN (8);
        *(.ram)
        . = ALIGN (8);
        _edata = .;
} >ram AT>flash
.bss : ALIGN (8)
{
    *(.shbss)
    *(.bss .bss.* .gnu.linkonce.b.*)
    *(COMMON)
    . = ALIGN (8);
    *(.ram.b .bss.ram)
    . = ALIGN (8);
    _end = .;
    __end = .;
} >ram
/* __cs3_region_init_ram = __cs3_region_start_ram; */
__cs3_region_init_size_ram = _edata - __cs3_region_start_ram;
```

```
__cs3_region_zero_size_ram = _end - _edata;
/* Default to 1MB of heap */
__cs3_region_size_ram = ALIGN (1024) - __cs3_region_start_ram + 1M;
.stab 0 (NOLOAD) : { *(.stab) }
.stabstr 0 (NOLOAD) : { *(.stabstr) }
/* DWARF debug sections.
* Symbols in the DWARF debugging sections are relative to
* the beginning of the section, so we begin them at 0
*/
/* DWARF 1 */
.debug 0 : { *(.debug) }
.line 0 : { *(.line) }
/* GNU DWARF 1 extensions */
.debug_srcinfo 0 : { *(.debug_srcinfo) }
.debug_sfnames 0 : { *(.debug_sfnames) }
/* DWARF 1.1 and DWARF 2 */
.debug_aranges 0 : { *(.debug_aranges) }
.debug_pubnames 0 : { *(.debug_pubnames) }
/* DWARF 2 */
.debug_info 0 : { *(.debug_info .gnu.linkonce.wi.*) }
.debug_abbrev 0 : { *(.debug_abbrev) }
.debug_line 0 : { *(.debug_line) }
.debug_frame 0 : { *(.debug_frame) }
.debug_str 0 : { *(.debug_str) }
.debug_loc 0 : { *(.debug_loc) }
.debug_macinfo 0 : { *(.debug_macinfo) }
/* DWARF 2.1 */
.debug_ranges 0 : { *(.debug_ranges) }
/* SGI/MIPS DWARF 2 extensions */
.debug_weaknames 0 : { *(.debug_weaknames) }
.debug_funcnames 0 : { *(.debug_funcnames) }
.debug_typenames 0 : { *(.debug_typenames) }
.debug_varnames 0 : { *(.debug_varnames) }
.note.gnu.arm.ident 0 : { KEEP (*(.note.gnu.arm.ident)) }
.ARM.attributes 0 : { KEEP (*(.ARM.attributes)) }
/DISCARD/ : { *(.note.GNU-stack) }
}
```

모든 변경 사항은 굵은 글씨로 강조된다. [예제 6.1]에서 보여주는 링커 스크립트 같이, 드문 변화들이 원래의 링크 스크립트 상단에 만들어졌다. 우리는 골드피시 플랫폼을 위해 램과 롬, 둘을 위한 메모리 공간을 업데이트했다. 원래의 링크 스크립트는 실행시키기 위해 프로그램을 램으로 적재하도록 사용되었다. 우리는 예제코드에서 코드는 롬에, 데이터는 램에 위치시키려고 한다. 원래는 __cs3_region_start_ram 을 램에 적재하였으나 대신 __cs3_region_init_ram은 _etext를 롬에 설정한다. C 구조 __cs3_regions에 주목하자. 그것은 CodeBench Lite header file을 정의되어 있다.

```
arm-none-eabi/include/cs3.h.
struct __cs3_region
{
    unsigned long flags; /* Flags for this region. None defined yet. */
    __cs3_byte_align8 *init; /* Initial contents of this region. */
    __cs3_byte_align8 *data; /* Start address of region. */
    size_t init_size; /* Size of initial data. */
    size_t zero_size; /* Additional size to be zeroed. */
};
extern const struct __cs3_region __cs3_regions[];
```

항목 init과 data는 각각 __cs3_region_init_ram (load address)과 __cs3_region_start_ram에 초기화되어야 한다. __cs3_region_init_ram은 CS3를 초기화하는 동안에 램에 있는 __cs3_region_start_ram (runtime address)으로 복사될 필요가 있는 초기화된 데이터를 가리킨다. init_size 항목은 초기화된 데이터 섹션의 크기이다. zero_size 항목은 CS3를 초기화하는 동안 0으로 셋팅할 필요가 있는 bss 섹션의 크기이다.

골드피시 플랫폼을 위한 사용자 정의 CS3 시작 코드

우리의 예제를 빌드하기 위해 CS3 스타트업 코드를 사용한 이래로, 우리의 스타트업 코드는 5장에서 사용되었던 스타트업 코드와 비교해서 더 훨씬 단순해졌다.

CS3 3단계 스타트업 순서 분할

1. 하드 리셋 단계(__cs3_reset) 메모리 제어기 초기화 및 메모리 맵 설정과 같은 작업 포함

2. 어셈블리 초기화 단계(__cs3_start_asm) C 코드 실행을 위한 스택 준비와 C 초기화 함수로 점프

3. C 초기화 단계(__cs3_start_c) 데이터 영역의 초기화, 정적으로 할당된 오브젝트들의 생성자 실행 및 main 호출 담당

예제 6.2 스타트업 코드(code/c06/c06e1/startup_cs3.S)

```
    .text
    .code 32
    .global __cs3_reset
__cs3_reset:
    /* Add peripherals and memory initialization here */
    LDR r0, =__cs3_start_asm
    MOV lr,pc /* set the return address */
    BX r0
__cs3_start_asm:
    /* Set up stack and call C initialization */
    LDR sp, =__cs3_stack
    LDR r0, =__cs3_start_c
    MOV lr,pc /* set the return address */
    BX r0
    .end
```

하드 리셋과 어셈블리 초기화 단계는 반드시 어셈블리 언어로 작성해야 한다. 시스템이 리셋될 때, 거기에는 아직 컴파일러 임시 파일들을 보유할 가용 스택이 없거나 아마도 스택을 보유할 수 있는 접근 가능한 램이 없을 수 있다. 이러한 단계들은 간단한 C 코드를 실행하기 위한 환경을 준비하기 위해 꼭 필요한 최소한의 작업을 수행한다. 우리가 __cs3_start_c를 호출하기 전 최소 요구사항을 충족하기 위해, [예제 6.2]의 __cs3_reset 과 __cs3_start_asm 을 직접 구현하여 제공한다.

이 예제는, 에뮬레이터에서 실행되고 있기 때문에 하드 리셋과 어셈블리 초기화 단계에서 실제로 아무 일도 하지 않았다는 점을 인지해야 한다. 이러한 두 단계를 위해 필요한 모든 설정은 호스트 시스템에 의해 수행되었다. 이것은 가상 하드웨어와 물리 하드웨어 사이에서 중요한 차이점 중 하나이다.

스타트업 코드에서, 우리는 링커 스크립트에 정의된 스택 포인터 __cs3_stack 심볼에 스택 포인터를 셋팅한다. 그 다음, C 초기화 단계를 시작하기 위해 __cs3_start_c 로 점프한다. 우리가 코드를 디버그 한다면, 결국 컨트롤이 main() 함수로 이동하는 것을 확인할 수 있다.

시스템 호출 구현

실제 작업이 골드피시 플랫폼에서 Newlib C 라이브러리가 운용되도록 하려면 요구되는 시스템 콜을 구현하도록 해야 한다. C 라이브러리를 위한 Newlib 사용자 매뉴얼에, 우리의 환경에서 Newlib를 사용할 수 있도록 구현된 시스템 호출 stubs의 리스트가 있다. 당신이 POSIX.1(또는 IEEE 1003.1로 알려진) 표준으로 컴파일 되는 시스템에서 C 라이브러리를 사용한다면, 이러한 대부분의 기능들이 당신의 운영체제에서 제공될 것이다.

임베디드 시스템에서는, 적어도 당신의 프로그램을 libc.a에 서브루틴과 링크하도록 허용하는 아무것도 하지 않는 stubs(또는 최소한의 기능이 있는 함수)를 제공해야 한다. 이러한 최소한의 기능을 가진 함수는 OS 서비스를 이용할 수 없는 경우에 정상적으로 실패한다.

[예제 6.3]에서 총 18개의 구현된 함수가 있다. _init, _read, _write 및 _sbrk를 제외하고 함수들은 호출자에게 성공 혹은 실패를 반환하도록 최소한으로 구현된다. _init, _read, 및 _write 시스템 호출을, 5장에서 개발한 시리얼 포트 구현 방법으로 입/출력 콘솔을 구현한다. _sbrk 시스템 호출에서, 우리는 기본 메모리 관리 로직을 구현해서, 힙을 사용할 때 malloc을 지원할 수 있다.

예제 6.3 표준적인 시스템 호출 구현(drivers/syscalls_cs3.c)

```c
#include <sys/stat.h>
#include <sys/unistd.h>
#include <serial_goldfish.h>

#include <errno.h>
#undef errno
extern int errno;

/*
 environ
 A pointer to a list of environment variables and their values.
 For a minimal environment, this empty list is adequate:

 */
char *__env[1] = { 0 };
char **environ = __env;

/*
 * init
 * Initialize serial data structure.
 */
void _init(void) {
    struct serial_device *drv;
    drv = default_serial_console(); /* Get the data structure serial_device. */
    drv->start(); /* Call goldfish_init to initialize the base address. */
    return;
}
```

```c
/*
 * write
 * Write a character to a file. 'libc' subroutines will use this system routine
 * for output to all files, including stdout.
 * Returns -1 on error or number of bytes sent.
 */

int _write(int file, char *ptr, int len) {
    int n;
    struct serial_device *drv;
    drv = default_serial_console(); /* Get the data structure serial_device. */

switch (file) {
/* We use serial port for both standard out and error. They can be directed to
different I/O devices. */
    case STDOUT_FILENO: /* stdout */
      for (n = 0; n < len; n++) {
        drv->putc(*ptr++); /* Call goldfish serial function to send a character
to serial port. */
      }
      break;
    case STDERR_FILENO: /* stderr */
      for (n = 0; n < len; n++) {
        drv->putc(*ptr++); /* Call goldfish serial function to send a character
to serial port. */

      }
      break;
    default:
      errno = EBADF;
      return -1;
    }
    return len;
}
/*
 * read
 * Read a character to a file. 'libc' subroutines will use this system routine
for input from all files, including stdin.
 * Returns -1 on error or blocks until the number of characters have been read.
```

```c
*/
int _read(int file, char *ptr, int len) {
    int n, len1;
    int num = -1;
    char c;
    struct serial_device *drv;
    drv = default_serial_console(); /* Get the data structure serial_device. */
    len1 = drv->tstc();
    /* We implement a blocking read here. */
    while (len1 <= 0) {
        len1 = drv->tstc(); /* Check the pending input. */
    }
    if(len1) {
        if(len1 > len) {
            /* len is the buffer size. We cannot read more than buffer size. */
            len1 = len;
        }
        num = 0;
        switch (file) {
            case STDIN_FILENO:
            for (n = 0; n < len1; n++) {
                c = drv->getc(); /* Read input from serial port. */
                *ptr++ = c;
                num++;
            }
            break;
        default:
            errno = EBADF;
            return -1;
        }
    }
    return num;
}
/*
 * sbrk
 * Increase program data space.
 * Malloc and related functions depend on this.
 */
#define STACK_BUFFER 65536 /* Reserved stack space in bytes. */
```

```c
static char *heap_end = 0;
void * _sbrk(int incr) {
  /* Both __cs3_heap_start and __cs3_heap_end are defined by the linker. Refer to
linker script in Example 6.1. */
    extern char __cs3_heap_start;
    extern char __cs3_heap_end;
    char *prev_heap_end;
    if (heap_end == 0) {
        heap_end = &__cs3_heap_start;
    }
    prev_heap_end = heap_end;
    if (heap_end + STACK_BUFFER + incr > &__cs3_heap_end) {
        /* Heap and stack collision */
        errno = ENOMEM;
        _write(STDERR_FILENO, "Error in _sbrk!\n", 16);
        return (void *)0;
    }
    heap_end += incr;
    return (void *) prev_heap_end;
}
/*
 * Exit a program without cleanup.
 *
 */
void _exit(int status) {
    _write(1, "exit", 4);
    while (1) {
        ;
    }
}
/*
 * open
 * Open a file. A minimal implementation without file system:
 * */
int _open (const char *name, int flags, int mode)
{
errno = ENOSYS;
return -1; /* Always fails. */
}
```

```c
int _close(int file) {
    return -1;
}
/*
 * execve
 * Transfer control to a new process. Minimal implementation (for a system
without processes):
 */
int _execve(char *name, char **argv, char **env) {
    errno = ENOMEM;
    return -1;
}
/*
 * fork
 * Create a new process. Minimal implementation (for a system without processes):
 */
int _fork(void) {
    errno = EAGAIN;
    return -1;
}
/*
 * fstat
 * Status of an open file. For consistency with other minimal implementations in
these examples,
 * all files are regarded as character special devices.
 * The sys/stat.h header file required is distributed in the 'include'
subdirectory for this C library.
 */
int _fstat(int file, struct stat *st) {
    st->st_mode = S_IFCHR;
    return 0;
}
/*
 * getpid
 * Process-ID; this is sometimes used to generate strings unlikely to conflict
with other processes.
 * Minimal implementation, for a system without processes:
 */
int _getpid(void) {
```

```c
    return 1;
}
/*
 * isatty
 * Query whether output stream is a terminal. For consistency with the other
minimal implementations:
 */
int _isatty(int file) {
    switch (file){
    case STDOUT_FILENO:
    case STDERR_FILENO:
    case STDIN_FILENO:
        return 1;
    default:
        //errno = ENOTTY;
        errno = EBADF;
        return 0;
    }
}
/*
 * kill
 * Send a signal. Minimal implementation:
 */
int _kill(int pid, int sig) {
    errno = EINVAL;
    return (-1);
}
/*
 * link
 * Establish a new name for an existing file. Minimal implementation:
 */
int _link(char *old, char *new) {
    errno = EMLINK;
    return -1;
}
/*
 * lseek
 * Set position in a file. Minimal implementation:
 */
```

```c
int _lseek(int file, int ptr, int dir) {
    return 0;
}
/*
 * stat
 * Status of a file (by name). Minimal implementation:
 */
int _stat(const char *filepath, struct stat *st) {
    st->st_mode = S_IFCHR;
    return 0;
}
/*
 * unlink
 * Remove a file's directory entry. Minimal implementation:
 */
int _unlink(char *name) {
    errno = ENOENT;
    return -1;
}
/*
 * wait
 * Wait for a child process. Minimal implementation:
 */
int _wait(int *status) {
    errno = ECHILD;
    return -1;
}
```

우리는 [예제 6.3]에서 _init, _read, _write, 및 _sbrk 을 구현했다. 다른 모든 stubs에서는, 단순하게 값만을 반환하는 기능을 제공한다.

- _init는 시스템 호출 대신 런타임 시작 순서의 일부이다. 우리는 시리얼 포트를 위해 자료구조를 초기화하도록 코드에 추가한다. 시리얼 초기화 함수(drv->start())는 [예제 5.9]와 같이 main() 보다는 여기서 호출된다.

- _read는 파일에서 데이터를 읽기 위한 시스템 호출이다. 우리는 drv->tstc()와 drv->getc()를 사용해 *blocking read를 구현한다. 첫 번째 시리얼 버퍼에서 사용할 수 있는 데이터를 체크하기 위해 drv->tstc() 거기에 데이터가 없다면, 시리얼 버퍼 폴링과 입력 데이터 대기를 반복한다. 일단 시리얼 버퍼에 입력 데이터가 가용해지면, 데이터의 바이트 수를 읽는다. 총 바이트 수가 호출한 함수에 의해 제공된 임시 데이터 버퍼 사이즈보다 작아야 함을 확인한다.

- _write는 파일에 데이터를 쓰는 시스템 호출이다. 우리의 구현에서는, 오직 시리얼 입/출력과 시리얼 포트로 데이터를 보내는 드라이버 함수 drv-)putc()를 사용하는 _write를 제공한다.

- _sbrk는 프로세스의 데이터 세그먼트의 메모리 할당을 조절하는 유닉스 및 유닉스 계열 OS에서 사용되는 기본 메모리 관리 시스템 호출이다. 임베디드 시스템에서는, C 라이브러리가 힙 관리를 위해 사용된다. 이 메모리 관리 시스템에서 malloc()을 의존해온 이래로, 우리는 이것을 구현해야 한다. 정적 문자 포인터 변수 heap_end는 사용했던 힙의 데이터 메모리 끝을 기억하기 위해 사용된다. _sbrk가 첫 번째로 호출될 때, heap_end는 __cs3_heap_start에서 힙의 시작을 위해 초기화된다. 나중에 _sbrk가 또다시 호출되면, heap_end는 요청될 때마다 증가한다. 우리는 나중에 이것이 증가되었는지, 한번 스택이 (STACK_BUFFER_SIZE)만큼 차감 되도록 메모리 양을 유지하면 힙의 끝(__cs3_heap_end)을 초과하지 않을 힙 크기가 사용되는지 확인한다. __cs3_heap_start와 __cs3_heap_end 둘다 [예제 6.1] 링커 스크립트에 정의되었다.

라이브러리 실행과 디버깅

Newlib에 필요한 모든 요소를 구현하고 나면 테스트를 준비한다. 단위 테스트 코드는 [예제 6.4]에서 보여준다.

예제 6.4 단위 테스트 코드(c06/c06e1/c06e1.c)

```c
#include <stdio.h>
#include <stdlib.h>
#include <sys/unistd.h>

/* We will run the unit test of serial driver in main() */
int main(int argc, char *argv[])
{
    int c = 0, i = 0;
    char *buffer = 0;
    /* Unit test 1: write() */
    write(STDERR_FILENO, "Hello, World!\n1", 15);
    while (1) {
        /* Unit test 2: malloc() */
        buffer = malloc(128 + i*16);
        /* Unit test 3: printf() */
        printf(". buffer=%x\n", (unsigned int)buffer);
        /* Unit test 4: getchar(), this is a blocking read */
        c = getchar();
```

```
        /* Unit test 5: putchar() */
        putchar(c);
        /* Unit test 6: free() */
        if(c != 's') {
            free(buffer);
        }
        if(c == 'q') {
            printf("\nExit from main()...\n");
            break;
        }
        i++;
    }
    return 1;
}
```

[예제 6.4]에서, [예제 5.9]과 같은 비슷한 테스트 시나리오를 구현한다. [예제 5.9]에서, 시리얼 포트에서 입력을 얻었고 시리얼 포트로 출력했다. 우리는 문자 'q'를 특별한 방법으로 처리했는데, 'q'를 만나면, 프로그램을 종료한다. 그러나 [예제 6.4]는 특히 [예제 5.9]와 비교해서, 플랫폼 고유의 코드 대신 더 많이 표준 C와 같은 코드를 보여준다. 이번 예제에서, 모든 특정 시리얼 포트 코드는 Newlib 내부의 시스템 호출로 이동되었다. 이 코드의 6개 테스트 케이스는 C 라이브러리 함수들 write, malloc, printf, getchar, putchar, 및 free를 테스트한다. malloc과 free를 테스트하기 위해, 우리는 특수문자 's'를 구분해서 처리, malloc 호출한 후 free 함수 호출을 건너뛰어서 힙에서 해제되지 않는 것을 관찰할 수 있도록 한다.

프로젝트를 빌드하기 위해, 프로젝트 폴더에서 make를 호출한다.

```
$ make DEBUG=1
  CC c06e1.c
  AS ../../drivers/startup_cs3.S
  CC ../../drivers/serial_goldfish.c
  AS ../../drivers/goldfish_uart.S
  CC ../../drivers/syscalls_cs3.c
  LD gcc/c06e1.axf
```

평소처럼, 우리는 테스트하기 위해 프로그램 시작을 다음 명령으로 실행한다.

```
$ make debug
```

```
ddd --debugger arm-none-eabi-gdb gcc/c06e1.axf &
emulator -verbose -show-kernel -netfast -avd hd2 -shell -qemu -s -S -kernel gcc/
c06e1.axf
...
emulator: Initializing hardware OpenGLES emulation support
emulator: ERROR: Could not load OpenGLES emulation library: libOpenglRender.so:
cannot open shared object file: No such file or directory
emulator: WARNING: Could not initialize OpenglES emulation, using software
renderer.
emulator: Kernel parameters: qemu.gles=0 qemu=1 console=ttyS0 android.qemud=ttyS1
androidboot.console=ttyS2 android.checkjni=1 ndns=1
goldfish_tty_add id=0 base=ff002000 80 0
goldfish_tty_add id=1 base=ff011000 80 0
goldfish_tty_add id=2 base=ff012000 80 0
emulator: Trace file name is not set
...
emulator: autoconfig: -scale 1
emulator: Could not open file: (null)/system/build.prop: No such file or
directory
emulator: control console listening on port 5554, ADB on port 5555
emulator: can't connect to ADB server: Connection refused
emulator: ping program: /media/u32/home/sgye/src/Android/androidemulator-
20130928/qemu/objs/ddms
goldfish_init( ), gtty.base=ff012000
```

우리는 [그림 6.2]의 콘솔 출력과 [그림 6.3]의 ddd 디버그 스크린에서 디버깅 과정을 볼 수 있다. 콘솔 출력에서, ddd와 에뮬이레터를 띄워 make debug를 실제로 볼 수 있다. 옵션 −s와 함께, gdb 서버는 TCP 포트 1234에 'listen'을 설정한다. 이후 ddd에서 타겟에 연결한 이후, 우리는 main에 break point를 설정하고 테스트 코드 디버그를 시작할 수 있다.

```
goldfish_add_device: goldfish-switch, base ff01b000 1000, irq 21 1
emulator: autoconfig: -scale 1
emulator: Could not open file: (null)/system/build.prop: No such file or directo
ry
emulator: control console listening on port 5554, ADB on port 5555
emulator: sent '0012host:emulator:5555' to ADB server
emulator: ping program: /media/u32/home/sgye/src/Android/android-emulator-201309
28/qemu/objs/ddms
Warning: XmStringGetNextComponent: unknown type 170285352

Warning: XmStringGetNextComponent: unknown type 170208520

goldfish_init(), gtty.base=ff012000
Hello, World!
1. buffer=30d60
2. buffer=311f0
3. buffer=311f0
s. buffer=31298
4. buffer=31298
5. buffer=31298
s. buffer=31370
6. buffer=31370
7. buffer=31370
```

그림 6.2 테스트 코드의 디버그 콘솔 아웃풋

시스템 호출 write이 시리얼 콘솔에서 출력 "Hello, World!"를 생산하는 것에 주목하자. C 라이브러리 함수들 printf, getchar, 및 putchar는 시리얼 콘솔과 이러한 상호작용을 연속하는 동안 검증할 수 있다. 시리얼 콘솔은 "Hello, World!"가 프린트된 후에 입력을 기다린다. 키보드의 키를 누르면, malloc 으로부터 반환되는 메모리 주소를 보여줄 수 있도록 프린트된다. malloc으로부터 반환되는 첫 번째 주소는 0x30d6이다. 그 후에, 항상 lines 2에서 0x311f0 주소가 반환된다. 그 이유는 우리가 다음 루프 에서 malloc을 호출하기 전에 free 함수를 호출하기 때문이다. free 함수를 건너뛰기 위해 특수문자 's'를 입력하면, 주소는 0x31298로 증가한 주소가 반환된다. 이 현상은 이미 할당된 메모리가 해제되 지 않았기 때문이다.

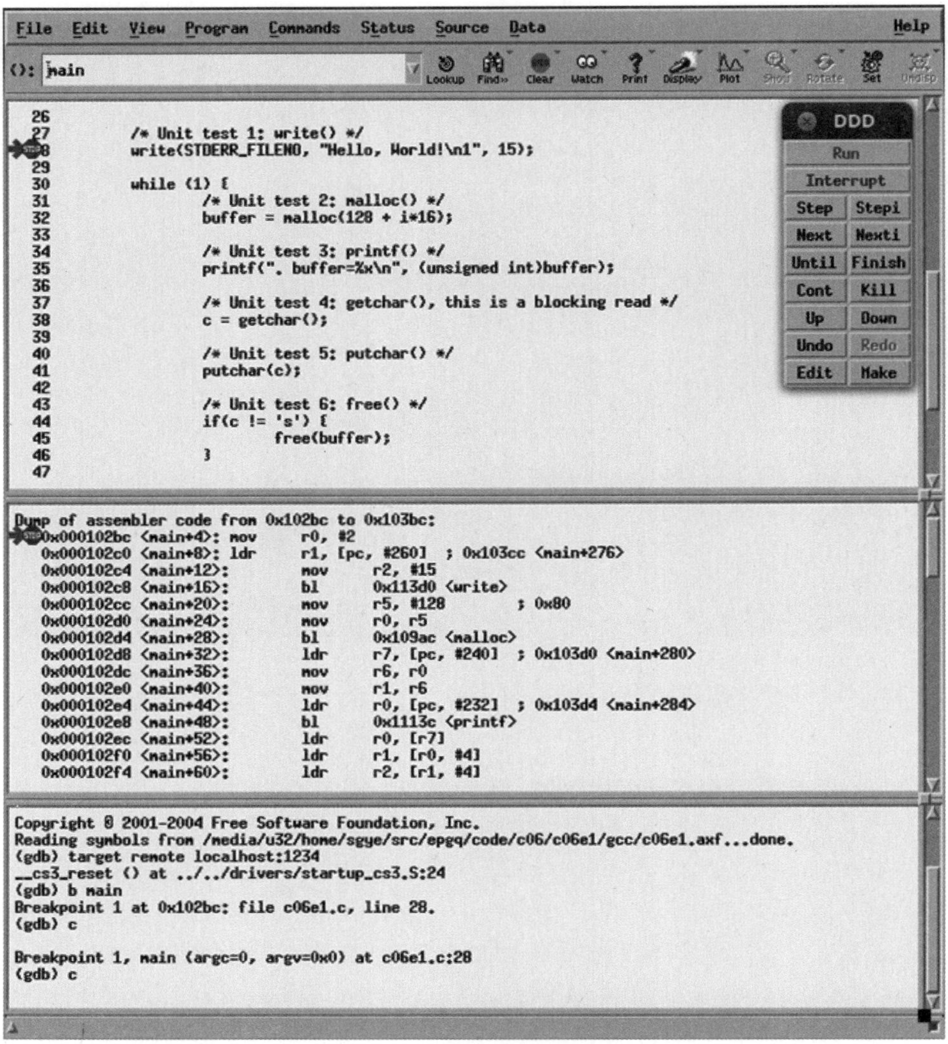

그림 6.3 테스트 코드의 ddd 세션

QEMU ARM Semihosting과 함께 Newlib 사용

이제 임베디드 시스템 환경에서 C 라이브러리의 semihosting 버전을 살펴보자. 다행히 안드로이드 에뮬레이터에 의해 사용된 가상 장비는 semihosting을 지원하는 QEMU이다. 우리는 Newlib의 semihosting 버전을 테스트하기 전에 테스트 코드를 조금 수정할 수 있다. 아무리 QEMU가 semihosting을 잘 지원한다 해도 안드로이드 에뮬레이터가 필요로 하는 주요 함수는 아니다. 사실, 안드로이드 에뮬레이터에서 지원하는 semihosting은 버그가 매우 많다. 이것은 버전마다 일관성이 깨질 수 있다. 기능을 원활히 테스트하기 위해 SourceForge에서 안드로이드 에뮬레이터의 안정 버전으로 업로드했다. 이 절에서 코드를 테스트하기 위해 이 버전을 안드로이드 에뮬레이터로 사용할 것이다.

Newlib C에서 Semihosting 지원

Semihosting이 통신을 위해 ARM 타겟에서 실행하는 코드를 허용하고 디버거를 실행하고 있는 호스트 컴퓨터의 입/출력 기능을 사용한다. 우리의 환경에서, semihosting를 지원하기 위해 QEMU 내부의 gdbserver를 사용할 수 있다. 이런 기능들의 예제는 키보드 입력, 스크린 입력 및 디스크 I/O를 포함한다. 예를 들면, 타겟 시스템의 스크린과 키보드 대신 호스트의 스크린과 키보드를 사용하기 위해 printf() 와 scanf() 같은 C 라이브러리 함수들이 가능하도록 이 매커니즘을 사용할 수 있다 이것은 개발된 하드웨어가 종종 최종 시스템과 같이 완전히 같은 입출력 기능은 없어서 유용하다. Semihosting 가 이런 기능으로 호스트 컴퓨터가 될 수 있다.

Semihosting은 정의된 소프트웨어 명령 집합(instructions set)에 의해 구현된다. 예를 들면, SVC 는 프로그램 제어어로부터 예외를 생성한다. 애플리케이션은 적절한 semihosting call을 호출하고 나서 debug agent는 예외를 처리한다. debug agent는 호스트와 필요한 통신을 제공한다. 같은 semihosting 인터페이스는 ARM에 의해 제공되는 모든 debug agent에서 사용된다. 개발 플랫폼에서 응용 프로그램들을 디버깅할 때, semihosting 작업들은 [그림 6.4]에서 보여주는 운영 흐름을 따른다.

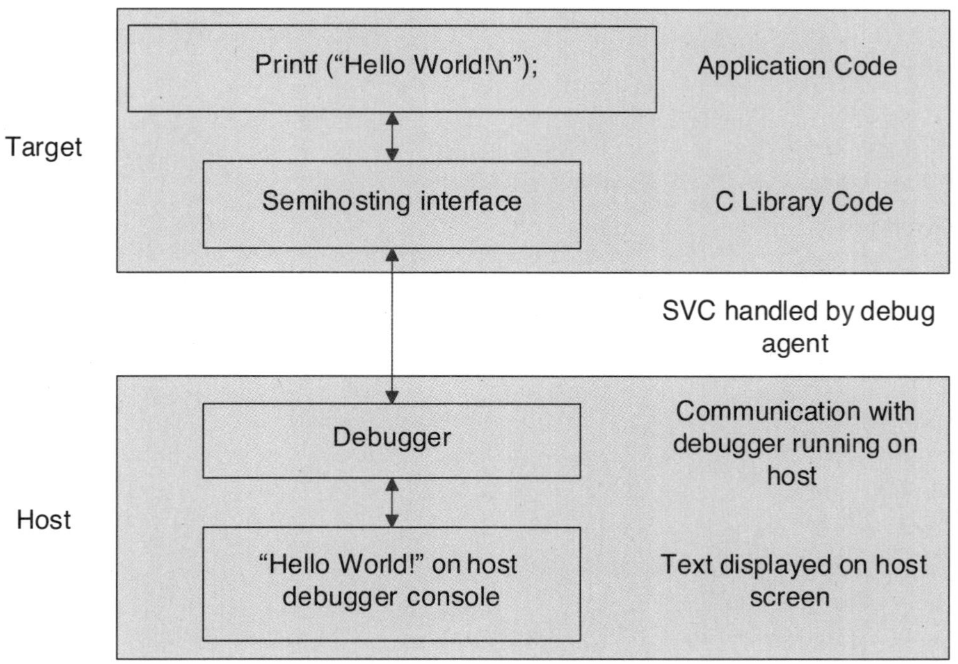

그림 6.4 Semihosting 운영 흐름

Semihosting 예제코드

이번 장의 첫 번째 예제코드에 비해 semihosting에 대한 예제코드(c06e2)는 훨씬 더 간단하다.

- c06e2.c : C 코드 구현 main() 함수

- Makefile : 이 프로젝트를 빌드하기 위한 makefile

- c06e2.ld : 프로젝트의 링커 스크립트

Sourcery CodeBench의 Newlib에서 지원되는 QEMU와 semihosting에 의해 제공된 semihosting 기능을 사용한 이후로, 우리는 자신의 스타트업 코드를 작성하거나 시스템 호출 stubs을 제공할 필요가 없다. 표준 입/출력은 골드피시 플랫폼의 시리얼 포트를 통하는 대신 QEMU 호스트를 통해 이동한다. 여기서 사용된 링크 스크립트는 Sourcery CodeBench Lite의 일반적 프로필에서 유래된다. arm-none-eabi/lib/generic-hosted.ld 단 하나의 변화가 이루어진다.

```
MEMORY
{
    ram (rwx) : ORIGIN = 0x10000, LENGTH = 512M
}
```

우리는 메모리 위치를 골드피시 플랫폼 특정 위치로 변경했고 디폴트와 동일한 구성의 나머지는 처리하지 않았다. 이제 [예제 6.5]의 단위 테스트 코드를 살펴보자. 우리는 semihosting을 수용할 수 있게 이전 버전을 변경했다.

예제 6.5 Semihosting 테스트 코드 예제(code/c06/c06e2/c06e2.c)

```c
#include <stdio.h>
#include <stdlib.h>
#include <sys/unistd.h>
int main(int argc, char *argv[])
{
    FILE *fp;
    int c = '\n', i = 0;
    char *buffer = 0;
    /* Unit test 1: write() */
    write(STDERR_FILENO, "Hello, World!\n1", 15);
    /* Unit test 2: fopen() */
    fp = fopen("log.txt", "w");
    if(fp == NULL) return 0;
```

```c
    while (1) {
        /* Unit test 3: malloc() */
        buffer = malloc(128 + i*16);
        /* Unit test 4: printf() */
        printf(". buffer=%x\n", (unsigned int)buffer);
        fprintf(fp, "%c. buffer=%x\n", c, (unsigned int)buffer);
        /* Unit test 5: getchar(), this is a blocking read */
        do {
            c = getchar();
        } while (c == '\n');
        /* Unit test 6: putchar() */
        putchar(c);
        /* Unit test 7: free() */
        if(c != 's') {
            free(buffer);
        }
        if(c == 'q') {
            printf("\nExit from main()...\n");
            break;
        }
        i++;
    }
    /* Unit test 8: fclose() */
    fclose(fp);
    return 1;
}
```

보는 것처럼, 테스트 코드는 [예제 6.4]와 매우 비슷해 보인다.

우리는 호스트 환경에 의해 파일 입출력을 할 수 있는지 검증하기 위해 몇 가지 C 라이브러리 함수를 추가했다. 테스트 케이스 2에서, 우리는 fopen을 사용해 log.txt 파일을 열었다. 이 log.txt 파일은 안드로이드 에뮬레이터 하드웨어 타겟에 존재하지 않지만, 호스트 환경에 저장되는 게 더 나을 수 있다. 프로젝트를 빌드하기 위해, 프로젝트 폴더에서 make를 호출한다.

```
$ make DEBUG=1
  CC c06e2.c
  LD gcc/c06e2.axf
```

이제 우리는 이것을 디버깅한다.

```
$ make debug
./setup_sdk.sh
Cannot find emulator. Downloading ...
--2015-03-27 12:26:59-- http://downloads.sourceforge.net/project/epwa/emulator_
arm.tar.gz?r=&ts=1427204475&use_mirror=master
Resolving downloads.sourceforge.net (downloads.sourceforge.net)... 216.34.181.59
Connecting to downloads.sourceforge.net (downloads.sourceforge.
net)|216.34.181.59|:80... connected.
HTTP request sent, awaiting response... 302 Found
Location: http://superb-dca2.dl.sourceforge.net/project/epwa/emulator_arm.tar.gz
[following]
--2015-03-27 12:27:00-- http://superb-dca2.dl.sourceforge.net/project/epwa/
emulator_arm.tar.gz
Resolving superb-dca2.dl.sourceforge.net (superb-dca2.dl.sourceforge.net)...
209.61.193.20
Connecting to superb-dca2.dl.sourceforge.net (superb-dca2.dl.sourceforge.
net)|209.61.193.20|:80... connected.
HTTP request sent, awaiting response... 200 OK
Length: 8118701 (7.7M) [application/x-gzip]
Saving to: './emulator_arm.tar.gz'
100%[=====================================>] 8,118,701 714K/s in 29s
2015-03-27 12:27:30 (274 KB/s) - `./emulator_arm.tar.gz' saved [8118701/8118701]
bin/./
bin/./emulator-ui
bin/./emulator
bin/./emulator-arm
bin/./qemu-android-arm
Find API level 15.
ddd --debugger arm-none-eabi-gdb gcc/c06e2.axf &
emulator -avd hd2 -qemu -monitor telnet::6666,server -s -S -semihosting -kernel
gcc/c06e2.axf
...
```

당신이 Makefile을 사용하여 처음 디버그를 시작한다면, 당신의 버전에서 안드로이드 에뮬레이터 버그를 피하기 위한 semihosting 테스트를 하도록 자동으로 에뮬레이터가 다운로드를 시작하는 것을 볼 수 있다.

한번 프로그램을 시작하면, [그림 6.5]와 같이, 우리는 에뮬레이터 시리얼 콘솔 대신 ddd 명령 콘솔과

실제 상호작용한다. 이것은 타겟 환경 대신 입출력을 위해 호스트 환경에서 semihosting을 사용하는 것으로 정확히 우리가 기대했던 내용이다.

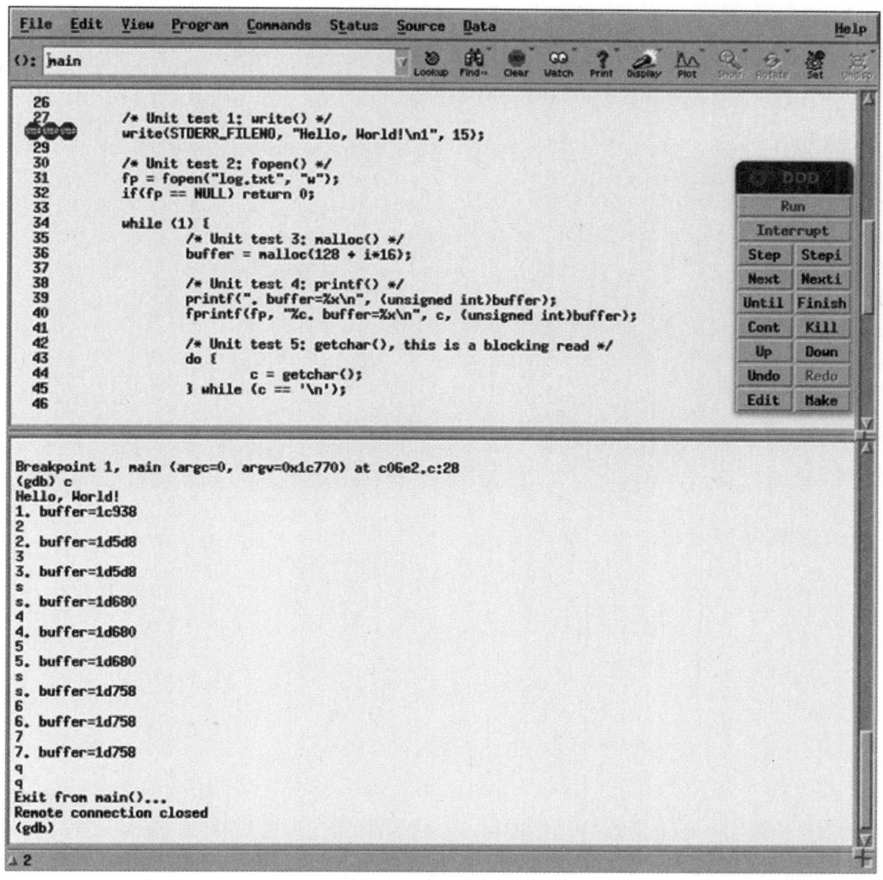

그림 6.5 semihosting 테스트 코드의 ddd 세션

따라서, semihosting 빌드는 오직 디버거와 함께 사용될 수 있다. 이 예에서, 우리는 또한 여러 번 메모리를 할당하고 해제한다. 주목할 것은 결과가 [그림 6.2]에서 보여주는 것과 유사하다는 것이다. 다만 여기서 중요한 차이점은 화면에서 입출력이 타겟 하드웨어의 시리얼 콘솔에 나타나지 않은 대신 gdb 디버거 콘솔에 나타났다. 또한 log.txt는 디버거가 실행되는 동일한 폴더에 저장되지 않음도 볼 수 있다. [그림 6.6]의 커맨드-라인 콘솔에서 분명히 나타나는 것처럼, gdb 콘솔 디버그 메시지(그림 6.5)는 마찬가지로 log.txt 파일에서 볼 수 있다. 이것은 모든 파일 입출력 서비스가 디버거를 통해 호스트 환경에서 제공되기 때문이다.

```
sye1@ubuntu:~/src/epgq/code/c06/c06e2$ emulator -avd hd2 -qemu -monitor telnet::
6666,server -s -S -semihosting -kernel gcc/c06e2.axf
emulator: ERROR: Could not load OpenGLES emulation library: libOpenglRender.so:
cannot open shared object file: No such file or directory
emulator: WARNING: Could not initialize OpenglES emulation, using software rende
rer.
QEMU waiting for connection on: telnet::6666,server
goldfish_tty_add id=0 base=ff002000 80 0
goldfish_tty_add id=1 base=ff011000 80 0
goldfish_tty_add id=2 base=ff012000 80 0
sye1@ubuntu:~/src/epgq/code/c06/c06e2$ ls
c06e2.c  c06e2.ld  gcc  log.txt  Makefile
sye1@ubuntu:~/src/epgq/code/c06/c06e2$ cat log.txt
1. buffer=1c938
2. buffer=1d5d8
3. buffer=1d5d8
s. buffer=1d680
4. buffer=1d680
5. buffer=1d680
s. buffer=1d758
6. buffer=1d758
7. buffer=1d758
sye1@ubuntu:~/src/epgq/code/c06/c06e2$
```

그림 6.6 semihosting 예제의 디버그 출력

요약

어셈블리 언어의 프로그래밍에서 C 언어로 이동한 이후, 즉각적으로 필요한 것 하나가 C 런타임 라이브러리를 지원하는 것이다. C 런타임 라이브러리는 우리의 작업 효율을 향상시키는데 사용할 수 있는 중요한 도구이다. 이번 장에서 우리는 서로 다른 임베디드 시스템들의 각 포맷에서 나타나는 C 런타임 라이브러리에 대해 배웠다. 비록 우리는 시스템들마다 상이하게 구현될 printf, scanf, 및 malloc과 같은 표준 C 함수들을 호출했다. 예를 들면, 안드로이드는 Bionic이라는 C 라이브러리를 사용하는데 반해 리눅스는 glibc를 사용한다. 이 책에서, 우리는 Newlib라고 알려진 Sourcery CodeBench Lite variant와 함께 C 라이브러리를 사용한다. 또한 C 라이브러리는 시스템 호출 계층을 구현하는 방식에 따라 조금씩 다르다. 즉, 이러한 차이는 hosting 또는 semihosting 버전이 될 수 있다.

우리는 이번 장에서 hosting과 semihosting 사이의 다른 점을 보여주기 위해 두 가지 예제를 제공했다. Newlib를 사용해서, Newlib C 라이브러리에 의해 요구되는 시스템 호출 계층을 구현했다. 우리는 _init, _read, _write, 및 _sbrk과 같은 필요한 시스템 호출을 구현했다. 시스템 호출을 구현할 때 5장의 시리얼 드라이버를 다시 사용했다. 이러한 방식으로, 우리는 표준 C 함수들 아래에서 구현되는 특정 시리얼 포트 세부 사항을 숨길 수 있었다. 우리는 printf를 사용해 시리얼 포트로 출력을 보낼 수 있고 scanf로 시리얼 포트로부터 입력을 받을 수 있다.

7장
예외 처리 및 타이머

우리는 이제 C 런타임 라이브러리와 표준 프로그래밍 환경을 갖추었다. 이는 완성된 시스템을 구축할 수 있게 되었다. 이제 더욱 자세히 베어 메탈 프로그래밍을 탐구하고 임베디드 시스템 프로그래밍 쪽으로 전진해 보자. 그러나 부트로더, 리눅스 커널 및 파일 시스템을 포함하는 시스템을 구축하기 전에, 더 면밀히 골드피시 하드웨어를 검사해야 한다. 우리는 다음 장에서 이번 장과 NAND 플래시 메모리의 예외 처리에 대해 살펴 볼 것이다. 이는 U-Boot 포팅 작업을 다루기 전에 확실한 기초를 다질 수 있도록 도울 것이다.

골드피시 플랫폼은 인터럽트와 예외 처리에 있어서 독특한 방법을 제공한다. 이번 장은 먼저 골드피시 인터럽트 컨트롤러를 살펴보고, 세 가지 예제를 통해 골드피시 플랫폼의 예외 처리에 대해 자세히 살펴본다. 첫 번째 예제는, 우리가 골드피시 플랫폼에서 시리얼 포트 및 타이머의 골드피시 인터럽트 컨트롤러를 탐구하기 위해 사용되는 간단한 인터럽트 핸들러이다. 두 번째 예제는, 좀 더 복잡한데, 중첩된 인터럽트 처리를 소개한다. 이번 예에서, 우리는 프로세서 모드 스위치, 중첩된 인터럽트 및 시스템 호출을 조사한다. 세 번째 예제는, 골드피시 플랫폼의 특별한 인터럽트인 타이머를 설명한다. 타이머 인터럽트 위에 기반을 둔, 골드피시 플랫폼을 위한 실시간 클록(RTC)을 구현한다. 타이머와 RTC 둘 다 우리가 U-Boot 위에서 작업할 때 지원해야 하는 매우 중요한 모듈들이다.

세 번째 예제코드는, 타이머 및 RTC의 기능을 설명하는 데 사용된다. 많은 다른 책들과 자원들(resources)은 ARM 플랫폼 위에서 예외 처리를 논의하므로 우리는 ARM 프로세서 모드, 예외 우선순위, 및 인터럽트 처리 계획과 같은 일반적 예외 처리 개념들에 많은 시간을 소비하지 않을 것이다. ARM 플랫폼 위에서 일반적 예외 처리에 더 많은 정보를 원한다면, 모건 카우프만(Morgan Kaufmann)이 쓴 〈ARM System Developer's Guide〉가 시작하기에 좋은 책이 될 것이다.

골드피시 인터럽트 컨트롤러

예제코드를 보기 전에, 골드피시 인터럽트 컨트롤러를 살펴보자. 거기에는 골드피시 인터럽트 컨트롤러를 위해 참고할 만한 문서들이 없다. 그러나 [예제 7.1] 및 [예제 7.2]의 골드피시 커널 소스코드는 참고할 수 있다.

예제 7.1 골드피시 커널의 하드웨어 인터럽트 (arch/arm/mach-goldfish/include/mach/hardware.h)

```
#ifndef __ASM_ARCH_HARDWARE_H
#define __ASM_ARCH_HARDWARE_H
#include <asm/sizes.h>
/*
 * The base address of goldfish devices. This file is copied from the goldfish
kernel.
 * It defines only part of goldfish devices.
 */
#define IO_BASE 0xfe000000 /* Base address when MMU is on. */
#define IO_SIZE 0x00800000 /* Size of IO space. */
#define IO_START 0xff000000 /* Base address when MMU is off,
                              which is the same as physical address. */

#define GOLDFISH_INTERRUPT_BASE (0x0)
#define GOLDFISH_INTERRUPT_STATUS (0x00) /* Number of pending interrupts. */
#define GOLDFISH_INTERRUPT_NUMBER (0x04)
#define GOLDFISH_INTERRUPT_DISABLE_ALL (0x08)
#define GOLDFISH_INTERRUPT_DISABLE (0x0c)
#define GOLDFISH_INTERRUPT_ENABLE (0x10)

#define GOLDFISH_PDEV_BUS_BASE (0x1000)
#define GOLDFISH_PDEV_BUS_END (0x100)
#define GOLDFISH_TTY_BASE (0x2000)
#define GOLDFISH_TIMER_BASE (0x3000)
#define IO_ADDRESS(x) ((x) + IO_BASE)
#endif
```

예제 7.2 골드피시 커널의 인터럽트 (arch/arm/mach-goldfish/include/mach/irqs.h)

```
#ifndef __ASM_ARCH_IRQS_H
#define __ASM_ARCH_IRQS_H
#define IRQ_PDEV_BUS (1)
#define IRQ_TIMER (3)
#define NR_IRQS (256)
#endif
```

이 두 개의 파일로부터 골드피시 인터럽트 컨트롤러의 레지스터들이 주소 0xff000000(IO_START + GOLDFISH_INTERRUPT_BASE)에서 시작하는 것을 볼 수 있다. 그들은 다섯 개의 32비트 레지스터로 구성된다.

- GOLDFISH_INTERRUPT_STATUS at offset 0x0 : 읽기 전용 레지스터. 대기 중(pending)인 인터럽트 수를 포함

- GOLDFISH_INTERRUPT_NUMBER at offset 0x4 : 읽기 전용 레지스터. 가장 낮은 대기 (lowest pending), 활성화 인터럽트 번호 포함

- GOLDFISH_INTERRUPT_DISABLE_ALL at offset 0x8 : 쓰기 전용 레지스터. 모든 인터럽트를 비활성화 할 수 있음

- GOLDFISH_INTERRUPT_DISABLE at offset 0xC : 쓰기 전용 레지스터. 이곳에 인터럽트 번호를 작성하면 지정된 인터럽트는 비활성화 됨

- GOLDFISH_INTERRUPT_ENABLE at offset 0x10 : 쓰기 전용 레지스터. 여기에 인터럽트 번호를 작성하면 지정된 인터럽트는 활성화 됨

irqs.h에는 오직 두 개의 인터럽트(IRQ_PDEV_BUS 및 IRQ_TIMER)가 정의되어 있다. 그러나 거기에는 사실 안드로이드 에뮬레이터에 의해 사용되는 인터럽트 번호들이 있다.

우리는 커널 디버그 로그를 검토하여 이들 나머지 부분을 찾을 수 있다.

```
goldfish_new_pdev goldfish_interrupt_controller at ff000000 irq -1
goldfish_new_pdev goldfish_device_bus at ff001000 irq 1
goldfish_new_pdev goldfish_timer at ff003000 irq 3
goldfish_new_pdev goldfish_rtc at ff010000 irq 10
goldfish_new_pdev goldfish_tty at ff002000 irq 4
goldfish_new_pdev goldfish_tty at ff011000 irq 11
goldfish_new_pdev goldfish_tty at ff012000 irq 12
goldfish_new_pdev smc91x at ff013000 irq 13
goldfish_new_pdev goldfish_fb at ff014000 irq 14
goldfish_new_pdev goldfish_audio at ff004000 irq 15
goldfish_new_pdev goldfish_mmc at ff005000 irq 16
goldfish_new_pdev goldfish_memlog at ff006000 irq -1
goldfish_new_pdev goldfish-battery at ff015000 irq 17
goldfish_new_pdev goldfish_events at ff016000 irq 18
goldfish_new_pdev goldfish_nand at ff017000 irq -1
goldfish_new_pdev qemu_pipe at ff018000 irq 19
goldfish_new_pdev goldfish-switch at ff01a000 irq 20
goldfish_new_pdev goldfish-switch at ff01b000 irq 21
goldfish_pdev_worker registered goldfish_interrupt_controller
goldfish_pdev_worker registered goldfish_device_bus
goldfish_pdev_worker registered goldfish_timer
goldfish_pdev_worker registered goldfish_rtc
```

```
goldfish_pdev_worker registered goldfish_tty
goldfish_pdev_worker registered goldfish_tty
goldfish_pdev_worker registered goldfish_tty
goldfish_pdev_worker registered smc91x
goldfish_pdev_worker registered goldfish_fb
goldfish_pdev_worker registered goldfish_audio
goldfish_pdev_worker registered goldfish_mmc
goldfish_pdev_worker registered goldfish_memlog
goldfish_pdev_worker registered goldfish-battery
goldfish_pdev_worker registered goldfish_events
goldfish_pdev_worker registered goldfish_nand
goldfish_pdev_worker registered qemu_pipe
goldfish_pdev_worker registered goldfish-switch
goldfish_pdev_worker registered goldfish-switch
```

가장 단순한 인터럽트 핸들러

우리는 골드피시 인터럽트 컨트롤러의 사용량을 보여주기 위해 이번 절에서 간단한 테스트 드라이버와 재사용 코드를 생성한다. 가장 간단한 인터럽트 핸들러, 골드피시 인터럽트 컨트롤러는 시리얼 포트와 타이머 인터럽트를 처리하기 위해 사용된다. 다른 장에서처럼, 이번 장에 있는 파일들은 공통파일과 프로젝트 전용 파일로 구분된다. 여기는 첫 번째 코드 예제의 파일 목록이다.

일반 파일:

- bsp.c : 골드피시 인터럽트 컨트롤러를 위한 API 함수들 포함.

- timer.c : 골드피시 타이머를 위한 API 함수들 포함.

- syscalls_cs3.c : 시스템 서비스 stubs의 구현. 6장에 있는 파일과 같다.

- serial_goldfish.c : 시리얼 포트 기능 구현을 위한 C 코드. 5장에 있는 파일과 같다.

- goldfish_uart.S : 시리얼 포트 전용 기능 구현을 위한 어셈블리 코드. 5장에 있는 파일과 같다.

프로젝트-specific 파일:

- c07e1.c : main() 함수가 구현된 테스트 코드

- Makefile : 이 프로젝트 빌드를 위한 makefile

- c07e1.ld : 프로젝트의 링크 스크립트

- startup_c07e1.S : 제어 전에 필요한 셋업을 수행하는 스타트업 코드는 C 코드로 이동된다.

공통 파일을 위해, 우리는 5장에서 시리얼 포트와 관련된 기능들(serial_goldfish.c 및 goldfish_uart.S)을 구현한다. 6장에서 시스템 서비스 stubs(syscalls_cs3.c)을 구현한다. 이번 장에서, bsp.c에서 인터럽트 컨트롤러 지원 기능들과 timer.c에서 타이머 지원 기능들을 구현한다.

인터럽트 지원 함수

인터럽트 컨트롤러를 지원하는 기능들을 구현하는 방법은 [예제 7.3]처럼 매우 직관적이다. [예제 7.1]에서 원래는 각 인터럽트 컨트롤러 레지스터들을 식별하는 (set/get)래퍼 함수를 제공한다.

예제 7.3 인터럽트 핸들러 (drivers/bsp.c)

```c
#include <hardware.h>                        /* Defined all hardware registers used */
#include <timer.h>
#include <bsp.h>                                    /* Board Support Package */
#include <isr.h>                          /* Interface to the ISRs (foreground) */
/*
 * Refer to goldfish kernel source at
 * arch/arm/mach-goldfish/board-goldfish.c
 */
/*
 * GOLDFISH_INTERRUPT_DISABLE at offset 0xC is a write-only register.
 * Writing an interrupt number to it will disable the specified interrupt.
 * */
void goldfish_mask_irq(unsigned int irq)
{
    writel(irq, (void *)IO_ADDRESS(GOLDFISH_INTERRUPT_BASE) + GOLDFISH_INTERRUPT_
DISABLE);
}
/*
 * GOLDFISH_INTERRUPT_ENABLE at offset 0x10 is a write-only register.
 * Writing an interrupt number to it will enable the specified interrupt.
 * */
void goldfish_unmask_irq(unsigned int irq)
{
    writel(irq, (void *)IO_ADDRESS(GOLDFISH_INTERRUPT_BASE) + GOLDFISH_INTERRUPT_
ENABLE);
}
/*
 * GOLDFISH_INTERRUPT_DISABLE_ALL at offset 0x8 is a write-only register.
 * Writing any value other than 0 to it will disable all interrupts.
```

```c
 * */
void goldfish_disable_all_irq(void)
{
    writel(1, (void *)IO_ADDRESS(GOLDFISH_INTERRUPT_BASE) + GOLDFISH_INTERRUPT_
DISABLE_ALL);
}
/*
 * GOLDFISH_INTERRUPT_NUMBER at offset 0x4 contains the lowest pending,
 * enabled interrupt number. It is a read-only register.
 * */
int goldfish_get_irq_num(void)
{
    return readl((void *)IO_ADDRESS(GOLDFISH_INTERRUPT_BASE) + GOLDFISH_
INTERRUPT_NUMBER);
}
/*
 * GOLDFISH_INTERRUPT_STATUS at offset 0x0 contains the number of pending interrupts.
 * It is a read-only register.
 * */
int goldfish_irq_status(void)
{
    return readl((void *)IO_ADDRESS(GOLDFISH_INTERRUPT_BASE) + GOLDFISH_
INTERRUPT_STATUS);
}
void BSP_init(void) {
    uint32_t int_base = IO_START + GOLDFISH_INTERRUPT_BASE;
    /* Hook the exception handlers */
    *(uint32_t volatile *)0x24 = (uint32_t)&ARM_undef;
    *(uint32_t volatile *)0x28 = (uint32_t)&ARM_swi;
    *(uint32_t volatile *)0x2C = (uint32_t)&ARM_pAbort;
    *(uint32_t volatile *)0x30 = (uint32_t)&ARM_dAbort;
    *(uint32_t volatile *)0x34 = (uint32_t)&ARM_reserved;
    *(uint32_t volatile *)0x38 = (uint32_t)&ARM_irq;
    *(uint32_t volatile *)0x3C = (uint32_t)&ARM_fiq;
    /* Configure goldfish interrupt controller */
    writel(1, (void *)int_base + GOLDFISH_INTERRUPT_DISABLE_ALL);
    /* ARM_INT_UNLOCK(0x1F); Unlock IRQ/FIQ at the ARM core level */
}
void BSP_abort(char const *msg) {
```

```
/* This function is called when an exception occurs.
 * For production code you need to log the message and go to fail-safe
 * state. You might also want to reset the CPU.
 */
printf("=>BSP_about.\n");
for (;;) {
}
}
```

이 함수들은 인터럽트들을 활성화하고 비활성화하거나 인터럽트의 상태를 얻는데 사용된다. goldfish_mask_irq() 함수는 인터럽트를 비활성화 시키는데 사용된다. GOLDFISH_INTERRUPT_DISABLE 레지스터에 인터럽트 번호를 기록한다.

void goldfish_mask_irq(unsigned int irq)

goldfish_unmask_irq() 함수는 인터럽트를 활성화 시키는데 사용된다. GOLDFISH_INTERRUPT_ENABLE 레지스터에 인터럽트 번호를 기록한다.

void goldfish_unmask_irq(unsigned int irq)

goldfish_disable_all_irq() 함수는 모든 인터럽트를 비활성화 시키는데 사용된다. GOLDFISH_INTERRUPT_DISABLE_ALL 레지스터에 세트한다.

void goldfish_disable_all_irq(void)

goldfish_get_irq_num() 함수는 현재 대기 중인 인터럽트 번호를 반환한다. 이 인터럽트는 인터럽트 서비스 루틴(ISR)에 의해 처리될 필요가 있다. GOLDFISH_INTERRUPT_NUMBER 레지스터에서 번호를 얻는다.

int goldfish_get_irq_num(void)

goldfish_irq_status() 함수는 현재 대기 중인 인터럽트 번호를 반환한다. 이것은 큐에 제공되야 하는 인터럽트 번호이다. GOLDFISH_INTERRUPT_STATUS 레지스터로 부터 번호를 얻는다.

int goldfish_irq_status(void)

타이머 관련 함수들은 이번 장 이후, [예제 7.10]에서 구현된다.

가장 단순한 인터럽트 핸들러 구현

일단 이러한 인터럽트와 타이머 지원 함수들을 갖게 되면, 인터럽트 컨트롤러, 시리얼 포트, 및 타이머를 테스트하기 위해 예제코드를 작업할 수 있다. 모든 이전 예제들과 같이, 하드웨어를 초기화할 수 있는 스타트업 코드와 C 언어 환경으로의 전환이 필요하다. [예제 7.4]는 이 프로젝트를 위한 스타트업 코드이다.

예제 7.4 가장 간단한 인터럽트 핸들러를 위한 스타트업 코드(c07/c07e1/startup_c07e1.S)

```
    .text
    .code 32
    .global __cs3_reset
    .global vectors_start
    .global vectors_end

/* Vector table */
vectors_start:
    LDR PC, reset_handler_addr
    LDR PC, undef_handler_addr
    LDR PC, swi_handler_addr
    LDR PC, prefetch_abort_handler_addr
    LDR PC, data_abort_handler_addr
    B .
    LDR PC, irq_handler_addr
    LDR PC, fiq_handler_addr

reset_handler_addr: .word __cs3_reset
undef_handler_addr: .word ARM_undef
swi_handler_addr: .word ARM_swi
prefetch_abort_handler_addr: .word ARM_pAbort
data_abort_handler_addr: .word ARM_dAbort
irq_handler_addr: .word ARM_irq
fiq_handler_addr: .word ARM_fiq
vectors_end:
__cs3_reset:
    /* set Supervisor stack */
    LDR r0,=__cs3_reset /* Pass the reset address as the 1st argument */
    LDR r1,=__cs3_start_asm /* Pass the return address as the 2nd argument */
    MOV lr,r1 /* Set the return address after the remap */
    LDR sp, =__cs3_stack
    /* Copy vector table */
    LDR r0,=0
    LDR r1,=vectors_start
    LDR r2,=vectors_end
1:
    CMP r1,r2
    LDMLTIA r1!,{r3}
```

```asm
    STMLTIA r0!,{r3}
    BLT 1b

    /* Get program status register */
    MRS r0, cpsr
    /* Go in IRQ mode */
    BIC r1, r0, #0x1F
    ORR r1, r1, #0x12
    MSR cpsr, r1
    /* Set IRQ stack */
    LDR sp, =__irq_stack_top__
    /* Enable IRQs */
    BIC r0, r0, #0x80
    /* Go back in Supervisor mode */
    MSR cpsr, r0

    /* You can add peripherals and memory initialization here on a physical
board */
    LDR r0, =__cs3_start_asm
    BX r0
__cs3_start_asm:
    /* Call CS3 C startup function __cs3_start_c and transfer to C code */
    LDR r0, =__cs3_start_c
    BX r0
    .end
```

6장에서 CS3 스타트업 코드를 사용했는데, 이 예제로 우리는 Supervisor 모드와 interrupt request 모드에 대한 스택 설정을 추가한다. __cs3_stack 와 __irq_stack_top__ 심볼은 각각 Supervisor 모드와 interrupt request 모드를 위한 스택 기저(bases)이다. 인터럽트를 처리해야 하거나 모든 예외 벡터를 초기화하기 위해 메모리 주소 제로로 벡터 테이블(vectors_start/vectors_end)을 복사할 필요가 있다. 일단 스타트업 코드에서 초기화한 후, main() 함수로 제어를 전환하기 위해 CS3 함수 __cs3_start_c 를 호출한다. 이제 이 인터럽트 핸들러에 대한 테스트 코드를 살펴보자.

예제 7.5 매우 간단한 인터럽트 핸들러 테스트 코드(c07/c07e1/c07e1.c)

```c
#include <stdio.h>
#include <stdlib.h>
#include <sys/unistd.h>
#include <hardware.h>
```

```c
#include <bsp.h>

static int ch = 0;

void __attribute__((interrupt)) ARM_irq(void) {
    int irq = 0, num = 0;
    unsigned long tm = 0;
    irq = goldfish_get_irq_num();
    num = goldfish_irq_status();
    printf("=>Enter ARM_irq(%d), pending num=%d\n", irq, num);
    switch (irq) {
    case IRQ_TTY0:
        printf("=>IRQ_TTY0.\n");
        break;
    case IRQ_TTY1:
        printf("=>IRQ_TTY1.\n");
        break;
    case IRQ_TTY2:
        ch = getchar();
        printf("=>IRQ_TTY2. ch=%c\n", ch);
        if(ch == 't') {
            /* Unit test 4: set timer to trigger timer interrupt. */
            goldfish_set_timer(0);
        }
        break;
    case IRQ_TIMER:
        /* We can clear either interrupt or alarm here.
           goldfish_clear_timer_int();
           printf("IRQ_TIMER - clear interrupt.\n");
        */
        goldfish_clear_alarm();
        printf("=>IRQ_TIMER - clear alarm.\n");
        break;
    default:
        printf("=>Unknown IRQ %x.\n", irq);
        break;
    }
    tm = goldfish_timer_read();
    printf("=>Exit ARM_irq(%d). tm=%lu\n", irq, tm);
```

```c
}
/* All other handlers are infinite loops. */
void __attribute__((interrupt)) ARM_undef(void) {
    printf("Enter ARM_undef() ...\n");
    for(;;);
}
void __attribute__((interrupt)) ARM_swi(void) {
    printf("Enter ARM_swi() ...\n");
}
void __attribute__((interrupt)) ARM_pAbort(void) {
    printf("Enter ARM_pAbort() ...\n");
    for(;;);
}
void __attribute__((interrupt)) ARM_dAbort(void) {
    printf("Enter ARM_dAbort() ...\n");
    for(;;);
}
void __attribute__((interrupt)) ARM_reserved(void) {
    printf("Enter ARM_reserved() ...\n");
    for(;;);
}
void __attribute__((interrupt)) ARM_fiq(void) {
    printf("Enter ARM_fiq() ...\n");
    for(;;);
}
/* We will run the unit test of the serial driver in main(). */
int main(int argc, char *argv[])
{
    unsigned long int tm = 0;
    printf("Enter main() ...\n");
    goldfish_unmask_irq(IRQ_TIMER);
    goldfish_unmask_irq(IRQ_TTY2);
    /* We do nothing in main(). */
    for(;;) {
        if(ch != 0) {
            /* Unit test 1: print out serial input and timestamp. */
            printf("1. Command is %c. time=(%lu).\n", ch, tm);
            if(ch == 'd') {
                /* Unit test 2: disable timer interrupt. */
```

```
                goldfish_mask_irq(IRQ_TIMER);
                printf(" - Disabled timer.\n");
            }
            if( ch == 'e' ) {
                /* Unit test 3: enable timer interrupt. */
                goldfish_unmask_irq(IRQ_TIMER);
                printf(" - Enabled timer.\n");
            }
            ch = 0;
            tm = goldfish_timer_read( );
            printf("2. ----- End loop (%lu) -----\n", tm);
        }
        else {
            tm = goldfish_timer_read( );
        }
    }
    return 1;
}
```

[예제 7.5]에서 볼 수 있듯이, ARM_irq, ARM_undef, ARM_swi, ARM_pAbort, ARM_dAbort, ARM_reserved 및 ARM_fiq 함수들은 등록된 예외 핸들러이다. ARM_irq 외에, 그들 모두는 무한루프에서 실행된다. 당신은 GCC attribute __attribute__((interrupt))를 사용해 예외 핸들러 모두가 정의되었다는 것을 알 수 있다. 이 속성(attribute)은 지정된 함수가 인터럽트 핸들러를 가리키는 데 사용된다. 컴파일러는 함수 엔트리를 생성하고 이 속성이 존재하는 경우 인터럽트 핸들러를 사용하기에 적합한 시퀀스를 종료한다.

이 예제에 4개의 단위 테스트 케이스가 있다. 첫 번째 테스트 케이스는, 시리얼 콘솔로부터 입력이 인터럽트 핸들러에 의해 포착(captured) 되고 콘솔에 프린트되며, 시리얼 입력과 출력 작업이 정확히 확인되도록 허락한다. 우리는 앞 장에서 시리얼 입력/출력을 처리했다. 그러나 이번 예제에서, 우리는 인터럽트 핸들러 ARM_irq에서 시리얼 입력을 포착(capture)한다. 두 번째와 세 번째 테스트 경우를 보면, 인터럽트 컨트롤러를 통해 타이머 인터럽트를 활성화 및 비활성화를 시도한다. 네 번째 테스트에서, 우리는 타이머 인터럽트를 사용해 알람을 설정한다. 이 알람은 main() 대신 ARM_irq() 인터럽트 서비스 루틴에서 설정하는데, 중첩된 인터럽트를 테스트하고 싶기 때문이다. 특히, 우리는 간단한 인터럽트 핸들러에서 중첩된 인터럽트를 작업할 수 없다는 것을 보여주고 싶다. 우리는 이번 장 이후(c07e2 예)에서 중첩된 인터럽트를 다루는 방법을 배워본다.

프로젝트를 빌드해 보자.

```
$ make DEBUG=1
  CC c07e1.c
  AS startup_c07e1.S
  CC ../../drivers/serial_goldfish.c
  AS ../../drivers/goldfish_uart.S
  CC ../../drivers/syscalls_cs3.c
  CC ../../drivers/bsp.c
  CC ../../drivers/timer.c
  LD gcc/c07e1.axf
```

평소처럼, 다음 명령어를 사용해 안드로이드 에뮬레이터에서 example 바이너리를 실행할 수 있다

```
$ make debug
```

다음으로, 우리는 ddd에서 QEMU에 있는 gdbserver에 접속한다. 프로그램이 시작할때, "Enter main() …" 메시지가 생성되고, 입력을 위해 시리얼 콘솔에서 대기한다. 3개의 특별한 입력 문자들은 다른 테스트 케이스를 위해 사용된다. [표 7.1]은 다음과 같은 t, d, 및 e 명령어의 기능을 설명한다. 우리가 t, d, e 명령어(commands)를 테스트하기 전에, 시리얼 입력(문자 'a')이 포착된 후, 우리는 콘솔에 디버그 메시지를 표시한다. 인터럽트 핸들러 시작으로 부터 디버그 메시지가 출력된다. [그림 7.1]에서, 콘솔에 문자 'a' 키를 입력한 후 ARM_irq()가 호출되는 것을 볼 수 있다.

다음으로, 우리는 명령어 't' 를 사용해 알람을 설정하고 발생시킨다. [그림 7.2]에서처럼, 입력이 't' 이면, 타이머는 시리얼 포트 인터럽트 핸들러로부터 종료되기 전에 인터럽트 핸들러에 설정한다. 알람이 시리얼 포트 인터럽트 핸들러 안에서 설정되고, 타이머는 시리얼 포트 인터럽트 핸들러 내부에서 일어나기 때문이다. 그러나, ARM_irq()가 중첩되지 않은 인터럽트 핸들러이기 때문에, 타이머 인터럽트는 시리얼 인터럽트가 종료될 때까지 제공될 수 있다. 우리는 또한 디버그 메시지의 타임 스탬프를 검사하여 이 동작을 확인할 수 있다. 타이머 인터럽트가 처리된 후, 우리는 goldfish_clear_timer_int() 또는 goldfish_clear_alarm()를 호출하여 타이머 인터럽트를 삭제할 필요가 있다.

표 7.1 인터럽트 핸들러의 예(c07e1)에서 사용되는 명령어

명령어	설명
t	알람 세팅, 타이머 인터럽트를 트리거할 것이다.
d	타이머 인터럽트를 비활성화
e	타이머 인터럽트 활성화

```
emulator: Trace file name is not set

goldfish_add_device: qemu_pipe, base ff017000 2000, irq 18 1
goldfish_add_device: goldfish-switch, base ff019000 1000, irq 19 1
goldfish_add_device: goldfish-switch, base ff01a000 1000, irq 20 1
emulator: autoconfig: -scale 1
emulator: Could not open file: (null)/system/build.prop: No such file or directo
ry
emulator: control console listening on port 5554, ADB on port 5555
emulator: can't connect to ADB server: Connection refused
emulator: ping program: /media/u32/home/sgye/src/Android/android-emulator-201309
28/qemu/objs/ddms
Warning: XmStringGetNextComponent: unknown type 170558216

Warning: XmStringGetNextComponent: unknown type 171109784

goldfish_init(), gtty base=ff012000
Enter main()
=>Enter ARM_irq(12), pending num=1
=>IRQ_TTY2. ch=a
=>Exit ARM_irq(12). tm=610147903
1. Command is a. time=(609296102).
2. ----- End loop (610687652) -----
```

그림 7.1 시리얼 입출력 테스트

```
emulator: control console listening on port 5554, ADB on port 5555
emulator: can't connect to ADB server: Connection refused
emulator: ping program: /media/u32/home/sgye/src/Android/android-emulator-201309
28/qemu/objs/ddms
Warning: XmStringGetNextComponent: unknown type 170558216

Warning: XmStringGetNextComponent: unknown type 171109784

goldfish_init(), gtty base=ff012000
Enter main()
=>Enter ARM_irq(12), pending num=1
=>IRQ_TTY2. ch=a
=>Exit ARM_irq(12). tm=610147903
1. Command is a. time=(609296102).
2. ----- End loop (610687652) -----
=>Enter ARM_irq(12), pending num=1
=>IRQ_TTY2. ch=t
=>Exit ARM_irq(12). tm=478030470
=>Enter ARM_irq(3), pending num=1
=>IRQ_TIMER - clear alarm.
=>Exit ARM_irq(3). tm=478548818
1. Command is t. time=(477593759).
2. ----- End loop (478923441) -----
```

그림 7.2 알람 테스트

```
=>IRQ_TTY2  ch=a
=>Exit ARM_irq(12)  tm=610147903
1  Command is a  time=(609296102)
2  ----- End loop (610687652) -----
=>Enter ARM_irq(12), pending num=1
=>IRQ_TTY2  ch=t
=>Exit ARM_irq(12)  tm=478030470
=>Enter ARM_irq(3), pending num=1
=>IRQ_TIMER - clear alarm
=>Exit ARM_irq(3)  tm=478548818
1  Command is t  time=(477593759)
2  ----- End loop (478923441) -----
=>Enter ARM_irq(12), pending num=1
=>IRQ_TTY2  ch=d
=>Exit ARM_irq(12)  tm=1645742659
1  Command is d  time=(1645243906)
   - Disabled timer
2  ----- End loop (1646899167) -----
=>Enter ARM_irq(12), pending num=1
=>IRQ_TTY2  ch=t
=>Exit ARM_irq(12)  tm=45935467
1  Command is t  time=(45546911)
2  ----- End loop (46391444) -----
```

그림 7.3 타이머 인터럽트 비활성화

마지막으로, 타이머 인터럽트의 비활성화와 활성화를 테스트해 보자. [그림 7.3]에서 보여주듯이, 우리는 첫 번째 명령어 d를 입력해서 타이머 인터럽트를 비활성화할 수 있다. 그러고 나서, 우리는 명령어 t로 알람을 설정한다. 이제 오직 시리얼 인터럽트만 제공된다 ; 타이머 인터럽트는 비활성화되었다.

다음으로, 명령어 e 를 사용해 타이머 인터럽트를 다시 활성화시켜 보자. [그림 7.4]에서 보는 바와 같이, 타이머 인터럽트는 그것을 활성화시킨 후 즉시 트리거된다. 이것은 [그림 7.3]에서 타이머 인터럽트가 비활성화될 때 알람이 설정되기 때문에 일어난다.

중첩된 인터럽트 핸들러

간단한 인터럽트 핸들러 예제에서, 인터럽트는 순차적 방식으로만 처리할 수 있다. 그러나 실제 시스템에서 인터럽트 핸들링은 훨씬 더 복잡하다. 이 주제를 조금 더 연구하고 골드피시의 인터럽트 핸들링에 대해 더 배우고 싶다면 좀더 복잡한 인터럽트 핸들러 예제(c07e2)를 살펴보자.

이 예제는 다음과 같이 파일들이 구성되어 있다.

공통 파일

- bsp.c : 골드피시 인터럽트 핸들러를 위한 API 함수들 포함. 이전 예제코드와 동일

- timer.c : 골드피시 타이머를 위한 API 함수들 포함. 이전 예제코드와 동일

- syscalls_cs3.c : 시스템 서비스 stubs의 구현. 6장 코드와 동일

- serial_goldfish.c : 시리얼 함수들을 구현하기 위한 C 코드. 5장 코드와 동일

- goldfish_uart.S : 특정한 시리얼 함수들을 구현하기 위한 어셈블리 언어 코드. 5장 코드와 동일

- arm_exc.S: 이 파일에서는, 예외 벡터가 어셈블리 언어로 구현되어 있음

- isr.c : 이 파일에서는, C-레벨 인터럽트 서비스 루틴(ISR)이 구현

- low_level_init.c : low_level_init() 함수가 구현, 이른 하드웨어 초기화 수행

- 예외 벡터는 low_level_init()에서 초기화된다

프로젝트 전용 파일

- c07e2.c : main() 함수 구현을 위한 테스트 코드

- Makefile : 이 프로젝트를 빌드하기 위한 makefile

- c07e2.ld : 프로젝트 링커 스크립트

- startup_c07e2.S : 제어가 C 코드로 전환되기 전에 필요한 셋업을 위한 스타트업 코드.

```
=>Exit ARM_irq(3)  tm=478548818
1  Command is t  time=(477593759)
2  ----- End loop (478923441) -----
=>Enter ARM_irq(12), pending num=1
=>IRQ_TTY2. ch=d
=>Exit ARM_irq(12)  tm=1645742659
1  Command is d  time=(1645243906)
  - Disabled timer
2  ----- End loop (1646899167) -----
=>Enter ARM_irq(12)  pending num=1
=>IRQ_TTY2. ch=t
=>Exit ARM_irq(12)  tm=45935467
1  Command is t  time=(45546911)
2  ----- End loop (46391444) -----
=>Enter ARM_irq(12), pending num=1
=>IRQ_TTY2. ch=e
=>Exit ARM_irq(12). tm=1588835732
1. Command is e. time=(1588373998).
=>Enter ARM_irq(3), pending num=1
=>IRQ_TIMER - clear alarm.
=>Exit ARM_irq(3). tm=1590040892
  - Enabled timer.
2. ----- End loop (1590425819) -----
```

그림 7.4 타이머 인터럽트의 활성화

중첩된 인터럽트 핸들러 구현

인터럽트 중첩을 활성화하기 위해, 핸들러는 어떤 시점에 인터럽트를 반드시 unlock(역자주 : 인터럽트 허용)해야 한다 ; ARM core 수준의 IRQ/FIQ 엔트리에서는 자동으로 locked(역자주 : 인터럽트 비 허용) 된다. 일반적으로, ARM 아키텍처에서 모든 중첩된 인터럽트를 처리를 위한 정형화된 전략은 IRQ(혹은 FIQ)가 아닌 다른 모드로 전환하고, 인터럽트를 활성화하기 전에 task-level 코드에 의해 사용되는 모드로 전환한다. 표준 기술은 또한 인터럽트를 처리하는 동안 여러 개의 스택을 사용한다. IRQ/FIQ 모드 스택은 인터럽트 문맥(context)의 일부를 저장하는데 사용되고 시스템/사용자 스택(또는 때로 SVC 스택)은 문맥의 나머지를 저장하기 위해 사용된다. ARM은 재진입 인터럽트 핸들러 프로그래밍 시 시스템 모드를 사용하는 것을 권장한다.

이 예제에서 ARM 시스템의 인터럽트 핸들링 전략도 IRQ/FIQ 모드가 아니라 인터럽트 중첩을 활성화하기 전에 시스템 모드로 전환한다. 그러나 시스템/사용자 스택에 저장되는 CPU 콘텍스트 안의 다른 운영(scheme)과 차이점은 IRQ/FIQ 스택을 전혀 사용하지 않는 점이다. 개별적인 인터럽트 스택에 문맥(context)을 저장하면, 각각의 태스크에 대해 분리된 스택을 사용하는 멀티태스킹 커널들 안의 값만 갖는다. foreground/background 아키텍처에서 하나의 간단한 background 태스크(main() 루프)와 멀티 스택을 사용하면 이득이 없이 더 복잡해지기만 한다. 이 방법은 미로 사멕(Miro Samek)이 제안했다.

3개의 공통 파일은 이 예제에 추가되었다. : low_level_init.c, arm_exc.S, 및 isr.c. [예제 7.6]의 어셈블리 파일에서, 모든 ARM 예외 핸들러가 구현된다. ARM_irq() 함수를 특별히 주의하자. 어셈블리 언어에서 인터럽트 서비스 루틴(ISR)의 래퍼이다. 이 함수에서, 문맥(context)은 프로세서 모드가 시스템 모드로 전환되기 전에 저장된다. C 수준 함수 BSP_irq()에서 인터럽트가 제공된다. 그 후, 문맥이 복원되고 제어는 인터럽트가 발생된 지점으로 반환된다.

예제 7.6 예외 핸들러 구현 (c07/c07e2/arm_exc.S)

```
    .equ NO_IRQ, 0x80                              /* mask to disable IRQ */
    .equ NO_FIQ, 0x40                              /* mask to disable FIQ */
    .equ NO_INT, (NO_IRQ | NO_FIQ)         /* mask to disable IRQ and FIQ */
    .equ FIQ_MODE, 0x11
    .equ IRQ_MODE, 0x12
    .equ SYS_MODE, 0x1F
    .text
    .code 32


/*
 * Use the special section (.text.fastcode) to fine-tune
 * the placement of this section inside the linker script
 */
```

```
    .section .text.fastcode
/**********************************************************************
* uint32_t ARM_int_lock_SYS(void);
*/
    .global ARM_int_lock_SYS
    .func ARM_int_lock_SYS
ARM_int_lock_SYS:
    MRS r0, cpsr                         /* get the original CPSR in r0 to return */
    MSR cpsr_c,#(SYS_MODE | NO_INT)                /* disable both IRQ and FIQ */
    BX lr                                   /* return the original CPSR in r0 */
    .size ARM_int_lock_SYS, . - ARM_int_lock_SYS
    .endfunc


/**********************************************************************
* void ARM_int_unlock_SYS(uint32_t key);
*/
    .global ARM_int_unlock_SYS
    .func ARM_int_unlock_SYS
ARM_int_unlock_SYS:
    MSR cpsr_c, r0                       /* restore the original CPSR from r0 */
    BX lr                                      /* return to ARM or THUMB */
    .size ARM_int_unlock_SYS, . - ARM_int_unlock_SYS
    .endfunc


/**********************************************************************
* void ARM_irq(void);
*/
    .global ARM_irq
    .func ARM_irq
ARM_irq:
/* IRQ entry {{{ */
    MOV r13,r0                                        /* save r0 in r13_IRQ */
    SUB r0,lr,#4                              /* put return address in r0_SYS */
    MOV lr,r1                                   /* save r1 in r14_IRQ (lr) */
    MRS r1,spsr                                 /* put the SPSR in r1_SYS */
    MSR cpsr_c, #(SYS_MODE | NO_IRQ) /* System mode, no IRQ, but FIQ enabled! */
    STMFD sp!,{r0,r1}                         /* save SPSR and PC on SYS stack */
    STMFD sp!,{r2-r3,r12,lr}            /* save APCS-clobbered regs on SYS stack */
    MOV r0, sp                           /* make sp_SYS visible to IRQ mode */
```

```
    SUB sp, sp, #(2*4)                  /* make room for stacking (r0_SYS, r1_SYS) */
    MSR cpsr_c,#(IRQ_MODE | NO_IRQ)                 /* IRQ mode, IRQ/FIQ disabled */
    STMFD r0!,{r13,r14}            /* finish saving the context (r0_SYS,r1_SYS) */
    MSR cpsr_c,#(SYS_MODE | NO_IRQ)                 /* System mode, IRQ disabled */
/* IRQ entry }}} */


/* NOTE: BSP_irq might re-enable IRQ interrupts (FIQ is enabled
 * already), if IRQs are prioritized by an interrupt controller. In our case,
 * we use the goldfish interrupt controller.
 */
    LDR r12, =BSP_irq
    MOV lr, pc                      /* copy the return address to link register */
    BX r12                              /* call the C IRQ-handler BSP_irq() */


/* IRQ exit {{{ */
    MSR cpsr_c,#(SYS_MODE | NO_INT)             /* System mode, IRQ/FIQ disabled */
    MOV r0,sp                               /* make sp_SYS visible to IRQ mode */
    ADD sp,sp,#(8*4)                /* fake unstacking 8 registers from sp_SYS */
    MSR cpsr_c,#(IRQ_MODE | NO_INT)             /* IRQ mode, both IRQ/FIQ disabled */
    MOV sp,r0                                   /* copy sp_SYS to sp_IRQ */
    LDR r0,[sp,#(7*4)]                  /* load the saved SPSR from the stack */
    MSR spsr_cxsf,r0                            /* copy it into spsr_IRQ */
    LDMFD sp,{r0-r3,r12,lr}^        /* unstack all saved USER/SYSTEM registers */
    NOP                                 /* can't access banked reg immediately */
    LDR lr,[sp,#(6*4)]              /* load return address from the SYS stack */
    MOVS pc,lr                          /* return restoring CPSR from SPSR */
/* IRQ exit }}} */
    .size ARM_irq, . - ARM_irq
    .endfunc


/**********************************************************************
* void ARM_fiq(void);
*/
    .global ARM_fiq
    .func ARM_fiq
ARM_fiq:
/* FIQ entry {{{ */
    MOV r13, r0                                     /* save r0 in r13_FIQ */
    SUB r0, lr, #4                          /* put return address in r0_SYS */
```

```
        MOV lr, r1                                      /* save r1 in r14_FIQ (lr) */
        MRS r1, spsr                                      /* put SPSR in r1_SYS */
        MSR cpsr_c, #(SYS_MODE | NO_INT)        /* System mode, IRQ/FIQ disabled */
        STMFD sp!, {r0, r1}                     /* save SPSR and PC on SYS stack */
        STMFD sp!, {r2-r3,r12,lr}          /* save APCS-clobbered regs on SYS stack */
        MOV r0, sp                          /* make sp_SYS visible to FIQ mode */
        SUB sp, sp, #(2*4)               /* make room for stacking (r0_SYS, SPSR) */
        MSR cpsr_c, #(FIQ_MODE | NO_INT)           /* FIQ mode, IRQ/FIQ disabled */
        STMFD r0!, {r13, r14}         /* finish saving the context (r0_SYS,r1_SYS) */
        MSR cpsr_c, #(SYS_MODE | NO_INT)        /* System mode, IRQ/FIQ disabled */
/* FIQ entry }}} */
        /* NOTE: BSP_fiq must NEVER enable IRQ/FIQ interrrupts!
        */
        LDR r12, =BSP_fiq
        MOV lr, pc                                /* store the return address */
        BX r12                                  /* call the C FIQ-handler BSP_fiq() */


/* FIQ exit {{{ */                          /* both IRQ/FIQ disabled (see NOTE above) */
        MOV r0, sp                           /* make sp_SYS visible to FIQ mode */
        ADD sp, sp, #(8*4)              /* fake unstacking 8 registers from sp_SYS */
        MSR cpsr_c, #(FIQ_MODE | NO_INT)           /* FIQ mode, IRQ/FIQ disabled */
        MOV sp, r0                               /* copy sp_SYS to sp_FIQ */
        LDR r0, [sp, #(7*4)]              /* load the saved SPSR from the stack */
        MSR spsr_cxsf, r0                          /* copy it into spsr_FIQ */
        LDMFD sp, {r0-r3, r12, lr}^      /* unstack all saved USER/SYSTEM registers */
        NOP                                   /* can't access banked reg immediately */
        LDR lr, [sp, #(6*4)]           /* load return address from the SYS stack */
        MOVS pc, lr                          /* return restoring CPSR from SPSR */
/* FIQ exit }}} */
        .size ARM_fiq, . - ARM_fiq
        .endfunc


/*****************************************************************
* void ARM_reset(void);
*/
        .global ARM_reset
        .func ARM_reset
ARM_reset:
        LDR r0,Csting_reset
```

```
    B ARM_except
    .size ARM_reset, . - ARM_reset
    .endfunc


/********************************************************************
* void ARM_undef(void);
*/
    .global ARM_undef
    .func ARM_undef
ARM_undef:
    LDR r0,Csting_undef
    B ARM_except
    .size ARM_undef, . - ARM_undef
    .endfunc


/********************************************************************
* void ARM_swi(void);
*/
    .global ARM_swi
    .func ARM_swi
ARM_swi:
    STMFD sp!, {r0-r12,lr}      /* Store registers. */
    LDR r0, [lr, #-4]           /* Calculate address of SWI instruction and load it
into r0. */
    BIC r0, r0, #0xff000000     /* Mask off top 8 bits of instruction to give SWI
number. */
    BL sw_handler               /* Call C SWI handler sw_handler() */
    LDMFD sp!, {r0-r12,pc}^     /* Restore registers and return */
    .size ARM_swi, . - ARM_swi
    .endfunc


/********************************************************************
* void ARM_pAbort(void);
*/
    .global ARM_pAbort
    .func ARM_pAbort
ARM_pAbort:
    LDR r0,Csting_pAbort
    B ARM_except
```

```
    .size ARM_pAbort, . - ARM_pAbort
    .endfunc


/**********************************************************************
* void ARM_dAbort(void);
*/
    .global ARM_dAbort
    .func ARM_dAbort
ARM_dAbort:
    LDR r0,Csting_dAbort
    B ARM_except
    .size ARM_dAbort, . - ARM_dAbort
    .endfunc


/**********************************************************************
* void ARM_reserved(void);
*/
    .global ARM_reserved
    .func ARM_reserved
ARM_reserved:
    LDR r0,Csting_rsrvd
    B ARM_except
    .size ARM_reserved, . - ARM_reserved
    .endfunc


/**********************************************************************
* void ARM_except(void);
*/
    .global ARM_except
    .func ARM_except
ARM_except:
    SUB r1, lr, #4                      /* set line number to the exception address */
    MSR cpsr_c, #(SYS_MODE | NO_INT)            /* System mode, IRQ/FIQ disabled */
    LDR r12, =BSP_abort
    MOV lr, pc                                     /* store the return address */
    BX r12                          /* call the assertion handler (ARM/THUMB) */
    /* The assertion handler should not return, but in case it does,
     * hang up the machine in the following endless loop
     */
    B .
```

```
Csting_reset: .string "Reset"
Csting_undef: .string "Undefined"
Csting_swi: .string "Software Int"
Csting_pAbort: .string "Prefetch Abort"
Csting_dAbort: .string "Data Abort"
Csting_rsrvd: .string "Reserved Exception"
    .size ARM_except, . - ARM_except
    .endfunc
    .end
```

BSP_irq()는 [예제 7.7]에서 구현된다. BSP_irq()는 인터럽트 서비스 루틴의 엔트리 포인트다. goldfish_mask_irq() 호출에 의해 골드피시 인터럽트 컨트롤러에서 같은 인터럽트 발생원을 차단한다. 현재 인터럽트가 제공되기전, 같은 인터럽트 소스는 다시 트리거되지 않을 것이다. 그 후에, 중첩된 인터럽트를 허용하도록 인터럽트를 활성화한다.

다른 인터럽트 소스로부터 인터럽트는 이제 트리거될 수 있다. 실제 인터럽트 처리는 이번 프로젝트 전용으로 구현된 irq_handler()에 의해 수행된다. 수행 후에, 인터럽트 소스는 다시 활성화되지만 중첩 인터럽트는 코드가 ARM_irq()로 반환하기 전에 비활성화 된다. 중첩 인터럽트는 irq_handler() 내부에 존재할 수 있다. 우리가 주목해야 할 다른 예외 핸들러는, 앞으로 테스트할 간단한 소프트웨어 인터럽트 핸들러인 ARM_swi()이다.

예제 7.7 C 레벨 ISR (c07/c07e2/isr.c)

```
#include "hardware.h"
#include "timer.h"
#include "bsp.h"
#include "isr.h"
#include "serial_goldfish.h"
/*.............................................................*/
__attribute__ ((section (".text.fastcode")))
void BSP_irq(void) {
    int irq = 0;
    irq = goldfish_get_irq_num();
    goldfish_mask_irq(irq);        /* block the same IRQ before IRQ handler return */
    asm("MSR cpsr_c,#(0x1F)");                      /* allow nested interrupts */
    irq_handler(irq);         /* call the IRQ handler via the pointer to function */
    asm("MSR cpsr_c,#(0x1F | 0x80)");                    /* lock IRQ before return */
    goldfish_unmask_irq(irq);        /* enable IRQ when IRQ handling is complete */
}
```

```c
/*.........................................................................*/
__attribute__ ((section (".text.fastcode")))
void BSP_fiq(void) {                                          /* FIQ ISR */
     /* Handle the FIQ directly. No AIC vectoring overhead necessary. */
}
```

이제 우리는 어느 위치에 중첩된 인터럽트 처리에 대한 기본 틀로 골드피시 플랫폼에 중첩된 인터럽트 처리를 설명하기 위한 예제코드를 살펴보자. [예제 7.8]의 스타트업 코드는 [예제 7.4]의 코드와 유사하나 다음과 같은 차이가 있다.

- 이번 예제의 인터럽트 핸들러를 위해 비록 구별된 인터럽트 스택을 사용하지 않았으나, IRQ 모드 및 시스템/사용자 모드를 위한 세 개의 초기화된 스택은 여전히 존재한다.

- 두 함수 EnterUserMode()와 SystemCall()은 어셈블리 언어에서 구현된다. EnterUserMode()는 시스템 모드에서 유저 모드로 프로세서를 변환하고, SystemCall()은 소프트웨어 인터럽트를 트리거한다.

예제 7.8 중첩된 인터럽트 핸들러를 위한 스타트업 코드 (c07/c07e2/startup_c07e2.S)

```asm
    .text
    .code 32
/* Standard definitions of mode bits and interrupt (I & F) flags in PSRs */
    .equ I_BIT, 0x80                      /* when I bit is set, IRQ is disabled */
    .equ F_BIT, 0x40                      /* when F bit is set, FIQ is disabled */
    .equ USR_MODE, 0x10
    .equ FIQ_MODE, 0x11
    .equ IRQ_MODE, 0x12
    .equ SVC_MODE, 0x13
    .equ ABT_MODE, 0x17
    .equ UND_MODE, 0x1B
    .equ SYS_MODE, 0x1F
    .global __cs3_reset

__cs3_reset:
/* Set up stack so that we can call a simple C function. */
    LDR r0, =__cs3_reset        /* pass the reset address as the 1st argument */
    LDR r1, =__cs3_start_asm    /* pass the return address as the 2nd argument */
    MOV lr, r1                  /* set the return address after the remap */
    LDR sp, =__cs3_stack
```

```
/*
 * Copy vector table to address 0. We moved this to a C function low_level_init().
 */
    BL low_level_init
    MSR CPSR_c, #(SVC_MODE | I_BIT | F_BIT)
    LDR sp,=__svc_stack_top__                    /* set the SVC stack pointer */
/* Get program status register */
    MRS r0, cpsr
    /* Go in IRQ mode */
    BIC r1, r0, #0x1F
    ORR r1, r1, #0x12
    MSR cpsr, r1
    /* Set IRQ stack */
    LDR sp, =__irq_stack_top__
    /* Enable IRQs */
    BIC r0, r0, #0x80
    /* Go back in Supervisor mode */
    MSR cpsr, r0
    /* You can add peripherals and memory initialization here */
    MSR CPSR_c, #(SYS_MODE | I_BIT | F_BIT)    /* change to SYS_MODE */
    LDR sp, =__cs3_stack                        /* set the C stack pointer */
    LDR r0, =__cs3_start_asm                    /* call CS3 assembly initialization */
    BX r0


__cs3_start_asm:
    LDR r0, =__cs3_start_c                       /* call CS3 C initialization */
    BX r0
/************************************************************************************
 * void EnterUserMode(void);
 * Switch to user mode using this function.
 */
    .global EnterUserMode
    .func EnterUserMode
EnterUserMode:
    /* Get program status register */
    MRS r0, cpsr
    /* Change to User mode */
    BIC r1, r0, #0x1F
    ORR r1, r1, #0x10
```

```
    MSR cpsr, r1
    MOV pc, lr
    .endfunc
/*************************************************************************
* void SystemCall(void);
* Make a system call using this function.
*/
    .global SystemCall
    .func SystemCall
SystemCall:
    SWI 0x8;
    MOV pc, lr
    .endfunc
    .end
```

[예제 7.9]의 테스트 코드는 [예제 7.5]에 있는 것과 비슷하다. 시리얼과 타이머 인터럽트 둘다 irq_ handler()에서 처리된다. 차이점은 함수 이름이 예제 7.5의 ARM_irq()가 [예제 7.9]에서는 irq_ handler()로 바뀌었고, [예제 7.5]의 ARM_irq()는 IRQ 모드에서 실행했다면, [예제 7.9]의 irq_ handler()는 시스템 모드에서 실행된다는 점이다. sw_handler() 함수는 소프트웨어 인터럽트를 처리 하기 위해 사용된다.

예제 7.9 중첩된 인터럽트 핸들러를 위한 테스트 코드(c07/c07e2/c07e2.c)

```c
#include <stdio.h>
#include <stdlib.h>
#include <sys/unistd.h>
#include <hardware.h>
#include <arm_exc.h>
#include <bsp.h>

static int ch = 0;

void sw_handler(int num)
{
    printf("=>Inside sw_handler, num=%d.\n", num);
}
void irq_handler(int irq)
{
    int num = 0;
```

```c
    unsigned long tm = 0;
    num = goldfish_irq_status();
    printf("=>Enter ARM_irq(%d), pending num=%d\n", irq, num);
    switch (irq) {
    case IRQ_TTY0:
        printf("=>IRQ_TTY0.\n");
        break;
    case IRQ_TTY1:
        printf("=>IRQ_TTY1.\n");
        break;
    case IRQ_TTY2:
        ch = getchar();
        printf("=>IRQ_TTY2. ch=%c\n", ch);
        if(ch == 't') {
        /* Unit test 1: set timer to trigger timer interrupt. */
            goldfish_set_timer(0);
        }
        break;
    case IRQ_TIMER:
        /* goldfish_mask_irq(IRQ_TIMER); */
        goldfish_clear_timer_int();
        printf("=>IRQ_TIMER - clear interrupt.\n");
        break;
    default:
        printf("=>Unknown IRQ %x.\n", irq);
        break;
    }
    tm = goldfish_timer_read();
    printf("=>Exit ARM_irq(%d). tm=%lu\n", irq, tm);
}
/* We will run the unit test of the serial driver in main() */
int main(int argc, char *argv[])
{
    unsigned long tm;
    int i = 0;
    printf("Enter main() ...\n");
    ARM_INT_UNLOCK(0x1F);                    /* unlock IRQ/FIQ at the ARM core level */
    goldfish_unmask_irq(IRQ_TIMER);
    goldfish_unmask_irq(IRQ_TTY2);
```

```c
    EnterUserMode();
    for(;;) {
        if(ch != 0) {
        printf("1. Command is %c. time=(%lu).\n", ch, tm);
            if(ch == 'd') {
                /* disable timer interrupt. */
                goldfish_mask_irq(IRQ_TIMER);
                printf(" - Disabled timer.\n");
            }
            if(ch == 'e') {
                /* disable timer interrupt. */
                goldfish_unmask_irq(IRQ_TIMER);
                printf(" - Enabled timer.\n");
            }
            if(ch == 's') {
                /* Unit test 2: Fire a system call. */
                SystemCall();
                printf(" - Make system call.\n");
            }
            ch = 0;
            tm = goldfish_timer_read();
            printf("2. ----- End loop (%lu) -----\n", tm);
        }
        else {
            tm = goldfish_timer_read();
        }
    }
    return 1;
}
```

첫 번째 프로젝트를 빌드해 보자.

```
$ make DEBUG=1
  CC c07e2.c
  AS startup_c07e2.S
  CC ../../drivers/serial_goldfish.c
  AS ../../drivers/goldfish_uart.S
```

```
CC ../../drivers/syscalls_cs3.c
CC ../../drivers/low_level_init.c
AS ../../drivers/arm_exc.S
CC ../../drivers/bsp.c
CC ../../drivers/isr.c
CC ../../drivers/timer.c
LD gcc/c07e2.axf
```

중첩 인터럽트 테스트와 프로세서 모드 스위치 발견하기

다른 프로세서 모드에서 사용된 스택을 검사하기 위해서 우리는 다음과 같이 arm-none-eabi-nm를
사용해 스택 정보를 얻을 수 있다.

```
$ arm-none-eabi-nm -n gcc/c07e2.axf
…
000104c8 T __cs3_reset
…
00231950 B __irq_stack_top__
…
00232950 B __svc_stack_top__
…
00233950 B __cs3_stack
…
```

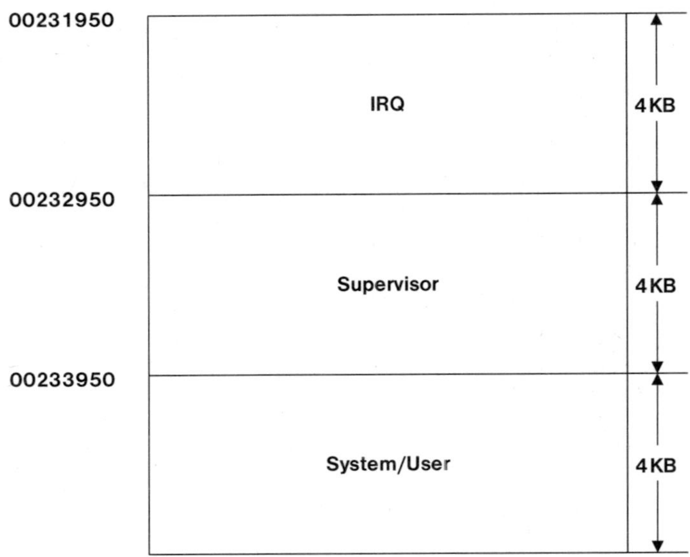

그림 7.5 중첩 인터럽트 핸들러에서의 스택 구조

nm으로부터 이 출력과 함께, 우리는 [그림 7.5]의 스택 구조에서 보여주는 3개의 스택 포인터를 검사할 수 있다. 0x233950에 위치한 스택 포인터 __cs3_stack는 시스템 모드에서 사용된다. 0x232950에 위치한 스택 포인터 __svc_stack_top__는 슈퍼바이저 모드에서 사용된다. 0x231950에 위치한 스택 포인터 __irq_stack_top__는 IRQ 모드로 설정되어 있지만, 실제로 사용되지 않는다.

> **Note**
> 당신의 환경에서 스택 포인터 주소는 책에서 언급하고 [그림 7.5]에서 보여주는 것과 다를 수도 있다. 사실 주소 할당은 사용자 환경 설정에 따라 달라진다.

프로그램 상태 레지스터와 프로세서 모드는 이 예제에서 자주 사용된다. 프로세서 모드는 [표 7.2]에, 프로그램 상태 레지스터는 [그림 7.6]에서 보여주고 있다.

표 7.2 프로세서 모드

M[4:0]	Mode
b10000	User
b10001	FIQ
b10010	IRQ
b10011	Supervisor
b10111	Abort
b11011	Undefined
b11111	System

프로그램 상태 레지스터의 비트 필드 (비트 31 → 0):

31	30	29	28	27	26 25	24	23 22 21 20	19 18 17 16	15 14 13 12 11 10	9	8	7	6	5	4 3 2 1 0
N	Z	C	V	Q		J	DNM	GE[3:0]	IT[7:2]	E	A	I	F	T	M[4:0]

예제 레지스터 값 (32비트 이진값과 니블 16진값):

이진값	31–28	27–24	23–20	19–16	15–12	11–8	7–4	3–0
0110 0000 0000 0000 0000 0001 0001 0000	6	0	0	0	0	1	1	0
0100 0000 0000 0000 0000 0001 1001 0010	6	0	0	0	0	1	9	2
0100 0000 0000 0000 0000 0001 1101 0011	4	0	0	0	0	1	d	3
0110 0000 0000 0000 0000 0001 1101 1111	6	0	0	0	0	1	d	f
0110 0000 0000 0000 0000 0001 1001 1111	6	0	0	0	0	1	9	f
0110 0000 0000 0000 0000 0001 0001 1111	6	0	0	0	0	1	1	f

M[4:0]	Mode
b10000	User
b10001	FIQ
b10010	IRQ
b10011	Supervisor
b10111	Abort
b11011	Undefined
b11111	System

그림 7.6 프로그램 상태 레지스터

다음의 명령을 사용해 이 예제를 실행해 보자.

```
$ make debug
```

평소처럼, 우리는 안드로이드 에뮬레이터에서 예제를 시작하고 ddd의 디버거로 접속해서 가상 머신의 상태를 확인한다. 전원이 들어오면, 프로세서는 수퍼바이저 모드에 있고 모든 레지스터들을 0으로 셋팅한다. fast 인터럽트와 인터럽트들 양쪽 다 비활성화 된다. [그림 7.7]은 스타트업 이후 가상 머신 상태를 보여준다. 프로그램 상태 레지스터의 값의 0x400001d3 의미를 파악하기 위해 [표 7.2]와 [그림 7.6]을 참고하라.

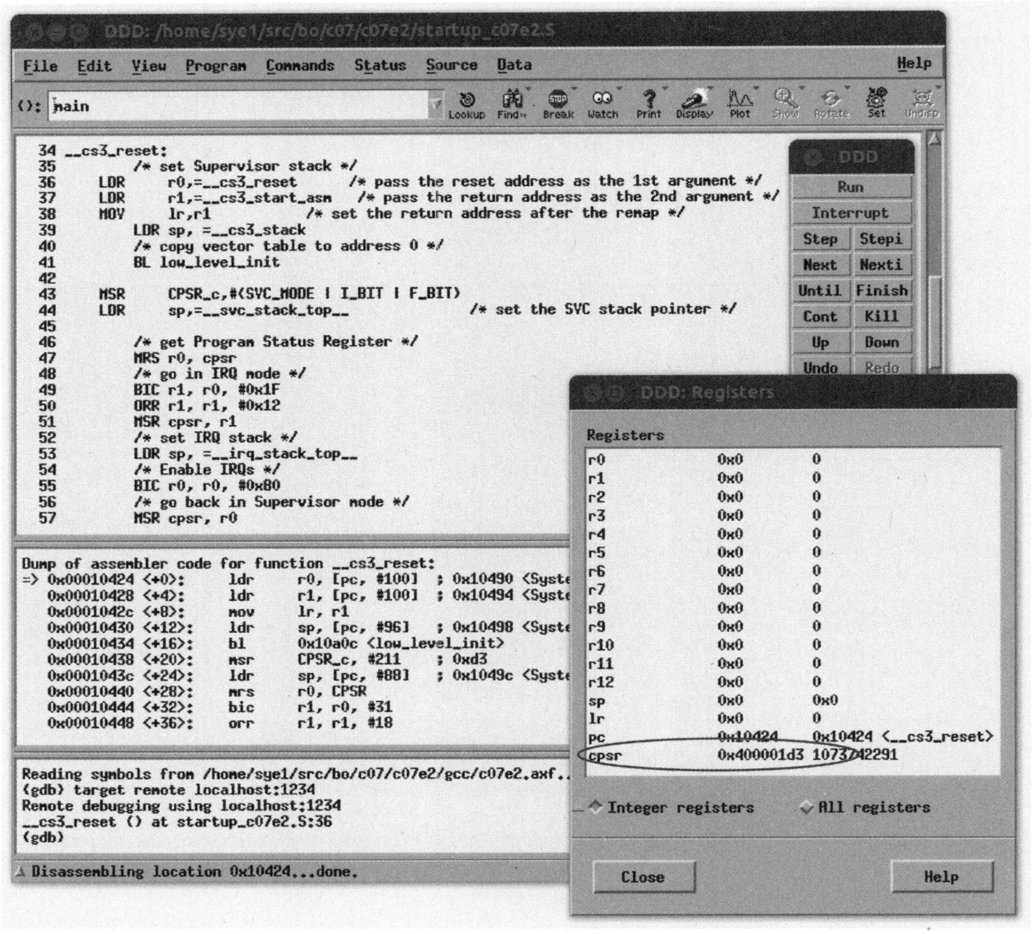

그림 7.7 리셋 후 프로세서 모드

가상 머신이 실행 상태로 반환되기 전에, main(), ARM_irq(), BSP_irq(), irq_handler(), ARM_swi(), 및 sw_handler()에 중단점(breakpoint)를 설정해 보자. 프로그램이 실행을 재개(resume)한 후, [그림 7.8]에서 보여주는 바와 같이 main() 에서 첫 번째 중단점이 걸린다. 프로그램 상태 레지스터(cpsr)의 값이 0x600001df라면, 우리는 가상 머신이 시스템 모드에서 실행하는 것과 FIQ 및 IRQ 둘다 비활성화가 되는 것을 보게 될 것이다.

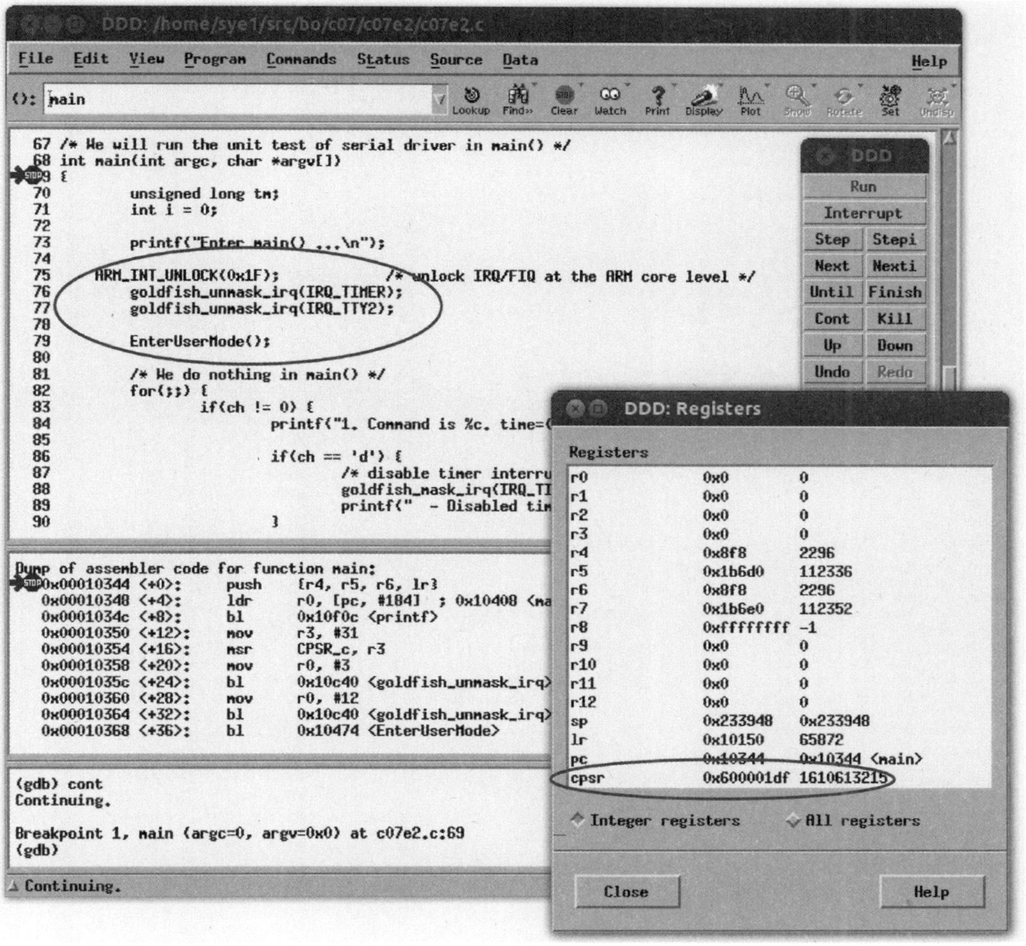

그림 7.8 인터럽트가 활성화되어 사용자 모드로 들어가기 전의 main() 함수

[그림 7.9]처럼 루프 안에서 83행이 계속 실행된다. 이제 FIQ 및 IRQ 둘다 활성화된다. 가상머신은 EnterUserMode() 함수 호출로 인해 사용자 모드에서 실행된다. 우리는 [그림 7.9]에서 프로그램 상태 레지스터(cpsr)의 값이 0x60000110임을 확인할 수 있다.

이제 콘솔은 입력 받을 준비가 되었다. 우리가 간단한 인터럽트 핸들러 예제를 테스트한 것처럼, 알람을 설정하기 위해 콘솔에 문자 't'를 입력한다. 한 번 콘솔에 입력이 들어오면, 시리얼 포트 인터럽트는 트리거 되고 [그림 7.10]과 같이 ARM_irq()에 중단점이 걸리게 된다.

다시 한 번 프로그램 상태 레지스터를 체크해 보면, 이제 IRQ 모드에 있는 것을 확인할 수 있다. 프로그램 상태 레지스터 값이 0x60000192이면, FIQ는 활성화되고 IRQ는 비활성화 되는 것을 볼 수 있다.

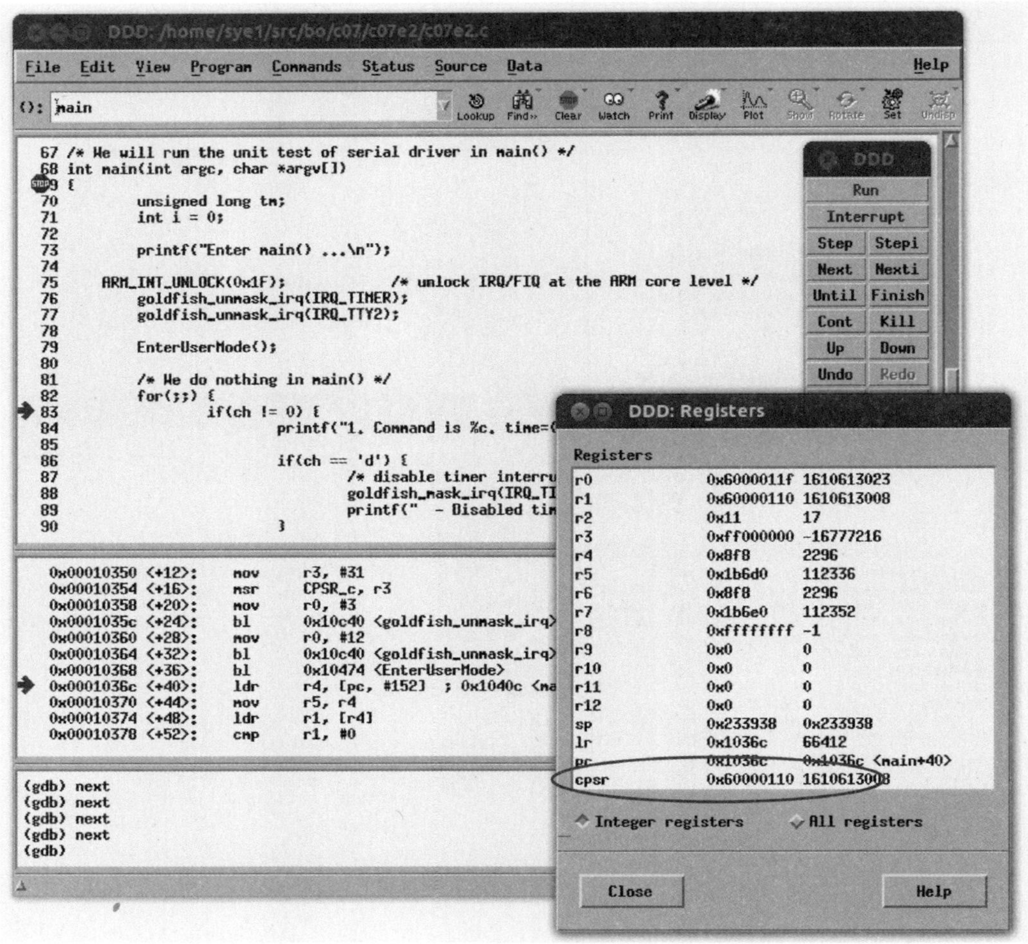

그림 7.9 인터럽트가 활성화된 사용자 모드에서의 main() 함수

프로그램을 계속 실행해 보자. 그리고 [그림 7.11]처럼 BSP_irq()에 다음 중단점이 걸리면, 프로그램 상태 레지스터 값이 0x6000019f가 되면서 FIQ 및 IRQ 상태가 변하지는 않지만 시스템 모드에서 실행되는 것을 볼 수 있다.

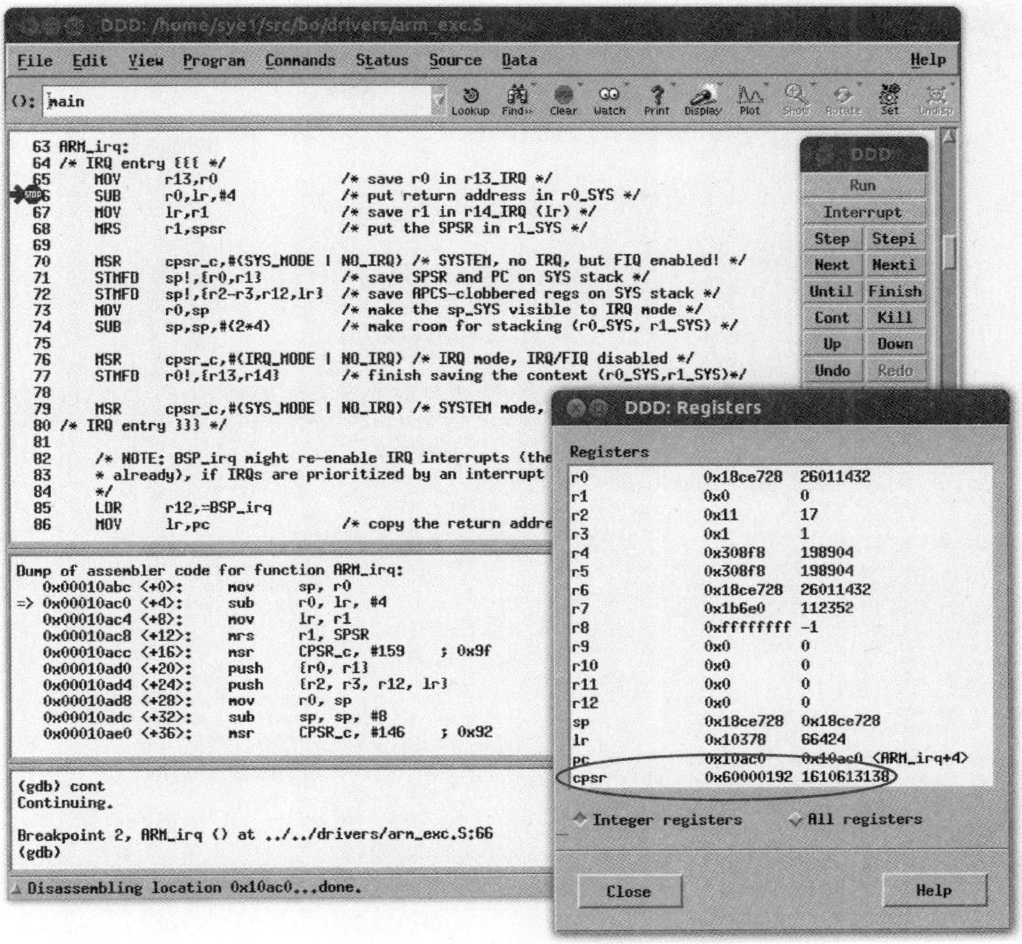

그림 7.10 ARM_irq()에서의 중단점

IRQ가 여전히 비활성화 되어 있다면 다른 인터럽트는 이 지점에서 처리될 수 없다. 프로그램을 계속 실행시켜 [그림 7.12]와 같이 다음 중단점 irq_handler()로 가보자. 프로그램 상태 레지스터의 값이 0x6000011f이며, 여전히 시스템 모드에서 실행되고 IRQ는 이제 활성화 된다.

이 단계에서, ISR에 있더라도 시리얼 인터럽트를 제외한 인터럽트가 제공될 수 있다. ISR은 시리얼 인터럽트를 처리한다. BSP_irq()에서 goldfish_mask_irq(irq)를 호출한 이후 시리얼 인터럽트는 골드피시 인터럽트 컨트롤러에서 여전히 비활성화되어 있다.

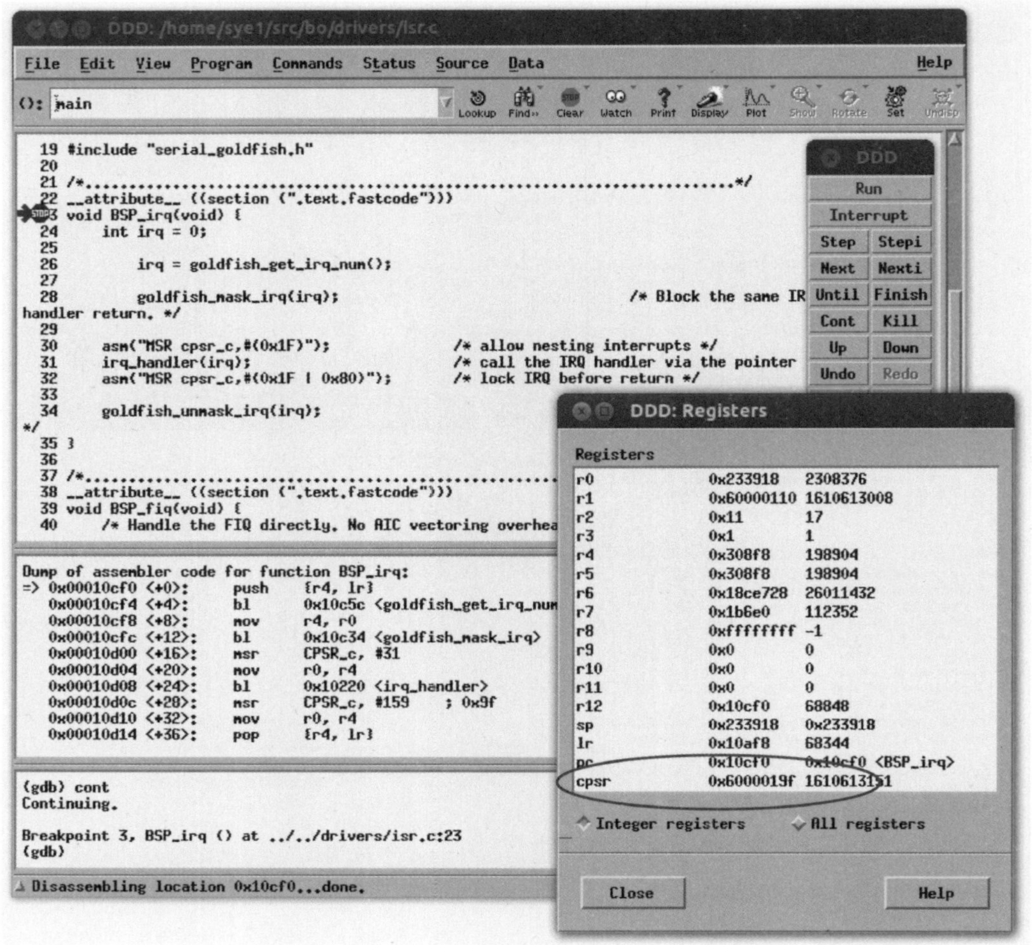

그림 7.11 irq_handler()에서의 중단점

중첩된 인터럽트를 테스트하기 위해, 우리는 시리얼 인터럽트를 제공하는 지점인 irq_handler() 내부에 알람을 설정한다. 우리가 프로그램을 계속 실행하면, [그림 7.13]에서 보는 바와 같이 타이머 인터럽트는 시리얼 인터럽트 내부에 제공된다.

타이머스탬프로부터 타임 699542179에 타이머 인터럽트가 종료되는 반면 시리얼 인터럽트는 타임 700226749에 종료되는 것을 볼 수 있다.

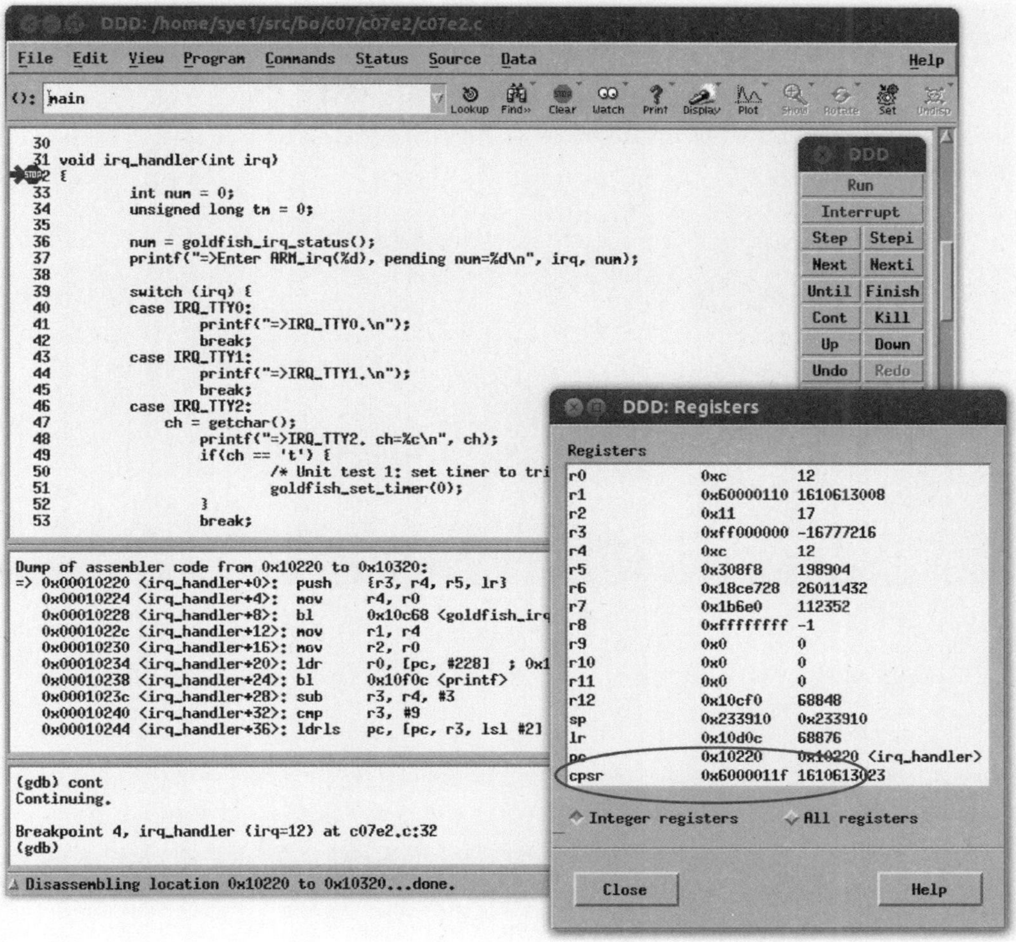

그림 7.12 irq_handler()에서의 중단점

///

시스템 호출/소프트웨어 인터럽트 테스트하기

///

지금까지, 우리는 골드피시 플랫폼에서 IRQ 처리를 살펴보았다. 우리는 간단한 인터럽트 처리와 중첩된 인터럽트 처리 둘다 테스트했다. 이제, 이번 예제에 추가되는 소프트웨어 인터럽트를 살펴보도록 하자.

```
goldfish_add_device: qemu_pipe, base ff017000 2000, irq 18 1
goldfish_add_device: goldfish-switch, base ff019000 1000, irq 19 1
goldfish_add_device: goldfish-switch, base ff01a000 1000, irq 20 1
emulator: autoconfig: -scale 1
emulator: Could not open file: (null)/system/build.prop: No such file or dire
ctory
emulator: control console listening on port 5554, ADB on port 5555
emulator: can't connect to ADB server: Connection refused
emulator: ping program: /media/u32/home/sgye/src/Android/android-emulator-201
30928/qemu/objs/ddms
goldfish_init(), gtty.base=ff012000
Enter main() ...
=>Enter ARM_irq(12), pending num=0
=>IRQ_TTY2. ch=t
=>Enter ARM_irq(3), pending num=0
=>IRQ_TIMER - clear interrupt.
=>Exit ARM_irq(3). tm=699542179
=>Exit ARM_irq(12). tm=700226749
1. Command is t. time=(696057721).
2. ----- End loop (702934744) -----
```

그림 7.13 중첩 시리얼과 타이머 인터럽트

OS가 존재하는 시스템에서 운영체제 서비스는 보통 다른 프로세서 모드에서 구현된다. 응용 프로그램이 운영체제 서비스를 요청하면, 일반적으로 시스템 호출을 선호한다. 시스템 호출을 수행하면 프로세서 모드 스위치를 포함하는데 소프트웨어 인터럽트는 이 스위치를 수행하기 위해 사용된다. 다른 시스템 호출을 식별하기 위해서, 일반적으로 소프트웨어 인터럽트에 매개 변수로 번호를 제공한다. 이 번호는 보통 시스템 호출 번호를 가리킨다.

예제를 위해, SystemCall() 함수를 사용해 시스템 호출을 테스트할 것이다. 이 어셈블리 언어 구현은 SWI 0x8 명령어를 사용한다. 이 경우 시스템 호출 번호가 8이지만, 실제로는 시스템 호출 구현에 따라 임의의 번호일 수 있다. 우리는 시스템 호출 내부에 아무 것도 구현하지 않았기 때문에, 여기서의 8은 단지 소프트웨어 인터럽트 사용법을 설명하는 더미 숫자일 뿐이다. 우리가 콘솔에 문자 's'를 입력한 후, [그림 7.14]에서처럼 시스템 호출이 되었다. [예제 7.8]에 SystemCall() 함수가 구현되어 있다. 명령어 SWI 0x8이 실행될 때, 소프트웨어 인터럽트는 트리거 되고 제어는 ARM_swi()로 간다.

ARM_swi()에서 프로그램 상태 레지스터의 값이 0x60000193이면, 소프트웨어 인터럽트는 슈퍼바이저모드에서 실행됨을 볼 수 있다. ARM_swi()에서 C 수준 루틴 sw_handler()을 호출하여 콘솔에 메시지를 출력한다.

타이머

이번 장의 첫 번째 두 개의 예제에서 타이머 관련 함수 몇 개가 사용되었으나, 자세히 살펴보지는 않았다. 골드피시 타이머의 하드웨어 사양은 2장에서 찾을 수 있다. 거기에 다양한 골드피시 하드웨어 사양들이 소개되어 있다. 골드피시 타이머 하드웨어에는 총 6개의 32비트 레지스터들이 있다.

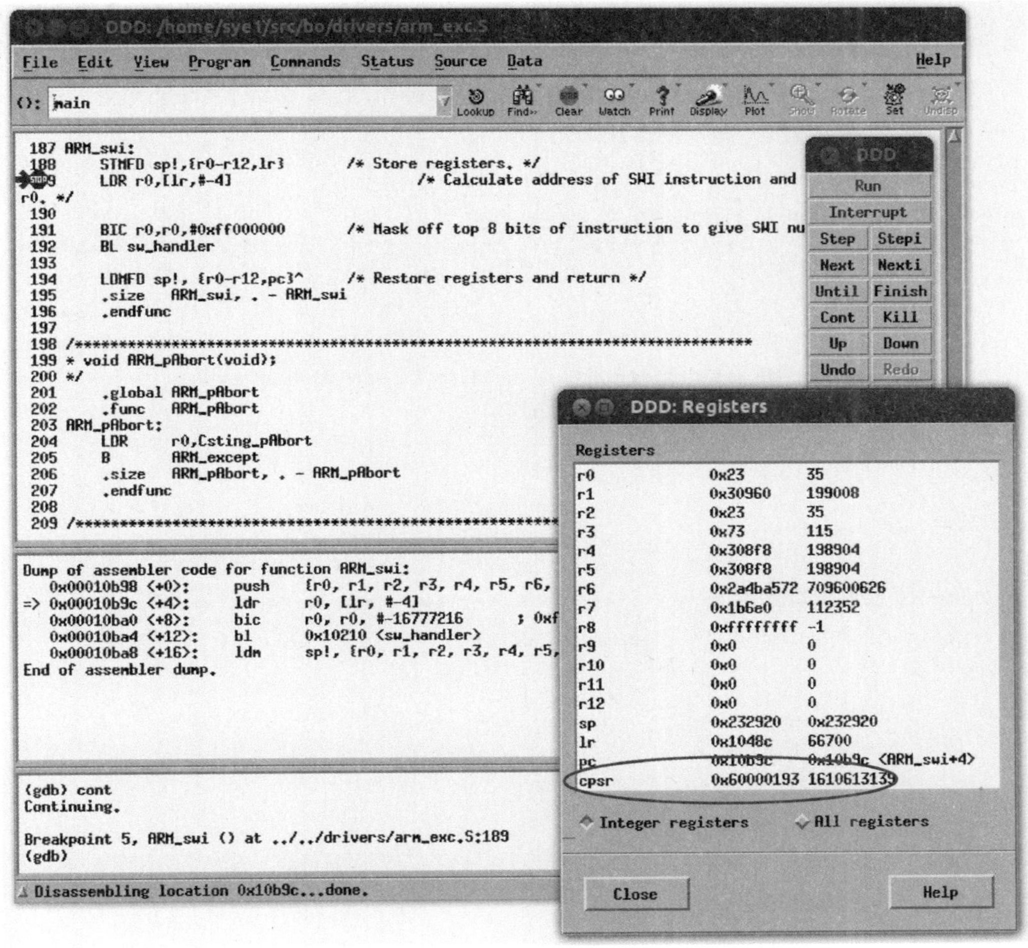

그림 7.14 ARM_swi()에서의 중단점

두 개의 32비트 읽기 전용 레지스터 TIMER_TIME_LOW 및 TIMER_TIME_HIGH의 조합은 64비트 카운터를 제공한다. 이 64비트 카운터의 값은 시스템 틱으로 사용된다. 또 다른 두 개의 32비트 쓰기 전용 레지스터 TIMER_ALARM_LOW 및 TIMER_ALARM_HIGH는 타이머 인터럽트의 타임스탬프를 셋팅하기 위해 사용된다. 시스템 틱이 설정된 타임스탬프에 도달하면, 타이머 인터럽트는 트리거된다.

타이머 인터럽트 핸들러에서, 쓰기 전용 레지스터 TIMER_CLEAR_INTERRUPT 혹은 TIMER_CLEAR_ALARM은 타이머 인터럽트를 취소하기 위해 사용된다.

모든 타이머 지원 함수들은 [예제 7.10]에서 구현되어 있다. 이 예제에서 두 종류의 함수에 주목하자. 첫 번째 그룹은 U-Boot 타이머 API를 포함한다. U-Boot에 의해 요구되는 타이머 기능들이고, 두 번째 그룹은 골드피시 플랫폼에서 타이머 기능을 지원하기 위해 필요한 골드피시 플랫폼 전용 타이머 함수들로 이루어져 있다.

예제 7.10 타이머 인터페이스 함수 (code/drivers/timer.c)

```c
#ifndef __BARE_METAL__
/*
 * The macro __BARE_METAL__ is used to define the code for a bare metal environment.
 * The code without this macro defined is used to support U-Boot build.
 */
#include <common.h>
#include <asm/io.h>
#include <configs/goldfish.h>
/*
 * Refer to the goldfish kernel header file for the timer hardware interface:
 * arch/arm/mach-goldfish/include/mach/timer.h
 */
enum {
    TIMER_TIME_LOW = 0x00,
    TIMER_TIME_HIGH = 0x04,
    TIMER_ALARM_LOW = 0x08,
    TIMER_ALARM_HIGH = 0x0c,
    TIMER_CLEAR_INTERRUPT = 0x10,
    TIMER_CLEAR_ALARM = 0x14,
};
#else
#include <hardware.h>
#include <bsp.h>
#include <timer.h>
#endif /* __BARE_METAL__ */
```

```c
#define TIMER_LOAD_VAL 0xffffffff
#ifndef __BARE_METAL__
/* This data structure is defined in U-Boot. */
DECLARE_GLOBAL_DATA_PTR;
/*
 * timestamp and lastdec are macros in U-Boot, but are global variables in the
 * bare metal environment.
 */
#define timestamp gd->tbl
#define lastdec gd->lastinc
#else
ulong timestamp;
ulong lastdec;
#endif /* __BARE_METAL__ */
unsigned long get_millisecond(void);
int timer_init (void)
{
    /* Initialize the timestamp and lastdec value */
    reset_timer_masked();
    return 0;
}
/*
 * Timer without interrupts
 */
ulong get_timer (ulong base)
{
    return get_timer_masked () - base;
}
/* Delay x useconds AND preserve advancing timestamp value */
void __udelay (unsigned long usec)
{
    ulong tmo, tmp;
    tmo = usec / CONFIG_SYS_HZ;         /* We support millisecond accuracy */
    tmp = get_timer (0);                /* get current timestamp */
    if( (tmo + tmp + 1) < tmp ) {       /* if setting this forward will roll time
                                           stamp */
reset_timer_masked ();                  /* reset "advancing" timestamp to 0, set
                                           lastdec value */
    }
```

```
        Else
            tmo += tmp; /* else, set advancing stamp wake up
time */
        while (get_timer_masked () < tmo) /* loop until event */
            /*NOP*/;
}
void reset_timer_masked (void)
{
    ulong rv;
    rv = get_millisecond();
    /* reset time */
    lastdec = rv; /* capture current decrementer value time */
    timestamp = 0; /* start "advancing" timestamp from 0 */
}
ulong get_timer_masked (void)
{
    ulong now = 0; /* current tick value */
    now = get_millisecond();
    if (now >= lastdec) { /* normal mode (non-roll) */
        /* normal mode */
        timestamp += now - lastdec; /* move stamp forward with absolute diff
ticks */
} else {
/*
 * We have overflow of the countdown timer.
    */
        timestamp += now + TIMER_LOAD_VAL - lastdec;
    }
    lastdec = now;
    return timestamp;
}
/* Waits for specified delay value and resets timestamp */
void udelay_masked (unsigned long usec)
{
    ulong tmo;
    ulong endtime;
    signed long diff;
    tmo = usec / CONFIG_SYS_HZ;
    endtime = get_timer_masked () + tmo;
```

```c
    do {
        ulong now = get_timer_masked ();
        diff = endtime - now;
    } while (diff >= 0);
}
/*
 * This function is derived from PowerPC code (read timebase as long long).
 * On ARM, it returns the timer value.
 */
unsigned long long get_ticks(void)
{
    return get_timer(0);
}
/*
 * This function is derived from PowerPC code (timebase clock frequency).
 * On ARM, it returns the number of timer ticks per second.
 */
ulong get_tbclk (void)
{
    ulong tbclk;
    tbclk = CONFIG_SYS_HZ;
    return tbclk;
}
/*
 * Get number of seconds from STARTOFTIME.
 */
unsigned long get_second(void)
{
    uint32_t timer_base = IO_ADDRESS(GOLDFISH_TIMER_BASE);
    ulong lo, hi, rv;
    lo = readl(timer_base + TIMER_TIME_LOW);
    hi = (int64_t)readl(timer_base + TIMER_TIME_HIGH);
    hi = hi * 4;
    lo = lo >> 30;
    rv = hi + lo;
    return rv;
}
/*
 * Get number of milliseconds from STARTOFTIME.
```

```c
 */
unsigned long get_millisecond(void)
{
    uint32_t timer_base = IO_ADDRESS(GOLDFISH_TIMER_BASE);
    ulong lo, hi, rv;
    lo = readl(timer_base + TIMER_TIME_LOW);
    hi = (int64_t)readl(timer_base + TIMER_TIME_HIGH);
    hi = hi << 12;
    lo = lo >> 20;
    rv = hi + lo;
    return rv;
}
/*
 * Goldfish-specific timer functions
 * */
void goldfish_set_timer(unsigned long cycles)
{
    uint32_t timer_base = IO_ADDRESS(GOLDFISH_TIMER_BASE);
    unsigned long lo, hi, tmp;
    lo = readl((void *)timer_base + TIMER_TIME_LOW);
    hi = (int64_t)readl((void *)timer_base + TIMER_TIME_HIGH);
    hi = hi + cycles / 4096; /* move 12 bits left */
    tmp = lo + ((cycles % 4096) << 20);
    if(lo > tmp) {
        lo = tmp;
        hi = hi + 1;
    }
    else {
        lo = tmp;
    }
    writel(hi, (void *)timer_base + TIMER_ALARM_HIGH);
    writel(lo, (void *)timer_base + TIMER_ALARM_LOW);
}
void goldfish_clear_timer_int(void)
{
    uint32_t timer_base = IO_ADDRESS(GOLDFISH_TIMER_BASE);
    writel(1, (void *)timer_base + TIMER_CLEAR_INTERRUPT);
}
unsigned long goldfish_timer_read(void)
{
```

```c
    uint32_t timer_base = IO_ADDRESS(GOLDFISH_TIMER_BASE);
    unsigned long rv;
    rv = readl((void *)timer_base + TIMER_TIME_LOW);
    rv |= (int64_t)readl((void *)timer_base + TIMER_TIME_HIGH) << 32;
    return rv;
}
void goldfish_clear_alarm(void)
{
    uint32_t timer_base = IO_ADDRESS(GOLDFISH_TIMER_BASE);
    writel(1, (void *)timer_base + TIMER_CLEAR_ALARM);
}
```

골드피시 전용 타이머 함수들

[예제 7.10]에서, 골드피시 플랫폼 전용 함수들은 접두사 'goldfish_'로 시작한다. 이 함수들은 타이머 인터럽트 지원을 제공한다.

- void goldfish_set_timer(unsigned long cycles) : 이 함수는 타이머 인터럽트에 milliseconds 숫자로 셋팅한다. 매개변수 cycles는 milliseconds이다. 함수는 현재 타임스탬프를 읽고 타임 아웃 값을 추가한다. 그리고 나서, 알람 레지스터를 설정한다.

- void goldfish_clear_timer_int(void) 및 void goldfish_clear_alarm(void) : goldfish_clear_timer_int 및 goldfish_clear_alarm 둘 다 타이머 인터럽트를 취소하기 위해 사용된다.

U-Boot API

9장에서 다루는 U-Boot 지원을 위해 [예제 7.10]에서 몇 가지 U-Boot 타이머 API를 구현했다. U-Boot는 시스템 상태를 유지하기 위해 전역 데이터 구조체를 사용한다. timestamp(gd-)tbl)와 last system tick(gd-)lastinc) 두 항목은 타이머와 관련되어 있다. 둘 다 U-Boot 전역 데이터 구조체 gd의 구성원이다. 우리는 아직 데이터 구조체를 만나지 않았기 때문에, timestamp와 last system tick을 정의할 것이다. 정의한 변수들은 이번 장 마지막 예제에서 각각 전역 변수 timestamp 및 lastdec로 대체된다.

timer_init 함수는 전역 변수 timestamp 및 lastdec을 초기화한다. 변수 timestamp는 0으로 초기화되는 반면 lastdec는 current system tick 값으로 초기화된다. get_timer 및 get_timer_masked 두 함수 모두 전역 변수 timestamp의 값을 반환한다. 우리의 구현에서는, timestamp는 milliseconds 단위의 tick으로 구현된다. 이를 구현하기 위해, 시스템 tick 및 실시간 클록(RTC; 다음 절에서 살펴본다)을 지원하기 위해 get_millisecond와 get_second 두 함수를 생성한다. get_millisecond 함수는 에뮬레이터 부팅 이후 경과한 milliseconds 시간을 반환한다. U-Boot API는 또한 두 개의 delay 함수 __udelay

와 udelay_masked를 제공한다 비록 실제로 milliseconds로 측정된 정밀도를 제공하지만, 위의 두 함수들은 microseconds 단위의 지연을 제공한다. get_tbclk 함수는 초당 tick의 숫자를 반환한다.

milliseconds의 정확도를 제공하기 때문에, get_tbclk 함수는 우리의 구현에서 1000을 반환한다. 이 하드웨어 종속 함수는 실제로 시스템의 오실레이터(oscillator) 주파수를 반영한 것이다.

실시간 클록

U-Boot는 rtc_reset, rtc_get, rtc_set 3개의 함수들을 통해 실시간 클록(real-time clock)을 지원한다. [예제 7.11]에서 이 3개 함수들을 구현한다. RTC가 제공하는 인터페이스를 사용해 system tick 혹은 타임스탬프를 적절한 달력으로 변환할 수 있다. 변환 작업을 수행하는 실제 함수는 date.c라는 U-Boot 파일에서 발견된다. to_tm 함수는 타임스탬프를 RTC 자료구조 rtc_time로 변환한다. mktime 함수는 RTC 자료구조 rtc_time를 타임스탬프로 변환한다.

시스템이 시작될 때, RTC는 고정된 달력과 시간으로 초기화된다. U-Boot의 경우, 날짜는 1970-01-01 00:00:00로 셋팅된다. 한 번 시스템이 시작되고 실행되면, 날짜를 현재 날짜로 셋팅하기 위해 U-Boot 명령어를 사용할 수 있다. 이 명령어는 사실 rtc-set 함수를 호출, 시스템 날짜를 다시 초기값으로 설정한다.

예제 7.11 RTC 구현(code/c07/c07e3/rtc-goldfish.c)

```
#ifndef __BARE_METAL__
#include <common.h>
#include <command.h>
#include <rtc.h>
#include <asm/io.h>
#include <asm/arch/hardware.h>
#else
#include <hardware.h>
#include <bsp.h>
#include "rtc.h"
#endif


#if defined(CONFIG_CMD_DATE)
/* This is the offset for the rtc_set(). */
static unsigned long rtc_offset = 0;
int rtc_get(struct rtc_time *tmp)
```

```
{
    ulong rv;
    rv = get_second( ) + rtc_offset;
    to_tm(rv, tmp);
    return 0;
}
int rtc_set(struct rtc_time *tmp)
{
    unsigned long rv;
    rv = mktime (tmp->tm_year, tmp->tm_mon,
            tmp->tm_mday, tmp->tm_hour,
            tmp->tm_min, tmp->tm_sec);
    rtc_offset = rv - get_second( );
    return 0;
}
void rtc_reset(void)
{
    rtc_offset = 0;
}
#endif
```

타이머와 RTC의 단위 테스트

이번 장에서 타이머와 RTC를 알아보았다. 구현한 내용을 테스트하기 위해 예제 테스트 프로그램 (c07e3)을 사용하자. 이 예제는 다음의 파일들로 구성된다.

공통 파일

- bsp.c : 골드피시 인터럽트 컨트롤러를 위한 API 함수들 포함. 이전 예제코드와 같다.

- timer.c : 골드피시 타이머를 위한 API 함수들 포함

- syscalls_cs3.c : 시스템 서비스 stubs 구현을 포함. 6장의 코드와 같다.

- serial_goldfish.c : 시리얼 함수 구현을 위한 C 코드. 5장 코드와 같다.

- goldfish_uart.S : 전용 시리얼 포트 함수들의 구현을 위한 어셈블리 언어 코드. 5장의 코드와 같다.

- arm_exc.S : 이 파일에서, 예외 벡터가 어셈블리 언어 코드로 구현되어 있다.

- isr.c : 이 파일에서, C 수준의 인터럽트 서비스 루틴(ISR)이 구현되어 있다.

- low_level_init.c i : 초기 하드웨어 초기화를 수행하기 위한 함수 low_level_init()을 구현한다.

- 예외 벡터는 low_level_init()에서 초기화된다.

프로젝트 전용 파일

- c07e3.c : main() 함수를 구현하기 위한 단위 테스트 코드

- rtc-goldfish.c : RTC 구현

- date.c : date 및 timestamp 변환 함수들을 제공하는 U-Boot 코드

- Makefile : 이 프로젝트를 빌드하기 위한 makefile

- c07e3.ld : 프로젝트 링크 스크립트

- startup_c07e3.S : C 코드로 제어가 전환되기 전에 필요한 설정을 수행하는 startup code

[예제 7.12]의 테스트 프로그램을 살펴보자. 이것은 타이머와 RTC를 위한 테스트 케이스로 구성되어 있다. 이 테스트 프로그램은 우리의 이전 중첩 인터럽트 핸들러 예제와 유사하고, main() 함수와 인터럽트 핸들러 irq_handler()를 포함한다.

예제 7.12 타이머와 RTC를 위한 테스트 코드(code/c07/c07e3/c07e3.c)

```c
#include <stdio.h>
#include <stdlib.h>
#include <sys/unistd.h>
#include <hardware.h>
#include <arm_exc.h>
#include <bsp.h>
#include "rtc.h"
static int ch = 0;
static int timeout = 0;
static int timer_irq = 0;
void sw_handler(int num)
{
    printf("=>Inside sw_handler, num=%d.\n", num);
}
void irq_handler(int irq)
{
    int num = 0;
    unsigned long tm = 0;
    num = goldfish_irq_status();
```

```c
printf("\n<=Enter IRQ(%d), %d pending, ", irq, num);
switch (irq) {
case IRQ_TTY0:
    printf("=>IRQ_TTY0.\n");
    break;
case IRQ_TTY1:
    printf("=>IRQ_TTY1.\n");
    break;
case IRQ_TTY2:
    ch = getchar();
    printf("IRQ_TTY2, ch=%c, ", ch);
    if(ch == 't') {
        /* Timer unit test 1: set timeout to trigger timer interrupt. */
        printf("timeout = %d ", timeout);
        goldfish_set_timer(timeout);
        timeout = timeout + 1;
        timer_irq = 1;
    }
    /* Timer unit test 2: change the timeout value of timer interrupt. */
    if(ch == 'x') {
        if(timeout > 0) {
            timeout = timeout * 10;
        }
    }
    /* RTC unit test 3: reset date and time. */
    if(ch == 'r') {
        timeout = 0;
        rtc_reset();
    }
    break;
case IRQ_TIMER:
    /* goldfish_mask_irq(IRQ_TIMER); */
    goldfish_clear_timer_int();
    printf("IRQ_TIMER ");
    timer_irq = 0;
    break;
default:
    printf("=>Unknown IRQ %x.\n", irq);
    break;
```

```c
    }
    tm = get_ticks();
    printf("Exit IRQ(%d) tm=%lu =>\n", irq, tm);
}
int main(int argc, char *argv[])
{
    struct rtc_time rtc;
    printf("Starting c07e3 ...\n");
    ARM_INT_UNLOCK(0x1F); /* Unlock IRQ/FIQ at the ARM core level. */
    goldfish_unmask_irq(IRQ_TIMER);
    goldfish_unmask_irq(IRQ_TTY2);
    EnterUserMode();
    /* Initialize timer. */
    timer_init();
    for(;;) {
        if(ch != 0) {
            if(ch == 'd') {
                /* Disable timer interrupt. */
                goldfish_mask_irq(IRQ_TIMER);
                printf(" - Disabled timer.\n");
            }
            if(ch == 'e') {
                /* Enable timer interrupt. */
                goldfish_unmask_irq(IRQ_TIMER);
                printf(" - Enabled timer.\n");
            }
            if(ch == 'g') {
                /* RTC unit test 1: get date and time. */
                rtc_get(&rtc);
                printf("Get DATE: %4d-%02d-%02d (wday=%d) TIME: %2d:%02d:%02d
(%lu)\n", rtc.tm_year, rtc.tm_mon, rtc.tm_mday, rtc.tm_wday, rtc.tm_hour, rtc.
tm_min, rtc.tm_sec, get_millisecond());
            }
            if(ch == 's') {
                /* RTC unit test 2: set date to 2014-04-11 12:30:55. */
                rtc.tm_year = 2014;
                rtc.tm_mon = 4;
                rtc.tm_mday = 11;
```

```c
                rtc.tm_hour = 12;
                rtc.tm_min = 30;
                rtc.tm_sec = 55;
                rtc_set(&rtc);
                printf(" - set RTC. ");
                printf("Get DATE: %4d-%02d-%02d (wday=%d) TIME:
%2d:%02d:%02d (%lu)\n", rtc.tm_year, rtc.tm_mon, rtc.tm_mday, rtc.tm_wday, rtc.
tm_hour, rtc.tm_min, rtc.tm_sec, get_millisecond());
            }
            ch = 0;
        }
        else {
            if(timeout > 1000 && timer_irq > 0) {
                /* Timer unit test 3: print out debug message every 1 second for
large timeout value. */
                rtc_get(&rtc);
                printf("Get DATE: %4d-%02d-%02d (wday=%d) TIME: %2d:%02d:%02d
(%lu)\n", rtc.tm_year, rtc.tm_mon, rtc.tm_mday, rtc.tm_wday, rtc.tm_hour, rtc.
tm_min, rtc.tm_sec, get_millisecond());
                __udelay(1000000);
            }
            else {
                __udelay(1000);
            }
        }
    }
    return 1;
}
```

이 테스트 프로그램은 타이머 및 RTC 함수들을 테스트하기 위해 7개의 명령어를 지원한다. [표 7.3]의
목록처럼, 실제 8개의 테스트 케이스를 사용한다.

표 7.3 타이머와 RTC 함수 테스트를 위한 명령어

Test Case	Command	Description
1. Get the date and time	g	rtc_get ()를 호출하여 현재 날짜와 시간을 가져옴
2. Set the date and time	s	rtc_set ()을 호출하여 날짜를 특정 날짜로 설정함
3. Set timeout	t	타이머 인터럽트의 타임 아웃을 설정
4. Increase timeout	x	제한 시간 값을 10 배로 늘림
5. Reset timeout and RTC	r	시간 초과 및 RTC를 기본값으로 재설정
6. Test delay function		제한 시간 값이 1 초보다 크면 초당 현재 시간을 인쇄
7. Disable timer interrupt	d	타이머 인터럽트를 비활성화
8. Enable timer interrupt	e	타이머 인터럽트를 활성화

지금 예제를 빌드해 보자 :

```
$ make DEBUG=1
  CC c07e3.c
  AS startup_c07e3.S
  CC ../../drivers/serial_goldfish.c
  AS ../../drivers/goldfish_uart.S
  CC ../../drivers/syscalls_cs3.c
  CC ../../drivers/low_level_init.c
  AS ../../drivers/arm_exc.S
  CC ../../drivers/bsp.c
  CC ../../drivers/isr.c
  CC date.c
  CC rtc-goldfish.c
  CC ../../drivers/timer.c
  LD gcc/c07e3.axf
```

우리는 미리 정의된 make target를 사용하여 테스트 프로그램을 시작할 수 있다.

```
$ make run
```

또 다른 방법으로 직접 에뮬레이터로 실행할 수 있다.

```
$ emulator -avd hd2 -shell -kernel gcc/c07e3.axf
```

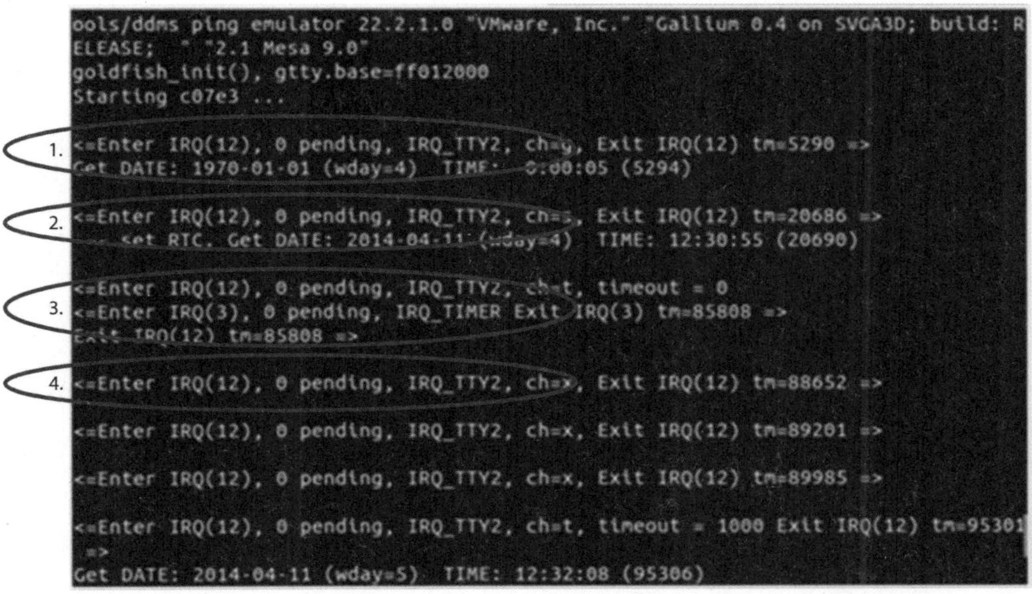

그림 7.15 타이머와 RTC eksdnl 테스트 1

[그림 7.15]에서, 다음 테스트 시나리오를 볼 수 있다(그림 7.15에서 해당 번호를 참조하자).

- 맨처음, 시스템이 시작될 때, 기본 날짜와 시간은 1970-01-01 00:00:00이다.

- 특정 날짜로 셋팅한 이후, 시스템 클록은 변경될 수 있다. 이 테스트에서 시스템 날짜는 2014-04-11 12:30:55로 설정된다.

- t 명령어를 사용하면 타이머 인터럽트가 즉시 트리거된다. 디폴트 타임아웃 값은 0이다. 우리가 중첩된 인터럽트 핸들러를 사용하기 때문에, 우리는 타이머 인터럽트가 시리얼 인터럽트 내부에서 트리거된다. timestamp가 tm=85808일 때 타이머 인터럽트 종료를 나타낸다. 마찬가지로, tm=85808일 때 시리얼 인터럽트가 종료된다.

- 다음으로, 타임아웃 값을 1000 milliseconds(이것은 10배의 전류값)로 증가시키기 위해 명령어 x를 제공한다. irq_handler()의 구현은 [예제 7.12]에서 볼 수 있다.

두 개의 테스트 케이스는 [그림 7.16]에 있다. 우리가 타이머 인터럽트를 다시 트리거할 때, 타이머 인터럽트가 1초 후에 트리거되는 것을 볼 수 있다. 이전에 타임아웃을 1000 milliseconds로 증가시켰기 때문이다.

[예제 7.12]의 main() 함수에서, 우리는 현재 시간을 출력하기 위해 코드를 추가했다. 타이머를 설정할때 타임아웃 값을 1초보다 크게 설정하면, 타이머 인터럽트가 트리거되기 전에 디버그 메시지를 볼

수 있다. 다음의 디버그 메시지에서, 시리얼 인터럽트는 타임스탬프 109638에서 종료된다. 약 1000 milliseconds 이후, 타이머 인터럽트의 디버그 메시지는 타임프 스탬프 110640일 때 종료된다.

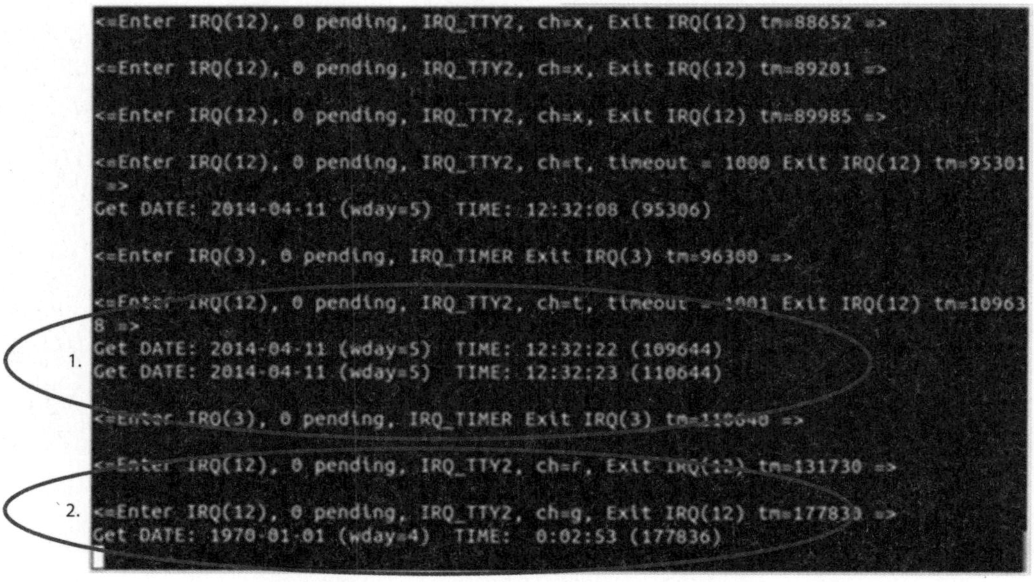

그림 7.16 타이머와 RTC 유닛 테스트 2

```
<=Enter IRQ(12), 0 pending, IRQ_TTY2, ch=t, timeout = 1001 Exit IRQ(12) tm=109638 =>
Get DATE: 2014-04-11 (wday=5) TIME: 12:32:22 (109644)
Get DATE: 2014-04-11 (wday=5) TIME: 12:32:23 (110644)
<=Enter IRQ(3), 0 pending, IRQ_TIMER Exit IRQ(3) tm=110640 =>
```

[그림 7.16]에 있는 두 번째 테스트 케이스에서 시스템 날짜를 기본값으로 리셋하는 명령어 r을 사용할 수 있다.

```
<=Enter IRQ(12), 0 pending, IRQ_TTY2, ch=r, Exit IRQ(12) tm=131730 =>
<=Enter IRQ(12), 0 pending, IRQ_TTY2, ch=g, Exit IRQ(12) tm=177830 =>
Get DATE: 1970-01-01 (wday=4) TIME: 0:02:53 (177836)
```

요약

이번 장에서 골드피시 인터럽트 컨트롤러와 타이머를 공부했다. 골드피시 플랫폼에서 인터럽트 처리와 타이머와 RTC 사용법을 익히기 위해 3개의 예제를 사용했다. 우리의 코드를 테스트하기 위해, 첫 번째로 시리얼 및 타이머 인터럽트를 테스트할 간트 인터럽트 핸들러를 생성했다. 다음으로 중첩된 인터럽트 핸들러를 좀 더 복잡한 예제로 알아보았다. 마지막으로, 우리는 타이머와 RTC가 골드피시 플랫폼에서 어떻게 구현되는지도 살폈다. 세 번째 예제에서, 우리는 타이머와 RTC를 둘다 테스트했다. 골드피시 인터럽트 컨트롤러와 타이머를 처리하는 코드는 이 책 후반부에 U-Boot 포팅에서 사용될 것이다.

8장
골드피시에서
NAND 플래시 지원

임베디드 시스템을 부팅하기 위해, 모든 하드웨어 인터페이스를 초기화할 필요는 없다. 대신, 우리는 전체 플랫폼 초기화를 운영체제에 위임할 수 있다. 그럼에도 불구하고, 시스템이 부팅할 수 있도록 하드웨어를 적어도 최소한의 초기화는 해야 한다. 이 책의 목표는, U-Boot를 사용해 안드로이드 시스템이 어떻게 부팅하는지 보여주는 것이다. 이 과정을 통해 다양한 하드웨어 인터페이스와 U-Boot에 대한 기본 사항에 대해 배우게 된다.

7장에서 시리얼 포트와 인터럽트 컨트롤러 및 실시간 클록(RTC)에 대해 논의했다. 모든 하드웨어 인터페이스는 초기화해야 할 최소한의 리스트를 가지고 있었다. 이번 장에서, 우리는 골드피시 플랫폼에서 NAND 플래시 지원을 살펴본다. 우리는 10장에서 안드로이드 시스템이 부팅될 때 NAND 플래시 메모리에 커널 이미지와 램 디스크 이미지를 저장할 것이다. 이번 장에서, 우리는 안드로이드 에뮬레이터에서 NAND 플래시 프로그래밍 인터페이스를 사용하는지 알아본다. 우리는 이 NAND 플래시 프로그래밍 인터페이스에 어떻게 접근할지 보여주기 위해 예제 프로그램을 사용한다. 이 예제코드는 9장에서 U-Boot를 포팅하는 작업을 할 때, 다시 재사용된다.

안드로이드 파일 시스템

안드로이드 SDK에서, 파일 시스템과 사용자 저장 이미지는 안드로이드 에뮬레이터의 일부로서 제공된다. 각 안드로이드 버전은 전용 시스템과 사용자 데이터 이미지를 갖고 있다.

4개의 이미지 파일은 각 안드로이드 릴리즈를 위해 제공된다.

- kernel-qemu   : 안드로이드 리눅스 커널 이미지
- ramdisk.img   : 안드로이드 램 디스크 이미지
- system.img   : 안드로이드 시스템 파일 이미지
- userdata.img   : 안드로이드 사용자 데이터 파일 이미지

이 파일들은 다음 경로에 있다.

{SDK root folder}/systemimages/{Android version}/{hardware architecture}.

이 이미지 파일들을 살펴보기 위한 예로 안드로이드 4.3을 사용하자.

ARM 아키텍처를 위해, 이미지 파일들은 다음과 유사한 폴더에 있다.

```
system-images/android-18/armeabi-v7a/: Android 4.3 version ARM images
$ ls system-images/android-18/armeabi-v7a/
build.prop NOTICE.txt source.properties userdata.img
kernel-qemu ramdisk.img system.img
```

x86 아키텍처를 위해, 이미지 파일들은 다음과 유사한 폴더들에서 발견될 수 있다.

```
system-images/android-18/x86/: Android 4.3 version x86 images
$ ls system-images/android-18/x86
build.prop NOTICE.txt source.properties userdata.img
kernel-qemu ramdisk.img system.img
```

각 안드로이드 에뮬레이터 인스턴스에 대한, 이미지 파일 목록이 같다는 점에 주목하자. kernel-qemu 파일은 표준 리눅스 커널(zImage)이고, ramdisk.img는 리눅스 램 디스크 이미지 포맷이다. 우리는 나중에 책에서 이러한 파일을 생성하는 방법을 알아본다. 안드로이드 버전 2.2와 그 이전 버전에서, 저장장치(storage)는 보통 NAND 플래시 메모리에 YAFFS2 파티션으로 마운트된다.

그러나 단말기(Handset) 제조사들은 NAND 플래시 메모리 대신 eMMC 쪽으로 천천히 바뀌었고, 그래서 파일 시스템 타입은 지금 NAND 플래시 위의 YAFFS2에서 eMMC 위의 ext4으로 변하고 있다. 안드로이드 SDK의 파일 시스템은 안드로이드 4.4 SDK가 릴리즈되기 전까지 바뀌지 않았다. system.img 및 userdata.img 둘 다 안드로이드 4.3과 그 이전 버전에서는, YAFFS2의 NAND 플래시 이미지다. 안드로이드 4.4 SDK와 그 이후 버전에서는, 이들 이미지가 ext4 형식으로 바뀌었다.

NAND 플래시, eMMC, SD/MMC와 SSD

NAND 플래시, SD/MMC, eMMC, 및 SSD 사이의 차이점을 하드웨어 관점에서 간략하게 설명한다. NAND 플래시는 SD/MMC, USB 저장장치, 또는 SSD와 같은 저장장치의 여러 종류를 구축하기 위해 사용될 수 있는 저수준 플래시 메모리의 일종이다. SD/MMC는 마이크로컨트롤러와 NAND 플래시를 포함하는 메모리 카드 포맷이다. 마이크로컨트롤러는 NAND 플래시 작동을 위해 블록(block) 접근을 변환하는 플래시 전환 레이어(Flash Translation Layer(FTL))를 구현한다. eMMC는 핸드셋과 같은 장치로 SD/MMC 메모리 카드를 구축한다. Solid State Drive(SSD)는 컨트롤러와 NAND 플래시가 결합되어 있다 ; 컨트롤러는 SATA 프로토콜과 호스트에 연결된 커넥터를 사용한다, 그것은 SD/MMC보다 더 나은 성능을 보여줄 수 있다.

우리가 안드로이드 에뮬레이터의 adb 쉘의 mount 명령어를 실행하는 경우 다음과 같은 메시지를 볼 수 있다.

```
shell@android:/ $ mount
rootfs / rootfs ro 0 0
tmpfs /dev tmpfs rw,nosuid,mode=755 0 0
devpts /dev/pts devpts rw,mode=600 0 0
proc /proc proc rw 0 0
sysfs /sys sysfs rw 0 0
none /acct cgroup rw,cpuacct 0 0
tmpfs /mnt/secure tmpfs rw,mode=700 0 0
tmpfs /mnt/asec tmpfs rw,mode=755,gid=1000 0 0
tmpfs /mnt/obb tmpfs rw,mode=755,gid=1000 0 0
none /dev/cpuctl cgroup rw,cpu 0 0
/dev/block/mtdblock0 /system yaffs2 ro 0 0
/dev/block/mtdblock1 /data yaffs2 rw,nosuid,nodev 0 0
/dev/block/mtdblock2 /cache yaffs2 rw,nosuid,nodev 0 0
```

시스템 폴더, 데이터 폴더와 캐시는 NAND 플래시에서 다른 파티션들로 마운트된다. mount 명령의 출력에서 보듯이, system.img와 userdata.img의 경우 MTD 블록 장치 파티션으로 시뮬레이션 된다. ystem.img 이미지는 읽기 전용 폴더 /system 에 마운트된다. userdata.img 이미지는 읽기와 쓰기 폴더 /data에 마운트된다. 파일 시스템의 포맷은 yaffs2이다.

NAND 플래시 속성

NAND 플래시는 대부분의 임베디드 임베디드 시스템에서 매우 일반적으로 쓰이는 주요 저장장치다. NAND 플래시는 블록 기반의 하드디스크 드라이브와 매우 유사한데, 페이지 단위로 읽고, 블록 단위로 제거되도록 프로그램된다. 즉, 한 페이지를 제거하기 위해 페이지를 포함하는 블록의 나머지를 제거한다. 제거(Erasing)는 모든 비트를 1로(모든 바이트를 0xff로) 블록을 셋팅하는 방식이다. NAND 플래시 장치를 프로그래밍하려면 제거(erase)된 비트를 1에서 0으로 변경해야 한다. 가장 작은 엔티티는 1byte로 프로그램되어 있다.

예를 들어 8비트 2GB NAND 플래시 장치는 2048 블록으로 구성되어 있다(그림 8.1 참고). 블록당 64 페이지고, 각 페이지는 2112byte(2048byte 데이터 영역 + 64byte 스페어 영역)이다. 스페어(spare) 영역은 물리적으로 페이지의 나머지와 동일하지만, 다른 소프트웨어 오버헤드, Wear Leveling, ECC 기능을 위해 사용된다. 리눅스 커널 소스코드의 NAND vmffotlflash 프로그래밍 인터페이스에서, 스페어 영역은 out-of-band (OOB)라고 하는데, 'spare area' 혹은 'out-of-band data' 라고도 한다.

많은 NAND 플래시 장치들은 8비트 인터페이스나 16비트 인터페이스 둘 중 하나를 제공한다. 호스트 데이터가 전송되고, 8비트 혹은 16비트 폭의 양방향 데이터 버스를 통해 NAND 플래시로 부터 수신된

다. 16비트 장치를 위해, 명령과 주소는 하위 8비트(7:0)를 사용한다. 16비트 데이터 버스 상위 8비트는 데이터 전송 주기 동안에만 사용된다.

사용 가능한 NAND 저장 용량을 계산하기 위해 다음 식을 사용한다.

- 1 페이지 = (2048 data + 64 OOB data) bytes = 2112 bytes

- 1 블록 = (2048 + 64) × 64 pages = (128K + 4K) bytes

- 8비트 2GB NAND 장치 = (128K + 4K) × 2048 blocks = (256M + 8M) bytes

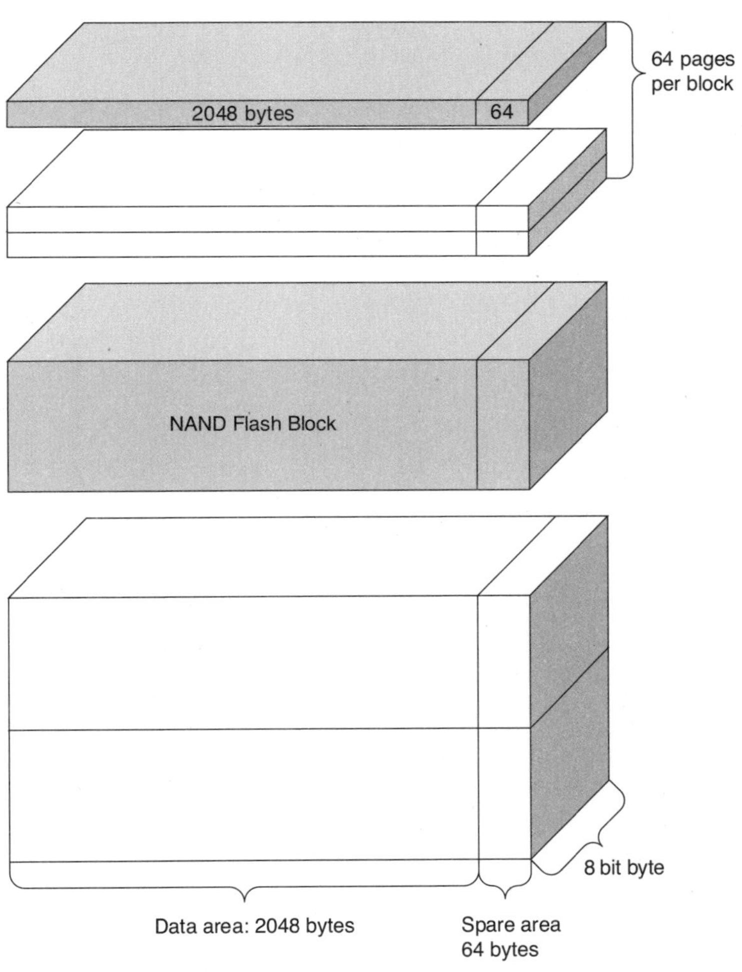

그림 8.1 NAND 플래시 장치 레이아웃

골드피시 플랫폼의 NAND 플래시 프로그래밍 인터페이스

골드피시 플랫폼에서, NAND 플래시 컨트롤러 레지스터 기본 주소는 0xff016000나 0xff017000 둘 중 하나이고, 사용되는 안드로이드 에뮬레이터의 버전에 따라 달라진다.

16개의 32비트 레지스터들로 구성

- Register NAND_VERSION at offset 0x000 : 읽기 전용 레지스터, NAND 플래시 컨트롤러 버전을 포함한다. 초기화하는 동안, 리눅스 커널에서 정의된 매크로 NAND_VERSION_ CURRENT와 비교해야 한다. 이 두 값이 일치하지 않으면, 커널은 NAND 플래시 하드웨어의 적절한 버전을 지원할 수 없다. 이와 같은 상황은, 예를 들어, 오래된 안드로이드 에뮬레이터에 최신 안드로이드 이미지를 실행할 때 발생할 수 있다.

- Register NAND_NUM_DEV at offset 0x004 : 시스템에서 NAND 플래시 칩의 번호를 포함한다. NAND 플래시 칩은 파일 이미지(system. img 혹은 userdata.img)로 시뮬레이션된다.

- Register NAND_DEV at offset 0x008 : 쓰기 전용 레지스터. NAND 명령이 실행되기 전, NAND 플래시 장치 번호는 이 레지스터에 반드시 쓰여야 한다.

- Register NAND_DEV_FLAGS at offset 0x010 : 읽기 전용 레지스터. NAND 플래시 장치의 능력을 포함한다. 속성을 조합할 수 있다 (e.g.,MTD_WRITEABLE, MTD_BIT_WRITEABLE, MTD_NO_ ERASE, 및 MTD_STUPID_LOCK).

- Register NAND_DEV_NAME_LEN at offset 0x014 : 읽기 전용 레지스터. 장치 이름의 길이를 담고 있다.

- Register NAND_DEV_PAGE_SIZE at offset 0x018 : 읽기 전용 레지스터. 장치의 페이지 사이즈를 담고 있다.

- Register NAND_DEV_EXTRA_SIZE at offset 0x01c : 읽기 전용 레지스터. 장치의 out-of- band data size를 담고 있다.

- Register NAND_DEV_ERASE_SIZE at offset 0x020 : 읽기 전용 레지스터. 장치의 제거 블록 사이즈를 담고 있다.

- Register NAND_DEV_SIZE_LOW at offset 0x028 : 읽기 전용 레지스터. 장치 용량 크기의 하위 32 비트를 담고 있다.

- Register NAND_DEV_SIZE_HIGH at offset 0x02c : 읽기 전용 레지스터. 장치 용량 크기의 상위 32 비트를 담고 있다.

- Register NAND_RESULT at offset 0x040 : 읽기 전용 레지스터. NAND 플래시 컨트롤러 명령의 복귀 상태를 저장하는 데 사용된다.

- Register NAND_COMMAND at offset 0x044 : NAND 플래시 명령을 위한 쓰기 전용 레지스터. 골드피시 NAND 플래시 컨트롤러는 6개의 명령을 지원한다(NAND_CMD_GET_DEV_NAME, NAND_CMD_READ NAND_CMD_WRITE, NAND_CMD_ERASE, NAND_CMD_BLOCK_BAD_GET, NAND_CMD_BLOCK_BAD_SET)

- Register NAND_DATA at offset 0x048 : 쓰기 전용 레지스터. 메모리의 데이터 출력 포인터를 저장하는 데 사용된다.

- Register NAND_TRANSFER_SIZE at offset 0x04c : 쓰기 전용 레지스터. 전송될 데이터 크기를 저장하는 데 사용된다.

- Register NAND_ADDR_LOW at offset 0x050 : 쓰기 전용 레지스터. NAND 플래시의 데이터 주소 하위 32비트를 담고 있다.

- Register NAND_ADDR_HIGH at offset 0x054 : 쓰기 전용 레지스터. NAND 플래시의 데이터 주소 상위 32비트를 담고 있다.

레지스터들을 3개의 그룹으로 나눌 수 있다. 첫 번째 그룹은, NAND_VERSION 및 NAND_NUM_DEV 를 포함하고 NAND 플래시 컨트롤러 수준의 레지스터들을 포함한다. 그들은 NAND 플래시 컨트롤러 의 버전을 검증하고, NAND 플래시 컨트롤러에 연결된 장치의 수를 검출하기 위해 사용된다. 레지스 터들의 두 번째 그룹은 장치 전용이다. 이러한 레지스터들의 이름은 다음의 'NAND_DEV_' 접두어로 시작한다. 이 레지스터들은 특정 NAND 플래시 장치의 속성들을 얻기 위해 사용된다. 레지스터들의 세번째 그룹은 NAND 플래시 컨트롤러가 지원하는 명령을 실행하는 데 사용된다.

시스템은 NAND 플래시 장치와 이런 명령들(read, write, erase a page, erase a block)을 통해서 통신할 수 있다. 이제 우리는 NAND 플래시 프로그래밍 인터페이스에 대해 이해하게 되었고, 그 위에서 소프 트웨어 프로그래밍 인터페이스를 구현할 준비가 되었다. 구글의 리눅스 커널 디바이스 드라이버 코드 를 참조할 수 있기 때문에 처음부터 모든 작업을 수행하지 않아도 된다.

메모리 기술 장치 지원

임베디드 시스템은 파일 시스템을 지원하는데 사용될 수 있는 많은 저장 솔루션들을 포함한다. NAND 플래시 장치는 그 중 하나이다. 리눅스에서 Memory Technology Device(MTD) 서브시스템은 raw 플래시 장치에 대한 추상화 계층(kernel structure)를 제공한다.

MTD는 다른 플래시 유형 및 기술들(e.g., NAND, OneNAND, NOR, AG-AND, ECC'd NOR)을 사용할 때 가능한 같은 API를 사용할 수 있도록 한다. MTD 서브시스템은 다른 플래시 유형을 지원하는 업무를 대폭 간소화시킨다. 그러나 MTD 서브시스템은 MMC, eMMC, SD, 및 CompactFlash 같은 블록 디바 이스와 호환되지 않는다.

이런 장치들은 원시 플래시는 아니고 그보다는 블록 장치처럼 보이게 하는 Flash Translation Layer(FTL) 즉 플래시 변환 계층이 내부에 있다. 이 장치들은 MTD가 아닌, 리눅스 블록 시스템의 주제이다. MTD 인터페이스는 또한 boot 장치와 같은 다른 플래시 유형을 지원하기 위해 U-Boot에 이식(ported)되어 있다. 이 장에서, 우리는 골드피시 플랫폼에서 NAND 플래시를 지원하는 베어 메탈 환경을 위해 MTD 서브시스템을 포팅할 것이다.

플래시 메모리 읽기는 빠르고, 쉽고 다른 메모리 장치를 읽는 것과 크게 다르지 않다. 그러나 플래시 메모리 장치로 데이터 쓰기는 더 어렵다. 이러한 문제를 극복하기 위해, 소프트웨어에 남아있는 상세한 칩 명세(chip-specific)를 숨기려는 목적으로 플래시 드라이버를 생성하는 것이 종종 합리적이다.

메모리 장치에는 유용한 유형들이 많다. 메모리 장치의 각 유형의 소프트웨어를 작성하는 것은 그것들의 아키텍처, 기능과 제한에 대해서 지식도 있어야하지만, 메모리의 각 유형을 어떻게 효과적으로 사용할 수 있는가에 대한 능력도 필요하다.

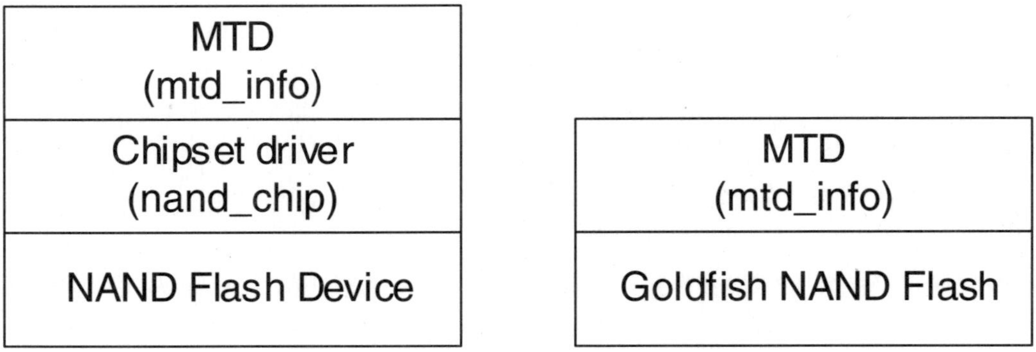

MTD (mtd_info)	MTD (mtd_info)
Chipset driver (nand_chip)	Goldfish NAND Flash
NAND Flash Device	

그림 8.2 NAND 플래시 장치 드라이버

하드웨어 밑에 상당히 큰 물리적 차이점이 있을 수 있어, 그에 알맞는 다른 도구들(bundle)이 필요하다. 메모리 장치 취급에 있어 비효율적 접근을 방지하기 위해, MTD 서브시스템이 만들어졌다. 이 시스템으로 인해 드라이버 개발자가 디바이스 드라이버 계층에서 하드웨어 차이를 취급하는데 집중할 수 있다.

리눅스와 U-Boot에서, MTD 계층의 NAND 플래시 디바이스 드라이버는 include/linux/mtd/nand.h 파일에 정의된 인터페이스를 통해 구현된다. 칩 레벨에서 NAND 디바이스 드라이버는 mtd_info 데이터 구조에 정의된 연산 read(), write(), read_oob(), 및 write_oob()을 수행할 필요가 없다. 대신, 주요 태스크는 nand_chip 데이터 구조에 집중한다. MTD는 nand_chip 데이터 구조를 사용하여 NAND 플래시 칩을 대표한다. 이 데이터 구조는 주소 정보, read/write 기능들, ECC 모드, NAND 플래시의 하

드웨어 제어와 같은 낮은 수준의 제어 메커니즘을 포함한다. 이러한 NAND 칩 함수들은 drivers/mtd/nand/nand_base.c 파일에서 찾을 수 있다.

골드피시 플랫폼에서, 안드로이드 에뮬레이터는 NAND 플래시를 시뮬레이트하기 위한 소프트웨어를 사용한다. 결과적으로, 프로그래밍 인터페이스는 실제 하드웨어에 비해 훨씬 간단하고, 직접적으로 MTD 지원을 제공할 수 있다. [그림 8.2]에서와 같이, 우리의 목적을 위해 골드피시 플랫폼의 칩셋 드라이버 구현을 제거했다. 골드피시 NAND 컨트롤러는 MTD 인터페이스를 직접 지원할 수 있는 레이어를 제공한다. MTD 서브시스템을 지원하도록, MTD API를 구현하기 위해 우리는 골드피시의 NAND 플래시 프로그래밍 인터페이스를 사용한다. 자신의 프로젝트를 수행할 때 이런 변화에 주목해야 한다.

MTD API

mtd_info 구조는 MTD 서브시스템에서 가장 중요한 데이터 구조이다. 골드피시 커널 코드에서, NAND 플래시는 다음의 파일에서 지원된다.

- drivers/mtd/devices/goldfish_nand.c

- drivers/mtd/devices/goldfish_nand_reg.h

goldfish_nand.c 파일은 mtd_info 구조를 구현한다. 8장과 이후 U-Boot 코드까지 베어 메탈 환경을 위한 대부분의 코드에서 재사용할 수 있다. [예제 8.1]에서 보여주는 헤더파일은, 모든 goldfish NAND controller 레지스터들과 명령들이 정의되어 있다. 이 파일은 우리 프로그램에서 직접 사용될 수 있다.

예제 8.1 골드피시 NAND 플래시 레지스터(goldfish_nand_reg.h)

```
#ifndef GOLDFISH_NAND_REG_H
#define GOLDFISH_NAND_REG_H

enum nand_cmd {
    NAND_CMD_GET_DEV_NAME, // Write device name for NAND_DEV to NAND_DATA (vaddr)
    NAND_CMD_READ,
    NAND_CMD_WRITE,
    NAND_CMD_ERASE,
    NAND_CMD_BLOCK_BAD_GET, // NAND_RESULT is 1 if block is bad, 0 if it is not
    NAND_CMD_BLOCK_BAD_SET
};
enum nand_dev_flags {
    NAND_DEV_FLAG_READ_ONLY = 0x00000001
};
```

```c
#define NAND_VERSION_CURRENT (1)

enum nand_reg {
    // Global
    NAND_VERSION = 0x000,
    NAND_NUM_DEV = 0x004,
    NAND_DEV = 0x008,

    // Dev info
    NAND_DEV_FLAGS = 0x010,
    NAND_DEV_NAME_LEN = 0x014,
    NAND_DEV_PAGE_SIZE = 0x018,
    NAND_DEV_EXTRA_SIZE = 0x01c,
    NAND_DEV_ERASE_SIZE = 0x020,
    NAND_DEV_SIZE_LOW = 0x028,
    NAND_DEV_SIZE_HIGH = 0x02c,

    // Command
    NAND_RESULT = 0x040,
    NAND_COMMAND = 0x044,
    NAND_DATA = 0x048,
    NAND_TRANSFER_SIZE = 0x04c,
    NAND_ADDR_LOW = 0x050,
    NAND_ADDR_HIGH = 0x054,
};
#endif
```

데이터 구조 mtd_info는 include/linux/mtd/mtd.h 파일에 정의되어 있다. 리눅스 커널과 U-Boot 모두 그들 자신의 mtd.h 버전을 갖는다. U-Boot는 리눅스 커널의 전체 MTD 소스코드를 포팅하고 mtd.h 의 수정된 버전을 사용한다. [예제 8.2]는 베어 메탈 환경을 위한 mtd.h 의 헤더파일에 우리가 수정한 U-Boot 버전을 보여준다. 우리는 베어 메탈 환경에 특별한 코드를 다루기 위한 __BARE_METAL__ 매크로를 사용한다. 이 방법으로, 소스코드는 이번 장에서에서 컴파일된 후 U-Boot에서 다시 컴파일된다. U-Boot 소스코드에서 복사한 버전으로 일부 헤더 파일을 대체하여 원본 파일을 약간 수정한 것을 알 수 있다. 변경된 부분은 __BARE_METAL__ 매크로에 포함되어 있다.

이 mtd.h 파일은 U-Boot 버전이기 때문에, 우리는 일부 인터페이스와 다음의 주석 /* XXX U-BOOT XXX */으로 식별된 데이터 필드를 제거했다. 이 인터페이스는 U-Boot에서 지원되지 않는다.

예제 8.2 MTD 헤더 파일 수정(mtd.h)

```c
#ifndef __MTD_MTD_H__
#define __MTD_MTD_H__
#ifndef __BARE_METAL__
#include <linux/types.h>
#include <div64.h>
#include <linux/mtd/mtd-abi.h>
#else
/* This is the only change that we made on top of the U-Boot version. */
#include "div64.h"
#include "mtd-abi.h"
#endif
…
struct mtd_info {
    u_char type;
    u_int32_t flags;
    uint64_t size; /* Total size of the MTD */
    /* "Major" erase size for the device. Naïve users may take this
     * to be the only erase size available, or may use the more detailed
     * information below if they desire.
     */
    u_int32_t erasesize;
    /* Minimal writable flash unit size. In case of NOR flash, it is 1 (even
     * though individual bits can be cleared); in case of NAND flash, it is
     * one NAND page (or half, or one-fourth of it); in case of ECC-ed NOR,
     * it is of ECC block size; etc. It is illegal to have writesize = 0.
     * Any driver registering a struct mtd_info must ensure a writesize of
     * 1 or larger.
     */
    u_int32_t writesize;
    u_int32_t oobsize; /* Amount of OOB data per block (e.g., 16) */
    u_int32_t oobavail; /* Available OOB bytes per block */
    /* Kernel-only stuff starts here. */
    const char *name;
    int index;
    /* ECC layout structure pointer: read-only! */
    struct nand_ecclayout *ecclayout;
    /* Data for variable erase regions. If numeraseregions is zero,
     * it means that the whole device has erasesize as given above.
```

```
    */
    int numeraseregions;
    struct mtd_erase_region_info *eraseregions;
    /*
     * Erase is an asynchronous operation. Device drivers are supposed
     * to call instr->callback() whenever the operation completes, even
     * if it completes with a failure.
     * Callers are supposed to pass a callback function and wait for it
     * to be called before writing to the block.
     */
    int (*erase) (struct mtd_info *mtd, struct erase_info *instr);
    /* This stuff for eXecute-In-Place */
    /* phys is optional and may be set to NULL. */
    int (*point) (struct mtd_info *mtd, loff_t from, size_t len,
            size_t *retlen, void **virt, phys_addr_t *phys);
    /* We probably shouldn't allow XIP if unpoint isn't a NULL. */
    void (*unpoint) (struct mtd_info *mtd, loff_t from, size_t len);
    int (*read) (struct mtd_info *mtd, loff_t from, size_t len, size_t *retlen,
u_char *buf);
    int (*write) (struct mtd_info *mtd, loff_t to, size_t len, size_t *retlen,
const u_char *buf);
    /* In black box (flight recorder)-like scenarios, we want to make successful
        writes in an interrupt context. panic_write() is intended to be
        called only when it's known the kernel is about to panic and we need the
        write to succeed. Since the kernel will not be running for much
        longer, this function can break locks and delay to ensure the write
        succeeds (but not sleep). */
    int (*panic_write) (struct mtd_info *mtd, loff_t to, size_t len, size_t
*retlen, const u_char *buf);
    int (*read_oob) (struct mtd_info *mtd, loff_t from,
            struct mtd_oob_ops *ops);
    int (*write_oob) (struct mtd_info *mtd, loff_t to,
            struct mtd_oob_ops *ops);
    /*
     * Methods to access the protection register area, present in some
     * flash devices. The user data is one-time programmable; the
     * factory data is read-only.
     */
    int (*get_fact_prot_info) (struct mtd_info *mtd, struct otp_info *buf, size_t
```

```c
len);
    int (*read_fact_prot_reg) (struct mtd_info *mtd, loff_t from, size_t len,
size_t *retlen, u_char *buf);
    int (*get_user_prot_info) (struct mtd_info *mtd, struct otp_info *buf, size_t
len);
    int (*read_user_prot_reg) (struct mtd_info *mtd, loff_t from, size_t len,
size_t *retlen, u_char *buf);
    int (*write_user_prot_reg) (struct mtd_info *mtd, loff_t from, size_t len,
size_t *retlen, u_char *buf);
    int (*lock_user_prot_reg) (struct mtd_info *mtd, loff_t from, size_t len);
/* XXX U-BOOT XXX */
#if 0
    /* kvec-based read/write methods.
       NB: The 'count' parameter is the number of _vectors_, each of
       which contains an (ofs, len) tuple.
    */
    int (*writev) (struct mtd_info *mtd, const struct kvec *vecs, unsigned long
count, loff_t to, size_t *retlen);
#endif
    /* Sync */
    void (*sync) (struct mtd_info *mtd);
    /* Chip-supported device locking */
    int (*lock) (struct mtd_info *mtd, loff_t ofs, uint64_t len);
    int (*unlock) (struct mtd_info *mtd, loff_t ofs, uint64_t len);
    /* Bad block management functions */
    int (*block_isbad) (struct mtd_info *mtd, loff_t ofs);
    int (*block_markbad) (struct mtd_info *mtd, loff_t ofs);
/* XXX U-BOOT XXX */
#if 0
    struct notifier_block reboot_notifier; /* Default mode before reboot */
    /* ECC status information */
    struct mtd_ecc_stats ecc_stats;
#endif
    /* Subpage shift (NAND) */
    int subpage_sft;
    void *priv;
    struct module *owner;
    int usecount;
    /* If the driver is something smart, like UBI, it may need to maintain
```

```
    * its own reference counting. The following functions are only for drivers.
    * A driver may register its callbacks. These callbacks are not
    * supposed to be called by MTD users. */
   int (*get_device) (struct mtd_info *mtd);
   void (*put_device) (struct mtd_info *mtd);
};
…
#endif /* __MTD_MTD_H__ */
```

[예제 8.3](goldfish_nand.c)에서, 대부분의 리눅스 전용 스텁(stuff)을 제거했고 우리의 환경에서 NAND 플래시를 지원하는 필요한 기능을 유지한다. 이번 예제에서 보여주는 수정된 버전의 goldfish_nand.c 파일에, 두 종류의 함수들이 있다. 첫 번째 그룹은 U-Boot API와 관련이 있다, U-Boot 소스 코드와 통합될 수 있도록 반드시 지원해야 한다. 두 번째 그룹은 골드피시 전용 지원 함수들로 구성되어 있다 ; 그들의 이름은 접두어 goldfish_로 시작한다.

예제 8.3 골드피시 NAND 플래시 드라이버 수정 버전(goldfish_nand.c)

```c
#ifndef __BARE_METAL__
#include <div64.h>
#include <asm/io.h>
#include <linux/mtd/mtd.h>
#include <asm/errno.h>
#include <configs/goldfish.h>
#include <ubi_uboot.h>
#include <nand.h>
#else
/* We use a different set of header files in a bare metal environment. */
#include <hardware.h>
#include <bsp.h>
#include "mtd.h"
#include "div64.h"
#endif /* __BARE_METAL__ */
#include "goldfish_nand_reg.h"
#define GOLDFISH_DEV_NAME_MAX_LEN 64
struct goldfish_nand {
    unsigned char __iomem       *base;
    size_t                      mtd_count;
    struct mtd_info             *mtd;
```

```c
};
struct goldfish_nand goldfish_nand_info;
#ifdef __BARE_METAL__
/* This data structure is a global data structure using by U-Boot. It is defined
 * outside this file in U-Boot. We define it as a global variable here.
 */
typedef struct mtd_info nand_info_t;
nand_info_t nand_info[CONFIG_SYS_MAX_NAND_DEVICE];
#else
extern nand_info_t nand_info[CONFIG_SYS_MAX_NAND_DEVICE];
#endif
static char goldfish_dev_name[CONFIG_SYS_MAX_NAND_DEVICE][GOLDFISH_DEV_NAME_MAX_
LEN];
/*
 * This is the major NAND flash operation sequence. All other goldfish NAND
 * flash functions use this function to talk to the NAND flash controller.
 */
static uint32_t goldfish_nand_cmd(struct mtd_info *mtd, enum nand_cmd cmd,
                                  uint64_t addr, uint32_t len, void *ptr)
{
    struct goldfish_nand *nand = mtd->priv;
    uint32_t rv;
    unsigned char __iomem *base = nand->base;
    writel(mtd - nand->mtd, base + NAND_DEV);
    writel((uint32_t)(addr >> 32), base + NAND_ADDR_HIGH);
    writel((uint32_t)addr, base + NAND_ADDR_LOW);
    writel(len, base + NAND_TRANSFER_SIZE);
    writel((unsigned long)ptr, base + NAND_DATA);
    writel(cmd, base + NAND_COMMAND);
    rv = readl(base + NAND_RESULT);
    return rv;
}
/* Erase NAND flash block. */
static int goldfish_nand_erase(struct mtd_info *mtd, struct erase_info *instr)
{
    loff_t ofs = instr->addr;
    uint32_t len = instr->len;
    uint32_t rem;
    if (ofs + len > mtd->size)
```

```c
        goto invalid_arg;
    rem = do_div(ofs, mtd->writesize);
    if(rem)
        goto invalid_arg;
    ofs *= (mtd->writesize + mtd->oobsize);
    if(len % mtd->writesize)
        goto invalid_arg;
    len = len / mtd->writesize * (mtd->writesize + mtd->oobsize);
    if(goldfish_nand_cmd(mtd, NAND_CMD_ERASE, ofs, len, NULL) != len) {
        debug("goldfish_nand_erase: erase failed, start %llx, len %x, dev_size "
                "%llx, erase_size %x\n", ofs, len, mtd->size, mtd->erasesize);
        return -EIO;
    }
    instr->state = MTD_ERASE_DONE;
    mtd_erase_callback(instr);
    return 0;
invalid_arg:
    debug("goldfish_nand_erase: invalid erase, start %llx, len %x, dev_size "
        "%llx, erase_size %x\n", ofs, len, mtd->size, mtd->erasesize);
    return -EINVAL;
}
/* Read a block with out-of-band data. */
static int goldfish_nand_read_oob(struct mtd_info *mtd, loff_t ofs,
                        struct mtd_oob_ops *ops)
{
    uint32_t rem;
    if(ofs + ops->len > mtd->size)
        goto invalid_arg;
    if(ops->datbuf && ops->len && ops->len != mtd->writesize)
        goto invalid_arg;
    if(ops->ooblen + ops->ooboffs > mtd->oobsize)
        goto invalid_arg;
    rem = do_div(ofs, mtd->writesize);
    if(rem)
        goto invalid_arg;
    ofs *= (mtd->writesize + mtd->oobsize);
    if(ops->datbuf)
        ops->retlen = goldfish_nand_cmd(mtd, NAND_CMD_READ, ofs,
                                ops->len, ops->datbuf);
```

```c
        ofs += mtd->writesize + ops->ooboffs;
    if(ops->oobbuf)
        ops->oobretlen = goldfish_nand_cmd(mtd, NAND_CMD_READ, ofs,
                                        ops->ooblen, ops->oobbuf);
    return 0;
invalid_arg:
    debug("goldfish_nand_read_oob: invalid read, start %llx, len %x, "
        "ooblen %x, dev_size %llx, write_size %x\n",
        ofs, ops->len, ops->ooblen, mtd->size, mtd->writesize);
    return -EINVAL;
}
/* Write a block with out-of-band data. */
static int goldfish_nand_write_oob(struct mtd_info *mtd, loff_t ofs,
                                struct mtd_oob_ops *ops)
{
    uint32_t rem;
    if(ofs + ops->len > mtd->size)
        goto invalid_arg;
    if(ops->len && ops->len != mtd->writesize)
        goto invalid_arg;
    if(ops->ooblen + ops->ooboffs > mtd->oobsize)
        goto invalid_arg;
    rem = do_div(ofs, mtd->writesize);
    if(rem)
        goto invalid_arg;
    ofs *= (mtd->writesize + mtd->oobsize);
    if(ops->datbuf)
        ops->retlen = goldfish_nand_cmd(mtd, NAND_CMD_WRITE, ofs,
                                    ops->len, ops->datbuf);
    ofs += mtd->writesize + ops->ooboffs;
    if(ops->oobbuf)
        ops->oobretlen = goldfish_nand_cmd(mtd, NAND_CMD_WRITE, ofs,
                                        ops->ooblen, ops->oobbuf);
    return 0;
invalid_arg:
    debug("goldfish_nand_write_oob: invalid write, start %llx, len %x, "
        "ooblen %x, dev_size %llx, write_size %x\n",
        ofs, ops->len, ops->ooblen, mtd->size, mtd->writesize);
    return -EINVAL;
```

```c
}
/* Read a NAND flash block. */
static int goldfish_nand_read(struct mtd_info *mtd, loff_t from, size_t len,
                        size_t *retlen, u_char *buf)
{
    uint32_t rem;
    if(from + len > mtd->size)
        goto invalid_arg;
    if(len != mtd->writesize)
        goto invalid_arg;
    rem = do_div(from, mtd->writesize);
    if(rem)
        goto invalid_arg;
    from *= (mtd->writesize + mtd->oobsize);
    *retlen = goldfish_nand_cmd(mtd, NAND_CMD_READ, from, len, buf);
    return 0;

invalid_arg:
    debug("goldfish_nand_read: invalid read, start %llx, len %x, dev_size %llx"
        ", write_size %x\n", from, len, mtd->size, mtd->writesize);
    return -EINVAL;
}
/* Write a NAND flash block. */
static int goldfish_nand_write(struct mtd_info *mtd, loff_t to, size_t len,
                        size_t *retlen, const u_char *buf)
{
    uint32_t rem;
    if(to + len > mtd->size)
        goto invalid_arg;
    if(len != mtd->writesize)
        goto invalid_arg;
    rem = do_div(to, mtd->writesize);
    if(rem)
        goto invalid_arg;
    to *= (mtd->writesize + mtd->oobsize);
    *retlen = goldfish_nand_cmd(mtd, NAND_CMD_WRITE, to, len, (void *)buf);
    return 0;

invalid_arg:
    debug("goldfish_nand_write: invalid write, start %llx, len %x, dev_size %llx"
        ", write_size %x\n", to, len, mtd->size, mtd->writesize);
```

```c
        return -EINVAL;
}
/* Check if it is a bad block. */
static int goldfish_nand_block_isbad(struct mtd_info *mtd, loff_t ofs)
{
    uint32_t rem;
    if(ofs >= mtd->size)
        goto invalid_arg;
    rem = do_div(ofs, mtd->erasesize);
    if(rem)
        goto invalid_arg;
    ofs *= mtd->erasesize / mtd->writesize;
    ofs *= (mtd->writesize + mtd->oobsize);
    return goldfish_nand_cmd(mtd, NAND_CMD_BLOCK_BAD_GET, ofs, 0, NULL);
invalid_arg:
    debug("goldfish_nand_block_isbad: invalid arg, ofs %llx, dev_size %llx, "
        "write_size %x\n", ofs, mtd->size, mtd->writesize);
    return -EINVAL;
}
/* Mark a bad block. */
static int goldfish_nand_block_markbad(struct mtd_info *mtd, loff_t ofs)
{
    uint32_t rem;
    if(ofs >= mtd->size)
        goto invalid_arg;
    rem = do_div(ofs, mtd->erasesize);
    if(rem)
        goto invalid_arg;
    ofs *= mtd->erasesize / mtd->writesize;
    ofs *= (mtd->writesize + mtd->oobsize);
    if(goldfish_nand_cmd(mtd, NAND_CMD_BLOCK_BAD_SET, ofs, 0, NULL) != 1)
        return -EIO;
    return 0;
invalid_arg:
    debug("goldfish_nand_block_markbad: invalid arg, ofs %llx, dev_size %llx, "
        "write_size %x\n", ofs, mtd->size, mtd->writesize);
    return -EINVAL;
}
/* Initialize a NAND flash device. */
```

```c
static int goldfish_nand_init_device(struct goldfish_nand *nand, int id)
{
    uint32_t name_len;
    uint32_t result;
    uint32_t flags;
    unsigned char __iomem *base = nand->base;
    struct mtd_info *mtd = &nand->mtd[id];
    char *name;
    writel(id, base + NAND_DEV);
    flags = readl(base + NAND_DEV_FLAGS);
    name_len = readl(base + NAND_DEV_NAME_LEN);
    mtd->writesize = readl(base + NAND_DEV_PAGE_SIZE);
    mtd->size = readl(base + NAND_DEV_SIZE_LOW);
    mtd->size |= (uint64_t)readl(base + NAND_DEV_SIZE_HIGH) << 32;
    mtd->oobsize = readl(base + NAND_DEV_EXTRA_SIZE);
    mtd->oobavail = mtd->oobsize;
    mtd->erasesize = readl(base + NAND_DEV_ERASE_SIZE) /
                    (mtd->writesize + mtd->oobsize) * mtd->writesize;
    do_div(mtd->size, mtd->writesize + mtd->oobsize);
    mtd->size *= mtd->writesize;
    mtd->priv = nand;
    if(name_len > GOLDFISH_DEV_NAME_MAX_LEN) {
        debug("goldfish_nand_init_device: name_len=%d, larger than maximum
length.", name_len);
        return -ENOMEM;
    }
    mtd->name = name = &goldfish_dev_name[id];
    result = goldfish_nand_cmd(mtd, NAND_CMD_GET_DEV_NAME, 0, name_len, name);
    if(result != name_len) {
        mtd->name = NULL;
        debug("goldfish_nand_init_device failed to get dev name %d != %d\n",
                result, name_len);
        return -ENODEV;
    }
    ((char *) mtd->name)[name_len] = '\0';
    /* Set up the MTD structure. */
    mtd->type = MTD_NANDFLASH;
    mtd->flags = MTD_CAP_NANDFLASH;
    if(flags & NAND_DEV_FLAG_READ_ONLY)
```

```c
        mtd->flags &= ~MTD_WRITEABLE;
    mtd->owner = THIS_MODULE;
    mtd->erase = goldfish_nand_erase;
    mtd->read = goldfish_nand_read;
    mtd->write = goldfish_nand_write;
    mtd->read_oob = goldfish_nand_read_oob;
    mtd->write_oob = goldfish_nand_write_oob;
    mtd->block_isbad = goldfish_nand_block_isbad;
    mtd->block_markbad = goldfish_nand_block_markbad;
    return 0;
}
/*
 * This U-Boot function is the entry point to initialize the NAND flash
 * controller. It is called by U-Boot to initialize NAND flash.
 */
void board_nand_init(void)
{
    uint32_t num_dev;
    int i;
    int err;
    uint32_t num_dev_working;
    uint32_t version;
    struct goldfish_nand *nand;
    unsigned char __iomem *base = (void *)IO_ADDRESS(GOLDFISH_NAND_BASE);
    debug("base=%x\n", (unsigned int)base);
    version = readl(base + NAND_VERSION);
    if(version != NAND_VERSION_CURRENT) {
        debug("goldfish_nand_init: version mismatch, got %d, expected %d\n",
                version, NAND_VERSION_CURRENT);
        err = -ENODEV;
        goto err_no_dev;
    }
num_dev = readl(base + NAND_NUM_DEV);
if(num_dev == 0 || num_dev > CONFIG_SYS_MAX_NAND_DEVICE) {
    err = -ENODEV;
    debug("goldfish_nand_init: NAND_NUM_DEV=%d, fatal error!", num_dev);
    goto err_no_dev;
}
```

```c
nand = &goldfish_nand_info;
nand->base = base;
nand->mtd_count = num_dev;
nand->mtd = &nand_info[0];
num_dev_working = 0;
for(i = 0; i < num_dev; i++) {
    /* There are three NAND flash devices in goldfish (system, user data,
       and cache). We need to initialize them one by one. */
    err = goldfish_nand_init_device(nand, i);
    if(err == 0) {
        num_dev_working++;
#ifndef __BARE_METAL__
    /* After the device is initialized, it is registered in U-Boot. */
            nand_register(i);
#endif
            debug("goldfish_nand_init: id=%d: name=%s, nand_name=%s\n",
            i, nand->mtd[i].name, goldfish_dev_name[i]);
        }
    }
    if(num_dev_working == 0) {
        err = -ENODEV;
        goto err_no_working_dev;
    }
    return;
err_no_working_dev:
err_no_dev:
    return;
}
```

NAND 플래시를 지원하는 U-Boot API

board_nand_init() 함수는 베어 메탈 환경과 U-Boot 모두를 위해 생성되었다. 이 함수는 U-Boot 초기화 코드에 의해 호출되어 U-Boot가 초기화되는 동안에 NAND 플래시도 초기화될 수 있다. 처음에, NAND 컨트롤러의 변경사항에 대해 체크하고 그것에 연결된 장치(예컨대, 시스템 또는 사용자 데이터)의 수를 얻는다. 그리고 발견된 각각의 장치를 초기화하는 goldfish_nand_init_device() 함수를 호출한다. 이 함수에 포함되어 있는 goldfish_nand_info 전역 변수를 주목하자. 그것은 mtd_info의 배열을 저장하고자 사용되는 데이터 구조이다. 각 NAND 장치는 mtd_info 배열의 하나의 요소로 대응된다.

goldfish_nand_init_device() 함수는 mtd_info 데이터 구조의 인스턴스에 각각의 장치를 연관시킨다. mtd_info는 페이지 사이즈, 블록 사이즈, OOB 데이터 사이즈, 디바이스 이름, 디바이스 역량 플래그 등과 같은 NAND 디바이스 속성들을 가지고 있다. 또한 mtd_info 는 read, write, 및 erase 메소드와 같이 NAND 디바이스에서 연산할 수 있는 메소드들을 가지고 있다. 다음 절에서 이러한 메소드들에 대해 세부 사항을 제공한다.

골드피시 NAND 플래시 드라이버 함수들

goldfish_nand_cmd() 함수는 모든 NAND 플래시 명령에 공통이다. 이 함수는 일반적 골드피시 NAND 플래시 컨트롤러의 명령 시퀀스를 구현한다. 골드피시 NAND 플래시 컨트롤러 명령 시퀀스는 다음과 같다.

1. NAND DEV ID 쓰기

2. NAND 디바이스 주소 쓰기

3. 전송 중인 데이터 사이즈를 쓰기

4. 메모리에 데이터 주소 쓰기

5. NAND 플래시 명령 쓰기

6. 결과를 읽고 실행

또한 7개의 다른 NAND 플래시 명령들을 지원한다 . 이들 함수들은 U-Boot와 리눅스 커널 두 곳에서 MTD 서브시스템을 지원하는 mtd_info 데이터 구조에 초기화된 메소드들이다.

- goldfish_nand_erase(): NAND 블록 제거

- goldfish_nand_read_oob(): page 및 OOB 데이터 모두 읽기

- goldfish_nand_read(): page 데이터 읽기

- goldfish_nand_write_oob(): page 및 OOB 데이터 모두 쓰기

- goldfish_nand_write(): page 데이터 쓰기

- goldfish_nand_isbad(): bad block 데이터 가져오기

- goldfish_nand_markbad(): bad block 데이터 설정하기

NAND 플래시 프로그래밍 인터페이스 테스트 프로그램

NAND 플래시 프로그래밍 인터페이스를 구현한 후에, 꼭 그것을 테스트하기 위해 테스트 프로그램을 생성해야 한다. 테스트 결과를 검증하기 위해, 안드로이드 SDK에서 해당 결과를 비교할 수 있다.

리눅스 커널의 NAND 플래시 정보

좀 전에, 우리는 안드로이드 에뮬레이터의 파일 시스템을 알아보았다. 안드로이드 시스템은 리눅스 커널의 상단에서 실행하고, 이 리눅스 커널은 NAND 플래시 프로그래밍 인터페이스를 제공한다. 우리는 리눅스 커널로부터 디버그 정보를 사용하여 참조함으로써 우리의 테스트 프로그램 결과를 체크할 수 있다. 이를 위해, 2장(그림 2.3)에서 우리가 생성했던 안드로이드 가상 디바이스 hd2 를 다음의 커맨드 라인 옵션과 함께 실행할 수 있다.

명령줄 옵션

```
$ emulator —verbose —show-kernel —avd hd2
```

에뮬레이터 부팅 이후, 다음의 정보가 콘솔에 프린트된다. 그것은 NAND 플래시 용량, 페이지 크기, OOB 데이터 크기, 및 제거 블록 크기를 포함한다.

goldfish nand dev0: size c9c0000, page 2048, extra 64, erase 131072

goldfish nand dev1: size c200000, page 2048, extra 64, erase 131072

goldfish nand dev2: size 4000000, page 2048, extra 64, erase 131072

에뮬레이터에 안드로이드 시스템이 준비된 이후, 우리는 NAND 플래시에 대하여 더많은 상세한 정보를 얻기 위해 adb 명령을 통해 에뮬레이터 인스턴스에 접속할 수 있다. 특히, /proc/yaffs 파일의 내용을 프린트하기 위해 adb 명령 콘솔을 사용할 수 있다.

```
/proc/yaffs:
$ adb shell
* daemon not running. starting it now on port 5037 *
* daemon started successfully *
root@android:/ # cat /proc/yaffs
YAFFS built:Mar 7 2014 15:57:44
$Id$
$Id$
Device 0 "system"
startBlock........ 0
endBlock.......... 1613
```

```
totalBytesPerChunk. 2048
nDataBytesPerChunk. 2048
chunkGroupBits..... 0
chunkGroupSize..... 1
nErasedBlocks...... 4
nReservedBlocks.... 5
blocksInCheckpoint. 3
nTnodesCreated..... 8000
nFreeTnodes........ 71
nObjectsCreated.... 1000
nFreeObjects....... 99
nFreeChunks........ 286
nPageWrites........ 159
nPageReads......... 46248
nBlockErasures..... 0
nGCCopies.......... 0
garbageCollections. 0
passiveGCs......... 0
nRetriedWrites..... 0
nShortOpCaches..... 10
nRetireBlocks...... 0
eccFixed........... 0
eccUnfixed......... 0
tagsEccFixed....... 0
tagsEccUnfixed..... 0
cacheHits.......... 0
nDeletedFiles...... 0
nUnlinkedFiles..... 0
nBackgroudDeletions 0
useNANDECC......... 1
isYaffs2........... 1
inbandTags......... 0
Device 1 "userdata"
startBlock......... 0
endBlock........... 1551
totalBytesPerChunk. 2048
nDataBytesPerChunk. 2048
chunkGroupBits..... 0
chunkGroupSize..... 1
```

```
nErasedBlocks...... 1395
nReservedBlocks.... 5
blocksInCheckpoint. 0
nTnodesCreated..... 500
nFreeTnodes....... 101
nObjectsCreated.... 500
nFreeObjects....... 36
nFreeChunks........ 95199
nPageWrites........ 909
nPageReads........ 2089
nBlockErasures..... 0
nGCCopies.......... 0
garbageCollections. 0
passiveGCs......... 0
nRetriedWrites..... 0
nShortOpCaches..... 10
nRetireBlocks...... 0
eccFixed........... 0
eccUnfixed........ 0
tagsEccFixed....... 0
tagsEccUnfixed..... 0
cacheHits.......... 92
nDeletedFiles...... 1
nUnlinkedFiles..... 90
nBackgroudDeletions 0
useNANDECC......... 1
isYaffs2........... 1
inbandTags......... 0
Device 2 "cache"
startBlock......... 0
endBlock........... 511
totalBytesPerChunk. 2048
nDataBytesPerChunk. 2048
chunkGroupBits..... 0
chunkGroupSize..... 1
nErasedBlocks...... 511
nReservedBlocks.... 5
blocksInCheckpoint. 0
nTnodesCreated..... 0
```

```
nFreeTnodes........ 0
nObjectsCreated.... 200
nFreeObjects....... 96
nFreeChunks........ 32766
nPageWrites........ 4
nPageReads......... 5
nBlockErasures..... 0
nGCCopies.......... 0
garbageCollections. 0
passiveGCs......... 0
nRetriedWrites..... 0
nShortOpCaches..... 10
nRetireBlocks...... 0
eccFixed........... 0
eccUnfixed......... 0
tagsEccFixed....... 0
tagsEccUnfixed..... 0
cacheHits.......... 0
nDeletedFiles...... 0
nUnlinkedFiles..... 0
nBackgroudDeletions 0
useNANDECC......... 1
isYaffs2........... 1
inbandTags......... 0
```

이 정보에서, 우리는 [표 8.1]에 나열된 NAND 플래시와 관련된 항목들을 식별할 수 있다. 이 경우에, 우리는 예제로 장치 '시스템'을 사용한다.

NAND 플래시 테스트 프로그램

[예제 8.4]에 나오는 테스트 프로그램은 7장에서 이전에 만들었던 예제코드의 상단에 생성된다. 우리는 다음과 같이 공통 파일들과 프로젝트 전용 파일들을 갖는다.

공통파일

- bsp.c : 골드피시 인터럽트 컨트롤러를 위한 API 함수들 포함. 7장에 있는 코드와 같다.

- timer.c : 골드피시 타이머를 위한 API 함수들 포함. 7장에 있는 코드와 같다.

- syscalls_cs3.c : 시스템 서비스 stubs 구현. 6장에 있는 코드와 같다.

- serial_goldfish.c : 시리얼 기능들을 구현하기 위한 C 코드. 5장에 있는 코드와 같다.

- goldfish_uart.S : 시리얼 포트 전용 기능들을 구현하기 위한 어셈블리 언어 코드 5장에 있는 코드와 같다.

- arm_exc.S : 어셈블리 언어 코드에 구현된 예외 벡터

- isr.c : 이 파일에, C 레벨 인터럽트 서비스 루틴(ISR)이 구현되어 있다.

- low_level_init.c : 초창기 하드웨어 초기화를 수행하기 위해 low_level_init() 함수 구현, Exception vectors 는 low_level_init()에서 초기화된다.

프로젝트 전용 파일

- c08e1.c : main() 함수가 구현된 테스트 코드

- goldfish_nand.c : 모든 NAND flash 지원 함수들이 포함되어 있는 파일

- Makefile : 프로젝트를 빌드하기 위한 makefile

- c08e1.ld : 프로젝트의 링크 스크립터

- startup_c08e1.S : 스타트업 코드

표 8.1 NAND 플래시 디바이스 시스템

Item	Value
Size	플래시 장치 시스템의 크기는 0xc9c0000 (211550208)
Number of pages in a block	각 블록은 64 페이지 (131072/2048)
Block size	블록 크기는 131072 (0x20000 또는 128KB)
Number of blocks	/ proc / yaffs 파일에서 시작 블록이 0이고 끝 블록이 613임. 총 블록 수는 1614
Page size	페이지 크기는 2048 (0x800 또는 2KB)
Number of pages	페이지 수는 103296 (1614 * 64)
Extra data size	추가 데이터에 할당 된 크기는 64 바이트

예제 8.4 NAND 플래시 프로그래밍 인터페이스 테스트 프로그램(c08e1.c)

```c
#include <stdio.h>
#include <stdlib.h>
#include <string.h>
#include <sys/unistd.h>
#include <hardware.h>
#include <arm_exc.h>
#include <bsp.h>
```

```c
#include "div64.h"
#include "mtd.h"

void EnterUserMode(void);
void SystemCall(void);

struct goldfish_nand {
    unsigned char __iomem       *base;
    size_t                      mtd_count;
    struct mtd_info             *mtd;
};
extern struct goldfish_nand goldfish_nand_info;
uint32_t __div64_32(uint64_t *n, uint32_t base)
{
    uint64_t rem = *n;
    uint64_t b = base;
    uint64_t res, d = 1;
    uint32_t high = rem >> 32;
    /* Reduce the thing a bit first */
    res = 0;
    if (high >= base) {
        high /= base;
        res = (uint64_t) high << 32;
        rem -= (uint64_t) (high*base) << 32;
    }
    while ((int64_t)b > 0 && b < rem) {
        b = b+b;
        d = d+d;
    }
    do {
        if (rem >= b) {
            rem -= b;
            res += d;
        }
        b >>= 1;
        d >>= 1;
    } while (d);
    *n = res;
    return rem;
```

```c
}
void sw_handler(int num)
{
    printf("=>Inside sw_handler, num=%d.\n", num);
}
void irq_handler(int irq)
{
    int num = 0;
    unsigned long tm = 0;
    num = goldfish_irq_status();
    printf("=>Enter ARM_irq(%d), pending num=%d\n", irq, num);
    switch (irq) {
    case IRQ_TTY0:
        printf("=>IRQ_TTY0.\n");
        break;
    case IRQ_TTY1:
        printf("=>IRQ_TTY1.\n");
        break;
    case IRQ_TTY2:
        printf("=>IRQ_TTY2.\n");
        break;
    case IRQ_TIMER:
        /* goldfish_mask_irq(IRQ_TIMER); */
        goldfish_clear_timer_int();
        printf("=>IRQ_TIMER - clear interrupt.\n");
        break;
    default:
        printf("=>Unknown IRQ %x.\n", irq);
        break;
    }
    tm = get_ticks();
    printf("=>Exit ARM_irq(%d). tm=%lu\n", irq, tm);
}
/* We will run the unit test of the serial driver in main() */
int main(int argc, char *argv[])
{
    struct mtd_info *mtd;
    int i;
    int num_dev = 0;
```

```c
        printf("Enter main(), test goldfish NAND flash ...\n");
        EnterUserMode();
        /* Initialize NAND devices */
        board_nand_init();
        num_dev = goldfish_nand_info.mtd_count;
        if(num_dev > 0) {
            for(i = 0; i < num_dev; i++) {
                mtd = &goldfish_nand_info.mtd[i];
                printf("Device %d %s\n", i, mtd->name);
                printf("Flags............ 0x%x %s\n", i, mtd->flags);
                printf("Size............. %d\n", mtd->size);
                printf("Block/Page........ %d\n", mtd->erasesize/mtd->writesize);
                printf("Block Size........ %d\n", mtd->erasesize);
                printf("No. of Blocks..... %d\n", mtd->size/mtd->erasesize);
                printf("Page Size......... %d\n", mtd->writesize);
                printf("No. of Pages...... %d\n", mtd->size/mtd->writesize);
                printf("Extra Data Size... %d\n\n", mtd->oobsize);
            }
        }
        while(1) {};
        return 1;
}
```

이것은 매우 단순한 테스트 프로그램이다. 우리는 NAND 디바이스를 초기화하기 위해 U-Boot API board_nand_init()를 호출한다. NAND 디바이스가 초기화된 후, 각 디바이스를 위한 mtd_info 데이터 구조는 이용 가능해진다. 우리는 그것의 mtd_info 데이터 구조로부터 각 디바이스의 정보를 출력할 수 있다. 우선 프로젝트를 빌드해 보자.

```
$ make DEBUG=1
  CC c08e1.c
  CC goldfish_nand.c
  AS startup_c08e1.S
  CC ../../drivers/serial_goldfish.c
  AS ../../drivers/goldfish_uart.S
  CC ../../drivers/syscalls_cs3.c
  CC ../../drivers/low_level_init.c
  AS ../../drivers/arm_exc.S
  CC ../../drivers/bsp.c
  CC ../../drivers/isr.c
```

```
CC ../../drivers/timer.c
LD gcc/c08e1.axf
```

테스트 프로그램을 실행하기 위해, −show-kernel 옵션과 함께 에뮬레이터를 시작한다.

```
$ emulator -show-kernel -netfast -avd hd2 -shell -qemu -kernel gcc/c08e1.axf
…
goldfish_init(), gtty.base=ff012000
Enter main(), test goldfish NAND flash ...
base=ff017000
goldfish_nand_init: id=0: name=system, nand_name=system
goldfish_nand_init: id=1: name=userdata, nand_name=userdata
goldfish_nand_init: id=2: name=cache, nand_name=cache
Device 0 system
Flags............. 0x0
Size.............. 211550208
Block/Page........ 64
Block Size........ 131072
No. of Blocks..... 1614
Page Size......... 2048
No. of Pages...... 103296
Extra Data Size... 64

Device 1 userdata
Flags............. 0x1
Size.............. 203423744
Block/Page........ 64
Block Size........ 131072
No. of Blocks..... 1552
Page Size......... 2048
No. of Pages...... 99328
Extra Data Size... 64

Device 2 cache
Flags............. 0x2
Size.............. 67108864
Block/Page........ 64
Block Size........ 131072
No. of Blocks..... 512
```

```
Page Size......... 2048
No. of Pages...... 32768

Extra Data Size... 64
...
```

콘솔 출력으로부터, 리눅스 커널 로그에서 볼 수 있는 같은 설정의 NAND 플래시 디바이스(시스템, 사용자 데이터 및 캐시) 발견할 수 있다. 선행 디버그 출력의 정보와 [표 8.1]의 정보를 비교할 때 일치된 결과를 얻었다.

///////
요약
\\\\\\\\

이번 장에서, 우리는 예제들을 통해 골드피시 하드웨어를 지속적으로 살펴보았다. NAND 플래시 인터페이스를 테스트하기 위해, 골드피시 리눅스 커널 소스코드를 분석함으로써 NAND 플래시 드라이버를 생성했다. 앞 장에서 수행한 작업과 유사한 방식으로, 드라이버 코드는 이후 U-Boot 포팅할 때 사용될 수 있다. 우리는 또한 mtd_info. 데이터 구조 주변에 NAND 플래시 드라이버를 생성했다.

이 데이터 구조는 U-Boot와 리눅스 커널 양쪽에서 사용된다. NAND 플래시 인터페이스를 테스트하기 위해, 우리의 드라이버로 에뮬레이트된 하드웨어에서 NAND 플래시 정보를 읽는다. 그때 우리는 리눅스 커널로부터 그 정보들과 함께 이들 결과를 비교할 수 있다. 이 장에서 NAND 플래시 드라이버의 최소한의 테스팅만 진행했다. 10장에서 NAND 플래시로부터 안드로이드를 부팅하는 방법을 논의할 때 이 드라이버의 테스팅을 보다 광범위하게 진행할 것이다.

제2부

U-Boot

9장 U-Boot 포팅하기

10장 골드피시 커널을 부팅하기 위해 U-Boot 사용하기

9장
U-Boot 포팅하기

1부에서, 우리는 하드웨어 상단에 직접 애플리케이션을 생성하는 방법을 논의했는데, 이러한 애플리케이션을 베어 메탈 애플리케이션이라 한다. 2부에서, 우리는 특별한 베어 메탈 애플리케이션 U-Boot에 관해 알아본다. 이번 장에서, 우리는 U-Boot를 골드피시 플랫으폼로 포팅하는 것을 배워본다. QEMU는 소형 부트로더를 포함하고 있어서 직접 리눅스 커널을 부팅할 수 있다. 그렇게 때문에 골드피시 플랫폼으로 U-Boot를 포팅하지 않았다. 이 방법은 실제 하드웨어 환경에서 볼 수 있는 과정처럼 완벽한 실제 부팅 과정이 아니다.

이번 장에서, 우리는 U-Boot 소스코드를 빌드하면서 시작해본다. 그리고 나서 골드피시 플랫폼에 U-Boot를 어떻게 포팅하는지 논의하고, 이 과정을 통해 차근 차근 작업해 나간다. 이 장의 끝부분까지, 우리가 만든 U-Boot와 골드피시 커널을 사용해 전체 안드로이드 플랫폼을 부팅할 수 있어야 한다. 각 과정들을 따르다 보면, 어느새 작업한 것들을 모아 새로운 플랫폼을 구축하는 방법을 배우게 될 것이다. 이 과정은 실제 하드웨어 환경에서 동일한 디버깅 도구를 사용할 수 없다는 점만 제외하고는 하드웨어 보드 제작 과정과 매우 유사하다. 그 환경에서 우리는 JTAG 기반의 하드웨어 디버깅 도구를 사용해본다.

U-Boot 소개

U-Boot는 임베디드 프로세서 아키텍처의 넓은 범위에서 사용할 수 있는 오픈소스 부트로더로, 데스크탑 PC 또는 노트북의 BIOS와 비교되기도 한다. 임베디드 시스템에서 U-Boot는 하드웨어를 초기화하고 이용 가능한 부팅 이미지를 찾는다. 부팅 가능한 이미지를 찾으면, 그것을 메모리에 로드하고 이 프로세스에 제어를 넘긴다. 최소한, 부트로더는 임베디드 시스템에서 다음과 같은 기능들을 제공한다.

- 메모리, 플래시 디바이스, 타이머, 시리얼 포트 등과 같이 하드웨어를 초기화

- 리눅스 커널을 위한 부트 매개 변수를 제공

- 리눅스 커널로 제어를 전환

또한 대부분의 부트로더들은 커맨드 라인 인터페이스 또는 매뉴 인터페이스를 통해 다음의 기능들을 제공한다.

- 하드웨어 장치의 구성을 변경

- 시리얼, USB, 이더넷 포트를 통해 메모리로 바이너리 이미지를 업로드

- 램에서 플래시 메모리로 바이너리 이미지를 복사

U-Boot는 상당히 복잡하지만 베어 메탈 애플리케이션으로 간주되며, 운영체제와 애플리케이션 사이의 어딘가에 놓여있다. 기능주의 관점에서, U-Boot는 운영체제를 부팅하는 유일한 것으로 애플리케이션이라 말할 수 있다. 그러나 프로그래밍 아키텍처 관점에서 본다면, 그것은 운영체제 시스템이 일반적으로 가지는 동일한 요소들을 많이 갖고 있다.

예를 들어 그것은 하드웨어 보드의 대부분의 하드웨어 인터페이스를 지원한다. 이러한 하드웨어 인터페이스를 지원하기 위해, U-Boot는 자신의 드라이버 아키텍처를 갖고 있다. U-Boot가 소유한 많은 드라이버들이 리눅스 커널에서 직접적으로 사용된다.

U-Boot 다운로드와 컴파일

U-Boot의 공식 릴리즈 경로는 다음과 같다. http://www.denx.de/wiki/U-Boot

공식 릴리즈 외에 많은 U-Boot 프로젝트가 있으며, 그 중 하나는 특별히 Linaro 프로젝트에서 ARM SoC를 위해 유지된다. 앞서 설명한 우리가 사용할 릴리즈는 다음의 링크를 참조하자.

http://www.linaro.org/downloads/1304.

> **Note**
> 리나로는 ARM, 프리스케일, IBM, 삼성, ST 에릭슨 및 텍사스 인스트루먼트(TI) 회원들에 기반하여 2010년 6월에 설립되었다. ARM 기반의 리눅스 개선에 초점을 맞춘 비영리 단체이며, 리나로는 월 단위 릴리즈 주기를 따른다. 이 책을 쓰는 시점에서, 현재 릴리즈 번호는 13.04이었다

U-Boot 소스코드는 다음의 명령을 사용해 Linaro git 레파지토리로부터 복제할 수 있다.

명령 :

```
$ git clone git://git.linaro.org/boot/u-boot-linaro-stable.git
```

여러 개의 branches 와 tags를 Linaro git 레파지토리에서 찾을 수 있다. 우리는 최신 안정 버전 위에 골드피시 포트를 생성할 것이다. 일단 베이스라인이 될 것을 결정하면, 골드피시 포트를 위한 branch를 생성하는 데 사용할 것이다.

골드피시 포트 :

```
$ git branch goldfish
```

독자가 포팅하는 과정의 반복을 쉽게할 수 있도록, 필자는 골드피시 플랫폼의 U-Boot를 위한 소스코드 레파지토리를 GitHub에 생성했다. 필자는 직접적으로 리나로에서 소스코드를 받아 작업하는 대신이 장의 지시에 따라해볼 수 있도록 필자가 만든 GitHub 버전을 사용하기를 권한다.

GitHub로부터 소스코드를 확인하려면, 다음의 명령을 사용해 보자.

```
$ git clone https://github.com/shugaoye/u-boot.git
```

이 장의 과정을 따라하고 자신만의 U-Boot를 생성하기 위해, original branch를 체크아웃 하는게 좋다. 다음의 명령을 사용해 체크아웃하자.

```
$ git checkout -b versatileqemu remotes/origin/versatileqemu
Branch versatileqemu set up to track remote branch versatileqemu from origin.
Switched to a new branch 'versatileqemu'
```

골드피시 플랫폼을 위해서 변경된 부분을 모두 찾고 싶다면 먼저 리눅스 커널 2.6.29의 branch를 체크아웃하자.

```
$ git checkout -b android-armemu-2.6.29 remotes/origin/android-armemu-2.6.29
Branch versatileqemu set up to track remote branch versatileqemu from origin.
Switched to branch 'android-armemu-2.6.29'
```

로컬에 두 개의 이러한 가용 branch를 갖게 되면, git-diff 명령을 주어 이번 장에서 만들 코드의 변화를 쉽게 발견하고 비교할 수 있다.

```
$ git diff --name-only versatileqemu android-armemu-2.6.29
.gitignore
AndroidU-Boot.mk
arch/arm/cpu/arm926ejs/goldfish/Makefile
arch/arm/cpu/arm926ejs/goldfish/reset.S
arch/arm/cpu/arm926ejs/goldfish/timer.c
arch/arm/include/asm/mach-types.h
board/google/goldfish/Makefile
board/google/goldfish/goldfish.c
board/google/goldfish/lowlevel_init.S
boards.cfg
common/image.c
common/main.c
```

```
config.mk
drivers/mmc/Makefile
drivers/mmc/goldfish_mmc.c
drivers/mtd/nand/Makefile
drivers/mtd/nand/goldfish_nand.c
drivers/mtd/nand/goldfish_nand_reg.h
drivers/net/smc91111.c
drivers/rtc/Makefile
drivers/rtc/rtc-goldfish.c
drivers/serial/Makefile
drivers/serial/goldfish_uart.S
drivers/serial/serial_goldfish.c
drivers/serial/serial_goldfish.h
fs/yaffs2/yaffs_uboot_glue.c
include/configs/goldfish.h
```

골드피시 플랫폼을 위한 우리 소유의 U-Boot를 가지기 전에, 우리는 안드로이드 플랫폼에서 알려진 U-Boot 구성파일로 테스트하고자 한다. 가장 비슷한 하드웨어 보드 구성파일은 ARM Versatile 플랫폼 기반 보드로, ARM에서 하드웨어 레퍼런스 보드다. 이 보드는 QEMU에 의해 지원된다. 하나의 특별한 구성파일(configuration)은 Versatile PB QEMU(versatileqemu)로 리나로 U-Boot 소스에 존재한다.

우리는 이번 장에서 작업할 기반으로 이 구성파일을 사용할 것이다. 진도를 더 나가기 전에 안드로이드 에뮬레이터와 QEMU 사이의 차이점을 이해하는 것이 중요하다. 안드로이드 에뮬레이터는 골드피시 플랫폼만을 지원하기 위해 만들어진 QEMU의 특별한 빌드다.

반면 QEMU는 다중 플랫폼을 지원할 수 있는 에뮬레이터다. Versatile PB QEMU는 QEMU를 지원하는 구성파일 중 하나다. 이번 장의 시작 지점에서, 이전에 체크아웃 했던 branch versatileqemu를 사용했다는 것을 다시 상기할 필요가 있다.

우리의 Versatile PB QEMU 구성파일을 빌드하기 위해, U-Boot 소스트리로 이동하여 리눅스 콘솔에서 다음의 명령을 실행한다.

```
$ make versatileqemu_config arch=ARM CROSS_COMPILE=arm-none-eabi-
Configuring for versatileqemu - Board: versatile, Options: ARCH_VERSATILE_QEMU,
ARCH_VERSATILE_PB
$ make all arch=ARM CROSS_COMPILE=arm-none-eabi-
```

빌드가 완료된 후, 우리는 QEMU에서 부팅할 수 있고 U-Boot 명령 프롬프트로 진입한다.

```
$ qemu-system-arm -M versatilepb -nographic -kernel u-boot.bin
oss: Could not initialize DAC
oss: Failed to open '/dev/dsp'
oss: Reason: No such file or directory
oss: Could not initialize DAC
oss: Failed to open '/dev/dsp'
oss: Reason: No such file or directory
audio: Failed to create voice 'lm4549.out'


U-Boot 2013.01.-rc1-00002-ga93e8a7 (May 26 2013 - 16:12:46)


U-Boot code: 00010000 -> 00029A2C BSS: -> 0002D1DC
monitor len: 0001D1DC
ramsize: 08000000
TLB table at: 07ff0000
Top of RAM usable for U-Boot at: 07ff0000
Reserving 116k for U-Boot at: 07fd2000
Reserving 136k for malloc() at: 07fb0000
Reserving 32 Bytes for Board Info at: 07faffe0
Reserving 120 Bytes for Global Data at: 07faff68
New Stack Pointer is: 07faff58
RAM Configuration:
Bank #0: 00000000 128 MiB
relocation Offset is: 07fc2000
WARNING: Caches not enabled
monitor flash len: 0001CF2C
Now running in RAM - U-Boot at: 07fd2000
Using default environment


Destroy Hash Table: 07feb640 table = 00000000
Create Hash Table: N=80
INSERT: table 07feb640, filled 1/83 rv 07fb02d0 ==> name="bootargs" value="root=/
dev/nfs mem=128M ip=dhcp netdev=25,0,0xf1010000,0xf1010010,eth0"
INSERT: table 07feb640, filled 2/83 rv 07fb045c ==> name="bootdelay" value="2"
INSERT: table 07feb640, filled 3/83 rv 07fb0168 ==> name="baudrate" value="38400"
INSERT: table 07feb640, filled 4/83 rv 07fb0234 ==> name="bootfile" value="/
tftpboot/uImage"
INSERT: free(data = 07fb0008)
INSERT: done
```

```
In: serial
Out: serial
Err: serial
Net: SMC91111-0
Warning: SMC91111-0 using MAC address from net device

### main_loop entered: bootdelay=2

### main_loop: bootcmd="<UNDEFINED>"
VersatilePB #
```

> **Note**
> 당신의 환경에서 qemu-system-arm 명령을 찾을 수 없다면, 당신은 다음의 명령으로 설치해야 한다.
> ```
> $ sudo apt-get install qemu-system
> ```

이 명령줄에서, 우리가 시뮬레이션할 하드웨어 보드를 지정하기 위해 -M versatilepb 옵션을 사용했다. 이제 안드로이드 에뮬레이터에서 동일한 U-Boot 바이너리를 실행하고 어떻게 되는지 보자. 우리는 콘솔에 아무것도 디스플레이되지 않는 것을 콘솔 로그로부터 볼 수 있는데, 정지한 것처럼 보인다.

```
$ emulator -show-kernel -netfast -avd hd2 -shell -qemu -kernel u-boot.bin
```

우리는 이 빌드가 골드피시 플랫폼에서 작동하지 않는 이유를 모른다 해도, 이 U-Boot 빌드를 추적하기 위해 gdb를 사용할 수 있고 정확히 무슨 일이 벌어지고 있는지 볼 수 있다. 이것이 프로그램 디버그를 위한 안드로이드 에뮬레이터 혹은 QEMU를 사용할 때 커다란 장점이다. 하드웨어 개발 보드에서는 이러한 추적 수행이 불가능하다.

GDB로 U-Boot 디버깅하기

U-Boot 디버깅은 이전 장에서 우리의 애플리케이션을 디버깅하는 과정과 매우 유사하다. 단지 알아야 할 특별한 정보는 U-Boot가 부팅하는 동안 스스로를 재배치한다는 점이다. 우리는 그 단계 후에 디버그 심볼을 다시 로드해야 한다.

우리는 먼저 에뮬레이터를 시작하고 gdb 접속을 위해 대기한다.

```
$ emulator -verbose -show-kernel -netfast -avd hd2 -qemu -serial stdio -s -S
-kernel u-boot
emulator: found SDK root at /home/sgye/adt-bundle-linux-x86-20130219/sdk
emulator: Android virtual device file at: /home/sgye/.android/avd/hd2.ini
```

```
emulator: virtual device content at /home/sgye/.android/avd/hd2.avd
emulator: virtual device config file: /home/sgye/.android/avd/hd2.avd/config.ini
…
emulator: mapping 'system' NAND image to /tmp/android-sgye/emulator-Brbv03
emulator: rounding devsize up to a full eraseunit, now cc0f000
emulator: nand_add_dev:
userdata,size=0xc800000,file=/home/sgye/.android/avd/hd2.avd/userdata-qemu.img

emulator: rounding devsize up to a full eraseunit, now c810000
emulator: registered 'boot-properties' qemud service
emulator: Adding boot property: 'dalvik.vm.heapsize' = '32m'
emulator: Adding boot property: 'qemu.sf.lcd_density' = '240'
emulator: Adding boot property: 'qemu.hw.mainkeys' = '1'
emulator: Adding boot property: 'qemu.sf.fake_camera' = 'none'
emulator: nand_add_dev:
cache,size=0x4200000,file=/home/sgye/.android/avd/hd2.avd/cache.img
emulator: Initializing hardware OpenGLES emulation support
```

ddd를 통해 gdb를 시작하고 에뮬레이터에 연결해 보자 :

```
$ ddd --debugger arm-none-eabi-gdb u-boot
GNU DDD 3.3.12 (i686-pc-linux-gnu), by Dorothea Lütkehaus and Andreas Zeller.
Copyright © 1995-1999 Technische Universität Braunschweig, Germany.
Copyright © 1999-2001 Universität Passau, Germany.
Copyright © 2001 Universität des Saarlandes, Germany.
Copyright © 2001-2004 Free Software Foundation, Inc.
Reading symbols from /media/u64/home/sgye/src/u-boot/u-boot...done.
(gdb) target remote localhost:1234
_start () at start.S:64
(gdb)
```

우리는 먼저 gdb에서 안드로이드 에뮬레이터로 연결하기 위해, [그림 9.1]에서와 같이 대상 원격 (target remote) 명령을 사용해야 한다. U-Boot는 주소 0x10000에서 로드되고 리셋 벡터(reset vector) 에서 시작된다. versatileqemu 구성파일은 안드로이드 에뮬레이터에서 하는 것처럼 같은 CPU 모델 (arm926ejs)을 빌드한다. 그래서 이 빌드는 [그림 9.2]처럼 main_loop에서 어느 지점에 도달할 때까지 실행할 수 있다.

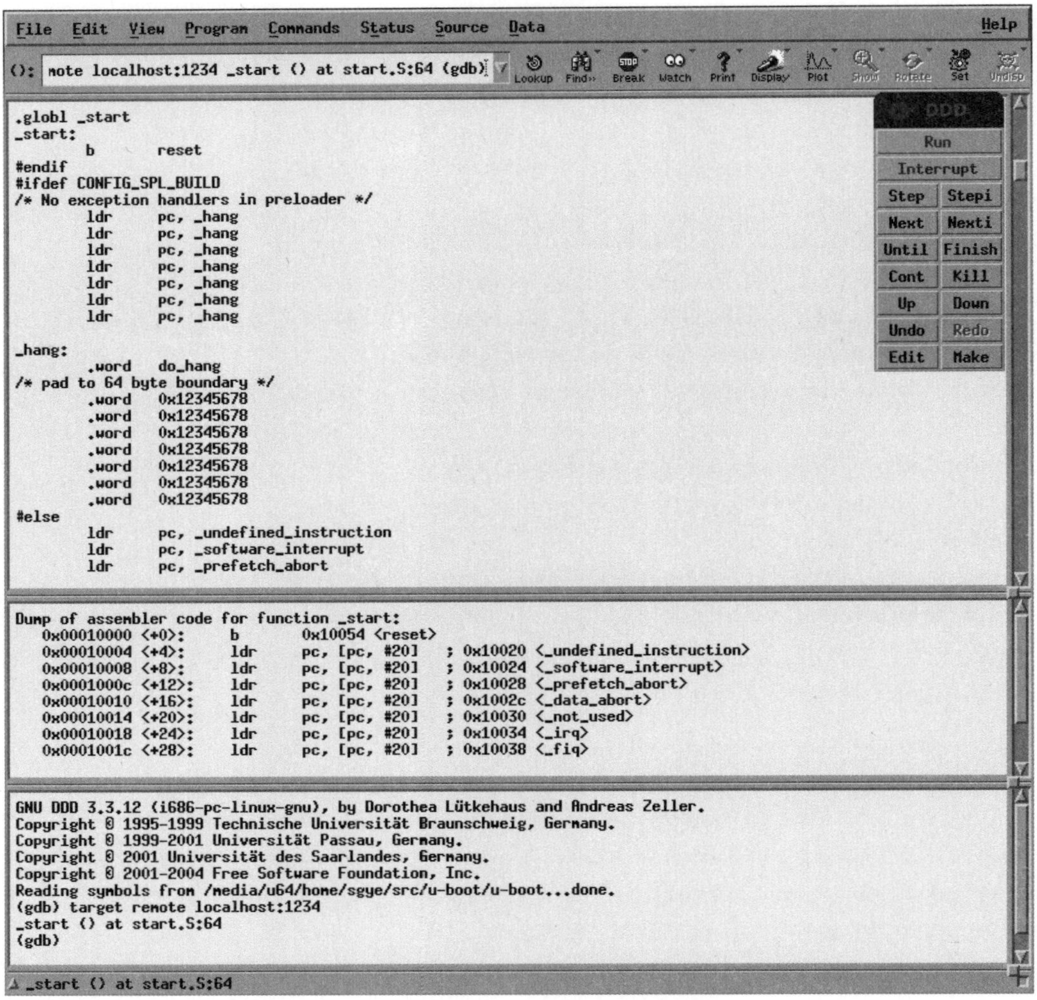

```
File  Edit  View  Program  Commands  Status  Source  Data                                    Help

(): note localhost:1234 _start () at start.S:64 (gdb)   Lookup Find» Break Watch Print Display Plot Show Rotate Set Undisp

.globl _start                                                              DDD
_start:
        b       reset                                                    Run
#endif                                                                 Interrupt
#ifdef CONFIG_SPL_BUILD
/* No exception handlers in preloader */                            Step   Stepi
        ldr     pc, _hang                                           Next   Nexti
        ldr     pc, _hang
        ldr     pc, _hang                                           Until  Finish
        ldr     pc, _hang                                           Cont   Kill
        ldr     pc, _hang
        ldr     pc, _hang                                            Up    Down
        ldr     pc, _hang
                                                                    Undo   Redo
_hang:
        .word   do_hang                                             Edit   Make
/* pad to 64 byte boundary */
        .word   0x12345678
        .word   0x12345678
        .word   0x12345678
        .word   0x12345678
        .word   0x12345678
        .word   0x12345678
        .word   0x12345678
#else
        ldr     pc, _undefined_instruction
        ldr     pc, _software_interrupt
        ldr     pc, _prefetch_abort

Dump of assembler code for function _start:
   0x00010000 <+0>:     b       0x10054 <reset>
   0x00010004 <+4>:     ldr     pc, [pc, #20]   ; 0x10020 <_undefined_instruction>
   0x00010008 <+8>:     ldr     pc, [pc, #20]   ; 0x10024 <_software_interrupt>
   0x0001000c <+12>:    ldr     pc, [pc, #20]   ; 0x10028 <_prefetch_abort>
   0x00010010 <+16>:    ldr     pc, [pc, #20]   ; 0x1002c <_data_abort>
   0x00010014 <+20>:    ldr     pc, [pc, #20]   ; 0x10030 <_not_used>
   0x00010018 <+24>:    ldr     pc, [pc, #20]   ; 0x10034 <_irq>
   0x0001001c <+28>:    ldr     pc, [pc, #20]   ; 0x10038 <_fiq>

GNU DDD 3.3.12 (i686-pc-linux-gnu), by Dorothea Lütkehaus and Andreas Zeller.
Copyright © 1995-1999 Technische Universität Braunschweig, Germany.
Copyright © 1999-2001 Universität Passau, Germany.
Copyright © 2001 Universität des Saarlandes, Germany.
Copyright © 2001-2004 Free Software Foundation, Inc.
Reading symbols from /media/u64/home/sgye/src/u-boot/u-boot...done.
(gdb) target remote localhost:1234
_start () at start.S:64
(gdb)

_start () at start.S:64
```

그림 9.1 gdb U-Boot에서의 디버깅

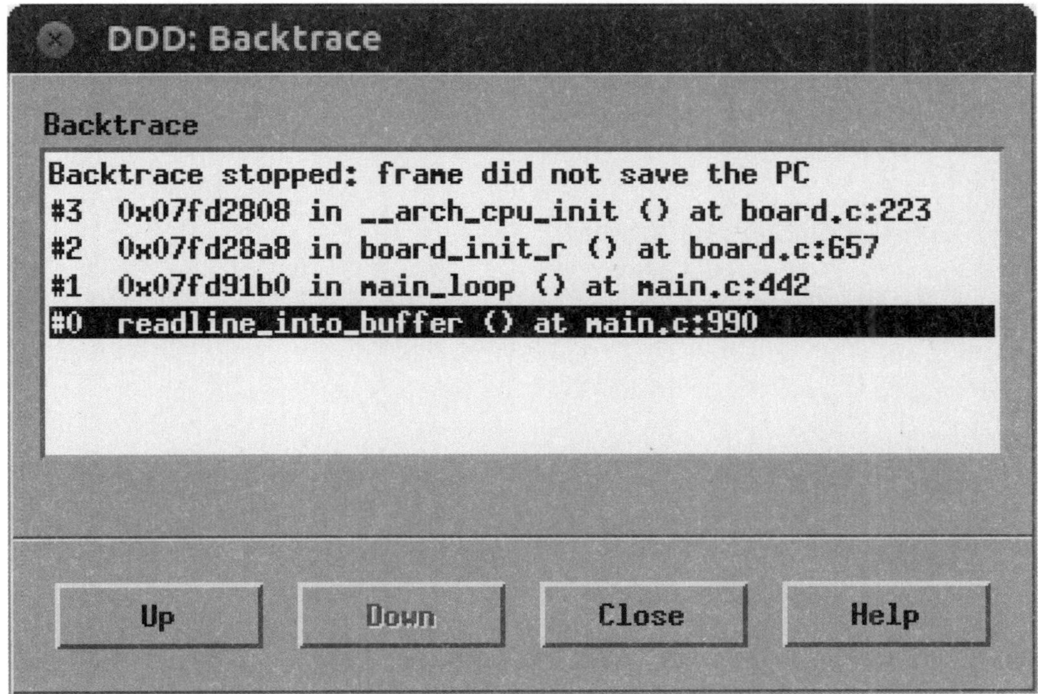

그림 9.2 U-Boot의 backtrace(versatileqemu build)

이 함수는 common/main.c 파일에 정의되어 있다. 디버거에서 U-Boot 소스코드로 단계별 진행을 위해, 반드시 메모리에서 U-Boot 스스로 재배치한 후 애플리케이션을 디버그해야 한다. 재배치 단계 후 다시 디버그 심볼을 로드하기 위해, 우리는 gdb에서 다음의 방법을 사용하여 재배치 주소를 찾을 필요가 있다

1. starting point를 재배치 하기 전에 중단점(breakpoint)을 설정한다.

```
(gdb) b board_init_f
Breakpoint 1 at 0x108e0: file board.c, line 276.
(gdb) c
Breakpoint 1, board_init_f (bootflag=0) at board.c:276
(gdb) b relocate_code
Breakpoint 2 at 0x1007c: file start.S, line 229.
(gdb) c
Breakpoint 2, relocate_code () at start.S:229
```

2. 재배치 주소를 계산한다. 여기에서 볼 수 있듯이, 주소는 0x7fd2000에 있다.

```
(gdb) p/x ((gd_t *)$r1)->relocaddr
$1 = 0x7fd2000
```

3. 심볼을 0x7fd2000 주소로 Reload 한다.

```
(gdb) add-symbol-file u-boot 0x7fd2000
add symbol table from file "u-boot" at
.text_addr = 0x7fd2000
```

4. 재배치가 완료되면 호출되는 함수에 중단점을 설정한다.

```
(gdb) b board_init_r
Breakpoint 3 at 0x10808: file board.c, line 489. (2 locations)
(gdb) c
Breakpoint 3, board_init_r (id=0x7faff68, dest_addr=134029312) at board.c:489
(gdb)
```

독자가 이 과정을 쉽게 따라할 수 있도록, GitHub에 사용가능한 gdb 스크립트를 생성해 놓았다. GitHub: https://github.com/shugaoye/build/blob/master/bin/u-boot.gdb.

재배치 후에, 프로그램이 무한루프에 들어갈 때까지 우리는 디버깅을 지속할 수 있다. [그림 9.2]에서 보여주듯이 우리는 backtrace에서 이 지점을 볼 수 있다. [그림 9.2]에서 U-Boot는 readline_into_buffer() 함수에 걸려있다. 이 정보로부터, 우리가 콘솔로부터 U-Boot 명령을 예상할 때, 시리얼 장치의 입력을 수신해야 하는 지점에서 차단되었을 것이라 추측할 수 있다.

Versatileqemu는 PrimeCell PL010/PL011에 기반하여 일반 UART를 사용해 빌드하는 반면, 골드피시는 특별한 인터페이스를 갖는다. 골드피시 시리얼 드라이버가 없다면, 우리는 명령 프롬프트에서 어떤 출력도 볼 수 없고 어떤 U-Boot 명령도 입력할 수 없을 것이다. 다음으로 우리는 U-Boot를 골드피시 플랫폼에 포팅할 것이다.

U-Boot 재배치

프로세스가 부팅하는 동안에 U-Boot는 스스로 램에 재배치된다. 이러한 재배치에는 두 가지 주요한 이유가 있다. 첫 번째, U-Boot는 일반적으로 롬에서 시작한다—그리고 읽기 전용 메모리의 성능은 램보다 훨씬 느리다. 두 번째, 롬에서 U-Boot가 실행될 때, 프로세서의 내부 램이나 프로세서 캐시를 사용해 시작한다. 그러나 이용할 수 있는 메모리는 아직 없는 상태이다. 그래서 U-Boot는 램으로 자신을 복사하기 전에 적어도 최소한의 MMU 초기화를 수행해야 한다.

골드피시 플랫폼에 U-Boot 포팅하기

U-Boot를 새로운 하드웨어 플랫폼으로 포팅하는 기본 단계는 다음과 같다.

1. 새로운 보드 생성. 우리는 새로운 보드 구성을 추가할 필요가 있다.

2. 프로세서 레벨 변경. 새로운 프로세서 아키텍처를 지원하는 경우, 프로세서 레벨을 바꿔야 한다.

3. 보드 레벨 변경. 보드 레벨 변경은 새로운 하드웨어 보드에 U-Boot 드라이버 프레임워크를 사용 가능하게 만든다.

4. 디바이스 드라이버 변경. 이것은 U-Boot 포팅에 필요한 주요 작업이다.

우리는 새로운 하드웨어 드라이버를 추가하거나 하드웨어를 지원하기 위해 기존의 하드웨어 드라이버를 수정해야 한다.

새로운 보드 생성

U-Boot를 골드피시 플랫폼으로 포팅하려면, U-Boot 작업이 가능한 새로운 타겟 보드를 작성해야 한다. 이 작업을 처리하려면 몇 가지 기본 단계를 완료해야 한다. U-Boot 특정 버전에 따라, 새로운 타겟 보드를 만들 수 있는 과정이 조금씩 다를 수 있다.

먼저, U-Boot 소스트리의 root 밑에 위치한 boards.cfg 파일에 새로운 보드 설정을 추가해야 한다.

```
# Target ARCH CPU                          Board name Vendor SoC   Options
####################################################################
goldfish arm arm926ejs goldfish          google goldfish          goldfish:ARCH_
GOLDFISH,ARCH_VERSATILE_QEMU,ARCH_VERSATILE_PB
```

이것은 멀티 라인을 감싸는 하나의 긴 라인이다. [표 9.1]은 더 쉽게 보기 위해서 하나의 라인을 여러 요소로 분해해 놓았다. 이 라인에서 보듯이, Versatile PB의 상단에 골드피시 플랫폼을 만들 것이다.

ARCH_GOLDFISH 구성은 두 개의 ARCH_VERSATILE_PB와 ARCH_VERSATILE_QEMU의 구성에 따라 달라진다. Versatile PB 플랫폼 위에 골드피시를 생성하기 위해, 우리는 골드피시 소스코드 트리의 기반을 생성하는 Versatile PB에서 두 개의 폴더와 하나의 헤더파일을 복제해야 한다.

```
arch/arm/cpu/arm926ejs/versatile/ -> arch/arm/cpu/arm926ejs/goldfish/
board/armltd/versatile/ -> board/google/goldfish/
include/configs/versatile.h -> include/configs/goldfish.h
```

위와 같은 변화된 사항들과 함께, 우리는 새로운 구성을 빌드할 수 있게 된다.

```
$ make goldfish_config arch=ARM CROSS_COMPILE=arm-none-eabi-
Configuring for goldfish - Board: goldfish, Options: ARCH_GOLDFISH,ARCH_
```

```
VERSATILE_QEMU,ARCH_VERSATILE_PB
$ make all arch=ARM CROSS_COMPILE=arm-none-eabi-
```

표 9.1 골드피시 보드 구성

Field	Value
Target	goldfish
ARCH	arm
CPU	arm926ejs
Board name	goldfish
Vendor	google
SoC	goldfish
Options	goldfish:ARCH_GOLDFISH, ARCH_VERSATILE_EMU, ARCH_VERSATILE_PB

이제 우리는 새로운 구성의 코드 베이스를 갖추었다. 그러나 안드로이드 에뮬레이터에서 이와 같은 새로운 구성으로 작업할 수 있도록 Versatile PB와 골드피시 사이에서 하드웨어 차이를 극복할 몇 가지 변경사항을 반드시 수행해야 한다. 계속 다음 세 개의 절에서 프로세서 레벨, 보드 레벨 및 디바이스 드라이버를 작업할 것이다.

프로세서 세부사항 수정

Versatile PB와 골드피시는 동일한 프로세서 모델을 사용하기 때문에, 대부분의 프로세서 레벨 코드를 재사용 할 수 있다. 프로세서 레벨 파일들은 arch/arm/cpu/arm926ejs/goldfish에 있다. 위의 폴더에는 reset.S와 timer.c 두 파일이 존재한다. reset.S 파일은 스타트업을 위한 어셈블리 코드 몇 줄을 포함하고 있다. 그것은 TI의 OMAP1610/OMAP730 코드에서 복사된 Versatile PB와 동일하다.

골드피시 플랫폼을 위한 주요 변화는 타이머 명세다. timer.c 파일은 타이머 초기화를 처리하고 타이머 기능들을 제공하기 위해 만들어졌다. 7장에서 우리는 모든 타이머 기능들을 구현해 놓았기 때문에, 7장에서 우리가 만든 timer.c 파일을 복사하여 여기에서 사용할 수 있다.

보드 세부사항 수정

보드 레벨 파일들은 board/google/goldfish 폴더에 있다. 이 폴더 안에는 goldfish.c 및 lowlevel_init.S 두 개의 파일이 있다. lowlevel_init.S 어셈블리 파일은 U-Boot가 요구하는 lowlevel_init() 함수를 위한 부분(stub)만 포함하고 있다. includes only a stub for the function lowlevel_init(), which is required by U-Boot.

가장 중요한 파일들은 [예제 9.1]에서 제공하는 goldfish.c 및 include/configs/goldfish.h 헤더파일이다. 보드 세부사항 구현은 goldfish.c에서 찾을 수 있고 보드 상세 정의는 goldfish.h에 정의되어 있다. 앞 장에서 [예제 5.6]의 hardware.h 헤더파일을 기억해 보자. goldfish.h 헤더파일은 hardware.h 헤더파일의 상단에 U-Boot 전용 구성 정보를 확장한 것이다. goldfish.h 헤더파일의 하단에는 골드피시 레지스터들의 모든 기본 주소와 인터럽트 번호들이 hardware.h에서 복사되었다.

U-Boot 전용 정의부에서, CONFIG_SMC91111는 U-Boot에서 이더넷 드라이버를 포함하기 위해 정의되었다. 이더넷 드라이버의 구현은 이미 사용가능하다. 그래서 헤더파일에 바로 추가하여 사용할 수 있다. CONFIG_GOLDFISH_SERIAL은 우리가 작성한 시리얼 드라이버를 포함하기 위해 정의되었다. 이번 장 후반에 시리얼 드라이버를 생성하는 것에 대해 알아볼 것이다. CONFIG_USE_IRQ은 인터럽트 핸들링을 지원하기 위해 정의되었다—인터럽트 핸들링은 U-Boot 아키텍처에서 선택 가능한 (optional) 구현이다. 골드피시 전용 인터럽트 지원은 goldfish.c에 구현되어 있다. 또다른 중요한 정의는 PHYS_SDRAM_1_SIZE이다. 우리는 PHYS_SDRAM_1_SIZE 에서 0x20000000(512MB)로 램 사이즈를 정의했다. [그림 2.3]에서 보듯이 안드로이드 에뮬레이터에 램 사이즈를 설정했기 때문에 우리의 U-Boot에서 이 사이즈는 같아야 한다.

예제 9.1 골드피시 하드웨어 구성(include/configs/goldfish.h)

```
#ifndef __GOLDFISH_CONFIG_H
#define __GOLDFISH_CONFIG_H
/*
 * High-level configuration options
 */
#define CONFIG_ARM926EJS           1              /* This is an arm926ejs CPU core */
#define CONFIG_VERSATILE           1                /* in Versatile Platform Board */
#define CONFIG_ARCH_VERSATILE      1                 /* Specifically, a Versatile */
#define CONFIG_USE_IRQ
#define CONFIG_STACKSIZE_IRQ (4*1024)
#define CONFIG_STACKSIZE_FIQ (4*1024)
#define CONFIG_SYS_MEMTEST_START 0x100000
#define CONFIG_SYS_MEMTEST_END   0x10000000
#define CONFIG_SYS_HZ            (1000000 / 256)
#define CONFIG_SYS_TIMERBASE     IO_ADDRESS(GOLDFISH_TIMER_BASE)   /* Timer base */
#define CONFIG_SYS_TIMER_INTERVAL 10000
#define CONFIG_SYS_TIMER_RELOAD  (CONFIG_SYS_TIMER_INTERVAL >> 4)
#define CONFIG_SYS_TIMER_CTRL    0x84 /* Enable, Clock / 16 */
#define CONFIG_CMDLINE_TAG         1                 /* Enable passing of ATAGs */
#define CONFIG_SETUP_MEMORY_TAGS 1
#define CONFIG_MISC_INIT_R         1
/*
 * Size of malloc() pool
 */
#define CONFIG_ENV_SIZE          8192
#define CONFIG_SYS_MALLOC_LEN    (CONFIG_ENV_SIZE + 128 * 1024)
/*
```

```c
 * Hardware drivers
 */
#define CONFIG_SMC91111
#define CONFIG_SMC_USE_32_BIT
#define CONFIG_SMC91111_BASE        IO_ADDRESS(GOLDFISH_smc91x_BASE)
#undef CONFIG_SMC91111_EXT_PHY
/*
 * GOLDFISH serial
 */
#define CONFIG_GOLDFISH_SERIAL
#define CONFIG_CONS_INDEX           0
#define CONFIG_BAUDRATE             38400
#define CONFIG_SYS_SERIAL0          IO_ADDRESS(GOLDFISH_TTY1_BASE)
#define CONFIG_SYS_SERIAL1          IO_ADDRESS(GOLDFISH_TTY2_BASE)
/*
 * Command-line configuration
 */
#define CONFIG_CMD_BDI
#define CONFIG_CMD_DHCP
#define CONFIG_CMD_FLASH
#define CONFIG_CMD_IMI
#define CONFIG_CMD_MEMORY
#define CONFIG_CMD_NET
#define CONFIG_CMD_PING
#define CONFIG_CMD_SAVEENV
/*
 * BOOTP options
 */
#define CONFIG_BOOTP_BOOTPATH
#define CONFIG_BOOTP_GATEWAY
#define CONFIG_BOOTP_HOSTNAME
#define CONFIG_BOOTP_SUBNETMASK
/*
 * Boot delay and Linux kernel parameters
 */
#define CONFIG_BOOTDELAY        2
#define CONFIG_BOOTARGS "qemu.gles=1 qemu=1 console=ttyS0 android.qemud=ttyS1
androidboot.console=ttyS2 android.checkjni=1 ndns=1"
#define CONFIG_BOOTCOMMAND "bootm 0x210000 0x410000"
```

```c
#define CONFIG_INITRD_TAG 1
/*
 * Static configuration when assigning fixed address
 */
#define CONFIG_BOOTFILE          "/tftpboot/uImage" /* file to load */
/*
 * Miscellaneous configurable options
 */
#define CONFIG_SYS_LONGHELP                         /* undef to save memory */
#define CONFIG_SYS_CBSIZE        256                /* Console I/O buffer size */
/* Monitor command prompt       */
# define CONFIG_SYS_PROMPT       "Goldfish # "
/* Print buffer size */
#define CONFIG_SYS_PBSIZE \
            (CONFIG_SYS_CBSIZE + sizeof(CONFIG_SYS_PROMPT) + 16)
#define CONFIG_SYS_MAXARGS       16                 /* Max number of command args */
#define CONFIG_SYS_BARGSIZE      CONFIG_SYS_CBSIZE  /* Boot argument buffer size */
#define CONFIG_SYS_LOAD_ADDR     0x7fc0             /* Default load address */
/*-----------------------------------------------------------------------
 * Physical memory map
 */
#define CONFIG_NR_DRAM_BANKS     1                  /* We have 1 bank of DRAM */
#define PHYS_SDRAM_1             0x00000000         /* SDRAM Bank #1 */
#define PHYS_SDRAM_1_SIZE        0x20000000         /* 512 MB */
#define PHYS_FLASH_SIZE          0x04000000         /* 64MB */
#define CONFIG_SYS_SDRAM_BASE        PHYS_SDRAM_1
#define CONFIG_SYS_INIT_RAM_ADDR     0x00800000
#define CONFIG_SYS_INIT_RAM_SIZE     0x000FFFFF
#define CONFIG_SYS_GBL_DATA_OFFSET        (CONFIG_SYS_INIT_RAM_SIZE - \
                    GENERATED_GBL_DATA_SIZE)
#define CONFIG_SYS_INIT_SP_ADDR           (CONFIG_SYS_INIT_RAM_ADDR + \
                    CONFIG_SYS_GBL_DATA_OFFSET)
#define CONFIG_BOARD_EARLY_INIT_F210000 0x410000"
#define CONFIG_INITRD_TAG 1
/*-----------------------------------------------------------------------
 * FLASH and environment organization
 */
#define CONFIG_SYS_TEXT_BASE     0x10000
#define CONFIG_SYS_NO_FLASH
```

```c
#define CONFIG_ENV_IS_NOWHERE
#define CONFIG_SYS_MONITOR_LEN  0x80000
/*
 * Goldfish IO address definition; refer to <mach/hardware.h> in goldfish
 * Linux kernel: where in virtual memory the IO devices (timers, system
controllers, and so on) are found
 */
#define IRQ_PDEV_BUS     (1)
#define IRQ_TIMER        (3)
#define IRQ_TTY0         (4)
#define IRQ_RTC          (10)
#define IRQ_TTY1         (11)
#define IRQ_TTY2         (12)
#define IRQ_smc91x       (13)
#define IRQ_FB           (14)
#define IRQ_AUDIO        (15)
#define IRQ_EVENTS       (16)
#define IRQ_PIPE         (17)
#define IRQ_SWITCH0      (18)
#define IRQ_SWITCH1      (19)
#define IRQ_RANDOM       (20)
#define LAST_IRQ RANDOM_IRQ
#define N_IRQS 21
/*
 * Base address of memory mapped the IO devices (timers, system controllers,
 * and so on)
 */
#define IO_BASE          0xfe000000                        /* MMU on */
#define IO_SIZE          0x00800000
#define IO_START         0xff000000                        /* MMU off */
/* Goldfish interrupt controller */
#define GOLDFISH_INTERRUPT_BASE         (0x0)
#define GOLDFISH_INTERRUPT_STATUS       (0x00)
#define GOLDFISH_INTERRUPT_NUMBER        (0x04)
#define GOLDFISH_INTERRUPT_DISABLE_ALL  (0x08)
#define GOLDFISH_INTERRUPT_DISABLE      (0x0c)
#define GOLDFISH_INTERRUPT_ENABLE       (0x10)


/* Offset of I/O devices */
```

```
#define GOLDFISH_PDEV_BUS_BASE          (0x1000)
#define GOLDFISH_PDEV_BUS_END           (0x100)
#define GOLDFISH_TTY_BASE               (0x2000)
#define GOLDFISH_TIMER_BASE             (0x3000)
#define GOLDFISH_AUDIO_BASE             (0x4000)
#define GOLDFISH_MEMLOG_BASE            (0x6000)
#define GOLDFISH_RTC_BASE               (0x10000)
#define GOLDFISH_TTY1_BASE              (0x11000)
#define GOLDFISH_TTY2_BASE              (0x12000)
#define GOLDFISH_smc91x_BASE            (0x13000)
#define GOLDFISH_FB_BASE                (0x14000)
#define GOLDFISH_EVENTS_BASE            (0x15000)
#define GOLDFISH_NAND_BASE              (0x16000)
#define GOLDFISH_PIPE_BASE              (0x17000)
#define GOLDFISH_SWITCH0_BASE           (0x19000)
#define GOLDFISH_SWITCH1_BASE           (0x1a000)


/* Macro to get at I/O base address */
#if 1
    #define IO_ADDRESS(x) ((x) + IO_START)
#else
    #define IO_ADDRESS(x) ((x) + IO_BASE)
#endif
#endif /* __GOLDFISH_CONFIG_H */
```

골드피시의 보드 레벨을 구현하는 것은 [예제 9.2]에 표시되어, 보드 레벨 초기화 함수 세트가 board_early_init_f(), board_init(), misc_init_r(), dram_init() 및 board_eth_init와 같이 구현되어 있다. 이 함수들은 보드에 특화된 구현을 지원하기 위해 U-Boot 부팅 과정에서 호출될 수 있다. 골드피시의 보드 레벨을 구현하는 방법은 간단하고 복잡하지 않다.

예제 9.2 보드 레벨 지원 (board/google/goldfish/goldfish.c)

```
#include <common.h>
#include <netdev.h>
#include <asm/io.h>
#include <configs/goldfish.h>
DECLARE_GLOBAL_DATA_PTR;
#ifdef CONFIG_USE_IRQ
struct _irq_handler {
```

```c
    void *m_data;
    void (*m_func)( void *data);
};
static struct _irq_handler IRQ_HANDLERS[N_IRQS];
#endif /* CONFIG_USE_IRQ */
#if defined(CONFIG_SHOW_BOOT_PROGRESS)
void show_boot_progress(int progress)
{
    printf("Boot reached stage %d\n", progress);
}
#endif
#define COMP_MODE_ENABLE ((unsigned int)0x0000EAEF)
/*
 * Miscellaneous platform-dependent initializations
 */
int board_early_init_f (void)
{
    return 0;
}
int board_init (void)
{
    /* Arch number of GOLDFISH board */
    gd->bd->bi_arch_number = MACH_TYPE_GOLDFISH;
    /* Address of boot parameters */
    gd->bd->bi_boot_params = 0x00000100;
    gd->flags = 0;
    icache_enable ();
    return 0;
}
int misc_init_r (void)
{
    setenv("verify", "n");
    return (0);
}
/*****************************
 Routine:
 Description:
 ****************************/
int dram_init (void)
```

```c
{
    /* dram_init must store the complete ramsize in gd->ram_size */
    gd->ram_size = get_ram_size((void *)CONFIG_SYS_SDRAM_BASE,
                PHYS_SDRAM_1_SIZE);
    return 0;
}
#ifdef CONFIG_CMD_NET
int board_eth_init(bd_t *bis)
{
    int rc = 0;
#ifdef CONFIG_SMC91111
    rc = smc91111_initialize(0, CONFIG_SMC91111_BASE);
#endif
    return rc;
}
#endif
#ifdef CONFIG_USE_IRQ
/*
 * GOLDFISH_INTERRUPT_DISABLE at offset 0xC is a write-only register.
 * Writing an interrupt number to it will disable the specified interrupt.
 * */
void goldfish_mask_irq(unsigned int irq)
{
    writel(irq, (void *)IO_ADDRESS(GOLDFISH_INTERRUPT_BASE) + GOLDFISH_INTERRUPT_
DISABLE);
}
/*
 * GOLDFISH_INTERRUPT_ENABLE at offset 0x10 is a write-only register.
 * Writing an interrupt number to it will enable the specified interrupt.
 * */
void goldfish_unmask_irq(unsigned int irq)
{
    writel(irq, (void *)IO_ADDRESS(GOLDFISH_INTERRUPT_BASE) + GOLDFISH_INTERRUPT_
ENABLE);
}
/*
 * GOLDFISH_INTERRUPT_DISABLE_ALL at offset 0x8 is a write-only register.
 * Writing any value other than 0 to it will disable all interrupts.
 * */
```

```c
void goldfish_disable_all_irq(void)
{
    writel(1, (void *)IO_ADDRESS(GOLDFISH_INTERRUPT_BASE) + GOLDFISH_INTERRUPT_
DISABLE_ALL);
}
/*
 * GOLDFISH_INTERRUPT_NUMBER at offset 0x4 contains the lowest pending,
 * enabled interrupt number. It is a read-only register.
 * */
int goldfish_get_irq_num(void)
{
    return readl((void *)IO_ADDRESS(GOLDFISH_INTERRUPT_BASE) + GOLDFISH_INTERRUPT_
NUMBER);
}
/*
 * GOLDFISH_INTERRUPT_STATUS at offset 0x0 contains the number of pending interrupts.
 * It is a read-only register.
 * */
int goldfish_irq_status(void)
{
    return readl((void *)IO_ADDRESS(GOLDFISH_INTERRUPT_BASE) + GOLDFISH_INTERRUPT_
STATUS);
}
static void default_isr(void *data)
{
    printf("default_isr():  called for IRQ %d\n", (int)data);
}
static int next_irq(void)
{
    return goldfish_irq_status();
}
void do_irq (struct pt_regs *pt_regs)
{
    int irq = next_irq();
    IRQ_HANDLERS[irq].m_func(IRQ_HANDLERS[irq].m_data);
}
void irq_install_handler (int irq, interrupt_handler_t handle_irq, void *data)
{
    if (irq >= N_IRQS || !handle_irq)
```

```
        return;
    IRQ_HANDLERS[irq].m_data = data;
    IRQ_HANDLERS[irq].m_func = handle_irq;
}
int arch_interrupt_init (void)
{
    int i;
    /* install default interrupt handlers */
    for (i = 0; i < N_IRQS; i++)
        irq_install_handler(i, default_isr, (void *)i);
    return (0);
}
#endif /* CONFIG_USE_IRQ */
```

구현의 다른 부분은 CONFIG_USE_IRQ 매크로를 사용하여 활성화시킬 수 있다. 그것은 인터럽트 핸들링을 지원하는 데 사용된다. 골드피시 인터럽트 컨트롤러는 반드시 이 목적을 위해서 사용되야 한다. 골드피시 인터럽트 관련 함수들은 goldfish_mask_irq() 및 goldfish_unmask_irq()와 같이 goldfish_ 접두어로 시작하고, [예제 7.3]에서 복사되었다(7장에서 골드피시의 인터럽트 컨트롤러를 알아보았다)게다가, 다른 함수들은 U-Boot 인터럽트 인터페이스를 지원하기 위해 호출된다. 예를 들면, do_irq() 및 srch_interrupt_init() 함수들을 들 수 있다. U-Boot의 초기화가 진행되는 동안, arch_interrupt_init()은 모든 인터럽트 핸들러를 초기화하기 위해 호출된다. 인터럽트가 발생할 때, do_irq()는 인터럽트를 처리한다.

디바이스 드라이버 수정

골드피시 플랫폼에서, 우리는 이더넷, NAND 플래시, 시리얼 포트 및 RTC, 이들 사이의 다른 주변 장치들을 지원하고자 한다. 안드로이드 에뮬레이터는 표준 SCM91111 기반의 이더넷 하드웨어를 에뮬레이트하고 우리는 그것을 위해 기존의 U-Boot 코드를 재사용 할 수 있다.

골드피시에서 시리얼 포트, NAND 플래시 및 RTC를 위한 지원은 골드피시에 특화하여 구현해야 하며,또한 새로운 드라이버를 생성해야 한다.

- U-Boot에서, 주변의 특정 클래스를 위해 드라이버를 추가하려면, 다음을 따라야 한다.

- 드라이버 클래스 헤더 파일에 지정된 API를 구현한다.

- include/configs 폴더의 보드 구성 파일 goldfish.h 에 주변장치를 위한 옵션을 추가한다.

- drivers/serial과 같은 디바이스 드라이버 트리에 드라이버를 위한 소스코드를 추가 또는 수정한다.

시리얼 드라이버

먼저 새로운 시리얼 드라이버를 생성해 보자. 새 드라이버를 생성하기 위해 5장의 serial_goldfish.c 및 goldfish_uart.S 안의 코드를 재사용할 수 있다. 우리는 include/serial.h 에 나열된 API를 구현했다. [예제 9.3]과 같이, 필요한 API는 serial_device 데이터 구조체에 정의되어 있다.

예제 9.3 시리얼 API(include/serial.h)

```
…
struct serial_device {
    char    name[16];
    int    (*start)(void);
    int    (*stop)(void);
    void    (*setbrg)(void);
    int    (*getc)(void);
    int    (*tstc)(void);
    void    (*putc)(const char c);
    void    (*puts)(const char *s);
#if CONFIG_POST & CONFIG_SYS_POST_UART
    void    (*loop)(int);
#endif
    struct serial_device    *next;
};
void default_serial_puts(const char *s);
…
```

serial_goldfish.c와 goldfish_uart.S에 시리얼 API를 구현했으면 [예제 9.4]처럼 goldfish.h 구성 파일에 관련된 정의를 추가할 수 있다. 게다가 serial_goldfish.c 및 goldfish_uart.S 를 포함하기 위해 시리얼 드라이버 Makefile 를 업데이트 할 수 있다.

예제 9.4 goldfish.h 시리얼 드라이버 구성 추가

```
…
/*
 *  GOLDFISH serial
 */
#define CONFIG_GOLDFISH_SERIAL
#define CONFIG_CONS_INDEX      0
#define CONFIG_BAUDRATE              38400
#define CONFIG_SYS_SERIAL0          IO_ADDRESS(GOLDFISH_TTY1_BASE)
```

```
#define CONFIG_SYS_SERIAL1          IO_ADDRESS(GOLDFISH_TTY2_BASE)
…
```

serial_goldfish.c와 goldfish_uart.S를 5장에서 drivers/serial 폴더로 복사하고 [예제 9.5]와 같이 Makefile를 업데이트해 보자.

예제 9.5 시리얼 드라이버 Makefile 업데이트

```
…
COBJS-$(CONFIG_GOLDFISH_SERIAL) += serial_goldfish.o
COBJS-$(CONFIG_GOLDFISH_SERIAL) += goldfish_uart.o
…
```

5장의 시리얼 하드웨어를 위한 베어 메탈 프로그램 예제를 사용하고 이번 절에서 U-Boot 드라이버로 그것을 통합함으로써, 분리해서 하드웨어 인터페이스를 디버그하고 실제 드라이버를 구현할 수 있다. 같은 기술을 리눅스 드라이버 개발에 사용할 수 있다. 이 방식으로, 우리는 운영체제 드라이버 아키텍처의 복잡성으로부터 하드웨어 드라이버 디버깅을 분리할 수 있다.

NAND 플래시 드라이버

8장에서 NAND 플래시 드라이버를 추가하는 대부분의 작업을 했고, 여기서는 U-Boot 프레임워크에 그 작업을 통합해본다. 이 작업을 위해 8장에서 U-Boot 폴더 drivers/mtd/nand로 goldfish_nand.c 및 goldfish_nand_reg.h 파일을 복사한다.

U-Boot에서, 우리는 include/nand.h 헤더 파일에 정의되어 있는 인터페이스를 구현해야 한다. 이 헤더 파일에는, NAND 드라이버는 mtd_info 데이터 구조를 재정의한 nand_info_t 데이터 구조가 있고, 이 속에 정의된 인터페이스를 구현한다.

우리는 goldfish_nand.c 파일에 mtd_info 데이터 구조에서 필요한 기능들을 구현했다. 예제 9.6에서 (include/nand.h), board_nand_init() 함수를 두 가지 버전으로 정의했다.

int board_nand_init(struct nand_chip *nand);

int board_nand_init();

이 함수의 nand_chip 데이터 구조 매개변수는 NAND driver의 칩-레벨 구현을 필요로 한다. 골드피시 플랫폼에서, 우리는 이 드라이버를 위한 칩-레벨을 구현할 필요는 없다. 그래서 우리는 CONFIG_SYS_NAND_SELF_INIT 매크로를 정의했고 매개변수 없는 board_nand_init() 함수의 버전을 구현했다.

예제 9.6 NAND 플래시 초기화 함수 헤더파일 (include/nand.h)

```
…
extern void nand_init(void);
#include <linux/compat.h>
#include <linux/mtd/mtd.h>
#include <linux/mtd/nand.h>
#ifdef CONFIG_SYS_NAND_SELF_INIT
void board_nand_init(void);
int nand_register(int devnum);
#else
extern int board_nand_init(struct nand_chip *nand);
#endif
typedef struct mtd_info nand_info_t;
extern int nand_curr_device;
extern nand_info_t nand_info[];

…
```

우리는 drivers/mtd/nand 폴더에 goldfish_nand.c 파일을 넣은 후, [예제 9.7]처럼 goldfish.h에 연관된 매크로 정의들을 추가해야 한다.

예제 9.7 goldfish.h를 지원하는 NAND 추가

```
…
/*
 * NAND configuration
 */
#ifdef CONFIG_CMD_NAND
#define CONFIG_NAND_GOLDFISH
#define CONFIG_SYS_NAND_SELF_INIT
#define CONFIG_SYS_MAX_NAND_DEVICE    3    /* Max number of NAND devices */
#endif
#define MTDIDS_DEFAULT          "nand0=system_nand,nand1=data_nand,nand2=cache_nand"
#define MTDPARTS_DEFAULT
"mtdparts=system_nand:197m(system);data_nand:194m(data);cache_nand:64m(cache)"
/*
 * File system
 */
#define CONFIG_CMD_FAT
#define CONFIG_CMD_EXT2
```

```
#define CONFIG_CMD_UBI

#define CONFIG_CMD_UBIFS

#define CONFIG_CMD_MTDPARTS

#define CONFIG_MTD_DEVICE

#define CONFIG_MTD_PARTITIONS

#define CONFIG_YAFFS2

#define CONFIG_RBTREE

#define CONFIG_LZO

…
```

우리는 또한 drivers/mtd/nand에 goldfish_nand.c를 포함하기 위해 Makefile를 변경해야 한다.

```
COBJS-$(CONFIG_NAND_GOLDFISH) += goldfish_nand.o
```

이 시점에서, 우리는 U-Boot의 골드피시 NAND 플래시를 지원하기 위해 필요한 작업을 거의 모두 처리했고, 한 가지 문제가 남았다. 앞서 언급했듯이, 우리는 nand_chip 데이터 구조를 손대지 않으려 한다. 이 데이터 구조는 칩-레벨 특수 구현을 캡슐화하기 위해 사용된다.

현실 세계의 NAND 드라이버 대부분의 칩-레벨을 변경할 필요가 있다. 우리는 이 문제에 대한 해결 방법으로 [예제 9.8]에서처럼 fs/yaffs2/yaffs_uboot_glue.c의 한 부분을 변경해야 한다. 특히 inband_tags 항목을 변경하는 코드를 건너 뛴다. 이 필드는 골드피시U-Boot 코드에서 초기화되지 않은 nand_chip 데이터 구조의 일부이다. 이런 이유로 IO_ADDR_R 주소를 체크한다. 골드피시 NAND 플래시 기본 주소가 0xff016000 혹은 0xff017000과 같다면, 우리는 inband_tags 의 초기화를 건너 뛴다.

예제 9.8 yaffs_uboot_glue.c의 변화

```
…
        if(chip->IO_ADDR_R != (void __iomem *)0xff017000 && chip->IO_ADDR_R != (void
__iomem *)0xff016000) {
                if (chip->ecc.layout->oobavail < sizeof(struct yaffs_packed_tags2)) {
                        dev->param.inband_tags = 1;
                }
        }
…
```

fs/yaffs2/yaffs_uboot_glue.c 파일은 NAND 플래시 드라이버의 일부가 아니라 오히려 YAFFS2 소스 코드의 일부다. 이 변경은 YAFFS2 지원이 이미 U-Boot 코드 베이스에 포함되어 있기 때문에 필요하다. 우리는 [예제 9.7]에서 YAFFS2를 활성화하기 위해 CONFIG_YAFFS2 매크로를 추가했다.

RTC 드라이버

RTC를 지원하기 위해 [예제 9.9]에 정의된 기능들을 구현해야 한다. 다른 드라이버들을 처리한것과 같이 우리는 앞 장에서 구현한 코드를 다시 사용할 것이다. 이번에는 7장의 rtc-goldfish.c를 재사용한다.

예제 9.9 U-Boot RTC 인터페이스 (include/rtc.h)

```
/*
 * Generic RTC interface
 */
#ifndef _RTC_H_
#define _RTC_H_
/* bcd<->bin functions are needed by almost all RTC drivers; let's include
 * them there instead of in every single driver */
#include <bcd.h>
/*
 * The struct used to pass data from the generic interface code to
 * the hardware depends on low-level code, and vice versa. Identical
 * to the struct rtc_time used by the Linux kernel.
 *
 * Note that there are small but significant differences in the
 * common "struct time":
 *
 *         struct time:        struct rtc_time:
 * tm_mon     0 ... 11          1 ... 12
 * tm_year    years since 1900    years since 0
 */
struct rtc_time {
    int tm_sec;
    int tm_min;
    int tm_hour;
    int tm_mday;
    int tm_mon;
    int tm_year;
    int tm_wday;
    int tm_yday;
    int tm_isdst;
};
int rtc_get (struct rtc_time *);
```

```
int rtc_set (struct rtc_time *);
void rtc_reset (void);
void GregorianDay (struct rtc_time *);
void to_tm (int, struct rtc_time *);
unsigned long mktime (unsigned int, unsigned int, unsigned int,
             unsigned int, unsigned int, unsigned int);
#endif /* _RTC_H_ */
```

우리는 rtc-goldfish.c에서 rtc_get, rtc_set 및 rtc_reset을 구현해 놓았기 때문에, 이 파일을 drivers/rtc/rtc-goldfish.c로 복사할 수 있다. drivers/rtc 폴더에 include rtc-goldfish.c를 포함시키기 위해 Makefile을 변경해야 한다.

```
COBJS-$(CONFIG_RTC_GOLDFISH) += rtc-goldfish.o
```

다음 단계는 include/configs/goldfish.h 플랫폼 구성 파일에 CONFIG_RTC_GOLDFISH 매크로를 추가한다.

```
#define CONFIG_CMD_DATE
/*
* RTC driver configuration
*/
#ifdef CONFIG_CMD_DATE
#define CONFIG_RTC_GOLDFISH
#endif /* CONFIG_CMD_DATE */
```

RTC가 지원되는 상황에서, 우리가 U-Boot 명령 프롬프트로 부팅할 때, U-Boot 명령을 사용해 그 날짜를 세팅할 수 있다.

```
Goldfish # date
Date: 1970-01-01 (Thursday)    Time: 0:02:42
Goldfish # date 041417482014
Date: 2014-04-14 (Monday)      Time: 17:48:00
```

이더넷 드라이버

안드로이드 에뮬레이터는 표준 SMC91111 이더넷 하드웨어로 시뮬레이션하기 때문에, 예제 9.10에서 보여주는 것처럼, goldfish.h 보드 구성 파일을 변경함으로써 우리는 U-Boot에 이미 구현되어 있는 것들을 켤 수 있다.

예제 9.10 goldfish.h를 지원하는 SMC91111 이더넷

```
…
#define CONFIG_SMC91111
#define CONFIG_SMC_USE_32_BIT
#define CONFIG_SMC91111_BASE            IO_ADDRESS(GOLDFISH_smc91x_BASE)
#define CONFIG_SMC91111_EXT_PHY
…
```

CONFIG_SMC91111가 정의되어 있는 상태에서, drivers/net 폴더에 존재하는 smc91111.c 드라이버 파일은 골드피시 구성으로 빌드될 것이다. 이더넷 드라이버 Makefile 의 일부를 보여준다.

```
…
COBJS-$(CONFIG_SMC91111) += smc91111.o
…
```

요약

이 장에서 U-Boot를 골드피시 플랫폼에 포팅했다. 이제 우리는 기존의 플랫폼에 기반한 U-Boot를 새로운 플랫폼에 포팅하는 방법에 대해 기본적인 지식을 갖게 되었다. 필요에 따라 실제 프로젝트들을 같은 방법으로 적용할 수 있다. 포팅을 진행하는 동안, 이전에 생성했던 코드를 다른 목적을 위해 재사용할 수 있다는 것도 배웠다.

이런 기법은 실제 프로젝트에서도 마찬가지로 적용할 수 있다. 우리는 베어 메탈 환경에서 대부분의 순수 하드웨어 관련된 코드를 생성할 수 있다. 이 방식을 통해 우리가 사용할 수 있는 하드웨어에 집중하고 U-Boot와 리눅스 커널 취급의 복잡성을 피할 수 있다. 필요에 따라 하드웨어를 사용하면, 부트로더 프레임워크나 운영체제 드라이버 중 하나와 그 작업을 병합할 수 있다. 이것은 임베디드 시스템 프로그래밍의 복잡성을 줄여주기 위한 좋은 방법이다.

포팅을 위한 일반적인 단계들을 다뤘다. 첫 번째로 우리의 U-Boot 포팅의 기반으로 'Versatile' 하드웨어 플랫폼을 선택했다. 특정 프로세서와 특정 보드 코드를 필요에 따라 변경했다. 타이머와 인터럽트 컨트롤러를 다루는 7장의 코드를 재사용했다. 그 후 세 개의 드라이버 즉, 시리얼, NAND 플래시, 이더넷 드라이버들을 골드피시 U-Boot으로 추가했다. 이렇게 기존과 새로운 드라이버들 모두 U-Boot으로 추가하는 방법을 공부했다. 시리얼 드라이버와 NAND 플래시 드라이버를 각각 5장과 8장으로부터 재사용했고, 이더넷 드라이버는 기존의 U-Boot 코드를 바로 사용했다.

[표 9.2]에 이번 장에서 우리가 만든 구성 변화들을 요약했다. [표 9.2]의 변경된 내용에는 프로세서 레벨과 보드 레벨의 변화, 디바이스 드라이버 변화와 몇 가지 빌드 관련 변화들을 포함한다. 또한 다른 장에서 이번 장과 어떤 관계가 있는지 보여준다.

표 9.2 골드피시 보드 구성

File	Remarks	Related Changes
arch/arm/cpu/arm926ejs/goldfish/Makefile		
arch/arm/cpu/arm926ejs/goldfish/reset.S		
arch/arm/cpu/arm926ejs/goldfish/timer.c		
arch/arm/include/asm/mach-types.h		
board/google/goldfish/Makefile	7 장에 있는 hardware.h의 인터럽트 컨트롤러 및 타이머 지원 재사용	Processor- and board-level changes
board/google/goldfish/goldfish.c		
board/google/goldfish/lowlevel_init.S		
include/configs/goldfish.h		
common/image.c		
boards.cfg		
drivers/mtd/nand/Makefile		
drivers/mtd/nand/goldfish_nand.c	8장에 있는 NAND 플래시 지원을 재사용	NAND flash driver
drivers/mtd/nand/goldfish_nand_reg.h		
fs/yaffs2/yaffs_uboot_glue.c		
drivers/rtc/Makefile	7장에 있는 RTC지원을 재사용	RTC driver
drivers/rtc/rtc-goldfish.c		
drivers/serial/Makefile		
drivers/serial/goldfish_uart.S	5장에 있는 시리얼 포트 지원을 재사용	Serial port driver
drivers/serial/serial_goldfish.c		
drivers/serial/serial_goldfish.h		
common/main.c	부트 딜레이 시간을 변경하고 debug build를 활성화	Miscellaneous changes
config.mk		

10장
골드피시 커널을 부팅하기 위해 U-Boot 사용하기

일단 골드피시 플랫폼을 위해 U-Boot를 준비했다면, 안드로이드 에뮬레이터의 리눅스 커널을 부팅하는 데 사용할 수 있다. 부트 프로세스를 시작하려면 일단 플래시 메모리와 같은 비휘발성 메모리에서 시작하는 방법이 이상적이다. 임베디드 시스템에서는 많은 종류의 저장 장치들이 사용될 수 있다. 그중 가장 인기 있는 선택은 NOR와 NAND 플래시 장치다. 이 장에서는, 골드피시 리눅스 커널을 구축할 것이다. 그리고 나서 U-Boot와 커널을 사용해 NOR 플래시와 NAND 플래시에서 안드로이드를 어떻게 부팅하는지 살펴본다.

골드피시 커널 구축하기

우리는 부트로더로부터 커널과 파일 시스템에 이르기까지 우리가 직접 작업한 토대 위에서 모든것을 구축하는 것을 추구할지도 모른다. 특정 구글 애플리케이션을 제외하고, Android Open Source Project (AOSP)라는 프로젝트에서 안드로이드에 관한 거의 모든 것을 포스팅하고 있다. 그러나 지금 당장 구축 과정의 모든 양상에 대해 상세히 파고들면 우리가 집중해야 할 것을 놓치게 될 것이다.

이 책의 3부에서 AOSP에 관해 살펴볼 것이다. 처음부터 AOSP를 빌드하는 방법을 배우고 싶다면, Karim Yaghmour의 〈Embedded Android〉가 좋은 참고서가 될 것이다. 추가로 인터넷에서도 AOSP에서 작업하는 방법을 설명하는 정보들이 상당히 많다.

커널을 빌드하기 위해 필요한 두 가지 사항을 알아본다. 첫 번째는 미리 만들어진 툴체인과 골드피시 커널 소스코드가 준비되어야 한다. 권장 옵션은 구글 소스 git 레파지토리에서 다운로드할 수 있는 AOSP로부터 미리 작성된 툴체인을 사용한다. 다른 사전 제작된 toolchains들도 마찬가지로 사용될 수 있다. 예를 들면 Mentor Graphics 즉, Sourcery CodeBench 같은 공급업체의 미리 제작된 툴체인을 사용할 수 있다. AOSP 소스트리를 가지고 있다면, AOSP에서 바로 미리 제작된 툴체인을 사용할 수 있다. 그렇지 않고 AOSP 소스트리가 없다면, 이번 장의 명령(instructions)은 이 툴체인을 다운로드하는 방법에 대해 설명한다. 만일 부록 A에 소개된 install.sh 스크립트로 툴체인을 설치했다면, CodeBench Lite 의 툴체인이 있어야 한다. 이런 경우라면 이 장에서 소개된 AOSP 툴체인 다운로드 내용을 건너뛰어도 된다. 우리의 커널을 부팅하기 위해 안드로이드 SDK에 포함된 파일 시스템을 사용할 수 있다.

안드로이드 가상 장치가 생성될 때, 대응하는 파일 시스템 또한 생성된다. 우리는 이번 장에서 2장에서 만든 가상 장치 hd2를 사용할 것이다. hd2를 위한 파일시스템 이미지는 ~/.android/avd/hd2.avd에서 찾을 수 있다. 부팅 과정을 보여주기 위해서 안드로이드 SDK에 원래의 커널을 이용하는 대신 자체적으로 커널을 구축하려는 이유는 리눅스 커널 부팅이 우리가 생각하는 것만큼 원활하게 처리되지 않기 때문이다.

사실, 이 과정은 대부분 처음 시도하는 것이라면 실패하므로, 부팅 과정을 디버그할 수 있도록 해야 한다. 실제 U-Boot 포팅은 두 단계를 포함한다. 첫 번째, 우리는 커맨드 라인 프롬프트를 사용할 수 있을 때까지 U-Boot를 실행하도록 필요한 하드웨어 지원을 추가해야 한다. 두 번째, 우리는 리눅스 커널을 위한 적절한 환경이 준비되도록 U-Boot를 변경해야만 한다. 그렇게 해서 제어가 커널로 이동될 수 있고 커널이 평범하게 시작될 수 있다. 두 번째 단계에서 우리에게 커널의 디버그 버전이 없는 상태로, U-Boot 자체를 디버그하는 것은 매우 어려울 것이다. 이번 장에서는 소스코드 레벨의 U-Boot 및 리눅스 커널 모두를 디버그하는 방법을 알아본다.

Prebuilt 툴체인과 커널 소스코드

미리 구축된 툴체인을 사용해 안드로이드 커널을 구축하는 방법의 최신 정보는 https://source.android.com/ 에 올라와 있다. 종종 AOSP 변경을 감안해서, 이 장에서 진행상의 순서는 이 책을 작성하는 시점에 사용 가능한 것이라는 점을 인지해야 한다. 그 이후로도 새로운 버전으로 계속 릴리즈될 수 있다. 다음의 명령을 사용해 AOSP git 레파지토리에서 미리 구축된 툴체인을 다운로드할 수 있다.

```
$ git clone https://android.googlesource.com/platform/prebuilts/gcc/linux-x86/arm/
arm-eabi-4.7
```

이 작업을 완료하기 위한 명령을 수행하는데 잠시 시간이 걸릴 것이다. 미리 구축된 툴체인이 다운로드된 후, 그것을 포함하기 위한 경로를 환경 변수로 설정한다.

```
$ export PATH=$(pwd)/arm-eabi-4.7/bin:$PATH
```

다음 단계는 골프피시 커널 소스코드를 얻기 위한 작업이다. AOSP 레파지토리에서 커널의 사본을 얻기 위해 다음 명령을 사용한다.

```
$ git clone https://android.googlesource.com/kernel/goldfish.git
$ cd goldfish
$ git branch -a
* master
  remotes/origin/HEAD -> origin/master
  remotes/origin/android-goldfish-2.6.29
  remotes/origin/android-goldfish-3.4
  remotes/origin/linux-goldfish-3.0-wip
```

```
remotes/origin/master
$ git checkout -t origin/android-goldfish-2.6.29 -b goldfish
```

커널을 빌드하기 위해, 다음의 명령을 사용한다.

```
$ export ARCH=arm
$ export SUBARCH=arm
$ export CROSS_COMPILE=arm-eabi-
$ make goldfish_armv7_defconfig
$ make
```

빌드가 완료된 후, 우리는 디폴트로 빌드된 골드피시 커널의 릴리즈를 갖게된다. 커널 디버그를 위해, 우리는 커널 구성 파일에서 디버깅 옵션을 켜야 한다. 그러기 위해, config 파일을 직접 편집하거나 menuconfig를 실행하거나 둘 중 하나를 해야 한다. menuconfig를 설치하지 않은 상태에서 실행하려면, 먼저 libncurses5-dev 패키지를 설치해야 한다.

```
$ sudo apt-get install libncurses5-dev
$ make menuconfig CROSS_COMPILE=arm-eabi-
```

menuconfig를 시작한 후, [그림 10.1]처럼, Kernel hacking, Compile the kernel with debug info 를 선택할 수 있다. 다른 접근법으로, 앞서 언급했던 config 파일을 직접 편집한다.

.config 파일에서, 우리는 CONFIG_DEBUG_INFO=y와 같이 설정할 수 있다.

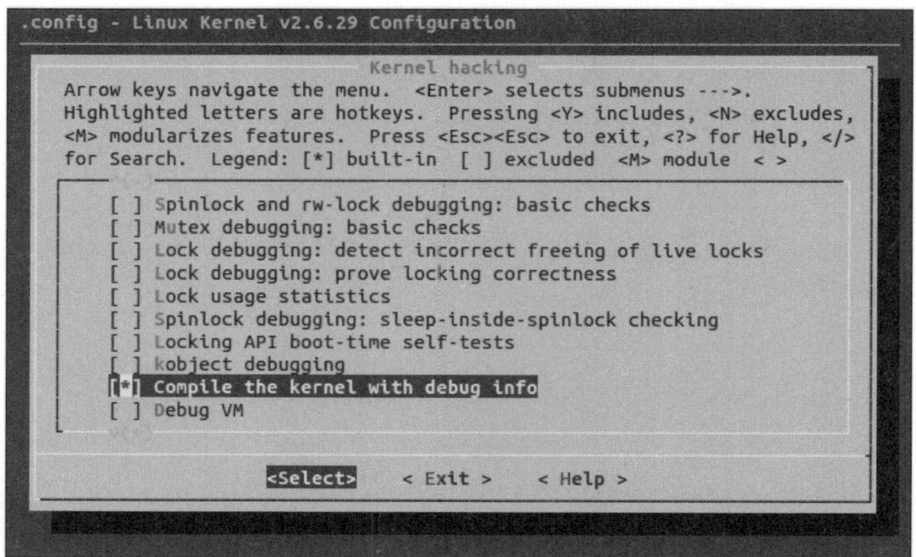

그림 10.1 menuconfig에서의 디버깅 활성화

이런 단계가 상당히 단순해 보여도 문제가 자주 발생한다. 또 다른 방법은 부록 B에 있는 명령들을 따라 개발 환경을 설정하고 GitHub의 build repository에 있는 Makefile과 스크립트를 사용해 이 책에 있는 모든 것을 빌드하는 것이다.

에뮬레이터에서 커널 실행과 디버깅

빌드 과정을 끝내고 난 후, 우리는 안드로이드 에뮬레이터에서 커널을 실행하고 디버그할 수 있다. 압축 커널 이미지는 arch/arm/boot/zImage에 있다. 이 이미지는 에뮬레이터에서 커널을 실행하는 데 사용된다. vmlinux 이미지 파일은 디버그 심볼이 필요한 gdb에 의해 사용될 수 있는 ELF 포맷이다.

우리의 커널 이미지를 사용해 안드로이드 에뮬레이터를 시작하기 위해 다음의 명령을 사용한다.

```
$ emulator -verbose -show-kernel -netfast -avd hd2 -qemu -serial stdio -s -S -kernel
arch/arm/boot/zImage
```

에뮬레이터가 실행된 후, 커널을 디버그하기 위한 gdb 디버거를 시작할 수 있다. 우리는 gdb 디버거를 시작하기 위해 ddd 그래픽 인터페이스를 사용할 것이다. 그것은 더욱 친숙한 환경을 제공한다. 다음 커맨드 라인에서, 디버거 arm-eabi-gdb와 바이너리 이미지 vmlinux를 사용하도록 지정하여 ddd 명령을 입력한다.

```
$ ddd --debugger arm-eabi-gdb vmlinux
```

gdb가 시작된 후, 그것은 에뮬레이터에서 target remote localhost:1234 명령을 사용하여 gdbserver에 접속할 필요가 있다. 부팅의 진행 상황을 추적하기 위해, start_kernel 함수에 중단점을 설정할 수 있다.

```
GNU DDD 3.3.12 (i686-pc-linux-gnu), by Dorothea Lütkehaus and Andreas Zeller.
Copyright © 1995-1999 Technische Universität Braunschweig, Germany.
Copyright © 1999-2001 Universität Passau, Germany.
Copyright © 2001 Universität des Saarlandes, Germany.
Copyright © 2001-2004 Free Software Foundation, Inc.
Reading symbols from /home/sgye/src/Android/goldfish/vmlinux...done.
(gdb) target remote localhost:1234
0x00000000 in ?? ()
(gdb) b start_kernel
Breakpoint 1 at 0xc0008858: file init/main.c, line 531.
(gdb) c
```

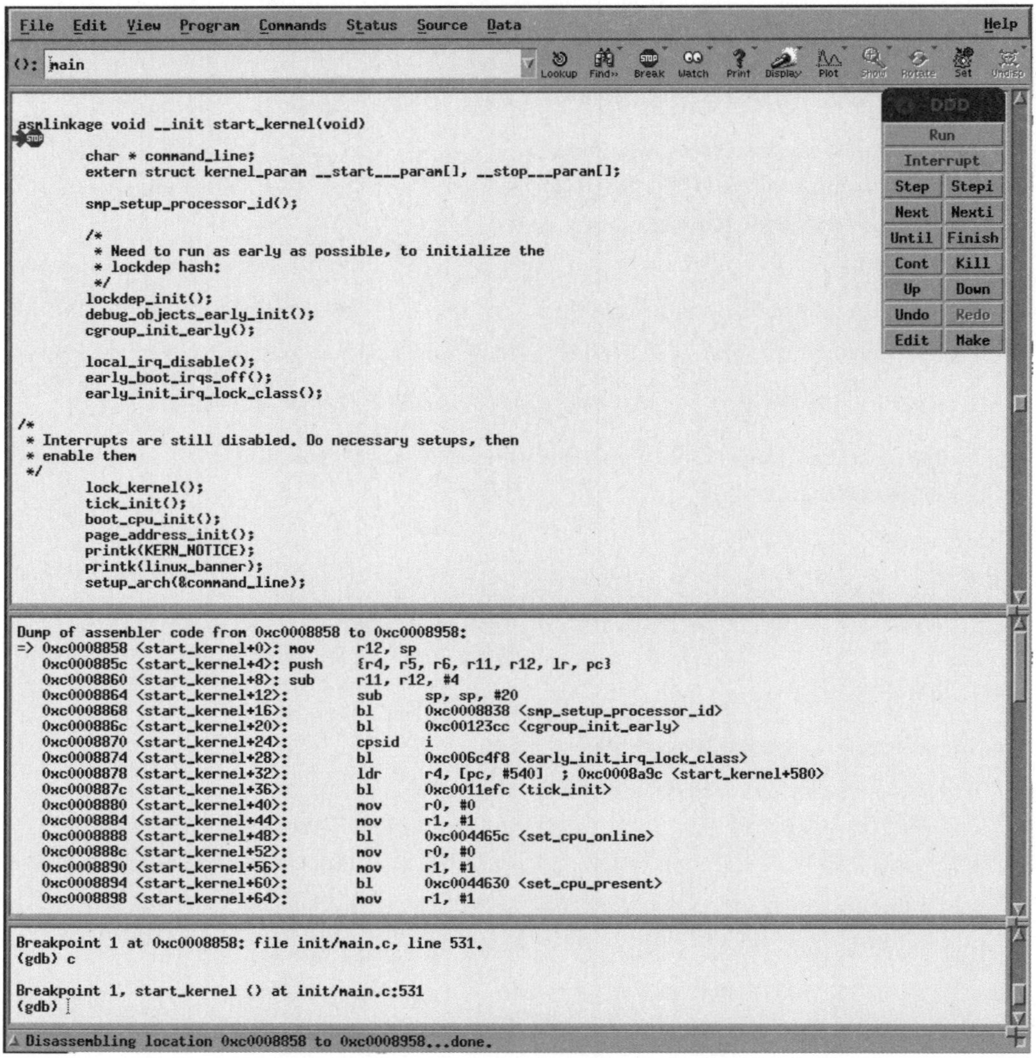

그림 10.2 start_kernel에서의 부팅 정지

시작된 후, gdb는 [그림 10.2]에서 보여주듯이 start_kernel에서 멈출 것이다. 시스템이 부팅된 후, 콘솔은 [그림 10.3]에 표시된 것과 같다. 전체 안드로이드 시스템은 이 시점에 사용될 준비가 될 것이다. 여기에서 우리는 직접 안드로이드 에뮬레이터 커널을 부팅한다. 다음 절에서, 우리는 U-Boot를 사용해 커널을 부팅할 것이다.

```
<6>yaffs: dev is 32505858 name is "mtdblock2"
yaffs: dev is 32505858 name is "mtdblock2"
<6>yaffs: passed flags ""
yaffs: passed flags ""
yaffs: Attempting MTD mount on 31.2, "mtdblock2"
yaffs: Attempting MTD mount on 31.2, "mtdblock2"
yaffs_read_super: isCheckpointed 0
yaffs_read_super: isCheckpointed 0
<3>init: cannot find '/system/etc/install-recovery.sh', disabling 'flash_recover
y'
init: cannot find '/system/etc/install-recovery.sh', disabling 'flash_recovery'
<3>init: untracked pid 47 exited
init: untracked pid 47 exited
<6>warning: `rild' uses 32-bit capabilities (legacy support in use)
warning: `rild' uses 32-bit capabilities (legacy support in use)
<6>eth0: link up
eth0: link up
shell@android:/ $ <7>eth0: no IPv6 routers present
<6>request_suspend_state: wakeup (3->0) at 35350000414 (2013-05-25 13:53:51.1612
96804 UTC)
request_suspend_state: wakeup (3->0) at 35350000414 (2013-05-25 13:53:51.1612968
04 UTC)

shell@android:/ $
```

그림 10.3 부팅 후 리눅스 콘솔

NOR 플래시부터 안드로이드 부팅

QEMU는 골드피시 플랫폼 위에 NOR 플래시 에뮬레이터를 제공하지 않는데, 이를 간단히 해결하기 위해, 우리는 NOR 플래시로부터 부팅 과정과 유사하게 만들도록 램을 사용한다. 이 방식은 U-Boot, 리눅스 커널 및 램디스크 이미지와 −kernel 옵션을 통한 QEMU로 이미지 전달을 포함한 바이너리 이미지를 빌드한다. 시작하기 전, QEMU가 리눅스 커널을 부팅하는 방법에 대해 살펴보자. 리눅스 커널을 부팅하기 위해, 부트로더는 다음의 환경을 준비한다.

- SVC(Supervisor) 모드의 프로세서와 IRQ 및 FIQ 비활성화

- MMU 비활성화

- Register r0 를 0 으로 설정

- Register r1에 ARM Linux machine type 설정

- Register r2에 커널 매개변수 목록 주소 설정

파워가 들어온 후, QEMU는 0x00000000 주소에서 실행하도록 시작한다. 커널 이미지가 로드되기 전에, QEMU는 앞에 설명한 환경을 준비한다. 그리고 나서 0x00010000 주소로 점프한다. [그림 10.4]

는 QEMU가 커널 이미지를 시작하는 시점 이전의 메모리 덤프를 보여준다. 제어가 커널 이미지로 넘어가기 전 어셈블리 코드의 다섯 행을 주목하자(이 라인들은 시스템이 시작할 때 QEMU에 의해 하드 코딩되었다). 1행(0x00000000)은 register r0을 0으로 설정하고, 2행(0x00000004)과 3행(0x00000008)은 register r1에 머신 타입이 골드피시 플랫폼인 0x5a1를 설정한다.

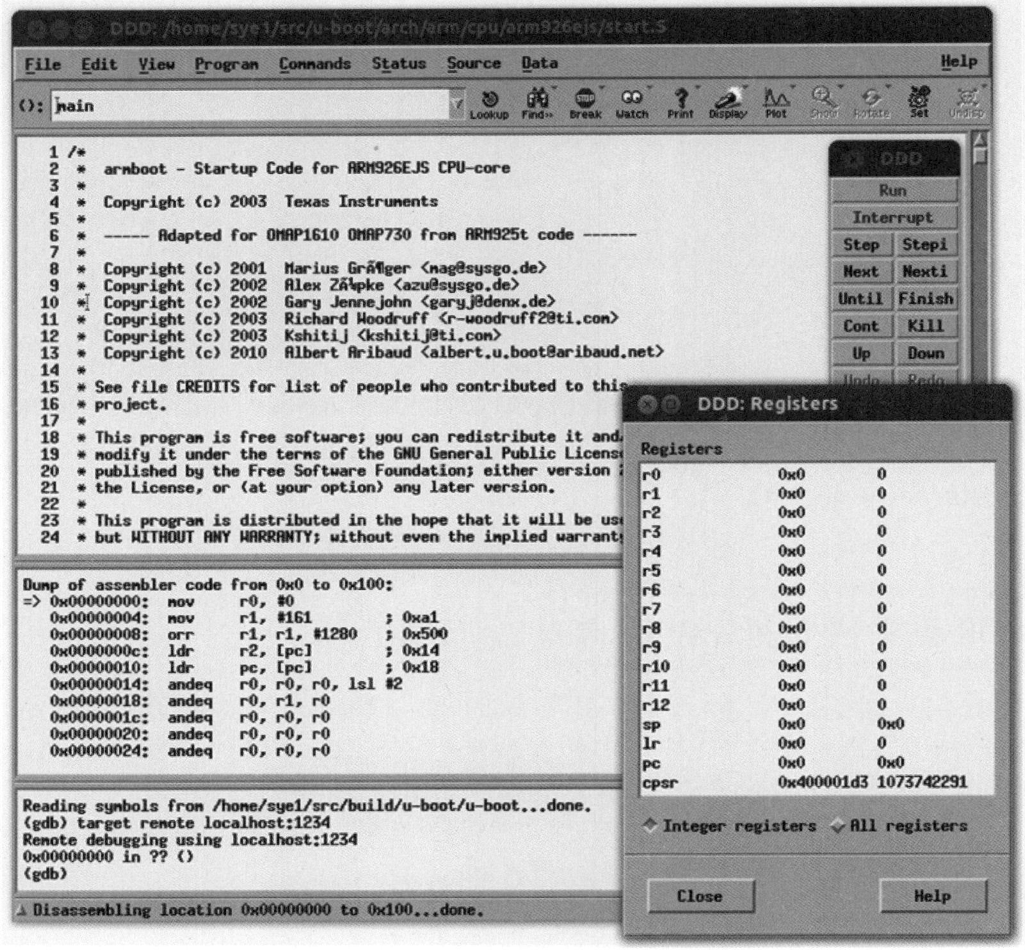

그림 10.4 리셋 시 미니 부트로더의 메모리 덤프

4행(0x0000000c)은 register r2의 값에 커널 파라미터 리스트 주소가 시작되는 0x100을 설정한다. 5행(0x00000010)은 register pc를 0x10000으로 설정한다. 그리하면 0x10000 주소로 점프를 실행한다. [그림 10.5]에서 설명된 바와 같이, 우리는 테스트를 위한 U-Boot, 리눅스 커널과 램디스크가 포함된 이미지를 생성할 것이다. U-Boot가 QEMU가 호출할 0x00010000 주소에 위치된다.

리눅스 커널은 0x00210000 주소에, 램디스크 이미지는 0x00410000 주소에 위치하게 된다. 커널과 램디스크 이미지 모두 0x00010000 주소로부터 시작되어 2MB 간격에 배치된다. U-Boot가 재배치된 후, 그것은 스스로 0x1ff59000(이 주소는 매번 빌드할 때마다 변경될 것) 주소로 이동할 것이고 0x00010000 시작 주소부터 2MB에대해서는 자유롭다(어떤 용도로 사용하든지 구속 받지 않는 상태). 우리는 U-Boot 커맨드 라인에서 bootm 명령을 통해 커널과 램디스크 이미지에 대한 U-Boot를 알릴 수 있다. 양자 택일로, include/configs/goldfish.h 헤더파일에 디폴트 bootm 파라미터를 설정할 수 있다. 디폴트 bootm과 커널 매개변수를 goldfish.h 파일에 다음과 같이 추가할 수 있다.

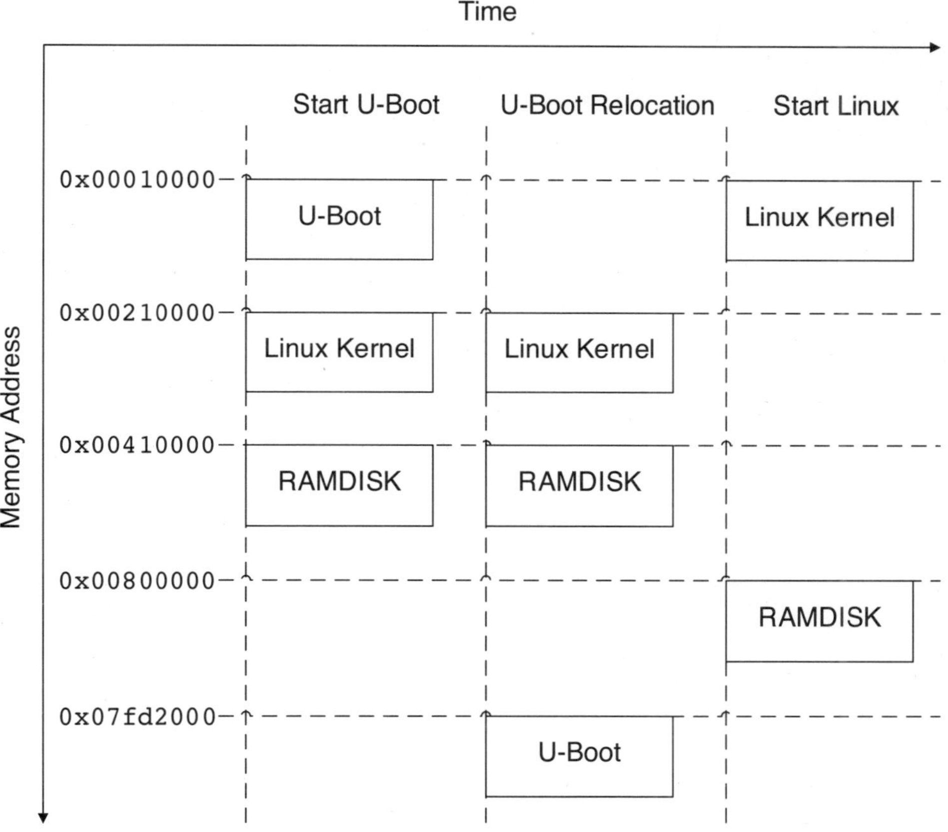

그림 10.5 부팅 중의 메모리 재배치

```
#define CONFIG_BOOTARGS "qemu.gles=1 qemu=1 console=ttyS0 android.qemud=ttyS1
androidboot.console=ttyS2 android.checkjni=1 ndns=1"
#define CONFIG_BOOTCOMMAND "bootm 0x210000 0x410000"
```

U-Boot 명령 bootm은 그때 커널 이미지를 0x00010000으로 복사하고 램디스크 이미지를 0x00800000로 복사한다. 이 시점에 U-Boot는 리눅스 커널이 시작할 0x00010000 주소로 점프한다.

램디스크 이미지 생성하기

U-Boot와 커널 이미지는, 부팅 과정을 지원하기 위해 램디스크 이미지가 필요하다. 안드로이드에서, 램디스크는 root 파일 시스템으로 사용된다. 이때 램디스크 내용을 변경하여 부트 프로세스를 사용자 정의 할 수 있다. 테스트를 위해 플래시 이미지를 빌드할 수 있도록 램디스크 이미지를 생성하자. 우리가 안드로이드 에뮬레이터를 사용하고 있음을 감안하여, 기본 이미지로 안드로이드 SDK에서 램디스크 이미지를 활용할 수 있다.

램디스크 이미지는 안드로이드 SDK의 시스템 이미지 폴더에 있다. 가령 안드로이드 4.0.3(API 15)를 위한 램디스크 이미지는 {Android SDK installation path}/system-images/android-15/armeabi-v7a/ramdisk에 있다. 이 이미지를 수정하려면, 하나의 폴더를 생성하고 다음 명령을 사용해 이미지를 추출한다.

```
$ mkdir initrd
$ cd initrd
$ gzip -dc < ../ramdisk.img | cpio --extract
```

램디스크 이미지를 추출하면, 그 내용을 볼 수 있다.

```
$ ls -F
data/           dev/    init.goldfish.rc*  proc/  sys/      ueventd.goldfish.rc
default.prop    init*   init.rc*           sbin/  system/   ueventd.r
```

램디스크는 그 폴더들을 포함하고 root 파일 시스템을 위한 스크립트를 시작한다. 실제 시스템 파일들은 system.img에 저장되고, 사용자 데이터 파일들은 userdata.img에 저장된다. system.img 및 userdata.img 둘 다 NAND 플래시로 에뮬레이트된다.

이들은 root 파일 시스템 아래 각각, /system 및 /data 폴더로 마운트된다. 다음과 같이 부팅한 후에 파일 시스템을 조사할 수 있다.

```
shell@android:/ $ mount
rootfs / rootfs ro 0 0
tmpfs /dev tmpfs rw,nosuid,mode=755 0 0
devpts /dev/pts devpts rw,mode=600 0 0
proc /proc proc rw 0 0
sysfs /sys sysfs rw 0 0
none /acct cgroup rw,cpuacct 0 0
tmpfs /mnt/secure tmpfs rw,mode=700 0 0
```

```
tmpfs /mnt/asec tmpfs rw,mode=755,gid=1000 0 0
tmpfs /mnt/obb tmpfs rw,mode=755,gid=1000 0 0
none /dev/cpuctl cgroup rw,cpu 0 0
/dev/block/mtdblock0 /system yaffs2 ro 0 0
/dev/block/mtdblock1 /data yaffs2 rw,nosuid,nodev 0 0
/dev/block/mtdblock2 /cache yaffs2 rw,nosuid,nodev 0 0
shell@android:/ $
```

이제 우리는 원하는 만큼 이 폴더에 있는 파일들을 변경할 수 있다. 변경 작업이 끝나면, 다음 명령을 사용해 새로운 램디스크 이미지를 생성 가능하다.

```
$ find . > ../initrd.list
$ cpio -o -H newc -O ../ramdisk.img < ../initrd.list
$ cd ..
$ gzip ramdisk.img
$ mv ramdisk.img.gz rootfs.img
```

플래시 이미지 생성하기

이제 모든 이미지 파일들(U-Boot, 리눅스 커널 및 램디스크)이 준비되었다. 시스템을 부팅하기 위해 플래시 이미지를 생성하기 위한 시작을 할 수 있다. U-Boot는 ELF, BIN과 같이 다양한 파일 형식을 부팅할 수 있으나, 이러한 파일 형식은 먼저 uImage 와 같은 U-Boot 이미지로 재포장(repackage)되어야 한다. 이 포맷에는 운영체제 유형, 로드 주소, 엔트리 포인트, CRC를 통한 기본적인 무결성 검증, 압축 유형, 무료 설명 텍스트 등에 대한 정보를 저장한다.

U-Boot 이미지 유형을 만들려면 mkimage라는 유틸리티가 필요하다. 호스트 시스템에 이 도구를 설치하지 않았다면, 다음의 명령을 사용해 우분투에 설치할 수 있다.

```
$ sudo apt-get install uboot-mkimage
```

이 유틸리티와 함께, 우리는 다음의 명령을 사용해 U-Boot 형식에 커널 이미지와 램디스크 이미지를 재포장(repackage)할 수 있다.

```
$ mkimage -A arm -C none -O linux -T kernel -d zImage -a 0x00010000 -e 0x00010000
zImage.uimg
$ gzip -c rootfs.img > rootfs.img.gz
$ mkimage -A arm -C none -O linux -T ramdisk -d rootfs.img.gz -a 0x00800000 -e
0x00800000 rootfs.uimg
```

uImage 파일을 가지면, 다음과 같이 dd 명령을 사용해 플래시 이미지를 만들 수 있다.

```
$ dd if=/dev/zero of= flash.bin bs=1 count=6M
$ dd if=u-boot.bin of= flash.bin conv=notrunc bs=1
$ dd if= zImage.uimg of= flash.bin conv=notrunc bs=1 seek=2M
$ dd if= rootfs.uimg of= flash.bin conv=notrunc bs=1 seek=4M
```

flash.bin 파일은 시스템을 부팅하는데 사용될 세 가지 이미지들을 모두 포함하고 있다. 리눅스 커널을 빌드하고 모든 이미지들을 생성하기 위한 여러 단계가 존재한다. 이와 관련하여 상세한 절차들을 알고 싶다면 부록 A를 참조하자. 관련된 Makefile과 스크립트는 GitHub의 build repository에서 찾을 수 있다.

플래시 이미지 부팅하기

마지막으로, 우리가 구축한 플래시 이미지를 부팅할 준비가 되었다. 먼저 안드로이드 에뮬레이터에서 그것을 실행하고 U-Boot 커맨드 라인 인터페이스에서 정지해 보자. U-Boot가 자동 부팅되기 전 우리는 U-Boot에 2초 지연을 설정한다. 자동 부팅이 시작되기 전에, 어떠한 키-누름(keystroke)도 U-Boot 명령 프롬프트에서 인식하도록 한다. 우리는 커널과 램디스크 이미지를 검증하기 위해 U-Boot 명령을 사용할 수 있는데, 이를 통해 그것들이 올바른지 확신할 수 있게 된다.

```
$ emulator -verbose -show-kernel -netfast -avd hd2 -qemu -serial stdio -kernel flash.
bin
…
U-Boot 2013.01.-rc1-00003-g54217a1 (Feb 09 2014 - 23:28:59)
U-Boot code: 00010000 -> 00029B0C BSS: -> 0002D36C
IRQ Stack: 0badc0de
FIQ Stack: 0badc0de
monitor len: 0001D36C
ramsize: 20000000
TLB table at: 1fff0000
Top of RAM usable for U-Boot at: 1fff0000
Reserving 116k for U-Boot at: 1ffd2000
Reserving 136k for malloc() at: 1ffb0000
Reserving 32 Bytes for Board Info at: 1ffaffe0
Reserving 120 Bytes for Global Data at: 1ffaff68
Reserving 8192 Bytes for IRQ stack at: 1ffadf68
New Stack Pointer is: 1ffadf58
RAM Configuration:
Bank #0: 00000000 512 MiB
```

```
relocation Offset is: 1ffc2000
goldfish_init(), gtty.base=ff012000
WARNING: Caches not enabled
monitor flash len: 0001D0D4
Now running in RAM - U-Boot at: 1ffd2000
Using default environment
Destroy Hash Table: 1ffeb724 table = 00000000
Create Hash Table: N=89
INSERT: table 1ffeb724, filled 1/89 rv 1ffb02a4 ==> name="bootargs" value="qemu.
gles=1 qemu=1 console=ttyS0 android.qemud=ttyS1 androidboot.console=ttyS2
android.checkjni=1 ndns=1"
INSERT: table 1ffeb724, filled 2/89 rv 1ffb0160 ==> name="bootcmd" value="bootm
0x210000 0x410000"
INSERT: table 1ffeb724, filled 3/89 rv 1ffb02f8 ==> name="bootdelay" value="2"
INSERT: table 1ffeb724, filled 4/89 rv 1ffb0178 ==> name="baudrate" value="38400"
INSERT: table 1ffeb724, filled 5/89 rv 1ffb0154 ==> name="bootfile" value="/
tftpboot/uImage"
INSERT: free(data = 1ffb0008)
INSERT: done
In: serial
Out: serial
Err: serial
Net: SMC91111-0
Warning: SMC91111-0 using MAC address from net device
### main_loop entered: bootdelay=2
### main_loop: bootcmd="bootm 0x210000 0x410000"
Hit any key to stop autoboot: 0
Goldfish # iminfo 0x210000
## Checking Image at 00210000 ...
   Legacy image found
   Image Name:
   Image Type: ARM Linux Kernel Image (uncompressed)
   Data Size: 1722596 Bytes = 1.6 MiB
   Load Address: 00010000
   Entry Point: 00010000
   Verifying Checksum ... OK
Goldfish # iminfo 0x410000
## Checking Image at 00410000 ...
   Legacy image found
```

```
      Image Name:
      Image Type: ARM Linux RAMDisk Image (uncompressed)
      Data Size: 187687 Bytes = 183.3 KiB
      Load Address: 00800000
      Entry Point: 00800000
      Verifying Checksum ... OK
Goldfish #
```

앞선 코드에서, 0x00210000과 0x00410000에 있는 이미지를 확인하기 위해 iminfo 명령을 사용함에 주목하자. U-Boot는 이들 주소의 데이터를 각각 리눅스 커널 이미지와 리눅스 램디스크 이미지로서 인식한다. 또한 다음 주소로 로드하는 것에 주목하라 : U-Boot는 커널 이미지를 0x00010000 주소에 로드하고 램디스크 이미지는 0x00800000 주소에 로드한다.

우리는 다음과 같이 bootm 명령을 사용해 시스템을 부팅할 수 있다.

```
Goldfish # bootm 0x210000 0x410000
## Current stack ends at 0x1ffadb10 *  kernel: cmdline image address = 0x00210000
## Booting kernel from Legacy Image at 00210000 ...
   Image Name:
   Image Type:   ARM Linux Kernel Image (uncompressed)
   Data Size:     1722596 Bytes = 1.6 MiB
   Load Address: 00010000
   Entry Point:   00010000
   kernel data at 0x00210040, len = 0x001a48e4 (1722596)
*  ramdisk: cmdline image address = 0x00410000
## Loading init Ramdisk from Legacy Image at 00410000 ...
   Image Name:
   Image Type:   ARM Linux RAMDisk Image (uncompressed)
   Data Size:     187687 Bytes = 183.3 KiB
   Load Address: 00800000
   Entry Point:   00800000
   ramdisk start = 0x00800000, ramdisk end = 0x0082dd27
   Loading Kernel Image ... OK
CACHE: Misaligned operation at range [00010000, 006a2390]
OK
   kernel loaded at 0x00010000, end = 0x001b48e4
using: ATAGS
## Transferring control to Linux (at address 00010000)...
Starting kernel ...
```

```
Uncompressing Linux................................................................ ....
............................... done, booting the kernel.
goldfish_fb_get_pixel_format:167: display surface,pixel format:
  bits/pixel:   16
  bytes/pixel: 2
  depth:        16
  red:          bits=5 mask=0xf800 shift=11 max=0x1f
  green:        bits=6 mask=0x7e0 shift=5 max=0x3f
  blue:         bits=5 mask=0x1f shift=0 max=0x1f
  alpha:        bits=0 mask=0x0 shift=0 max=0x0
Initializing cgroup subsys cpu
Linux version 2.6.29-ge3d684d (sgye@sgye-Latitude-E6510) (gcc version 4.6.3 (Sourcery
CodeBench Lite 2012.03-57) ) #1 Sun Feb 9 23:32:29 CST 2014
CPU: ARMv7 Processor [410fc080] revision 0 (ARMv7), cr=10c5387f
CPU: VIPT nonaliasing data cache, VIPT nonaliasing instruction cache
Machine: Goldfish
Memory policy: ECC disabled, Data cache writeback
Built 1 zonelists in Zone order, mobility grouping on.  Total pages: 130048
Kernel command line: qemu.gles=1 qemu=1 console=ttyS0 android.qemud=ttyS1
androidboot.console=ttyS2 android.checkjni=1 ndns=1
Unknown boot option 'qemu.gles=1': ignoring
Unknown boot option 'android.qemud=ttyS1': ignoring
Unknown boot option 'androidboot.console=ttyS2': ignoring
Unknown boot option 'android.checkjni=1': ignoring
PID hash table entries: 2048 (order: 11, 8192 bytes)
Console: colour dummy device 80x30
Dentry cache hash table entries: 65536 (order: 6, 262144 bytes)
Inode-cache hash table entries: 32768 (order: 5, 131072 bytes)
Memory: 512MB = 512MB total
Memory: 515456KB available (2944K code, 707K data, 124K init)
Calibrating delay loop... 370.27 BogoMIPS (lpj=1851392)
Mount-cache hash table entries: 512
Initializing cgroup subsys debug
Initializing cgroup subsys cpuacct
Initializing cgroup subsys freezer
CPU: Testing write buffer coherency: ok
net_namespace: 936 bytes
NET: Registered protocol family 16
bio: create slab <bio-0> at 0
```

```
NET: Registered protocol family 2
IP route cache hash table entries: 16384 (order: 4, 65536 bytes)
TCP established hash table entries: 65536 (order: 7, 524288 bytes)
TCP bind hash table entries: 65536 (order: 6, 262144 bytes)
TCP: Hash tables configured (established 65536 bind 65536)
TCP reno registered
NET: Registered protocol family 1
checking if image is initramfs... it is
Freeing initrd memory: 180K
goldfish_new_pdev goldfish_interrupt_controller at ff000000 irq -1
goldfish_new_pdev goldfish_device_bus at ff001000 irq 1
goldfish_new_pdev goldfish_timer at ff003000 irq 3
goldfish_new_pdev goldfish_rtc at ff010000 irq 10
goldfish_new_pdev goldfish_tty at ff002000 irq 4
goldfish_new_pdev goldfish_tty at ff011000 irq 11
goldfish_new_pdev goldfish_tty at ff012000 irq 12
goldfish_new_pdev smc91x at ff013000 irq 13
goldfish_new_pdev goldfish_fb at ff014000 irq 14
goldfish_new_pdev goldfish_audio at ff004000 irq 15
goldfish_new_pdev goldfish_mmc at ff005000 irq 16
goldfish_new_pdev goldfish_memlog at ff006000 irq -1
goldfish_new_pdev goldfish-battery at ff015000 irq 17
goldfish_new_pdev goldfish_events at ff016000 irq 18
goldfish_new_pdev goldfish_nand at ff017000 irq -1
goldfish_new_pdev qemu_pipe at ff018000 irq 19
goldfish_new_pdev goldfish-switch at ff01a000 irq 20
goldfish_new_pdev goldfish-switch at ff01b000 irq 21
goldfish_pdev_worker registered goldfish_interrupt_controller
goldfish_pdev_worker registered goldfish_device_bus
goldfish_pdev_worker registered goldfish_timer
goldfish_pdev_worker registered goldfish_rtc
goldfish_pdev_worker registered goldfish_tty
goldfish_pdev_worker registered goldfish_tty
goldfish_pdev_worker registered goldfish_tty
goldfish_pdev_worker registered smc91x
goldfish_pdev_worker registered goldfish_fb
goldfish_pdev_worker registered goldfish_audio
goldfish_pdev_worker registered goldfish_mmc
goldfish_pdev_worker registered goldfish_memlog
```

```
goldfish_pdev_worker registered goldfish-battery
goldfish_pdev_worker registered goldfish_events
goldfish_pdev_worker registered goldfish_nand
goldfish_pdev_worker registered qemu_pipe
goldfish_pdev_worker registered goldfish-switch
goldfish_pdev_worker registered goldfish-switch
ashmem: initialized
Installing knfsd (copyright (C) 1996 okir@monad.swb.de).
fuse init (API version 7.11)
yaffs Feb  9 2014 23:30:30 Installing.
msgmni has been set to 1007
alg: No test for stdrng (krng)
io scheduler noop registered
io scheduler anticipatory registered (default)
io scheduler deadline registered
io scheduler cfq registered
allocating frame buffer 480 * 800, got ffa00000
console [ttyS0] enabled
brd: module loaded
loop: module loaded
nbd: registered device at major 43
goldfish_audio_probe
tun: Universal TUN/TAP device driver, 1.6
tun: (C) 1999-2004 Max Krasnyansky <maxk@qualcomm.com>
smc91x.c: v1.1, sep 22 2004 by Nicolas Pitre <nico@cam.org>
eth0 (smc91x): not using net_device_ops yet
eth0: SMC91C11xFD (rev 1) at e080c000 IRQ 13 [nowait]
eth0: Ethernet addr: 52:54:00:12:34:56
goldfish nand dev0: size c5e0000, page 2048, extra 64, erase 131072
goldfish nand dev1: size c200000, page 2048, extra 64, erase 131072
goldfish nand dev2: size 4000000, page 2048, extra 64, erase 131072
mice: PS/2 mouse device common for all mice
*** events probe ***
events_probe() addr=0xe0814000 irq=18
events_probe() keymap=qwerty2
input: qwerty2 as /devices/virtual/input/input0
goldfish_rtc goldfish_rtc: rtc core: registered goldfish_rtc as rtc0
device-mapper: uevent: version 1.0.3
device-mapper: ioctl: 4.14.0-ioctl (2008-04-23) initialised: dm-devel@redhat.com
```

```
logger: created 64K log 'log_main'
logger: created 256K log 'log_events'
logger: created 64K log 'log_radio'
Netfilter messages via NETLINK v0.30.
nf_conntrack version 0.5.0 (8192 buckets, 32768 max)
CONFIG_NF_CT_ACCT is deprecated and will be removed soon. Please use
nf_conntrack.acct=1 kernel parameter, acct=1 nf_conntrack module option or
sysctl net.netfilter.nf_conntrack_acct=1 to enable it.
ctnetlink v0.93: registering with nfnetlink.
NF_TPROXY: Transparent proxy support initialized, version 4.1.0
NF_TPROXY: Copyright (c) 2006-2007 BalaBit IT Ltd.
xt_time: kernel timezone is -0000
ip_tables: (C) 2000-2006 Netfilter Core Team
arp_tables: (C) 2002 David S. Miller
TCP cubic registered
NET: Registered protocol family 10
ip6_tables: (C) 2000-2006 Netfilter Core Team
IPv6 over IPv4 tunneling driver
NET: Registered protocol family 17
NET: Registered protocol family 15
RPC: Registered udp transport module.
RPC: Registered tcp transport module.
802.1Q VLAN Support v1.8 Ben Greear <greearb@candelatech.com>
All bugs added by David S. Miller <davem@redhat.com>
VFP support v0.3: implementor 41 architecture 3 part 30 variant c rev 0
goldfish_rtc goldfish_rtc: setting system clock to 2014-02-20 08:54:53 UTC
(1392886493)
Freeing init memory: 124K
mmc0: new SD card at address e118
mmcblk0: mmc0:e118 SU02G 100 MiB
 mmcblk0:
init: cannot open '/initlogo.rle'
yaffs: dev is 32505856 name is "mtdblock0"
yaffs: passed flags ""
yaffs: Attempting MTD mount on 31.0, "mtdblock0"
yaffs_read_super: isCheckpointed 0
save exit: isCheckpointed 1
yaffs: dev is 32505857 name is "mtdblock1"
yaffs: passed flags ""
```

```
yaffs: Attempting MTD mount on 31.1, "mtdblock1"
yaffs_read_super: isCheckpointed 0
yaffs: dev is 32505858 name is "mtdblock2"
yaffs: passed flags ""
yaffs: Attempting MTD mount on 31.2, "mtdblock2"
yaffs_read_super: isCheckpointed 0
init: untracked pid 39 exited
eth0: link up
shell@android:/ $ warning: 'zygote' uses 32-bit capabilities (legacy support in use)
```

플래시 이미지의 소스-레벨 디버깅

이 시점에서, 우리는 시스템 부팅을 위해 U-Boot와 골드피시 커널 둘다 포함하여 플래시 이미지를 사용할 수 있다. 소스 레벨 디버깅을 잘할 수 있을까? 만일 우리가 실제 하드웨어 보드에서 JTAG 디버거로 작업하고 있다면, U-Boot와 커널 모두 소스 레벨 디버깅을 하는게 상당히 어려워 진다.

그러나 가상 환경에서는 이러한 문제가 발생하지 않는다. 이 방법으로, 우리는 밀접한 소스 레벨 디버깅을 통해 리눅스 커널로 부트 로더의 전환을 관찰할 수 있다. 이것은 U-Boot가 부팅하는 과정을 디버깅할 수 있는 편리한 방법이다. 소스코드가 실행되는 것을 추적해보면 U-Boot와 리눅스 커널 사이에 어떤 작용이 있었는지 알아볼 수 있다.

gdb 지원과 함께 안드로이드 에뮬레이터를 시작해 보자.

```
$ emulator -verbose -show-kernel -netfast -avd hd2 -shell -qemu -s -S -kernel flash.bin
```

우리는 gdb를 사용해 안드로이드 에뮬레이터에 연결할 수 있다.

```
$ ddd --debugger arm-none-eabi-gdb u-boot/u-boot
```

[그림 10.6]에서 보듯, gdb에 소스 레벨 디버깅 정보와 함께 U-Boot를 로드한다. 이제 U-Boot에 대한 소스 레벨 디버깅을 수행할 수 있는 준비가 되었다. U-Boot는 스스로 재배치할 수 있기 때문에 메모리 재비치가 일어난 후 소스레벨 디버깅을 진행하기 위해 9장에서 적용했던 같은 기법을 사용해야 한다.

gdb에서 U-Boot가 시작할 때마다 일련의 단계를 통해 처리해야 한다. [예제 10.1]에서 보여주듯, 이러한 단계들을 gdb 스크립트에 넣으면 훨씬 쉽고 빠르게 작업할 수 있다. 이 스크립트는 저장소(repository)build의 bin 폴더에서 찾을 수 있다.

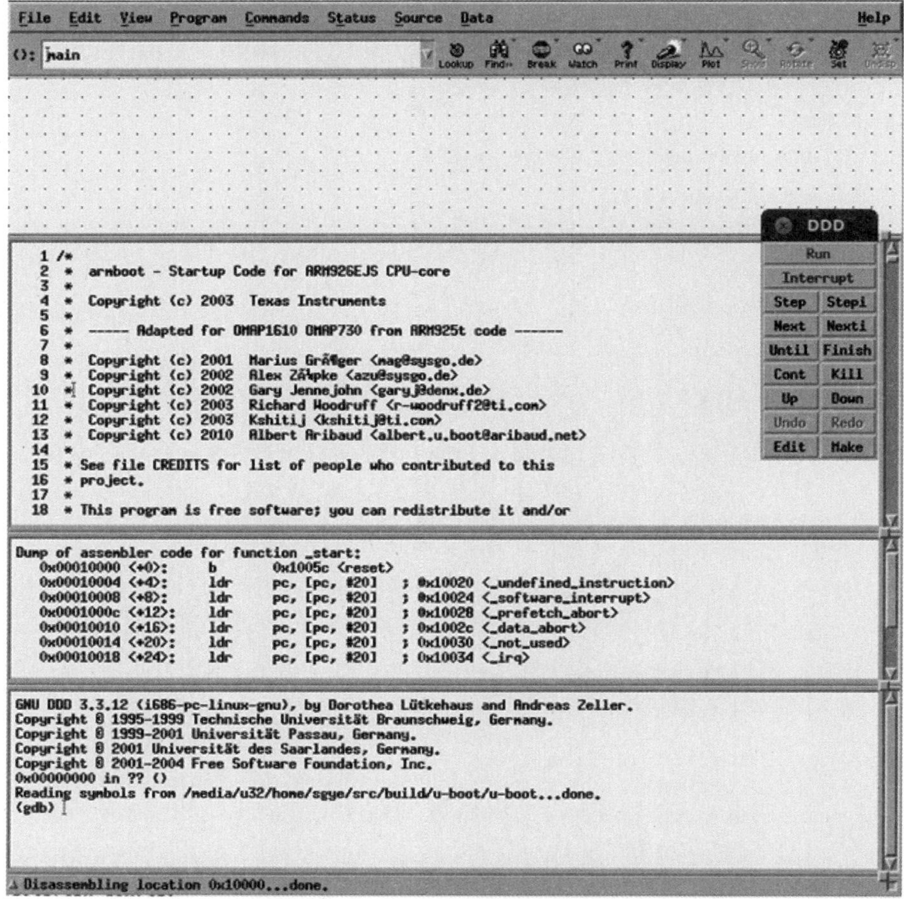

그림 **10.6** gdb에 U-Boot 로드하기

예제 **10.1** U-Boot를 위한 GDB 스타트업 스크립트(u-boot.gdb)

```
# Debug u-boot
b board_init_f
c
b relocate_code
c
p/x ((gd_t *)$r1)->relocaddr
d
symbol-file ./u-boot/u-boot
add-symbol-file ./u-boot/u-boot 0x1ff59000
b board_init_r
```

우리는 다음 명령을 사용해 gdb 콘솔에 이 스크립트를 로드할 수 있다.

```
(gdb) target remote localhost:1234
(gdb) source bin/u-boot.gdb
```

이 스크립트를 실행한 후, 우리는 U-Boot가 board_init_f() 함수에서 멈추는 것을 볼 수 있고 U-Boot 심볼은 [그림 10.7]에서 보듯이 그것들의 재배치된 후 그 메모리 주소로 다시 로드된다.

메모리 재배치 후 그 지점에서 U-Boot를 계속 실행시켜 보자. u-boot.gdb 스크립트에서, 중단점을 board_init_r()에 설정한다. 그 지점에 U-Boot가 중지하고 난 후, 우리는 골드피시 커널 심볼을 로드할 수 있다. 또한 [예제 10.2]에서 보는 것처럼, 골드피시 커널을 로드하기 위한 여러 단계들을 gdb 스크립트로 넣을 수 있다. 이 스크립트는 또한 repository build의 bin 폴더에서 찾을 수 있다.

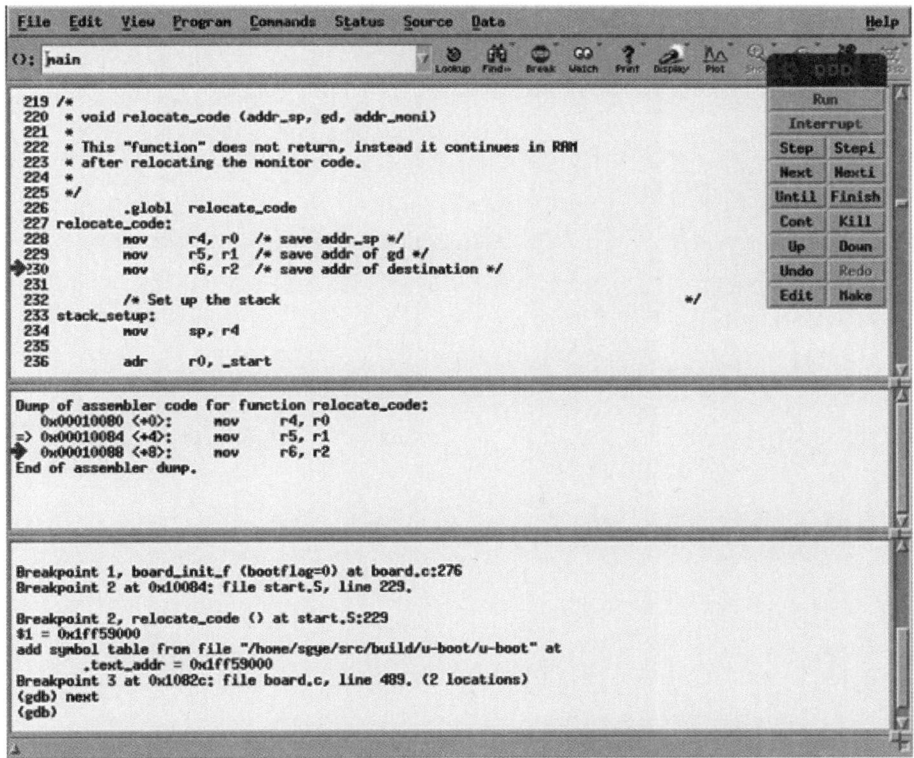

그림 10.7 재배치가 끝나고 재배치된 U-Boot 심볼

예제 10.2 골드피시 커널(goldfish.gdb) 디버깅을 위한 GDB 스크립트

```
# Debug goldfish kernel
d
```

```
symbol-file ./goldfish/vmlinux
add-symbol-file ./goldfish/vmlinux 0x00010000
b start_kernel
```

다음과 같이 goldfish.gdb 스크립트를 gdb 콘솔로 로드할 수 있다.

```
(gdb) source bin/goldfish.gdb
add symbol table from file "/home/sgye/src/build/goldfish/vmlinux" at
.text_addr = 0x10000
Breakpoint 4 at 0xc00086b4: file /home/sgye/src/goldfish/init/main.c, line 535.
(2 locations)
…
warning: (Internal error: pc 0x10088 in read in psymtab, but not in symtab.)
(gdb) c
warning: (Internal error: pc 0x10088 in read in psymtab, but not in symtab.)
Breakpoint 4, start_kernel () at /home/sgye/src/goldfish/init/main.c:535
(gdb)
```

goldfish.gdb 스크립트에, 커널 심볼은 메모리 0x10000 주소 vmlinux로부터 로드되었고 커널 심볼이 로드된 이후, U-Boot를 계속 실행시킬 수 있다. 이제 시스템을 [그림 10.8]에처럼 리눅스 커널 코드에서 정지시킨다.

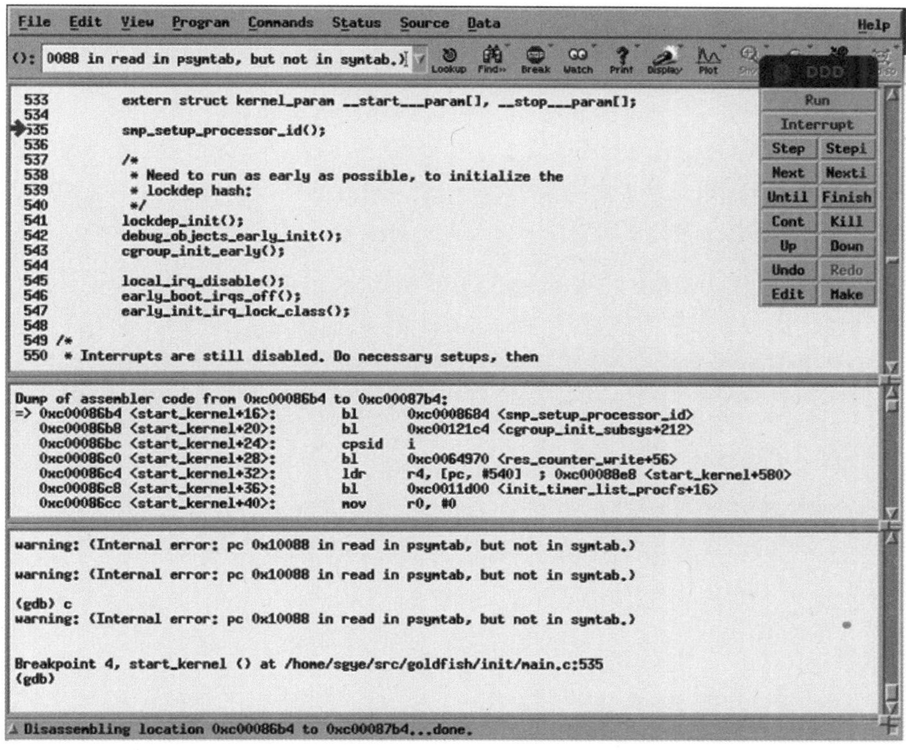

그림 10.8 start_kernel()에서의 골드피시 커널

이 세션에서 볼 수 있듯이, 실제 하드웨어에서 할 수 있는 것들과 비교해 보면, 가상 환경에서 시스템을 훨씬 더 잘 제어할 수 있다. 결과적으로, 우리는 소스 레벨에서 실행 경로를 추적하여 코드를 깊이 있게 분석할 수 있다. 코드의 1행에서부터 시작해서 운영 시스템이 완전히 부팅된 시점에 모든 방법을 동원하여 소스 레벨 작업을 수행할 수 있다.

NAND 플래시로부터 안드로이드 부팅

U-Boot로 NAND 플래시로부터 안드로이드를 부팅할 수 있다. 이는 실무에서 사용되는 방식과 매우 비슷하다. 우리가 이 방식을 사용하면, NAND 플래시에 있는 모든 것(커널, 램디스크 이미지, 파일 시스템)을 유지한 상태에서 부팅하게 된다. 8장에서 논의했듯이, 세 개의 플래시 장치- 시스템, 사용자데이터, 캐시-는 안드로이드 에뮬레이터에 연결된다. 안드로이드가 root로써 램디스크를 마운트하더라도, 시스템 파일들은 전부 system.img에 포함된다. 우리는 커널과 램디스크 이미지 모두 system.img에 넣을 수 있을 뿐만 아니라, system.img로부터 전체 시스템을 부팅할 수도 있다.

system.img 준비하기

커널과 램디스크 이미지를 system.img 안으로 넣으려면 이들을 재생성해야 한다. 이미 언급했듯이, 안드로이드 4.3과 그 이전 버전에서 system.img 는 YAFFS2 형식이다. 안드로이드 4.4 혹은 그 이후 버전에서 그것은 ext4 형식이다. ext4 형식에서, 우리는 system.img 파일을 직접 마운트하고 커널 및 램디스크를 모두 그것에 복사한다. 2장의 YAFFS2 형식과 안드로이드 4.0.3에서 릴리즈로 생성했던 안드로이드 가상 디바이스 hd2를 이번 장에서도 여전히 사용할 것이다.

system.img를 다시 생성하려면, YAFFS2 유틸리티를 사용할 필요가 있다. GitHub의 build repository를 체크아웃하고 나면 그것들을 얻을 수 있다. 두 개의 유틸리티—mkyaffs2image 및 unyaffs—는 bin 폴더에 있고, 소스코드는 http://code.google.com 에 있다.

먼저 우리는 system.img를 추출해야 하고, 이후 커널과 램디스크 이미지를 시스템 이미지 폴더에 복사할 수 있다. 앞 절에서 했던 것과 같이, 우리는 U-Boot 형식(zImage.uimg and rootfs.uimg)에 그것들이 필요하다. 우리는 mkyaffs2image 명령으로 system.img를 재생성할 수 있다.

```
$ mkdir system
$ cd system
$ unyaffs ../system.img
$ cd ..
$ cp ./rootfs.uimg system/ramdisk.uimg
$ cp ./zImage.uimg system/zImage.uimg
$ rm ./system.img
$ mkyaffs2image system ./system.img
```

이제 커널과 램디스크 이미지 모두를 포함한 새로운 system.img가 생겼다. U-Boot를 가지고 안드로이드를 부팅하기 위해 그것을 사용할 수 있다. 정확한 절차를 알기 위해서, build repository에 있는 Makefile 의 빌드 타겟 rootfs를 참조하자.

NAND 플래시로부터 부팅하기

NAND 플래시부터 안드로이드를 부팅하기 위해, 안드로이드 SDK에서 제공하는 것 대신 우리가 만든 system.img를 사용하기 위해 에뮬레이터에 –system 옵션을 사용하기로 한다.

```
$ emulator -show-kernel -netfast -avd hd2 -shell -system ./system.img -ramdisk ./
ramdisk.img -qemu -kernel ./u-boot.bin
…
U-Boot 2013.01.-rc1-00005-g4627a3e-dirty (Mar 07 2014 - 15:55:45)
U-Boot code: 00010000 -> 0006E2BC BSS: -> 000A6450
IRQ Stack: 0badc0de
FIQ Stack: 0badc0de
```

```
monitor len: 00096450
ramsize: 20000000
TLB table at: 1fff0000
Top of RAM usable for U-Boot at: 1fff0000
Reserving 601k for U-Boot at: 1ff59000
Reserving 4104k for malloc() at: 1fb57000
Reserving 32 Bytes for Board Info at: 1fb56fe0
Reserving 120 Bytes for Global Data at: 1fb56f68
Reserving 8192 Bytes for IRQ stack at: 1fb54f68
New Stack Pointer is: 1fb54f58
RAM Configuration:
Bank #0: 00000000 512 MiB
relocation Offset is: 1ff49000
goldfish_init(), gtty.base=ff012000
WARNING: Caches not enabled
monitor flash len: 00065AD4
Now running in RAM - U-Boot at: 1ff59000
NAND: base=ff017000
goldfish_nand_init: id=0: name=nand0, nand_name=system
goldfish_nand_init: id=1: name=nand1, nand_name=userdata
goldfish_nand_init: id=2: name=nand2, nand_name=cache
459 MiB
Using default environment
Destroy Hash Table: 1ffb5fe4 table = 00000000
Create Hash Table: N=89
INSERT: table 1ffb5fe4, filled 1/89 rv 1fb572a4 ==> name="bootargs" value="qemu.
gles=1 qemu=1 console=ttyS0 android.qemud=ttyS1 androidboot.console=ttyS2
android.checkjni=1 ndns=1"
INSERT: table 1ffb5fe4, filled 2/89 rv 1fb57160 ==> name="bootcmd" value="bootm
0x210000 0x410000"
INSERT: table 1ffb5fe4, filled 3/89 rv 1fb572f8 ==> name="bootdelay" value="2"
INSERT: table 1ffb5fe4, filled 4/89 rv 1fb57178 ==> name="baudrate" value="38400"
INSERT: table 1ffb5fe4, filled 5/89 rv 1fb57154 ==> name="bootfile" value="/
tftpboot/uImage"
INSERT: free(data = 1fb57008)
INSERT: done
In:     serial
Out:    serial
Err:    serial
```

```
Net:      SMC91111-0
Warning: SMC91111-0 using MAC address from net device
### main_loop entered: bootdelay=2
### main_loop: bootcmd="bootm 0x210000 0x410000"
Hit any key to stop autoboot: 0
## Current stack ends at 0x1fb54b00 * kernel: cmdline image address = 0x00210000
Wrong Image Format for bootm command
ERROR: can't get kernel image!
Command failed, result=1
Goldfish #
```

에뮬레이터가 실행된 이후, 우리가 자동 부팅 과정을 중단시켰기 때문에 U-Boot 명령 프롬프트로 보내졌다. 그리고 나서 U-Boot 커맨드 라인에서 부터 system.img 를 마운트할 수 있다. 첫 번째, NAND 디바이스 구성을 위해 U-Boot 명령 ydevconfig를 사용한다. 우리는 블록 0에서 시작하여 0x64d (1613) 범위까지 sys라는 디바이스 이름을 설정한다. 디바이스 번호는 0이다.

```
Goldfish # ydevconfig sys 0 0x0 0x64d
Configures yaffs mount sys: dev 0 start block 0, end block 1613
```

ydevls 명령을 사용해 설정된 것을 확인할 수 있다.

```
Goldfish # ydevls
sys 0 0x00000 0x0064d not mounted
```

다음으로 sys 디바이스를 마운트하기 위해 ymount 명령을 사용한다. 디바이스를 마운트하고 난 뒤, 우리는 yls 명령을 사용해 그것들의 내용을 리스트업 할 수 있다.

```
Goldfish # ymount sys
Mounting yaffs2 mount point sys
Goldfish # yls sys
build.prop
media
fonts
lib
ramdisk.uimg
usr
zImage.uimg
xbin
etc
framework
```

```
tts
bin
app
lost+found
```

커널과 램디스크 이미지(zImage.uimg 및 ramdisk.uimg) 둘 다 찾게 되면, 시스템을 부팅할 수 있기 전에 yrdm 명령으로 이 이미지를 메모리로 로드해두어야 한다. 커널과 램디스크 이미지를 메모리로 로드한 후, 우리는 이를 검증하기 위해 iminfo 명령을 사용한다.

```
Goldfish # yrdm sys/ramdisk.uimg 0x410000
Copy sys/ramdisk.uimg to 0x00410000... [DONE]
Goldfish # iminfo 0x410000

## Checking Image at 00410000 ...
   Legacy image found
   Image Name:
   Image Type: ARM Linux RAMDisk Image (uncompressed)
   Data Size: 187703 Bytes = 183.3 KiB
   Load Address: 00800000
   Entry Point: 00800000
   Verifying Checksum ... OK
   Goldfish # yrdm sys/zImage.uimg 0x210000
   Copy sys/zImage.uimg to 0x00210000... [DONE]
   Goldfish # iminfo 0x210000

## Checking Image at 00210000 ...
   Legacy image found
   Image Name:
   Image Type: ARM Linux Kernel Image (uncompressed)
   Data Size: 1722852 Bytes = 1.6 MiB
   Load Address: 00010000
   Entry Point: 00010000
   Verifying Checksum ... OK
```

이제 시스템을 부팅할 준비가 됐다. 이번 작업은 앞 절에서 NOR 플래시로 부팅할 때 했던 작업과 비슷하다. 먼저 YAFFS2 파일 시스템을 떼어내기(dismount) 위해 umount 명령을 사용하고 시스템을 부팅하기 위해 bootm 명령을 사용한다.

```
Goldfish # yumount sys
Unmounting yaffs2 mount point sys
Goldfish # bootm 0x210000 0x410000

## Current stack ends at 0x1fb54b10 *  kernel: cmdline image address = 0x00210000
## Booting kernel from Legacy Image at 00210000 ...
   Image Name:
   Image Type:   ARM Linux Kernel Image (uncompressed)
   Data Size:    1722852 Bytes = 1.6 MiB
   Load Address: 00010000
   Entry Point:  00010000
   kernel data at 0x00210040, len = 0x001a49e4 (1722852)
*  ramdisk: cmdline image address = 0x00410000
## Loading init Ramdisk from Legacy Image at 00410000 ...
   Image Name:
   Image Type:   ARM Linux RAMDisk Image (uncompressed)
   Data Size:    187703 Bytes = 183.3 KiB
   Load Address: 00800000
   Entry Point:  00800000
   ramdisk start = 0x00800000, ramdisk end = 0x0082dd37
   Loading Kernel Image ... OK
CACHE: Misaligned operation at range [00010000, 006a2790]
OK
   kernel loaded at 0x00010000, end = 0x001b49e4
using: ATAGS
## Transferring control to Linux (at address 00010000)...
Starting kernel ...
Uncompressing Linux........................................................ ...
.................................... done, booting the kernel.
goldfish_fb_get_pixel_format:167: display surface,pixel format:
  bits/pixel:  16
  bytes/pixel: 2
  depth:       16
  red:         bits=5 mask=0xf800 shift=11 max=0x1f
  green:       bits=6 mask=0x7e0 shift=5 max=0x3f
  blue:        bits=5 mask=0x1f shift=0 max=0x1f
  alpha:       bits=0 mask=0x0 shift=0 max=0x0
Initializing cgroup subsys cpu
Linux version 2.6.29-ge3d684d (sye1@ubuntu) (gcc version 4.6.3 (Sourcery CodeBench
```

```
Lite 2012.03-57) ) #4 Fri Mar 7 15:59:39 CST 2014
CPU: ARMv7 Processor [410fc080] revision 0 (ARMv7), cr=10c5387f
CPU: VIPT nonaliasing data cache, VIPT nonaliasing instruction cache
Machine: Goldfish
Memory policy: ECC disabled, Data cache writeback
Built 1 zonelists in Zone order, mobility grouping on.  Total pages: 130048
Kernel command line: qemu.gles=1 qemu=1 console=ttyS0 android.qemud=ttyS1
androidboot.console=ttyS2 android.checkjni=1 ndns=1
Unknown boot option 'qemu.gles=1': ignoring
Unknown boot option 'android.qemud=ttyS1': ignoring
Unknown boot option 'androidboot.console=ttyS2': ignoring
Unknown boot option 'android.checkjni=1': ignoring
PID hash table entries: 2048 (order: 11, 8192 bytes)
Console: colour dummy device 80x30
Dentry cache hash table entries: 65536 (order: 6, 262144 bytes)
Inode-cache hash table entries: 32768 (order: 5, 131072 bytes)
Memory: 512MB = 512MB total
Memory: 515456KB available (2956K code, 707K data, 124K init)
Calibrating delay loop... 452.19 BogoMIPS (lpj=2260992)
Mount-cache hash table entries: 512
Initializing cgroup subsys debug
Initializing cgroup subsys cpuacct
Initializing cgroup subsys freezer
CPU: Testing write buffer coherency: ok
net_namespace: 936 bytes
NET: Registered protocol family 16
bio: create slab <bio-0> at 0
NET: Registered protocol family 2
IP route cache hash table entries: 16384 (order: 4, 65536 bytes)
TCP established hash table entries: 65536 (order: 7, 524288 bytes)
TCP bind hash table entries: 65536 (order: 6, 262144 bytes)
TCP: Hash tables configured (established 65536 bind 65536)
TCP reno registered
NET: Registered protocol family 1
checking if image is initramfs... it is
Freeing initrd memory: 180K
goldfish_new_pdev goldfish_interrupt_controller at ff000000 irq -1
goldfish_new_pdev goldfish_device_bus at ff001000 irq 1
goldfish_new_pdev goldfish_timer at ff003000 irq 3
```

```
goldfish_new_pdev goldfish_rtc at ff010000 irq 10
goldfish_new_pdev goldfish_tty at ff002000 irq 4
goldfish_new_pdev goldfish_tty at ff011000 irq 11
goldfish_new_pdev goldfish_tty at ff012000 irq 12
goldfish_new_pdev smc91x at ff013000 irq 13
goldfish_new_pdev goldfish_fb at ff014000 irq 14
goldfish_new_pdev goldfish_audio at ff004000 irq 15
goldfish_new_pdev goldfish_mmc at ff005000 irq 16
goldfish_new_pdev goldfish_memlog at ff006000 irq -1
goldfish_new_pdev goldfish-battery at ff015000 irq 17
goldfish_new_pdev goldfish_events at ff016000 irq 18
goldfish_new_pdev goldfish_nand at ff017000 irq -1
goldfish_new_pdev qemu_pipe at ff018000 irq 19
goldfish_new_pdev goldfish-switch at ff01a000 irq 20
goldfish_new_pdev goldfish-switch at ff01b000 irq 21
goldfish_pdev_worker registered goldfish_interrupt_controller
goldfish_pdev_worker registered goldfish_device_bus
goldfish_pdev_worker registered goldfish_timer
goldfish_pdev_worker registered goldfish_rtc
goldfish_pdev_worker registered goldfish_tty
goldfish_pdev_worker registered goldfish_tty
goldfish_pdev_worker registered goldfish_tty
goldfish_pdev_worker registered smc91x
goldfish_pdev_worker registered goldfish_fb
goldfish_pdev_worker registered goldfish_audio
goldfish_pdev_worker registered goldfish_mmc
goldfish_pdev_worker registered goldfish_memlog
goldfish_pdev_worker registered goldfish-battery
goldfish_pdev_worker registered goldfish_events
goldfish_pdev_worker registered goldfish_nand
goldfish_pdev_worker registered qemu_pipe
goldfish_pdev_worker registered goldfish-switch
goldfish_pdev_worker registered goldfish-switch
ashmem: initialized
Installing knfsd (copyright (C) 1996 okir@monad.swb.de).
fuse init (API version 7.11)
yaffs Mar  7 2014 15:57:44 Installing.
msgmni has been set to 1007
alg: No test for stdrng (krng)
```

```
io scheduler noop registered
io scheduler anticipatory registered (default)
io scheduler deadline registered
io scheduler cfq registered
allocating frame buffer 480 * 800, got ffa00000
console [ttyS0] enabled
brd: module loaded
loop: module loaded
nbd: registered device at major 43
goldfish_audio_probe
tun: Universal TUN/TAP device driver, 1.6
tun: (C) 1999-2004 Max Krasnyansky <maxk@qualcomm.com>
smc91x.c: v1.1, sep 22 2004 by Nicolas Pitre <nico@cam.org>
eth0 (smc91x): not using net_device_ops yet
eth0: SMC91C11xFD (rev 1) at e080c000 IRQ 13 [nowait]
eth0: Ethernet addr: 52:54:00:12:34:56
goldfish nand dev0: size c9c0000, page 2048, extra 64, erase 131072
goldfish nand dev1: size c200000, page 2048, extra 64, erase 131072
goldfish nand dev2: size 4000000, page 2048, extra 64, erase 131072
mice: PS/2 mouse device common for all mice
*** events probe ***
events_probe() addr=0xe0814000 irq=18
events_probe() keymap=qwerty2
input: qwerty2 as /devices/virtual/input/input0
goldfish_rtc goldfish_rtc: rtc core: registered goldfish_rtc as rtc0
device-mapper: uevent: version 1.0.3
device-mapper: ioctl: 4.14.0-ioctl (2008-04-23) initialised: dm-devel@redhat.com
logger: created 64K log 'log_main'
logger: created 256K log 'log_events'
logger: created 64K log 'log_radio'
Netfilter messages via NETLINK v0.30.
nf_conntrack version 0.5.0 (8192 buckets, 32768 max)
CONFIG_NF_CT_ACCT is deprecated and will be removed soon. Please use
nf_conntrack.acct=1 kernel parameter, acct=1 nf_conntrack module option or
sysctl net.netfilter.nf_conntrack_acct=1 to enable it.
ctnetlink v0.93: registering with nfnetlink.
NF_TPROXY: Transparent proxy support initialized, version 4.1.0
NF_TPROXY: Copyright (c) 2006-2007 BalaBit IT Ltd.
xt_time: kernel timezone is -0000
```

```
ip_tables: (C) 2000-2006 Netfilter Core Team
arp_tables: (C) 2002 David S. Miller
TCP cubic registered
NET: Registered protocol family 10
ip6_tables: (C) 2000-2006 Netfilter Core Team
IPv6 over IPv4 tunneling driver
NET: Registered protocol family 17
NET: Registered protocol family 15
RPC: Registered udp transport module.
RPC: Registered tcp transport module.
802.1Q VLAN Support v1.8 Ben Greear <greearb@candelatech.com>
All bugs added by David S. Miller <davem@redhat.com>
VFP support v0.3: implementor 41 architecture 3 part 30 variant c rev 0
goldfish_rtc goldfish_rtc: setting system clock to 2014-03-10 10:04:08 UTC
(1394445848)
Freeing init memory: 124K
mmc0: new SD card at address e118
mmcblk0: mmc0:e118 SU02G 100 MiB
 mmcblk0:
init: cannot open '/initlogo.rle'
yaffs: dev is 32505856 name is "mtdblock0"
yaffs: passed flags ""
yaffs: Attempting MTD mount on 31.0, "mtdblock0"
yaffs_read_super: isCheckpointed 0
save exit: isCheckpointed 1
yaffs: dev is 32505857 name is "mtdblock1"
yaffs: passed flags ""
yaffs: Attempting MTD mount on 31.1, "mtdblock1"
yaffs_read_super: isCheckpointed 0
yaffs: dev is 32505858 name is "mtdblock2"
yaffs: passed flags ""
yaffs: Attempting MTD mount on 31.2, "mtdblock2"
yaffs_read_super: isCheckpointed 0
init: cannot find '/system/etc/install-recovery.sh', disabling 'flash_recovery'
eth0: link up
shell@android:/ $ warning: 'rild' uses 32-bit capabilities (legacy support in use)
```

요약

이 장에서 운영체제를 부팅하기 위한 두 가지 시나리오를 보여주기 위해 U-Boot를 사용했다. 첫 번째, 우리는 U-Boot를 사용해 NOR 플래시로부터 안드로이드를 부팅했다. 안드로이드가 NOR 플래시를 갖고 있지 않더라도, 우리는 그것을 시뮬레이트하기 위해 이미지를 생성했다. 두 번째, 우리는 NAND 플래시로부터 안드로이드를 부팅했다. 이때, system.img에 커널과 램디스크 이미지를 넣고 시스템을 부팅하려고 U-Boot를 사용했다.

우리는 안드로이드 시스템을 부팅하기 위해 램디스크 및 파일 시스템을 제외하면 우리의 것에다 거의 모든 것을 빌드했다. 우리의 램디스크와 파일 시스템을 만들기 위해, 안드로이드 SDK로부터 그것들을 가져왔다. 이어지는 11, 12장의 소스코드에서 안드로이드 파일 시스템을 포함하여 모든 것을 빌드하는 방법을 알아본다.

제3부

안드로이드 시스템 통합

11장 AOSP와 CyanogenMod 구축하기

12장 사용자 정의 안드로이드와 자신의 안드로이드 롬 만들기

11장
AOSP와
CyanogenMod 구축하기

10장에서, 자신의 U-Boot를 사용해 안드로이드를 부팅했다. 우리는 이제 파일 시스템을 제외하고 처음부터 거의 모든 것을 생성하는 방법을 배웠다. 파일 시스템은 사실 안드로이드 시스템에 포함된다. 완성된 그림을 위해서 이번 장은 AOSP와 CyanogenMod를 사용해 소스코드에서부터 안드로이드를 빌드하는 방법을 알아본다.

AOSP와 CyanogenMod 소개

Android Open Source Project (AOSP)는 구글이 관리하는 오픈소스 프로젝트다. 전형적인 안드로이드 시스템은 일반적으로 두 부분을 포함한다. 하나는 AOSP에 내장된 안드로이드 시스템 기반이고, 다른 하나는 Google Mobile Services(GMS)로 알려진 다양한 애플리케이션과 서비스의 집합이다. 구글에서 많은 인기를 얻고 있는 애플리케이션은 Gmail, Google Search, 및 Google Maps와 같이 GMS에 속한 것들이다. GMS는 안드로이드에 종속되어 있지 않고 구글에서 별도의 라이센스를 갖는다. 이들은 AOSP 위에서 부가 기능으로서 실행된다.

어떤 안드로이드 제품들은 GMS와 함께 AOSP를 사용해서 구성된다. AOSP만 사용해 구성되는 제품도 꽤 많은데, 특히 이런 제품들은 신흥 시장(emerging market)을 대상으로 한다. 마케팅 조사 회사 ABI 리서치*의 보고에 따르면, AOSP를 기반으로 한 스마트폰 판매는 2014년 첫 분기부터 2014년 2분기까지 20% 성장했고(스마트폰 전체 시장은 같은 기간 3% 증가한 것과 비교) 스마트폰 시장의 20%를 차지했다. 종합적으로, 안드로이드 AOSP와 OHA는 2014년 2분기에 2억 7천 8백만 개의 스마트폰을 공급(무려 86% 차지)한 것으로 집계되었다.

AOSP는 오픈소스 프로젝트라서 모바일 디바이스 회사는 이 소스코드를 사용한 안드로이드 제품을 구축할 뿐만 아니라 개발자 커뮤니티 또한 그 위에 자식 프로젝트로 생성할 수 있다. CyanogenMod, AOKP 및 MIUI 같은 많은 소위 서드-파티(third-party) 롬 개발 커뮤니티가 존재한다.

---

* ABI Research의 보고서는 다음 주소에서 찾을 수 있다. https://www.abiresearch.com/press/2q-2014-smartphoneresults-forked-android-aosp-gro/.

표 11.1 ASOP와 CyanogenMod 릴리즈

Nickname	AOSP	CyanogenMod
Donut	Android 1.6	CM4
Eclair	Android 2.0/2.1	CM5
Froyo	Android 2.2	CM6
Gingerbread	Android 2.3	CM7
Honeycomb	Android 3.x	CM8
Ice Cream Sandwich	Android 4.0	CM9
Jelly Bean	Android 4.1	CM10
Jelly Bean	Android 4.2	CM10.1
Jelly Bean	Android 4.3	CM10.2
KitKat	Android 4.4	CM11
Lollipop	Android 5.0	CM12

롬 개발 커뮤니티의 구성원들 사이에서 CyanogenMod 및 MIUI가 가장 유명하다. 그들의 제품들은 상업 제품들뿐 아니라 안드로이드 이용자들도 사용한다. 가령, OnePlus 모바일 기기 회사가 OnePlus 제품 중 하나의 시리즈를 발표할 때, 디바이스는 CyanogenMod 롬을 사용했다.

샤오미(Xiaomi)는 MIUI 롬을 사용해 안드로이드 제품 개발에 성공했다. 또한 MIUI의 초기 개발은 CyanogenMod 위에서 구축되었다. 많은 버전의 CyanogenMod 릴리즈가 존재하는데, 모두 AOSP 릴리즈의 상단에 내장되었다. [표 11.1]에 다양한 AOSP 및 CyanogenMod 릴리즈가 나열되어 있다.

안드로이드 가상 디바이스 설정하기

자신의 안드로이드 롬을 구축하기 전에, 좀 더 깊이있는 구글 안드로이드 SDK의 사용법을 조사해 보자. 우리는 안드로이드 4.4 기반의 가상 디바이스를 생성할 것이다. 그러고 나서 AOSP 및 CyanogenMod의 같은 버전으로 우리의 롬을 생성하는 방법을 알아볼 것이다. 3장에서 안드로이드 SDK를 설치했다. 다음의 명령을 사용해 안드로이드 디바이스 매니저(그림 11.1)를 실행할 수 있다.

```
$ android avd
```

안드로이드 가상 디바이스 매니저의 Create 버튼을 클릭하고 다음 구성과 함께 [그림 11.2]과 같이 armemu라는 새로운 가상 디바이스를 생성한다.

- Android 4.4.2: API Level 19

- 512MB RAM

- 200MB SD Card

- 200MB Internal Storage

- 5.1″ WVGA (480 × 800: mdpi)

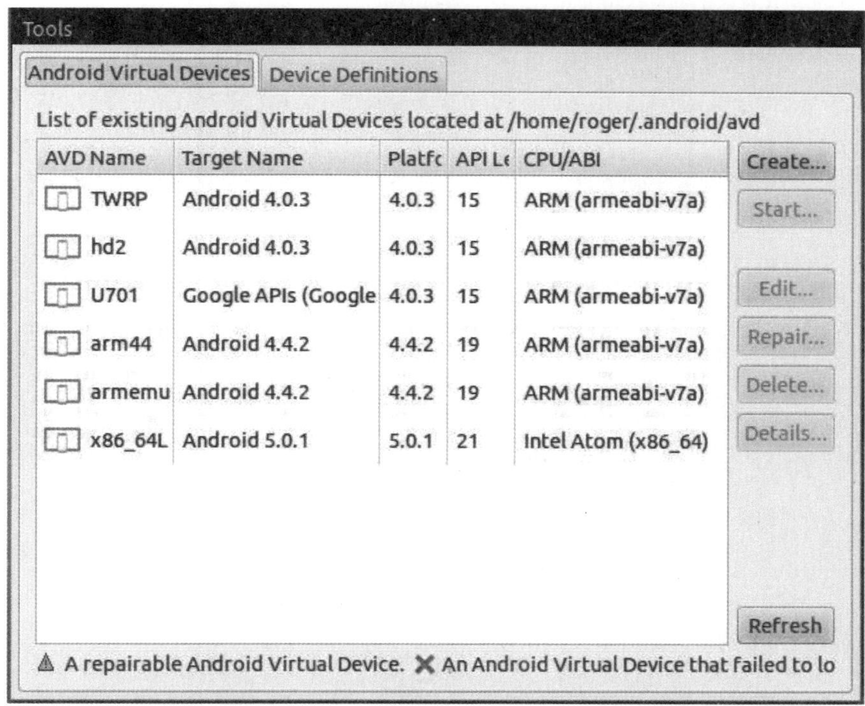

그림 11.1 안드로이드 가상 디바이스 매니저

가상 디바이스를 갖게 되면, 우리는 다음 명령을 사용해 안드로이드 에뮬레이터에서 그것을 실행할 수 있다.

```
$ emulator -avd armemu -verbose -show-kernel —shell
emulator:Found AVD name 'armemu'
emulator:Found AVD target architecture: arm
emulator:Looking for emulator-arm to emulate 'arm' CPU
emulator:Probing program: ./emulator64-arm
…
```

가상 디바이스의 상태를 모니터하기 위해, 우리는 다음의 안드로이드 에뮬레이터 옵션을 사용하기로 한다.

- -verbose : 에뮬레이터 디버그 정보를 보여준다

- -show-kernel : 커널 디버그 정보를 보여준다

- -shell : 커맨드 라인 프롬프트로 표준입력(stdio)를 사용한다

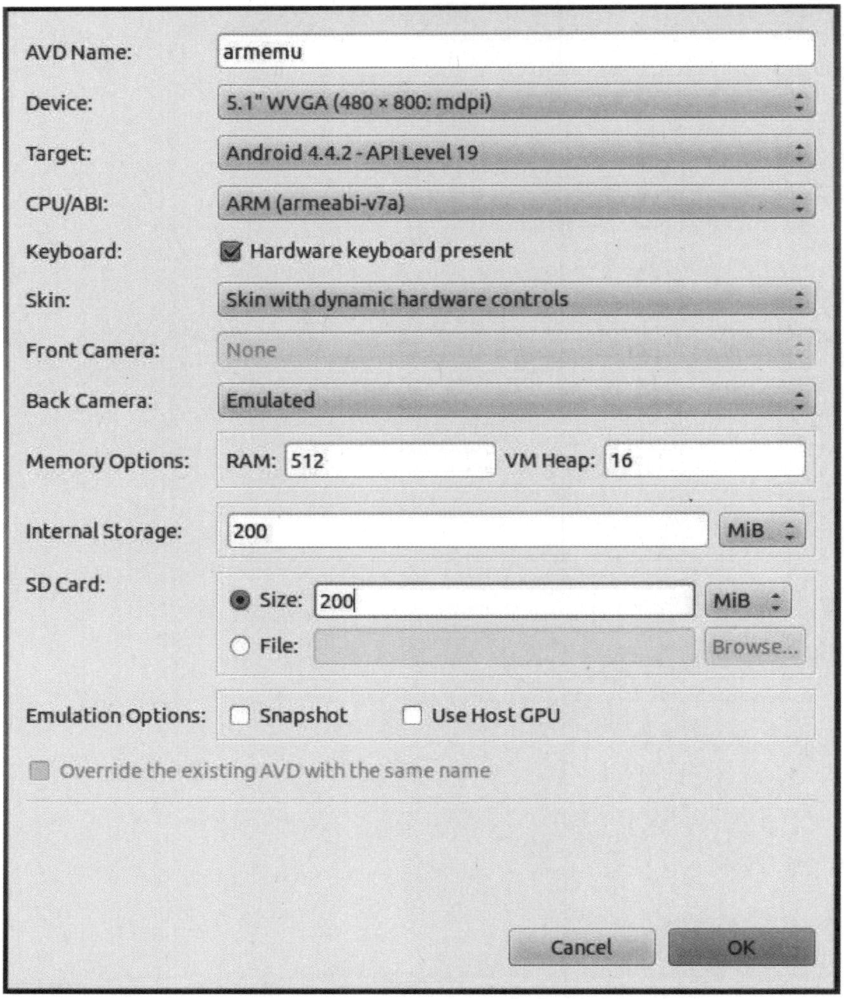

AVD Name:	armemu
Device:	5.1" WVGA (480 × 800: mdpi)
Target:	Android 4.4.2 - API Level 19
CPU/ABI:	ARM (armeabi-v7a)
Keyboard:	☑ Hardware keyboard present
Skin:	Skin with dynamic hardware controls
Front Camera:	None
Back Camera:	Emulated
Memory Options:	RAM: 512 VM Heap: 16
Internal Storage:	200 MiB
SD Card:	◉ Size: 200 MiB ◯ File: Browse...
Emulation Options:	☐ Snapshot ☐ Use Host GPU
☐ Override the existing AVD with the same name	

Cancel OK

그림 11.2 가상 디바이스 armemu

안드로이드 디바이스를 성공적으로 시작한 후, 안드로이드 UI에서 우리는 [Settings 〉 About Phone]
메뉴로 이동하고 [그림 11.3]에서 보여주는 스크린을 볼 수 있다. [About Phone] 스크린에서 다음의
정보를 주목하자.

- Model number: sdk

- Android version: 4.4.2

- Kernel version: 3.4.0-gd853d22

- Build number: sdk-eng 4.4.2 KK 938007 test-keys

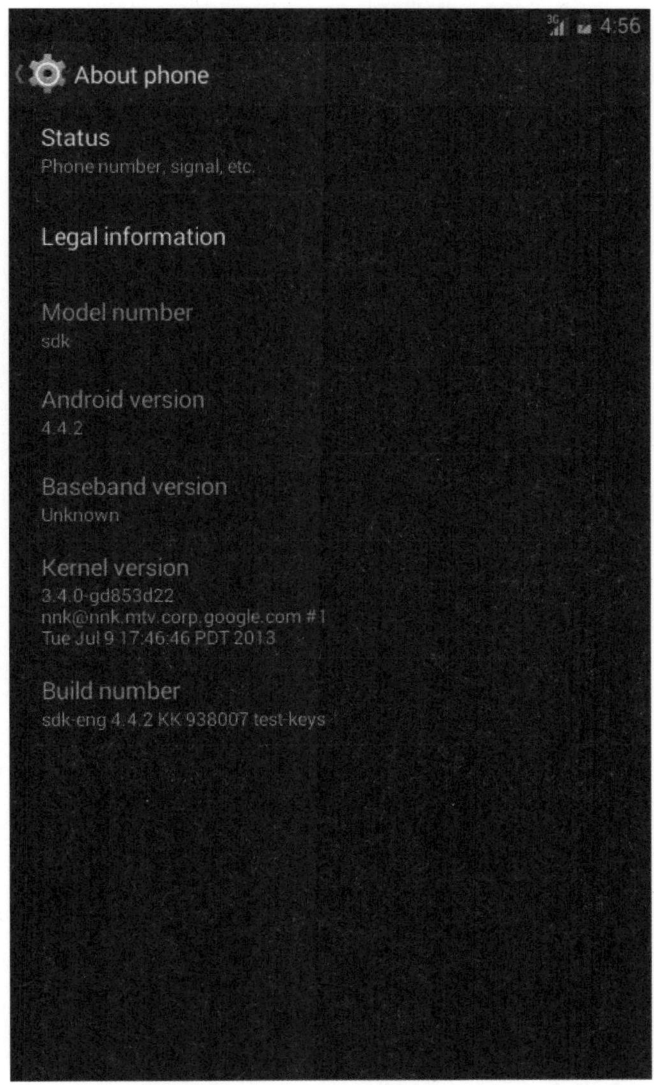

그림 11.3 SDK 이미지의 안드로이드 버전

디바이스 모델 번호는 장치 제조업체에 의해 제공된다. 예를 들어, LG-D802는 LG G2 디바이스를 위한 모델 번호이다. 여기서 우리는 모델 번호가 sdk인 것을 볼 수 있다. 그것은 에뮬레이트의 빌드 구성이다. AOSP 기반의 안드로이드 시스템은 두 가지 부분을 포함한다. AOSP 릴리즈와 안드로이드 호환 리눅스 커널 그들은 별도로 내장되어 다른 라이센스에 적용된다. 리눅스 커널이 GPLv2 라이센스 하에 있는 동안 선호되는 AOSP 라이센스는 Apache Software License이다. 그들은 또한 커널 빌드를 포함하지 않는 AOSP 빌드를 의미하기 때문에 이러한 차이들에 주의하자.

즉, 우리는 개별적으로 커널을 빌드해야 한다. 다음 장에서, 우리는 리눅스 커널을 통합하는 방법과 AOSP 빌드에서 U-Boot를 빌드하는 방법에 대해 알아본다. [그림 11.3]의 안드로이드 버전은 리눅스 커널을 호환하는 버전을 제공하고 AOSP 릴리즈 버전을 나타낸다. 빌드 번호는 특정 AOSP 빌드 번호이다.

AOSP 안드로이드 에뮬레이터 빌드

안드로이드 시스템을 생성하기 위해, 우리는 AOSP 빌드 환경을 설정하고 안드로이드 에뮬레이터를 위한 자신의 AOSP 타겟을 빌드해야 한다. 12장에서 우리의 안드로이드 시스템을 생성하기 위한 방안을 알아본다. 이 절에서는 AOSP 빌드 환경을 설정하고 표준 안드로이드 에뮬레이터 이미지를 생성하는 방법을 공부한다. AOSP를 빌드하는 방법을 설명하는 인터넷과 책들을 많이 참고할 수 있다.

이 주제에 대해 더 많이 알고 싶다면, 3장과 4장에서 언급한 Karim Yaghmour이 쓴 〈Embedded Android〉 책을 추천한다. 그러나 안드로이드의 급속한 발전이 계속되는 상황이라서 빌드 프로세스 및 환경 설정이 수시로 변경될 수 있다. 항상 최신 정보를 확인하려면 웹사이트 https://source.android.com/source/building.html.를 참고하자. AOSP 를 빌드하기 위해 앞서 언급했던 일반적인 지침들과 절차들을 참고하여 이번 절에서 우리는 안드로이드 에뮬레이터를 위해 구체적으로 AOSP를 빌드하는 방법을 살펴본다.

AOSP 빌드 환경

AOSP 타겟을 빌드하기 전에 가장 먼저 할 일은 빌드 환경을 설정하는 것이다. 항상 최신의 빌드 환경 정보를 구글의 웹사이트에서 참고할 수 있다.

필요한 패키지 설치하기

3장에서 소개한 것처럼, 호스트 운영체제로 우분투 12.04 64비트 버전을 사용한다. 우분투 12.04에 대해 다음과 같이 모든 필요한 소프트웨어 패키지를 설치해야 한다. 다른 리눅스 배포판을 사용하고 있다면, 인터넷에서 관련 내용을 검색해 보자. 우분투 12.04를 위한 필요한 모든 패키지를 설치하기 위해, 다음의 명령을 실행한다.

```
$ sudo apt-get install git gnupg flex bison gperf build-essential \
zip curl libc6-dev libncurses5-dev:i386 x11proto-core-dev \
libx11-dev:i386 libreadline6-dev:i386 libgl1-mesa-glx:i386 \
libgl1-mesa-dev g++-multilib mingw32 tofrodos \
python-markdown libxml2-utils xsltproc zlib1g-dev:i386
$ sudo ln -s /usr/lib/i386-linux-gnu/mesa/libGL.so.1 /usr/lib/i386-linux-gnu/libGL.so
```

JDK 설치하기

AOSP의 다른 버전을 빌드하기 위해, 우리는 JDK의 다른 버전이 필요하다.

안드로이드 4.4를 빌드하기 위해서는 Sun JDK 1.6이 필요하다. 안드로이드 5.0의 최신 버전을 빌드하기 위해서는 Open JDK 7을 설치해야 한다. 이 장에서 안드로이드 4.4를 빌드하기 때문에, 우리는 Sun JDK 1.6을 설치하기 위해 리눅스 콘솔에서 다음의 명령을 실행한다.

```
$ sudo add-apt-repository "deb http://archive.canonical.com/ natty partner"
$ sudo apt-get update
$ sudo apt-get install sun-java6-jdk
```

이제 빌드 환경이 준비되었다. 다른 기능을 설치하기 위해 구글 웹사이트를 참고할수도 있다. 예를들어, 빌드에 속도를 내기 위해 ccache 사용을 원한다든지 AOSP 트리로부터 분리된 출력 디렉토리를 생성하길 원할 수도 있다.

AOSP 소스 다운로드하기

빌드 환경이 준비되었다면, 우리는 AOSP 소스코드를 얻어야 한다. 이 과정에 대해 더 많은 정보를 얻고 싶다면 다시 구글의 웹사이트나 3장의 임베디드 안드로이드를 참고하자.

여기서 등장하는 코드를 위해 우리는 안드로이드 4.4.4 소스코드를 source.android.com 에서 다운로드해야 한다. 이 책을 쓰는 시점의 최신 안드로이드 버전인 안드로이드 5.0(Lollipop)을 사용하는 것이 가장 이상적이나, 이 책이 출간되는 시점에 이 장과 12장에서 AOSP 및 CyanogenMod를 비교해 보면 안드로이드 5.0은 CyanogenMod를 안정적으로 지원하지 않는다. 대신, 우리는 안드로이드 4.4.4에서 지원되는 CyanogenMod의 안정적인 버전 CM-11을 사용한다.

Repo 설치하기

AOSP는 많은 수의 git repositories로 구성되어 있고 이들을 관리하기 위한 repo 도구를 사용해야 한다. repo를 다운로드하고 설치하기 위해, 다음 명령을 실행한다.

```
$ mkdir ~/bin
$ PATH=~/bin:$PATH
$ curl https://storage.googleapis.com/git-repo-downloads/repo > ~/bin/repo
$ chmod a+x ~/bin/repo
```

Repo 클라이언트 초기화하고 AOSP 소스트리 다운로드하기

repo 도구를 갖게된 후, 우리는 repository 를 초기화하고 AOSP 소스트리를 다운로드할 수 있도록 다음 명령을 실행한다.

```
$ repo init -u https://android.googlesource.com/platform/manifest -b
android-4.4.4_r2
$ repo sync
```

AOSP 소스트리를 얻기 위해 상당히 긴 시간이 걸렸다. 소스트리를 얻은 후, 상위 레벨 폴더들을 보는 시간을 가져 보자.

```
$ ls
abi          cts          docs         libcore        packages     tools
art          dalvik       external     libnativehelper pdk
bionic       developers   filelist     Makefile       prebuilts
bootable     development  frameworks   ndk            sdk
build        device       hardware     out            system
```

이 리스트의 세부 내용을 살펴보지 않는 대신, 이 장과 다음 장에서 사용될 AOSP 소스트리에 새로운 디바이스를 추가하는 방법에 대해서 특정 문제를 고려해본다. 우리는 이 관점에서부터 전체 구조를 바라볼 것이다. AOSP 소스트리에 대한 일반적인 정보들은 〈Embedded Android〉 책에 있는 [표 3.1] 을 참고하자.

AOSP 안드로이드 에뮬레이터 이미지 빌드하기

안드로이드 에뮬레이터 빌드를 생성하기 위해, 우리는 AOSP 상위 레벨 폴더로부터 다음의 명령을 실행할 수 있다.

```
$ . build/envsetup.sh
including device/samsung/manta/vendorsetup.sh
including device/lge/mako/vendorsetup.sh
including device/lge/hammerhead/vendorsetup.sh
including device/asus/flo/vendorsetup.sh
including device/asus/deb/vendorsetup.sh
including device/asus/tilapia/vendorsetup.sh
including device/asus/grouper/vendorsetup.sh
including device/generic/x86/vendorsetup.sh
including device/generic/armv7-a-neon/vendorsetup.sh
including device/generic/mips/vendorsetup.sh
including sdk/bash_completion/adb.bash
$ lunch

You're building on Linux

Lunch menu... pick a combo:
     1. aosp_arm-eng
     2. aosp_x86-eng
     3. aosp_mips-eng
     4. vbox_x86-eng
```

```
    5. aosp_manta-userdebug
    6. aosp_mako-userdebug
    7. aosp_hammerhead-userdebug
    8. aosp_flo-userdebug
    9. aosp_deb-userdebug
   10. aosp_tilapia-userdebug
   11. aosp_grouper-userdebug
   12. mini_x86-userdebug
   13. mini_armv7a_neon-userdebug
   14. mini_mips-userdebug
Which would you like? [aosp_arm-eng]
PLATFORM_VERSION_CODENAME=REL
PLATFORM_VERSION=4.4.4
TARGET_PRODUCT=aosp_arm
TARGET_BUILD_VARIANT=eng
TARGET_BUILD_TYPE=release
TARGET_BUILD_APPS=
TARGET_ARCH=arm
TARGET_ARCH_VARIANT=armv7-a
TARGET_CPU_VARIANT=generic
HOST_ARCH=x86
HOST_OS=linux
HOST_OS_EXTRA=Linux-3.8.0-44-generic-x86_64-with-Ubuntu-12.04-precise
HOST_BUILD_TYPE=release
BUILD_ID=KTU84Q
OUT_DIR=out
============================================
```

우리는 먼저 envsetup.sh 스타트업 스크립트를 사용해 환경 변수들을 설정한다. 이후, 우리는 빌드 타겟을 선택하기 위해 lunch 명령를 실행한다. 안드로이드 에뮬레이터를 빌드하기 위해, 우리는 ARM을 위한 안드로이드 에뮬레이터 버전을 빌드할 aosp_arm-eng 디폴트 타겟을 선택할 수 있다. envsetup.sh 스크립트 파일과 lunch 명령에 대해 더 많은 것을 알고 싶다면 https://source.android.com을 참고하자.

다음의 make 명령을 실행할 때 실제로 빌드가 시작된다.

```
$ make -j4
============================================
PLATFORM_VERSION_CODENAME=REL
PLATFORM_VERSION=4.4.4
```

```
TARGET_PRODUCT=aosp_arm
TARGET_BUILD_VARIANT=eng
TARGET_BUILD_TYPE=release
TARGET_BUILD_APPS=
TARGET_ARCH=arm
TARGET_ARCH_VARIANT=armv7-a
TARGET_CPU_VARIANT=generic
HOST_ARCH=x86
HOST_OS=linux
HOST_OS_EXTRA=Linux-3.8.0-44-generic-x86_64-with-Ubuntu-12.04-precise
HOST_BUILD_TYPE=release
BUILD_ID=KTU84Q
OUT_DIR=out
============================================
including ./abi/cpp/Android.mk ...
including ./art/Android.mk ...
…
make_ext4fs -S out/target/product/generic/root/file_contexts -l 576716800 -a
system out/target/product/generic/obj/PACKAGING/systemimage_intermediates/system.
img out/target/product/generic/system
+ make_ext4fs -S out/target/product/generic/root/file_contexts -l 576716800 -a
system out/target/product/generic/obj/PACKAGING/systemimage_intermediates/system.
img out/target/product/generic/system
Creating filesystem with parameters:
    Size: 576716800
    Block size: 4096
    Blocks per group: 32768
    Inodes per group: 7040
    Inode size: 256
    Journal blocks: 2200
    Label:
    Blocks: 140800
    Block groups: 5
    Reserved block group size: 39
Created filesystem with 1277/35200 inodes and 82235/140800 blocks
+ '[' 0 -ne 0 ']'
Install system fs image: out/target/product/generic/system.img
out/target/product/generic/system.img+ maxsize=588791808 blocksize=2112
total=576716800 reserve=5947392
```

필요한 총 빌드 시간은 개인 하드웨어 구성에 따라 달라진다. 심지어 최고 사양의 CORE i7 인텔 프로세서라도, 약 40분 정도 걸릴 수 있다.

AOSP 이미지 테스트하기

빌드가 완료된 후, 우리는 다음 폴더에서 모든 이미지들을 찾을 수 있다.

```
$ ls out/target/product/generic/
android-info.txt   data                obj                       symbols
cache              dex_bootjars        previous_build_config.mk  system
cache.img          fake_packages       ramdisk.img               system.img
clean_steps.mk     installed-files.txt root                      userdata.img
```

system.img, userdata.img, 및 ramdisk.img 이미지들은 에뮬레이터를 실행하기 위해 필요한 것들이다. 그러나(당신도 알다시피) 거기에 커널 이미지는 없다. 우리는 12장에서 커널을 빌드하는 것을 논의할 것이다. 지금은 우리의 AOSP 빌드를 테스트하기 위해 안드로이드 SDK로부터 커널 이미지를 사용한다.

AOSP 빌드 과정은 타겟 디바이스를 위한 모든 이미지들 뿐만 아니라 리눅스 호스트에서 실행할 수 있는 에뮬레이터 바이너리들도 생성한다. 리눅스 호스트를 위한 모든 도구들을 다음의 폴더 아래에서 찾을 수 있다.

```
$ ls out/host/linux-x86/bin
aapt            clang++         e2fsck          hprof-conv        mkyaffs2image
acp             clang-tblgen    emulator        insertkeys.py     oatdump
adb             dalvik          emulator64-arm  llvm-as           rs-spec-gen
aidl            dalvikvm        emulator64-mips llvm-link         simg2img
apicheck        dex2oat         emulator64-x86  llvm-rs-cc        tblgen
aprotoc         dexdeps         emulator-arm    make_ext4fs       validatekeymaps
bcc_strip_attr  dexdump         emulator-mips   make_g2g          zipalign
checkfc         dexlist         emulator-x86    minigzip
checkpolicy     dexopt          fastboot        mkbootfs
checkseapp      dmtracedump     grxmlcompile    mksnapshot.arm
clang           dx              hierarchyviewer1 mkuserimg.sh
```

우리의 AOSP 에뮬레이터와 이미지들을 테스트하기 전에, 몇 가지 설정하는 작업을 해야 한다. 다음과 같이 AOSP 트리와 같은 폴더에 안드로이드 SDK를 설치할 것이다.

```
$ ls ..
adt-bundle-linux-x86_64-20140702 android-4.4.4_r2
```

우리는 두 개의 soft-links를 생성해야 우리의 에뮬레이터가 디폴트 폴더에서 모든 이미지들을 찾을
수 있다. 우선 SDK 폴더에서 플랫폼을 위한 하나의 soft-link를 생성해 보자.

```
$ cd out/host/linux-x86
$ ln -s ../../../../adt-bundle-linux-x86_64-20140702/sdk/platforms/ .
$ ls -l platforms
lrwxrwxrwx 1 roger mcafee 59 Feb 12 16:36 platforms -> ../../../../adt-
bundlelinux-x86_64-20140702/sdk/platforms/
```

그러고 나서 우리는 빌드를 통해 system-images 폴더를 대체할 soft-link를 생성해야 한다.

```
$ mkdir -p system-images/android-19
$ cd system-images/android-19
$ ln -s ../../../../target/product/generic/ armeabi-v7a
$ ls -al armeabi-v7a
lrwxrwxrwx 1 roger mcafee 35 Feb 12 16:40 armeabi-v7a -> ../../../../target/
product/generic/
```

이제 환경이 준비되었다. 호스트 폴더로 가서 우리의 에뮬레이터와 이미지들을 테스트해 보자 :

```
$ cd ../..
$ ls
add-ons bin framework lib obj platforms system-images usr
$ bin/emulator -avd armemu -verbose -show-kernel -shell
emulator: found SDK root at /home/android/aosp/android-4.4.4_r2/out/host/
linux-x86
emulator: Android virtual device file at: /home/roger/.android/avd/armemu.ini
emulator: virtual device content at /home/roger/.android/avd/armemu.avd
emulator: virtual device config file: /home/roger/.android/avd/armemu.avd/
config.ini
emulator: using core hw config path: /home/roger/.android/avd/armemu.avd/
hardware-qemu.ini
emulator: Found AVD target API level: 19
emulator: 'magic' skin format detected: 480x800
emulator: autoconfig: -skin 480x800
emulator: autoconfig: -skindir (null)
emulator: keyset loaded from: /home/roger/.android/default.keyset
emulator: found SDK root at /home/android/aosp/android-4.4.4_r2/out/host/
linux-x86
emulator: found magic skin width=480 height=800 bpp=16
emulator: ERROR: This AVD's configuration is missing a kernel file!!
```

우리의 시도로 에러 메시지가 생성된 것을 볼 수 있다. 앞서 언급했던 커널 파일이 없기 때문이다. 안드로이드 SDK에서 커널 파일을 복사한 후 다시 시도해 보자 :

```
$ cp ../../../../adt-bundle-linux-x86_64-20140702/sdk/system-images/android-19/
armeabi-v7a/kernel-qemu system-images/android-19/armeabi-v7a/kernel-qemu
$ bin/emulator -avd armemu -verbose -show-kernel -shell
emulator: found SDK root at /home/android/aosp/android-4.4.4_r2/out/host/
linux-x86
emulator: Android virtual device file at: /home/roger/.android/avd/armemu.ini
emulator: virtual device content at /home/roger/.android/avd/armemu.avd
emulator: virtual device config file: /home/roger/.android/avd/armemu.avd/
config.ini
emulator: using core hw config path: /home/roger/.android/avd/armemu.avd/
hardware-qemu.ini
emulator: Found AVD target API level: 19
emulator: 'magic' skin format detected: 480x800
emulator: autoconfig: -skin 480x800
emulator: autoconfig: -skindir (null)
emulator: keyset loaded from: /home/roger/.android/default.keyset
emulator: found SDK root at /home/android/aosp/android-4.4.4_r2/out/host/
linux-x86
emulator: found magic skin width=480 height=800 bpp=16


…
emulator: control console listening on port 5554, ADB on port 5555
emulator: sent '0012host:emulator:5555' to ADB server
emulator: ping program: /home/android/aosp/android-4.4.4_r2/out/host/linux-x86/
bin/ddms
Uncompressing Linux... done, booting the kernel.
goldfish_fb_get_pixel_format:167: display surface,pixel format:
  bits/pixel:  16
  bytes/pixel: 2
  depth:       16
  red:         bits=5 mask=0xf800 shift=11 max=0x1f
  green:       bits=6 mask=0x7e0 shift=5 max=0x3f
  blue:        bits=5 mask=0x1f shift=0 max=0x1f
  alpha:       bits=0 mask=0x0 shift=0 max=0x0
Booting Linux on physical CPU 0
Initializing cgroup subsys cpu
```

```
Linux version 3.4.0-gd853d22 (nnk@nnk.mtv.corp.google.com) (gcc version
4.6.x-google 20120106 (prerelease) (GCC) ) #1 PREEMPT Tue Jul 9 17:46:46 PDT 2013
CPU: ARMv7 Processor [410fc080] revision 0 (ARMv7), cr=10c53c7d
CPU: PIPT / VIPT nonaliasing data cache, VIPT nonaliasing instruction cache
Machine: Goldfish
Memory policy: ECC disabled, Data cache writeback
Built 1 zonelists in Zone order, mobility grouping on. Total pages: 130048
Kernel command line: qemu.gles=0 qemu=1 console=ttyS0 android.qemud=ttyS1
androidboot.console=ttyS2 android.checkjni=1 ndns=1
PID hash table entries: 2048 (order: 1, 8192 bytes)

Dentry cache hash table entries: 65536 (order: 6, 262144 bytes)
Inode-cache hash table entries: 32768 (order: 5, 131072 bytes)
Memory: 512MB = 512MB total
…
```

위의 메시지에서 나타내듯이, 에뮬레이터는 out/host/linux-x86 호스트 출력 폴더를 SDK root로 간주하고 이 폴더에 있는 이미지들을 사용한다. 우리는 SDK root 아래 system-images/android-19/armeabiv7a에 타겟 출력 폴더 out/target/product/generic를 링크했다.

에뮬레이터를 시작한 후, 우리는 전에 했던 것처럼 버전 정보를 검사할 수 있다. [그림 11.4]는 AOSP 이미지에 대한 버전 정보를 보여준다. 이 정보를 SDK 이미지와 함께 비교해 보자. [표 11.2]에서, 우리는 모델 넘버가 sdk 대신 'AOSP on ARM Emulator' 임을 볼 수 있다. 안드로이드 버전은 우리가 사용했던 SDK 버전을 나타내는 4.4.2 대신 4.4.4이다. 빌드 넘버는 빌드 타겟 aosp_arm-eng이다. 빌드 정보는 또한 빌드 날짜와 시간을 포함한다.

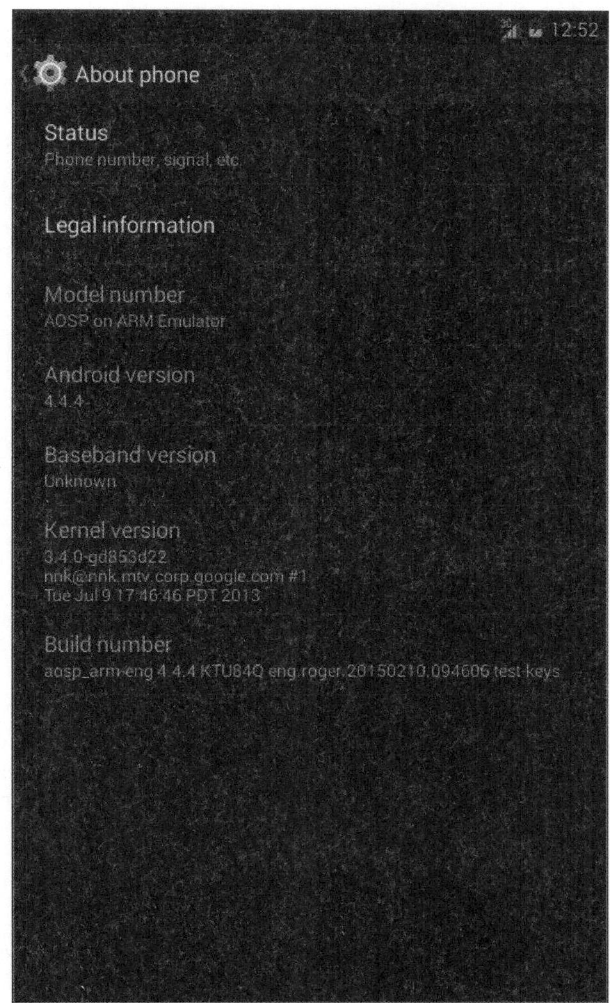

그림 11.4 AOSP 이미지의 안드로이드 버전

표 11.2 SDK와 AOSP 버전

	SDK	AOSP
Model number	sdk	AOSP on ARM Emulator
Android version	4.4.2	4.4.4
Kernel version	3.4.0-gd853d22	3.4.0-gd853d22
Build number	sdk-eng 4.4.2 KK 938007 test-keys	aosp_arm-eng 4.4.4 KTU84Q eng. oger.20150210.0944606 test-keys

CyanogenMod 안드로이드 에뮬레이터 빌드

CyanogenMod 전용 안드로이드 에뮬레이터 빌드를 생성하는 과정은 AOSP 빌드 과정과 거의 유사하다. 그러나 이후에 작은 차이를 알게 될 것이다. CyanogenMod에서는, AOSP 빌드의 디폴트 빌드 타겟 aosp_arm-eng 대신 CyanogenMod 전용 빌드 타겟 cm_goldfish-eng을 선택한다.

이번 절은 CyanogenMod의 안드로이드 에뮬레이터 빌드를 생성하는 방법에 있어 좋은 참조를 제공한다. 많은 웹페이지들이 특정 장치를 위해 CyanogenMod로 빌드하기 위한 방법들을 다루고 있지만, 안드로이드 에뮬레이터를 빌드하기 위한 가이드는 찾기가 훨씬 어렵다.

우리가 AOSP 빌드 환경을 이미 설정해 봤듯이, 우리는 여기서 그 과정을 되풀이하지 않을 것이다. CyanogenMod는 AOSP처럼 같은 빌드 환경을 사용한다.

CyanogenMod 소스 다운로드하기

우리는 AOSP 소스트리와 같은 레벨에 CyanogenMod 소스트리를 삽입할 것이다. repo 도구를 사용하여 CyanogenMod 소스트리를 다운로드할 수 있다.

```
$ mkdir cm-11
$ cd cm-11
$ repo init -u git://github.com/CyanogenMod/android.git -b cm-11.0
$ repo sync
```

다운로드를 위해 긴 시간 기다려야 한다. 소스트리 다운로드를 완료한 이후, 우리는 AOSP 소스트리와 유사한 것들을 볼 수 있다.

```
$ ls
abi        build        device       kernel          out         sdk
android    cts          docs         libcore         packages    system
art        dalvik       external     libnativehelper pdk         tools
bionic     developers   frameworks   Makefile        prebuilt    vendor
bootable   development  hardware     ndk             prebuilts
```

CyanogenMod 안드로이드 에뮬레이터 빌드하기

CyanogenMod 전용 안드로이드 에뮬레이터를 빌드하는 과정은 빌드 옵션이 다른 것을 제외하고 AOSP 빌드와 유사하다. 우리는 먼저 환경을 초기화하고 빌드 타겟을 선택한다.

```
$ . build/envsetup.sh
including device/generic/armv7-a-neon/vendorsetup.sh
including device/generic/goldfish/vendorsetup.sh
```

```
including device/generic/mips/vendorsetup.sh
including device/generic/x86/vendorsetup.sh
including vendor/cm/vendorsetup.sh
including sdk/bash_completion/adb.bash
including vendor/cm/bash_completion/git.bash
including vendor/cm/bash_completion/repo.bash
$ lunch
You're building on Linux

Lunch menu... pick a combo:
1.  aosp_arm-eng
2.  aosp_x86-eng
3.  aosp_mips-eng
4.  vbox_x86-eng
5.  mini_armv7a_neon-userdebug
6.  cm_goldfish-eng
7.  cm_goldfish-userdebug
8.  cm_goldfish-user
9.  mini_mips-userdebug
10. mini_x86-userdebug
11. cm_a700-userdebug
12. cm_apexqtmo-userdebug
13. cm_aries-userdebug
14. cm_captivatemtd-userdebug
15. cm_crespo-userdebug
16. cm_d2lte-userdebug
17. cm_d710-userdebug
18. cm_d800-userdebug
19. cm_d801-userdebug
20. cm_dogo-userdebug
21. cm_e973-userdebug
22. cm_encore-userdebug
23. cm_endeavoru-userdebug
24. cm_enrc2b-userdebug
25. cm_epicmtd-userdebug
26. cm_exhilarate-userdebug
27. cm_expressatt-userdebug
28. cm_fireball-userdebug
29. cm_galaxysbmtd-userdebug
```

```
30. cm_galaxysmtd-userdebug
31. cm_hercules-userdebug
32. cm_hlteusc-userdebug
33. cm_hltevzw-userdebug
34. cm_huashan-userdebug
35. cm_hummingbird-userdebug
36. cm_i9100-userdebug
37. cm_i9100g-userdebug
38. cm_i925-userdebug
39. cm_i9300-userdebug
40. cm_i9305-userdebug
41. cm_i9500-userdebug
42. cm_jem-userdebug
43. cm_jflte-userdebug
44. cm_kltespr-userdebug
45. cm_klteusc-userdebug
46. cm_kltevzw-userdebug
47. cm_l01f-userdebug
48. cm_m4-userdebug
49. cm_m7spr-userdebug
50. cm_maguro-userdebug
51. cm_moto_msm8960_jbbl-userdebug
52. cm_n1-userdebug
53. cm_n5100-userdebug
54. cm_n5110-userdebug
55. cm_n5120-userdebug
56. cm_n7000-userdebug
57. cm_n7100-userdebug
58. cm_odin-userdebug
59. cm_otter-userdebug
60. cm_otter2-userdebug
61. cm_otterx-userdebug
62. cm_ovation-userdebug
63. cm_p1-userdebug
64. cm_p3100-userdebug
65. cm_p3110-userdebug
66. cm_p5100-userdebug
67. cm_p5110-userdebug
68. cm_p880-userdebug
69. cm_p930-userdebug
```

```
70. cm_pollux-userdebug
71. cm_pollux_windy-userdebug
72. cm_r950-userdebug
73. cm_skyrocket-userdebug
74. cm_sprout-userdebug
75. cm_superior-userdebug
76. cm_t769-userdebug
77. cm_tate-userdebug
78. cm_tf700t-userdebug
79. cm_tf701t-userdebug
80. cm_vs920-userdebug
81. cm_vs980-userdebug
82. cm_w7-userdebug
83. cm_ypg1-userdebug
84. cm_yuga-userdebug
Which would you like? [aosp_arm-eng] 6
Looking for dependencies
============================================
PLATFORM_VERSION_CODENAME=REL
PLATFORM_VERSION=4.4.4
CM_VERSION=11-20150212-UNOFFICIAL-goldfish
TARGET_PRODUCT=cm_goldfish
TARGET_BUILD_VARIANT=eng
TARGET_BUILD_TYPE=release
TARGET_BUILD_APPS=
TARGET_ARCH=arm
TARGET_ARCH_VARIANT=armv7-a
TARGET_CPU_VARIANT=generic
HOST_ARCH=x86
HOST_OS=linux
HOST_OS_EXTRA=Linux-3.8.0-44-generic-x86_64-with-Ubuntu-12.04-precise
HOST_BUILD_TYPE=release
BUILD_ID=KTU84Q
OUT_DIR=/home/android/aosp/cm-11/out
============================================
```

CyanogenMod는 AOSP 빌드와 비교해 더 많은 옵션들을 제공하는 것을 볼 수 있다. AOSP가 안드로이드 플랫폼 개발을 위해 사용될 수 있는 기반을 제공하는 반면, CyanogenMod는 직접적으로 많은 제품군을 지원한다. 우리가 선택한 빌드 대상에 주의를 기울이자. AOSP 빌드를 위해 했던 것처럼

aosp_arm-eng 디폴트 타겟을 선택하지 않았다. CyanogenMod는 직접적으로 안드로이드 에뮬레이터를 위해 약간의 빌드 타겟을 지원한다. 에뮬레이터 엔지니어링 빌드를 위해, 우리는 cm_goldfish-eng 타겟을 선택했다.

CyanogenMod를 위한 개발 가이드는 CyanogenMod 이미지를 구성하고 빌드하는 데 사용될 수 있는 lunch 외 여러 명령들을 나열한다. 예를 들면 CyanogenMod 빌드를 위해 lunch 대신 breakfast 라 는 명령이 사용될 수 있다. CyanogenMod에서 디바이스 빌드에 대해 더 많은 정보를 얻기 위해서 xdadeveloers를 참조할 수 있다. http://forum.xda-developers.com/nexus-4/general/guide-cm11-how-to-build-cyanogenmod-11-t2515305.

다음은 breakfast 명령 옵션들이다.

```
$ breakfast
including vendor/cm/vendorsetup.sh
You're building on Linux
Breakfast menu... pick a combo:
1. full-eng
2. cm_a700-userdebug
3. cm_apexqtmo-userdebug
4. cm_aries-userdebug
5. cm_captivatemtd-userdebug
6. cm_crespo-userdebug
7. cm_d2lte-userdebug
8. cm_d710-userdebug
9. cm_d800-userdebug
10. cm_d801-userdebug
11. cm_dogo-userdebug
12. cm_e973-userdebug
13. cm_encore-userdebug
14. cm_endeavoru-userdebug
15. cm_enrc2b-userdebug
16. cm_epicmtd-userdebug
17. cm_exhilarate-userdebug
18. cm_expressatt-userdebug
19. cm_fireball-userdebug
20. cm_galaxysbmtd-userdebug
21. cm_galaxysmtd-userdebug
22. cm_hercules-userdebug
23. cm_hlteusc-userdebug
24. cm_hltevzw-userdebug
```

25. cm_huashan-userdebug
26. cm_hummingbird-userdebug
29. cm_i925-userdebug
30. cm_i9300-userdebug
31. cm_i9305-userdebug
32. cm_i9500-userdebug
33. cm_jem-userdebug
34. cm_jflte-userdebug
35. cm_kltespr-userdebug
36. cm_klteusc-userdebug
37. cm_kltevzw-userdebug
38. cm_l01f-userdebug
39. cm_m4-userdebug
40. cm_m7spr-userdebug
41. cm_maguro-userdebug
42. cm_moto_msm8960_jbbl-userdebug
43. cm_n1-userdebug
44. cm_n5100-userdebug
45. cm_n5110-userdebug
46. cm_n5120-userdebug
47. cm_n7000-userdebug
48. cm_n7100-userdebug
49. cm_odin-userdebug
50. cm_otter-userdebug
51. cm_otter2-userdebug
52. cm_otterx-userdebug
53. cm_ovation-userdebug
54. cm_p1-userdebug
55. cm_p3100-userdebug
56. cm_p3110-userdebug
57. cm_p5100-userdebug
58. cm_p5110-userdebug
59. cm_p880-userdebug
60. cm_p930-userdebug
61. cm_pollux-userdebug
62. cm_pollux_windy-userdebug
63. cm_r950-userdebug
64. cm_skyrocket-userdebug
67. cm_t769-userdebug

```
68.  cm_tate-userdebug
69.  cm_tf700t-userdebug
70.  cm_tf701t-userdebug
71.  cm_vs920-userdebug
72.  cm_vs980-userdebug
73.  cm_w7-userdebug
74.  cm_ypg1-userdebug
75.  cm_yuga-userdebug
... and don't forget the bacon!

Which would you like? [aosp_arm-eng]
```

lunch 명령과 breakfast 명령의 옵션 리스트가 유사함을 알 수 있다. 그러나 약간의 차이는 존재한다. 가장 중요한 것은 안드로이드 에뮬레이터 빌드다. 우리가 lunch 명령을 선택하는 이유는 breakfast 명령에서 타겟들이 유효하지 않기 때문이다. breakfast 명령은 또한 CyanogenMod를 위해 보다 구체적이다. lunch 명령보다 몇 가지들을 더 처리한다. 우리가 breakfast 명령을 실행시키면 github 에서 지원되는 장치 구성(supported device configurations)들을 다운로드하여 그것들을 lunch combo를 위해 추가한다. 이후 lunch 명령을 호출한다.

breakfast 명령에 의해 생성된 리스트는 그 동작이 단지 지원되는 디바이스들만 포함하는 이유를 설명한다. 에뮬레이터 빌드는 CyanogenMod를 위해 지원되는 리스트에 없다. CyanogenMod에서 또 다른 명령은, brunch로 breakfast와 make 명령을 결합한 것이다. 우리는 lunch 명령을 사용해 빌드 타겟을 선택하고, 이후 실제 빌드 명령은 AOSP를 가지고 하는 것과 같다. 우리는 빌드하기 위해 make 명령을 사용한다.

```
$ make -j4
```

CyanogenMod 이미지 테스트하기

빌드가 완료되면, 다음 출력 폴더를 검토할 수 있다.

```
$ ls out/target/product/generic/
abi        build        device      kernel          out          sdk
android    cts          docs        libcore         packages     system
art        dalvik       external    libnativehelper pdk          tools
bionic     developers   frameworks  Makefile        prebuilt     vendor
bootable   development  hardware    ndk             prebuilts
```

알다시피, AOSP 빌드보다 CyanogenMod 빌드에 더 많은 이미지가 존재하는 것을 제외하고, CyanogenMod 빌드의 출력은 AOSP 빌드의 출력과 비슷하다. 또한 복구(ramdisk-recover.img) 이미

지와 커널 이미지가 포함되어 있다. CyanogenMod 빌드를 테스트하기 위해, 우리가 AOSP 이미지들을 처리했던 것과 같은 절차를 반복한다.

```
$ ls ..
adt-bundle-linux-x86_64-20140702 android-4.4.4_r2 cm-11
```

안드로이드 SDK, AOSP 및 CyanogenMod 소스트리는 같은 폴더 레벨에서 나타난다. AOSP 테스트와 마찬가지로 같은 soft-links를 생성할 수 있다. 먼저 platforms 폴더의 softlink를 만들어 보자.

```
$ cd out/host/linux-x86
$ ln -s ../../../../adt-bundle-linux-x86_64-20140702/sdk/platforms/ .
$ ls -l platforms
lrwxrwxrwx 1 roger mcafee 59 Feb 13 14:41 platforms -> ../../../../adt-
bundlelinux-x86_64-20140702/sdk/platforms/
```

그리고 나서, 우리는 systemimages 폴더로서 우리의 CyanogenMod 이미지를 사용하는 soft-link를 생성해야 한다.

```
$ mkdir -p system-images/android-19
$ cd system-images/android-19
$ ln -s ../../../../target/product/generic/ armeabi-v7a
$ ls -l armeabi-v7a
lrwxrwxrwx 1 roger mcafee 35 Feb 13 14:50 armeabi-v7a ->
../../../../target/product/generic/
```

이제 환경이 준비되었다. 에뮬레이터를 시작하기 전에, 우리는 커널을 kernel-qemu로 변경해야 한다. CyanogenMod 빌드로 인해 리눅스 커널을 이용할 수 있게 되었다, 우리의 목표인 테스트를 위해서 커널 구성을 사용할 수 있다.

```
$ cd armeabi-v7a
$ ln -s ./kernel kernel-qemu
```

이제 에뮬레이터를 시작할 수 있다. 호스트 폴더로 이동하여 우리의 에뮬레이터와 이미지들을 테스트해 보자.

```
$ cd ../../..
$ bin/emulator -avd armemu -verbose -show-kernel -shell
emulator: found SDK root at /home/android/aosp/cm-11/out/host/linux-x86
emulator: Android virtual device file at: /home/roger/.android/avd/armemu.ini
emulator: virtual device content at /home/roger/.android/avd/armemu.avd
```

```
emulator: virtual device config file: /home/roger/.android/avd/armemu.avd/
config.ini
emulator: using core hw config path: /home/roger/.android/avd/armemu.avd/
hardware-qemu.ini
emulator: Found AVD target API level: 19
emulator: 'magic' skin format detected: 480x800
emulator: autoconfig: -skin 480x800
emulator: autoconfig: -skindir (null)
emulator: keyset loaded from: /home/roger/.android/default.keyset
emulator: found SDK root at /home/android/aosp/cm-11/out/host/linux-x86
…
emulator: control console listening on port 5554, ADB on port 5555
emulator: sent '0012host:emulator:5555' to ADB server
emulator: ping program: /home/android/aosp/cm-11/out/host/linux-x86/bin/ddms
Uncompressing Linux......................................................
.................................. done, booting the kernel.
goldfish_fb_get_pixel_format:167: display surface,pixel format:
  bits/pixel:  16
  bytes/pixel: 2
  depth:       16
  red:         bits=5 mask=0xf800 shift=11 max=0x1f
  green:       bits=6 mask=0x7e0 shift=5 max=0x3f
  blue:        bits=5 mask=0x1f shift=0 max=0x1f
  alpha:       bits=0 mask=0x0 shift=0 max=0x0
Initializing cgroup subsys cpu
Linux version 2.6.29-g1059d20 (roger@sz-lin-003) (gcc version 4.7 (GCC) ) #1 Tue
Feb 10 17:07:45 CST 2015
CPU: ARMv7 Processor [410fc080] revision 0 (ARMv7), cr=10c5387f
CPU: VIPT nonaliasing data cache, VIPT nonaliasing instruction cache
Machine: Goldfish
…
healthd: wakealarm_init: timerfd_create failed
healthd: BatteryVoltagePath not found
healthd: BatteryTemperaturePath not found
binder: 32:32 transaction failed 29189, size0-0
binder: 32:32 transaction failed 29189, size0-0
```

우리는 시스템이 제대로 시작되지 않는 것과 "binder: 32:32 transaction failed 29189, size0-0." 에러 메시지가 계속 발생하는 것을 볼 수 있다. 이 에러는 CyanogenMod 소스트리에서 커널 버전이 안드

로이드 버전 4.4.4와 함께 동작하기 때문에 발생된다. 디버그에서 커널 버전은 다음과 같이 출력된다.

```
Linux version 2.6.29-g1059d20 (roger@sz-lin-003) (gcc version 4.7 (GCC) ) #1 Tue
Feb 10 17:07:45 CST 2015
```

날짜와 이름에서, 우리의 빌드임을 알 수 있으나 커널은 오래된 2.6.29 버전이다. AOSP 테스트 때처럼 안드로이드 SDK에서 커널을 사용해 이 문제를 해결하자.

```
$ cd system-images/android-19/armeabi-v7a
$ ln -s ../../../../../adt-bundle-linux-x86_64-20140702/sdk/system-images/
android-19/armeabi-v7a/kernel-qemu  .
$ ls -al kernel-qemu
lrwxrwxrwx 1 roger mcafee 100 Feb 13 15:05 kernel-qemu -> ../../../../../adtbundle-
linux-x86_64-20140702/sdk/system-images/android-19/armeabi-v7a/kernel-qemu
```

임시로 지금의 문제를 처리할 수 있다. 다음 장에서 어떻게 커널을 통합하고 AOSP 및 CyanogenMod 와 함께 U-Boot를 빌드할지 방법을 논의할 것이다. 그때 이 문제를 완벽히 해결할 것이다. 지금은 새 커널과 함께 임시적으로 해결해 보자.

```
$ cd ../../..
$ bin/emulator -avd armemu -verbose -show-kernel —shell
emulator: found SDK root at /home/android/aosp/cm-11/out/host/linux-x86
emulator: Android virtual device file at: /home/roger/.android/avd/armemu.ini
emulator: virtual device content at /home/roger/.android/avd/armemu.avd
emulator: virtual device config file: /home/roger/.android/avd/armemu.avd/
config.ini
emulator: using core hw config path: /home/roger/.android/avd/armemu.avd/
hardware-qemu.ini
emulator: Found AVD target API level: 19
…
emulator: control console listening on port 5554, ADB on port 5555
emulator: sent '0012host:emulator:5555' to ADB server
emulator: ping program: /home/android/aosp/cm-11/out/host/linux-x86/bin/ddms
Uncompressing Linux... done, booting the kernel.
goldfish_fb_get_pixel_format:167: display surface,pixel format:
  bits/pixel:   16
  bytes/pixel: 2
  depth:        16
  red:          bits=5 mask=0xf800 shift=11 max=0x1f
  green:        bits=6 mask=0x7e0 shift=5 max=0x3f
```

```
blue:          bits=5 mask=0x1f shift=0 max=0x1f
 alpha:        bits=0 mask=0x0 shift=0 max=0x0
Booting Linux on physical CPU 0
Initializing cgroup subsys cpu
Linux version 3.4.0-gd853d22 (nnk@nnk.mtv.corp.google.com) (gcc version
4.6.x-google 20120106 (prerelease) (GCC) ) #1 PREEMPT Tue Jul 9 17:46:46 PDT 2013
CPU: ARMv7 Processor [410fc080] revision 0 SELinux: Loaded file_contexts from /file_
contexts
init: /dev/hw_random not found
healthd: wakealarm_init: timerfd_create failed
healthd: BatteryVoltagePath not found
healthd: BatteryTemperaturePath not found
eth0: link up
shell@generic:/ $ warning: 'zygote' uses 32-bit capabilities (legacy support in
use)
shell@generic:/ $ (ARMv7), cr=10c53c7d
CPU: PIPT / VIPT nonaliasing data cache, VIPT nonaliasing instruction cache
Machine: Goldfish
Memory policy: ECC disabled, Data cache writeback
…
SELinux: Loaded policy from /sepolicy
SELinux: Loaded file_contexts from /file_contexts
init: /dev/hw_random not found
healthd: wakealarm_init: timerfd_create failed
healthd: BatteryVoltagePath not found
healthd: BatteryTemperaturePath not found
eth0: link up
shell@generic:/ $ warning: 'zygote' uses 32-bit capabilities (legacy support in use)
shell@generic:/ $
```

우리는 현재 리눅스 쉘을 부팅하고 CyanogenMod 잠금 화면을 볼 수 있다. 스크린의 잠금을 해제한 후, 버전 정보를 포함한 CyanogenMod의 설정 화면(그림 11.5)을 볼 수 있다. 전에 SDK와 AOSP 이미지들을 비교한 것과 같이, 우리는 SDK, AOSP 및 CyanogenMod 빌드에 관한 [표 11.3]에서 버전 정보를 비교할 수 있다.

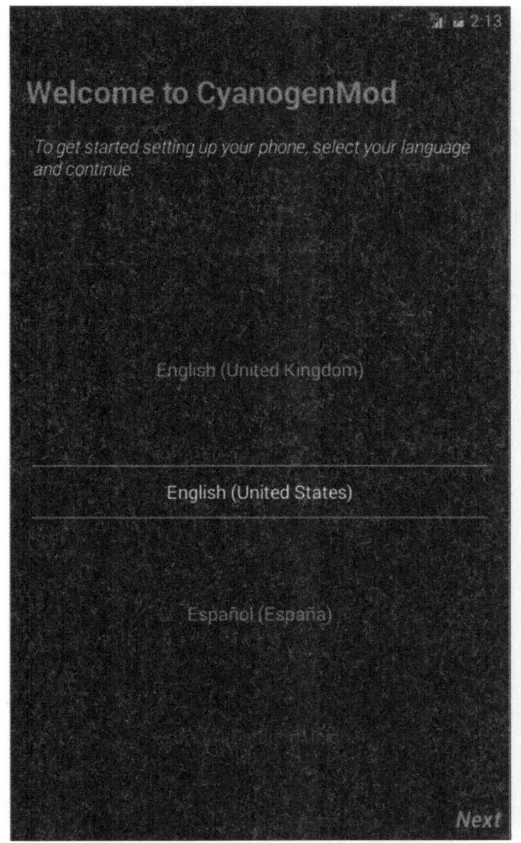
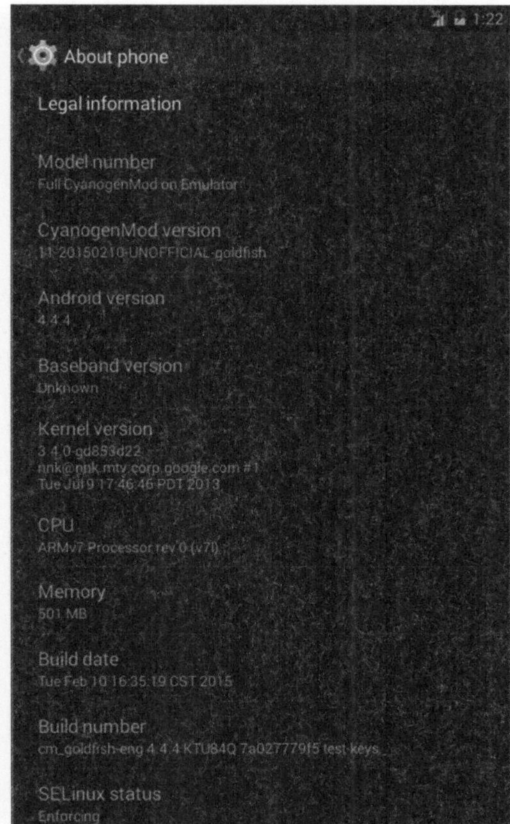

그림 11.5 CyanogenMod 이미지의 안드로이드 버전

표 11.3 SDK, AOSP와 CyanogenMod 비교

	SDK	AOSP	CyanogenMod
Model number	sdk	AOSP on ARM Emulator	Full CyanogenMod on Emulator
Android version	4.4.2	4.4.4	4.4.4
Kernel version	3.4.0-gd853d22	3.4.0-gd853d22	3.4.0-gd853d22
Build number	sdk-eng 4.4.2 KK 938007 test-keys	aosp_arm-eng 4.4.4 KTU84Q eng. roger.20150210.0944606 test-keys	cm_goldfish-eng 4.4.4 KTU84Q 7a027779f5 test-keys

모델 번호는 CyanogenMod임을 볼 수 있다. 빌드 번호는 우리가 cm_goldfish-eng 빌드 타겟을 선택했음을 가리킨다. 세 가지 빌드 테스트 모두, 같은 커널 버전 3.4.0-gd853d22을 사용해서 안드로이드 4.4.x와 작업할 것이다.

요약

이번 장에서 SDK, AOSP 및 CyanogenMod의 환경을 설정했다. 우리는 AOSP 및 CyanogenMod 둘다의 안드로이드 에뮬레이터 이미지를 빌드했다. 우리는 SDK, AOSP 및 CyanogenMod에서 안드로이드 이미지를 테스트했다. 다음 장에서 우리의 안드로이드 시스템을 만들어 나갈 방법을 모색하는 작업을 계속하기 위해서 그 전에 지금까지 작업해왔던 과정들은 모두 필요한 일이었다.

12장
사용자 정의 안드로이드와
나만의 안드로이드 롬 만들기

앞에서 우리는 AOSP 및 CyanogenMod 소스트리로부터 안드로이드 에뮬레이터 이미지를 빌드하는 방법에 대해 배웠다. 이번 장에서는 모바일 응용 프로그램 개발자와 같이 나만의 안드로이드 롬을 생성하는 방법을 알아볼 것이다. 첫 번째, AOSP 및 CyanogenMod 두 가지 소스트리에서 새로운 디바이스를 생성한다. 그 후 새로운 디바이스 소스트리에서 커널과 부트로더를 통합한다. 마지막으로 이 새로운 롬을 부팅하기 위해 U-Boot를 사용한다.

AOSP에서 새로운 하드웨어 지원하기

이 책을 읽으면서 안드로이드 시스템의 저수준 개발에 관심이 생겼을 수도 있다. 당신은 칩(SoC) 회사에서 시스템을 개발하고 회사의 정책 위에서 새로운 SoC를 지원하기 위해 노력하는 소프트웨어 엔지니어이거나, 자신의 디바이스에 깜짝 놀랄만한 무언가를 하고 싶어하는 열정적인 사람일 수도 있겠다. 가령, 매니아들이 수행한 놀라운 일 중 하나는 안드로이드를 윈도우즈 모바일 장치인 HTC HD2에 포팅한 사건이다. 2009년 HTC에 의해 릴리즈된 윈도우즈 모바일 폰임에도 이 오래된 장치로 최신 안드로이드를 실행할 수 있다. 이 열정 가득한 이들은 스마트폰 역사에서 이 장치를 전설로 만들었다. 당신이 프로페셔널한 전문가든 개발에 재능있는 아마추어든 상관없이 처음 해야 할 일은 안드로이드 빌드 시스템에 새로운 하드웨어 지원을 추가하는 것이어서, 이 장의 주제로 삼았다.

우리는 보다 일반적인 상황을 알아보기 위해 특정 하드웨어 보드 대신 가상 디바이스를 사용할 것이다. 안드로이드 에뮬레이터에서, 각 가상 디바이스는 실제로 하드웨어의 새로운 부품이다. 같은 프로세서를 사용하지만 다른 크기의 메모리와 고유한 디스플레이를 갖는 이런 디바이스들을 상상할 수 있다. 우리는 안드로이드에서 새 하드웨어를 지원하는 방법을 알아보기 위해 [그림 11.2]에서 생성했던 가상 디바이스를 예로 사용할 것이다. 기억할지 모르겠지만, 이 가상 장치의 이름은 armemu이다. 이번 장에서 다루는 대부분은 이 디바이스의 빌드 관점에 맞춰 있다는 것을 알아 두자. 새 하드웨어를 지원하기 위해, AOSP 소스트리의 device 폴더에 있는 엔트리를 생성하면서 시작한다.

device 폴더의 체계는 vendor-name/device-name 형식으로 되어 있다. 예를 들면, 삼성의 Nexus S 는 samsung/crespo 폴더에서 찾을 수 있다. Nexus S의 디바이스 이름은 crespo이다. 우리는 가상 디바이스를 생성하여 다음과 같이 generic 공용 폴더 아래에 넣을 것이다. 우리의 디바이스를 위한 폴 더 이름은 generic/armemu이다.

```
$ cd device/generic
$ mkdir armemu
```

우리가 AOSP 소스트리의 최상위 폴더에 있다고 가정해 보자. armemu 디바이스를 위한 새로운 폴더 를 생성한다.

> **Note**
>
> 우리가 사용하는 이름 규약을 알아야 한다. 디바이스 이름은 armemu이다. 디바이스를 저장하는 폴더 또한 armemu 으로 이름 짓는다. 새 디바이스를 지원하기 위해 따르던 방법은 CyanogenMod 같은 다른 타사(third-party) 소스트리를 위한 AOSP 와 유사하다. 우리는 타사 소스트리를 논의하기 위한 예제로 CyanogenMod를 사용할 것이다. Android Open Source Project (AOSP) 빌드 시스템의 더 자세한 설명을 보고 싶다면 <Embedded Android> 책의 4장을 참고하자.

우리는 다음에 generic/armemu 폴더에서 뼈대가 되는 파일들을 생성한다. 첫 번째로 우리에게 필요 한 것은 다음과 같이 이 폴더에 안드로이드 makefile인 Android.mk를 생성하는 일이다.

```
LOCAL_PATH := $(call my-dir)
include $(CLEAR_VARS)
ifneq ($(filter armemu,$(TARGET_DEVICE)),)
include $(call all-makefiles-under,$(LOCAL_PATH))
endif
```

다음으로, 우리는 다음과 같이 product makefile인 AndroidProducts.mk를 생성한다.

```
PRODUCT_MAKEFILES := $(LOCAL_DIR)/full_armemu.mk
```

AndroidProducts.mk 파일에 PRODUCT_MAKEFILES 변수가 정의되어 있다. 이 변수는 제품의 특성 을 정의하는 다른 makefile을 가리키고 있다. 우리는 실제로 여러 제품 구성을 정의하는 PRODUCT_ MAKEFILES 변수를 사용해 여러 makefiles를 가리킬 수 있다.

같은 제품을 다른 요구사항과 일치하도록 구성을 다르게 설정할 수 있다. full_armemu.mk makefile 의 내용은 다음과 같다.

```
$(call inherit-product, $(SRC_TARGET_DIR)/product/languages_full.mk)
$(call inherit-product, $(SRC_TARGET_DIR)/product/full.mk)
PRODUCT_NAME := full_armemu
PRODUCT_DEVICE := armemu
PRODUCT_BRAND := AOSP_ARMEMU
```

```
PRODUCT_MODEL := Full_Android_ARMEMU

LOCAL_KERNEL := prebuilts/qemu-kernel/arm/kernel-qemu-armv7
PRODUCT_COPY_FILES += \
    $(LOCAL_KERNEL):kernel
```

full_armemu.mk makefile에 정의된 항목들을 보자. 첫 번째, PRODUCT_NAME는 빌드할 타겟이다. 우리는 lunch combo 또는 combo 매개변수의 일부로 lunch에 전달하는 것을 다음과 같이 선택할 수 있다.

```
$ lunch full_armemu-eng
```

두 번째, PRODUCT_DEVICE는 실제 빌드할 제품의 이름이다. 이 이름은 빌드할 때 BoardConfig.mk 와 상응하는 파일을 찾을 때부터 device/generic/에 엔트리를 대응시켜야 한다. 우리는 가상 디바이스 매니저에 의해 생성되는 우리의 가상 디바이스를 사용했던 것처럼, armemu인 같은 이름을 사용한다. 우리는 out/target/product/armemu/ 폴더에서 armemu 디바이스의 이미지를 찾을 수 있고, 이후 빌드가 완료된다.

세 번째, PRODUCT_MODEL은 설정에서 'About the phone' 섹션에 있는 모델 번호에 제공된 이 제품의 이름이다. 이 변수는 ro.product로 저장된다. model 전역 속성은 디바이스에 접근할 수 있다.

네 번째, PRODUCT_BRAND 변수의 값은 디바이스에 접근 가능한 ro.product.brand 전역 속성으로 사용할 수 있다.

마지막으로 prebuilts 폴더에 미리 만들어진 커널을 위해 LOCAL_KERNEL 변수를 설정하고 그것을 PRODUCT_COPY_FILES 변수에 추가하여 출력 폴더로 커널 바이너리가 복사되도록 한다.

이제 우리는 BoardConfig.mk 보드 구성 파일에서 빌드할 하드웨어의 종류를 설명한다.

```
TARGET_NO_BOOTLOADER := true
TARGET_NO_KERNEL := true

TARGET_ARCH := arm
TARGET_ARCH_VARIANT := armv7-a
TARGET_CPU_VARIANT := generic
TARGET_CPU_ABI := armeabi-v7a
```

BoardConfig.mk에서, 우리는 디바이스에 관한 프로세서 아키텍처를 상세하게 명시한다. 필요한 경우, 하드웨어에 국한된 항목들을 좀 더 추가할 수 있다. 이 장 이후 이러한 항목들의 몇 가지 예제를 제공한다.

다음으로 우리는 envsetup.sh 및 lunch에 단지 가시적으로 추가하여 디바이스를 만든다. 그러기 위해 우리는 다음 내용을 동일 폴더에 vendorsetup.sh 파일로 생성할 필요가 있다.

```
for i in eng userdebug user; do
        add_lunch_combo full_armemu-${i}
done
```

알다시피, 우리의 디바이스를 위하여 세 가지 다른 빌드 구성을 생성했는데 이들이 제대로 실행되는지 확인해야 한다.

```
$ chmod 755 vendorsetup.sh
```

우리는 지금 AOSP의 root로 돌아가 lunch 커맨드에서 armemu를 선택할 수 있다.

```
$ . build/envsetup.sh
including device/samsung/manta/vendorsetup.sh
including device/lge/mako/vendorsetup.sh
including device/lge/hammerhead/vendorsetup.sh
including device/asus/flo/vendorsetup.sh
including device/asus/deb/vendorsetup.sh
including device/asus/tilapia/vendorsetup.sh
including device/asus/grouper/vendorsetup.sh
including device/generic/x86/vendorsetup.sh
including device/generic/armv7-a-neon/vendorsetup.sh
including device/generic/armemu/vendorsetup.sh
including device/generic/mips/vendorsetup.sh
including sdk/bash_completion/adb.bash
$ lunch

You're building on Linux

Lunch menu... pick a combo:
     1. aosp_arm-eng
     2. aosp_x86-eng
     3. aosp_mips-eng
     4. vbox_x86-eng
     5. aosp_manta-userdebug
     6. aosp_mako-userdebug
     7. aosp_hammerhead-userdebug
     8. aosp_flo-userdebug
     9. aosp_deb-userdebug
```

```
10. aosp_tilapia-userdebug
11. aosp_grouper-userdebug
12. mini_x86-userdebug
13. mini_armv7a_neon-userdebug
14. full_armemu-eng
15. full_armemu-userdebug
16. full_armemu-user
17. mini_mips-userdebug

Which would you like? [aosp_arm-eng]14
```

armemu 디바이스를 빌드하기 위해 14, 15, 또는 16을 선택한다. 빌드가 완료된 후, 우리의 출력을 얻을 수 있다.

```
$ make -j4
…
host Executable: mkyaffs2image (out/host/linux-x86/obj/EXECUTABLES/
mkyaffs2image_intermediates/mkyaffs2image)
Install: out/host/linux-x86/bin/mkyaffs2image
Installed file list: out/target/product/armemu/installed-files.txt
Target userdata fs image: out/target/product/armemu/userdata.img
Target system fs image: out/target/product/armemu/obj/PACKAGING/systemimage_
intermediates/system.img
Running: mkyaffs2image -f out/target/product/armemu/data out/target/product/
armemu/userdata.img out/target/product/armemu/root/file_contexts data
Running: mkyaffs2image -f out/target/product/armemu/system out/target/
product/armemu/obj/PACKAGING/systemimage_intermediates/system.img out/target/
product/armemu/root/file_contexts system
Install system fs image: out/target/product/armemu/system.img
```

빌드 결과는 호스트와 타겟 모두의 출력을 포함한다. armemu 디바이스에 대한 출력 또는 이미지는 다음과 같이 out/target/product/armemu/ 폴더에서 찾을 수 있다.

```
$ ls out/target/product/armemu/
android-info.txt    data                obj                        symbols
cache               fake_packages       previous_build_config.mk   system
cache.img           installed-files.txt ramdisk.img                system.img
clean_steps.mk      kernel              root                       userdata.img
```

이제 우리의 가상 하드웨어의 모든 이미지들을 갖게 되었다. 이전 장에서 했던 것과 같이 그것들을 테

스트해 보자. 안드로이드 에뮬레이터에 포함된 호스트에 대한 빌드 결과들은 우리의 이미지를 테스트하기 위해 사용할 수 있다. 테스트 목적으로 나만의 에뮬레이터 빌드와 이미지들을 사용할수 있도록 soft-links를 설정해야 함을 다시 상기해 보자. 이번 과정을 훨씬 더 쉽게 만들기 위해, 그 작업을 수행할 setup_emu.sh 쉘 스크립트를 생성해 보자.

```
echo Please run this script from the root of AOSP. Setup armemu ...
cd out/host/linux-x86
pwd
ln -s ../../../../adt-bundle-linux-x86_64-20140702/sdk/platforms/ .
mkdir -p system-images/android-19
cd system-images/android-19
ln -s ../../../../target/product/$1/ armeabi-v7a
cd armeabi-v7a
ln -s ../../../../../adt-bundle-linux-x86_64-20140702/sdk/system-images/
android-18/armeabi-v7a/kernel-qemu kernel-qemu
cd ../../../..
```

여기서 테스트하기 위해 안드로이드 SDK로부터 커널을 사용한다는 것을 인지해야 한다. 우리의 커널 빌드는 아직 사용 가능하지 않기 때문이다. 이제 환경을 설정하고 이미지들을 실행해 보자.

```
$ setup_emu.sh armemu
$ bin/emulator -avd armemu -verbose -show-kernel -shell
emulator: found SDK root at /home/android/aosp/android-4.4.4_r2/out/host/
linux-x86
...
Uncompressing Linux... done, booting the kernel.
goldfish_fb_get_pixel_format:167: display surface,pixel format:
    bits/pixel:   16
    bytes/pixel:  2
    depth:        16
    red:          bits=5 mask=0xf800 shift=11 max=0x1f
    green:        bits=6 mask=0x7e0 shift=5 max=0x3f
    blue:         bits=5 mask=0x1f shift=0 max=0x1f
    alpha:        bits=0 mask=0x0 shift=0 max=0x0
Booting Linux on physical CPU 0
Initializing cgroup subsys cpu
Linux version 3.4.0-gd853d22 (nnk@nnk.mtv.corp.google.com) (gcc
version 4.6.x-google 20120106 (prerelease) (GCC) ) #1 PREEMPT
Tue Jul 9 17:46:46 PDT 2013
CPU: ARMv7 Processor [410fc080] revision 0 (ARMv7), cr=10c53c7d
```

```
...
init: cannot open '/initlogo.rle'
EXT4-fs (mtdblock0): VFS: Can't find ext4 filesystem
fs_mgr: Cannot mount filesystem on /dev/block/mtdblock0 at /system
init: fs_mgr_mount_all returned an error
init: /dev/hw_random not found
init: Unable to open persistent property directory /data/property errno: 2
init: cannot find '/system/bin/servicemanager', disabling 'servicemanager'
init: cannot find '/system/bin/vold', disabling 'vold'
init: cannot find '/system/bin/qemu-props', disabling 'qemu-props'
init: cannot find '/system/bin/netd', disabling 'netd'
init: cannot find '/system/bin/debuggerd', disabling 'debuggerd'
init: cannot find '/system/bin/rild', disabling 'ril-daemon'
init: cannot find '/system/bin/surfaceflinger', disabling 'surfaceflinger'
init: cannot find '/system/bin/app_process', disabling 'zygote'
...
```

로그를 보면 시스템이 기대만큼 잘 실행되지 않았는데, 대신 다음과 같은 에러 메시지를 얻었다.

```
EXT4-fs (mtdblock0): VFS: Can't find ext4 filesystem
```

커널 로그는 파일 시스템이 ext4 포맷에 마운트될 수 없음을 알려준다. 무엇이 잘못된 것일까? 우리의 디바이스 빌드 로그에 그 결과를 비교해 보면, system.img 파일이 ext4 포맷 대신 YAFFS2 포맷에 있음을 알 수 있다.

```
...
Running: mkyaffs2image -f out/target/product/armemu/system out/target/
product/armemu/obj/PACKAGING/systemimage_intermediates/system.img out/target/
product/armemu/root/file_contexts system
Install system fs image: out/target/product/armemu/system.img
```

전에 언급했듯이, 우리는 ext4 포맷에 파일 시스템을 생성하도록 보드-레벨 구성을 설정하기 위해 BoardConfig.mk 파일을 사용할 수 있다. BoardConfig.mk에 다음과 같이 구성을 추가해 본다.

```
TARGET_USERIMAGES_USE_EXT4 := true
BOARD_SYSTEMIMAGE_PARTITION_SIZE := 576716800
BOARD_USERDATAIMAGE_PARTITION_SIZE := 209715200
BOARD_CACHEIMAGE_PARTITION_SIZE := 69206016
BOARD_CACHEIMAGE_FILE_SYSTEM_TYPE := ext4
BOARD_FLASH_BLOCK_SIZE := 512
TARGET_USERIMAGES_SPARSE_EXT_DISABLED := true
```

추가한 구성 파일과 함께, 우리는 다시 빌드해서 빌드 로그를 재검토해 보자. 다음의 빌드 로그로부터, 이제 ext4 포맷에서 시스템 파일이 생성되었음을 볼 수 있다.

```
$ make -j4
…
make_ext4fs -S out/target/product/armemu/root/file_contexts -l 576716800 -a
system out/target/product/armemu/obj/PACKAGING/systemimage_intermediates/
system.img out/target/product/armemu/system
+ make_ext4fs -S out/target/product/armemu/root/file_contexts -l 576716800 -a
system out/target/product/armemu/obj/PACKAGING/systemimage_intermediates/
system.img out/target/product/armemu/system
Creating filesystem with parameters:
    Size: 576716800
    Block size: 4096
    Blocks per group: 32768
    Inodes per group: 7040
    Inode size: 256
    Journal blocks: 2200
    Label:
    Blocks: 140800
    Block groups: 5
    Reserved block group size: 39
Created filesystem with 1166/35200 inodes and 68257/140800 blocks
+ '[' 0 -ne 0 ']'
Install system fs image: out/target/product/armemu/system.img
out/target/product/armemu/system.img+ maxsize=588791808 blocksize=2112
total=576716800 reserve=5947392
```

에뮬레이터를 시작해서 이미지들을 다시 테스트해 보자. 테스트하면 이제 모든 것이 올바르게 작동되는 것을 볼 수 있다. About page로 이동하여 버전 정보를 확인해 보자. [그림 12.1]에, 정의했던 모델 번호와 빌드 번호 모두 반영되어 있다. 이 정의들은 full_armemu.mk makefile에서 설정한다. 우리는 미리 만들어진 커널 이미지를 안드로이드 4.4.4와 함께 사용했고, 이것은 정확하게 같은 커널을 안드로이드 4.4.2의 안드로이드 SDK에서 사용했음을 알 수 있다.

이제 나만의 armemu 디바이스를 생성했고 대응하는 이미지를 빌드했다. 또한 AOSP 소스트리로부터 빌드된 이미지들을 사용해 우리의 가상 디바이스를 부팅할 수 있다. 이 armemu 가상 디바이스에 대한 AOSP 소스트리의 U-Boot와 커널을 빌드하기 위해 더 나아가 보자.

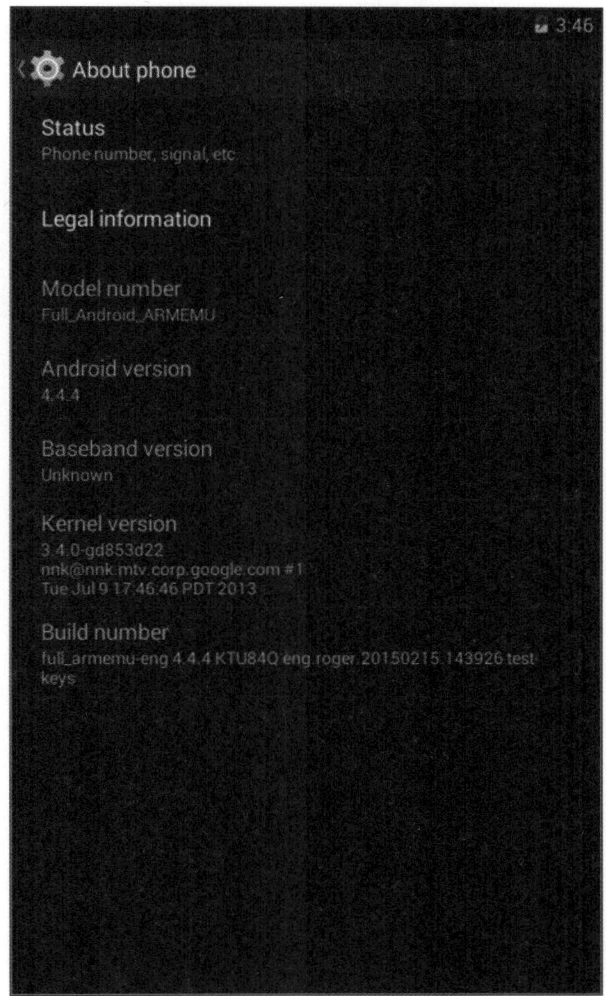

그림 12.1 armemu 이미지의 안드로이드 버전

AOSP 와 함께 커널 빌드하기

11장에서 언급했듯이, 커널 빌드는 다양한 이유로 AOSP 빌드 시스템으로부터 분리된다. 구글로부터 빌드된 커널을 위한 공식 레퍼런스는 https://source.android.com/source/building-kernels.html 에 있다. 그렇지만 AOSP 소스트리와 함께 커널을 빌드하는게 가능하다. 사실 많은 공급업체들이 그들 소유의 AOSP 프로젝트에 커널 빌드를 포함하고 있다. 또한 CyanogenMod과 같은 어떤 서드파티들은 그들의 소스트리에서 커널 빌드의 더 나은 통합을 제공한다. 이 절에서는 AOSP에서 커널 빌드를 통합하기 위한 방법을 보여주고자 Nexus 5 Hammerhead 커널 빌드를 기반으로 한 접근을 소개한다. 우리는 AOSP 소스트리에 U-Boot 빌드를 통합하기 위해서 같은 접근법을 적용한다.

CyanogenMod는 다른 접근법으로 여러 커널 빌드들을 훨씬 깔끔하게 통합한다. 그러나 이런 접근방식의 문제점은 시스템 자체 빌드를 변경해야 한다는 것이다. AOSP 소스트리로 변경하는데 기여하기 어려워, 우리는 AOSP에 대해 그 방식을 사용하지 않는다. 이번 절에서 우리의 armemu 가상 디바이스에 대한 커널을 빌드할 것이다.

다른 디바이스에도 같은 접근 방식을 적용할 수 있다. 1단계는 우리의 가상 디바이스를 위해 골드피시 커널을 다운로드한다. 10장에서 골드피시 커널을 사용한 부팅을 논의했을 때 이 커널을 빌드했던 것을 상기해 보자. 골드피시 커널을 다운로드하고 AOSP 소스트리에 이를 집어 넣는 같은 과정을 밟을 것이다.

```
$ git clone https://android.googlesource.com/kernel/goldfish.git kernel
```

이 책에 있는 모든 소스코드는 GitHub에 있어서, 커널 소스코드도 여기서 내려 받을 수 있다.

```
$ git clone https://github.com/shugaoye/goldfish.git kernel
$ git checkout -b android-armemu-3.4 remotes/origin/android-armemu-3.4
```

다음에 우리는 Nexus 5 커널 소스코드에서 우리의 커널 소스트리로 AndroidKernel.mk makefile을 복사한다.

```
$ ls kernel/AndroidKernel.mk
kernel/AndroidKernel.mk
```

> **Note**
>
> GitHub에서 커널 소스코드를 복제하려고 할 때, AndroidKernel.mk makefile은 android-armemu-3.4 branch에 이미 존재한다. Nexus 5 kernel 소스트리로 부터 그것을 복사할 필요가 없다

커널을 빌드하는 AndroidKernel.mk를 활용하기 위해, full_armemu.mk 에 다음의 규칙을 추가해야 한다.

```
TARGET_KERNEL_SOURCE := kernel
TARGET_KERNEL_CONFIG := goldfish_armv7_defconfig
PRODUCT_OUT ?= out/target/product/armemu
include $(TARGET_KERNEL_SOURCE)/AndroidKernel.mk
.PHONY: $(TARGET_PREBUILT_KERNEL) $(TARGET_PREBUILT_U-BOOT)
```

우리는 TARGET_KERNEL_SOURCE에 커널 소스코드의 경로를 지정하고 TARGET_KERNEL_CONFIG에 커널 구성을 지정한다. [예제 12.1](AndroidKernel.mk)에서 보여주는 커널 makefile은 full_armemu.mk에 포함되어 있다.

예제 12.1 커널 Makefile AndroidKernel.mk

```
ifeq ($(TARGET_PREBUILT_KERNEL),)
TARGET_OUT_INTERMEDIATES ?= $(PRODUCT_OUT)/obj
KERNEL_OUT := $(TARGET_OUT_INTERMEDIATES)/KERNEL_OBJ
KERNEL_CONFIG := $(KERNEL_OUT)/.config
TARGET_PREBUILT_INT_KERNEL := $(KERNEL_OUT)/arch/arm/boot/zImage
KERNEL_HEADERS_INSTALL := $(KERNEL_OUT)/usr
KERNEL_MODULES_INSTALL := system
KERNEL_MODULES_OUT := $(TARGET_OUT)/lib/modules
KERNEL_IMG=$(KERNEL_OUT)/arch/arm/boot/Image

ifeq ($(TARGET_USES_UNCOMPRESSED_KERNEL),true)
$(info Using uncompressed kernel)
TARGET_PREBUILT_KERNEL := $(KERNEL_OUT)/piggy
else
TARGET_PREBUILT_KERNEL := $(TARGET_PREBUILT_INT_KERNEL)
endif

define mv-modules
mdpath='find $(KERNEL_MODULES_OUT) -type f -name modules.dep';\
if [ "$$mdpath" != "" ];then\
mpath='dirname $$mdpath';\
ko='find $$mpath/kernel -type f -name *.ko';\
for i in $$ko; do mv $$i $(KERNEL_MODULES_OUT)/; done;\
fi
endef
define clean-module-folder
mdpath='find $(KERNEL_MODULES_OUT) -type f -name modules.dep';\
if [ "$$mdpath" != "" ];then\
mpath='dirname $$mdpath'; rm -rf $$mpath;\
fi
endef

$(KERNEL_OUT):
	mkdir -p $(KERNEL_OUT)
$(KERNEL_CONFIG): $(KERNEL_OUT)
	$(MAKE) -C kernel O=../$(KERNEL_OUT) ARCH=arm CROSS_COMPILE=arm-eabi- $(TARGET_
KERNEL_CONFIG)
$(KERNEL_OUT)/piggy : $(TARGET_PREBUILT_INT_KERNEL)
```

```
    $(hide) gunzip -c $(KERNEL_OUT)/arch/arm/boot/compressed/piggy.gzip > $(KERNEL_
OUT)/piggy
$(TARGET_PREBUILT_INT_KERNEL): $(KERNEL_OUT) $(KERNEL_CONFIG) $(KERNEL_HEADERS_
INSTALL)
    $(MAKE) -C kernel O=../$(KERNEL_OUT) ARCH=arm CROSS_COMPILE=arm-eabi-
#    $(MAKE) -C kernel O=../$(KERNEL_OUT) ARCH=arm CROSS_COMPILE=arm-eabi- modules
#    $(MAKE) -C kernel O=../$(KERNEL_OUT) INSTALL_MOD_PATH=../../$(KERNEL_MODULES_
INSTALL) INSTALL_MOD_STRIP=1 ARCH=arm CROSS_COMPILE=arm-eabi- modules_install
#    $(mv-modules)
#    $(clean-module-folder)
$(KERNEL_HEADERS_INSTALL): $(KERNEL_OUT) $(KERNEL_CONFIG)
    $(MAKE) -C kernel O=../$(KERNEL_OUT) ARCH=arm CROSS_COMPILE=arm-eabi- headers_
install
kerneltags: $(KERNEL_OUT) $(KERNEL_CONFIG)
    $(MAKE) -C kernel O=../$(KERNEL_OUT) ARCH=arm CROSS_COMPILE=arm-eabi- tags
kernelconfig: $(KERNEL_OUT) $(KERNEL_CONFIG)
    env KCONFIG_NOTIMESTAMP=true \
        $(MAKE) -C kernel O=../$(KERNEL_OUT) ARCH=arm CROSS_COMPILE=arm-eabi-
menuconfig
    env KCONFIG_NOTIMESTAMP=true \
        $(MAKE) -C kernel O=../$(KERNEL_OUT) ARCH=arm CROSS_COMPILE=arm-eabi-
savedefconfig
    cp $(KERNEL_OUT)/defconfig kernel/arch/arm/configs/$(TARGET_KERNEL_CONFIG)
endif
```

[예제 12.1]에 커널 빌드 환경이 첫 번째로 정의되어 있고 커널 빌드 과정은 사실 10장에서 따랐던 것과 같다. 또한 커널 모듈 빌드는 AndroidKernel.mk에서 지원된다. 그러나 우리는 골드피시 커널 빌드에서 이를 주석 처리한다. 환경 설정을 AOSP 커널 빌드로 통합된 빌드를 갖게 되면, 우리는 AOSP 소스 트리를 빌드할 수 있고 우리의 커널을 테스트할 수 있다.

```
$ make —j4
…
$ bin/emulator -avd armemu -verbose -show-kernel -shell
```

안드로이드 시스템을 부팅한 후, About page에서 버전 정보를 확인할 수 있다. [그림 12.2]에서 볼 수 있듯이, 커널 버전에 대한 것만 제외하고, 모든 것이 [그림 12.1]와 같다. 커널 버전은 3.4.67-gea97df6 이고 미리 생성된 커널 버전(3.4.0-gd853d22)과 다르다.

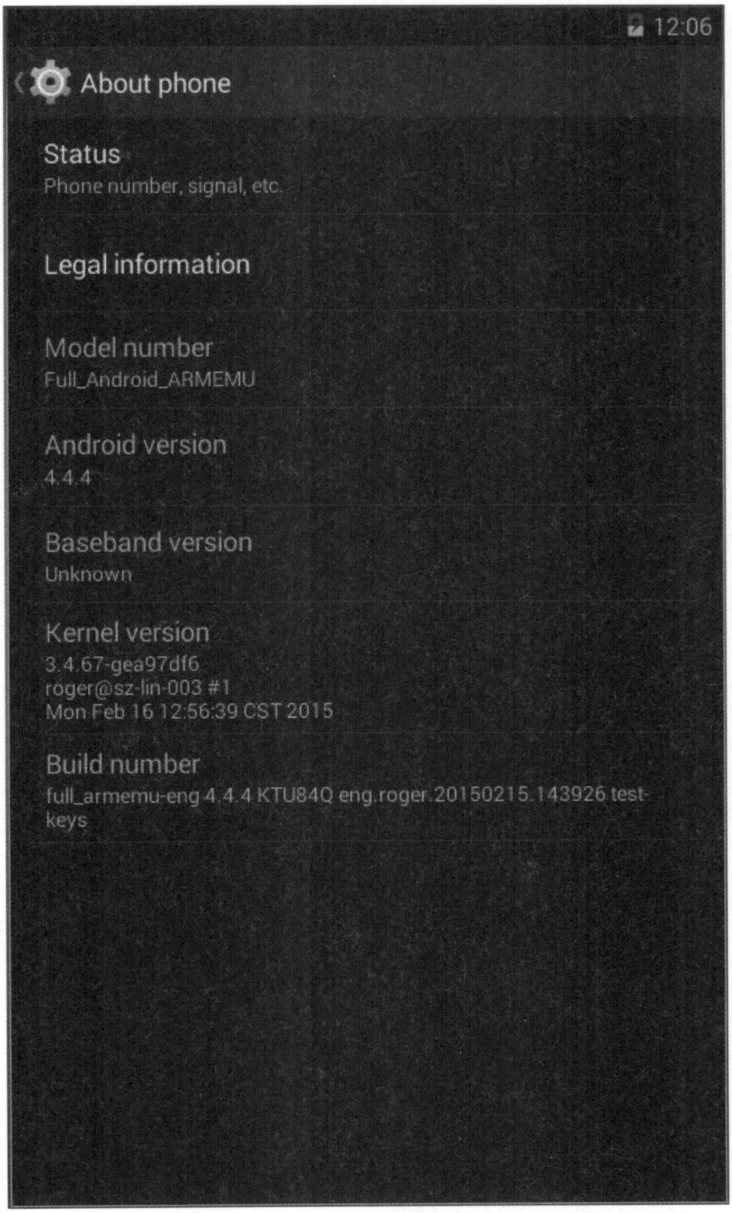

그림 12.2 커널 빌드한 AOSP 이미지의 안드로이드 버전

이제 우리는 armemu 가상 디바이스를 위한 골드피시 커널과 함께 AOSP 소스트리를 구축했다. 다음 단계로 이동해 AOSP에서 U-Boot 빌드를 통합해 보자.

AOSP와 함께 U-Boot 빌드하기

우리는 AOSP 소스트리에 U-Boot 빌드를 통합하기 위해 비슷한 접근을 사용한다. 9장에서처럼 우리는 골드피시 플랫폼으로 포팅하기 위한 기본으로 Linaro project에서 U-Boot 소스코드를 사용한다. 이 책에서 소스코드를 접근하기 쉽게 하기 위해 수정된 U-Boot 코드를 GitHub에서 제공한다. U-Boot 소스코드를 GitHub에서 AOSP 소스트리의 root로 체크아웃하자.

```
$ croot
$ git clone https://github.com/shugaoye/u-boot.git u-boot
$ cd u-boot
$ git checkout -b android-armemu-3.4 remotes/origin/android-armemu-3.4
$ ls AndroidU-Boot.mk
AndroidU-Boot.mk
```

우리는 커널 3.4를 작업하기 위해 branch를 체크아웃했다. AndroidU-Boot.mk(예제12.2에서 본 것처럼) makefile은 커널 빌드를 위한 AndroidKernel.mk makefile과 유사하다. AOSP 빌드에서 AndroidU-Boot.mk를 호출하기 위해 full_armemu.mk에 다음의 규칙을 추가할 수 있다.

```
TARGET_U_BOOT_SOURCE := u-boot
TARGET_U_BOOT_CONFIG := goldfish_config
PRODUCT_OUT ?= out/target/product/armemu
.PHONY: $(TARGET_PREBUILT_KERNEL) $(TARGET_PREBUILT_U-BOOT)
include $(TARGET_U_BOOT_SOURCE)/AndroidU-Boot.mk
LOCAL_U_BOOT := $(TARGET_PREBUILT_U-BOOT)
PRODUCT_COPY_FILES += \
    $(LOCAL_U_BOOT):u-boot.bin \
    $(LOCAL_KERNEL):kernel \
    device/generic/armemu/init.recovery.armemu.rc:root/init.recovery.armemu.rc \
    device/generic/armemu/init.recovery.armemu.sh:root/init.recovery.armemu.sh
```

TARGET_U_BOOT_SOURCE에 U-Boot 소스코드의 경로를 설정했고 TARGET_U_BOOT_CONFIG에 U-Boot 구성이 정의되었다. 이제 U-Boot 빌드를 호출하기 위해 full_armemu.mk에 있는 [예제 12.2]의 AndroidU-Boot.mk를 포함한다.

우리는 또한 PRODUCT_COPY_FILES 변수를 위해 커널과 U-Boot 둘 다를 위한 빌드 결과를 추가한다. 그래서 이 항목들의 모든 내용을 출력 폴더로 복사한다.

예제 12.2 U-Boot Makefile AndroidU-Boot.mk

```
TARGET_OUT_INTERMEDIATES ?= $(PRODUCT_OUT)/obj
U-BOOT_OUT := $(TARGET_OUT_INTERMEDIATES)/U-BOOT_OBJ
```

```
U-BOOT_CONFIG := $(U-BOOT_OUT)/include/config.mk
TARGET_PREBUILT_INT_U-BOOT := $(U-BOOT_OUT)/u-boot.bin
U-BOOT_IMG=$(U-BOOT_OUT)/u-boot.bin

TARGET_PREBUILT_U-BOOT := $(TARGET_PREBUILT_INT_U-BOOT)
$(U-BOOT_OUT):
    mkdir -p $(U-BOOT_OUT)
$(U-BOOT_CONFIG): $(U-BOOT_OUT)
    export BUILD_DIR=../$(U-BOOT_OUT); cd $(TARGET_U_BOOT_SOURCE); $(MAKE)
$(TARGET_U_BOOT_CONFIG) arch=ARM CROSS_COMPILE=arm-none-eabi-
$(TARGET_PREBUILT_INT_U-BOOT): $(U-BOOT_OUT) $(U-BOOT_CONFIG)
    export BUILD_DIR=../$(U-BOOT_OUT); cd $(TARGET_U_BOOT_SOURCE); $(MAKE) all
arch=ARM CROSS_COMPILE=arm-none-eabi-
```

[예제 12.2]에서, 우리는 첫 번째 모든 필요한 환경 변수들을 설정했다. 그리고 나서 빌드를 생산하기 위해(U-BOOT_OUT, U-BOOT_CONFIG, 및 TARGET_PREBUILT_INT_U-BOOT) 세 개의 빌드 타겟을 생성했다.

NAND 플래시로부터 U-Boot과 함께 안드로이드 부팅하기

10장에서는 U-Boot를 사용해 NAND 플래시로부터 안드로이드를 부팅하는 방법을 살펴보고, 안드로이드 SDK로부터 시스템 이미지를 해킹했다. 여러 가지 면에서 그 접근 방식은 제조업체의 원래 롬을 해킹한 롬 개발자가 수행한 작업과 유사하다. 그러나 이번 절에서 우리는 제조업체에서 일하는 엔지니어와 같은 역할을 하는데, 이는 하나를 해킹하는 대신 우리 자신의 원래 롬을 구축하는 것이다.

우리는 이제 U-Boot, 리눅스 커널 및 파일 시스템을 갖게 되었다. 이제 모든 것이 함께 작동될 수 있도록 약간 조정해야 한다. 10장에서 했던 것처럼, NAND 플래시에 모든 것을 저장해 본다. 그러나 안드로이드 4.4(KitKat)에서 디폴트 시스템 파일은 embedded MultiMediaCard(eMMC)에 의해 사용되었던 ext4 포맷이다. ext4 포맷 파일 시스템을 생성하기 위해, 우리는 앞 절에서 여러 라인들을 BoardConfig.mk 에 추가했다. 그러나 NAND 플래시를 사용하기 위해, YAFFS2 포맷에서 파일 시스템을 빌드할 필요가 있다. YAFFS2 포맷에서 그 파일 시스템을 생성하기 위해, 우리는 BoardConfig.mk 에서 다음과 같은 변경을 해야 한다.

```
# TARGET_USERIMAGES_USE_EXT4 := true
# BOARD_SYSTEMIMAGE_PARTITION_SIZE := 576716800
# BOARD_USERDATAIMAGE_PARTITION_SIZE := 209715200
# BOARD_CACHEIMAGE_PARTITION_SIZE := 69206016
BOARD_CACHEIMAGE_FILE_SYSTEM_TYPE := yaffs2
# BOARD_FLASH_BLOCK_SIZE := 512
# TARGET_USERIMAGES_SPARSE_EXT_DISABLED := true
```

이 코드에서 우리는 ext4의 시스템 및 데이터 이미지들을 생성하기 위한 설정을 주석처리 하고 캐시 이미지를 위해 YAFFS2 파일 시스템 포맷을 지정한다. 이제 빌드 시스템은 YAFFS2 포맷의 시스템, 데이터, 캐시 이미지들을 생성할 것이다. 그러나 여전히 YAFFS2 파일 시스템에서 NAND 플래시로부터 정상적으로 안드로이드가 부팅될 수 없다.

시스템이 구동하는 동안 커널과 초기화 과정이 fstab.goldfish 파일 시스템과 디바이스에 한정된 init.goldfish.rc startup script 를 바라볼 것이다. 그래서 파일 시스템 포맷 변경을 반영하기 위해 이 두 개의 파일들을 변경해야 한다. fstab.goldfish 및 init.goldfish.rc는 device/generic/goldfish 폴더에서 찾을 수 있다. fstab.goldfish 에서, 우리는 다음과 같이 ext4에서 YAFFS2로 파일 시스템 타입을 변경한다(여기 긴 줄의 래핑(wrapping)에 주의하자).

```
/dev/block/mtdblock0 /system yaffs2 ro,barrier=1 wait
/dev/block/mtdblock1 /data yaffs2 noatime,nosuid,nodev,barrier=1,
nomblk_io_submit wait,check
/dev/block/mtdblock2 /cache yaffs2 noatime,nosuid,nodev,nomblk_io_
submit,errors=panic wait,check
/devices/platform/goldfish_mmc.0 auto vfat defaults
voldmanaged=sdcard:auto
```

init.goldfish.rc에서, init process로 하여금 eMMC에서 ext4 파일 시스템으로 마운트하는 대신 NAND 플래시로부터 YAFFS2 파일 시스템으로 마운트하게 한다.

```
on fs
    # mount mtd partitions
    # Mount /system rw first to give the filesystem a chance to save a checkpoint
    mount yaffs2 mtd@system /system
    mount yaffs2 mtd@system /system ro remount
    mount yaffs2 mtd@userdata /data nosuid nodev
    mount yaffs2 mtd@cache /cache nosuid nodev
    # mount_all /fstab.goldfish
```

10장에서 했던 것처럼, 우리는 커널과 램디스크를 U-Boot 이미지 포맷으로 전환해서 시스템이 부팅되기 전에 U-Boot에서 그것들을 로드할 수 있게 한다. [예제 12.3]에서 보여주는 것처럼 full_armemu.mk의 마지막 버전에서 모든 U-Boot 이미지를 생성한다.

예제 12.3 Device Makefile full_armemu.mk

```
$(call inherit-product, $(SRC_TARGET_DIR)/product/languages_full.mk)

$(call inherit-product, $(SRC_TARGET_DIR)/product/full.mk)

PRODUCT_NAME := full_armemu

PRODUCT_DEVICE := armemu

PRODUCT_BRAND := AOSP_ARMEMU

PRODUCT_MODEL := Full_Android_ARMEMU


# define U-Boot and Kernel path and configuration

TARGET_U_BOOT_SOURCE := u-boot

TARGET_U_BOOT_CONFIG := goldfish_config

TARGET_KERNEL_SOURCE := kernel

TARGET_KERNEL_CONFIG := goldfish_armv7_defconfig

PRODUCT_OUT ?= out/target/product/armemu

include $(TARGET_KERNEL_SOURCE)/AndroidKernel.mk

include $(TARGET_U_BOOT_SOURCE)/AndroidU-Boot.mk


# define U-Boot images

TARGET_KERNEL_UIMAGE := $(PRODUCT_OUT)/zImage.uimg

TARGET_RAMDISK_UIMAGE := $(PRODUCT_OUT)/ramdisk.uimg

TARGET_RECOVERY_UIMAGE := $(PRODUCT_OUT)/ramdisk-recovery.uimg


# define build targets for kernel, U-Boot and U-Boot images

.PHONY: $(TARGET_PREBUILT_KERNEL) $(TARGET_PREBUILT_U-BOOT) $(TARGET_KERNEL_
UIMAGE) $(TARGET_RAMDISK_UIMAGE) $(TARGET_RECOVERY_UIMAGE)

$(TARGET_KERNEL_UIMAGE): $(TARGET_PREBUILT_KERNEL)

    mkimage -A arm -C none -O linux -T kernel -d $(TARGET_PREBUILT_INT_KERNEL) -a
0x00010000 -e 0x00010000 $(TARGET_KERNEL_UIMAGE)

$(TARGET_RAMDISK_UIMAGE): $(PRODUCT_OUT)/ramdisk.img

    mkimage -A arm -C none -O linux -T ramdisk -d $(PRODUCT_OUT)/ramdisk.img -a
0x00800000 -e 0x00800000 $(TARGET_RAMDISK_UIMAGE)

$(TARGET_RECOVERY_UIMAGE): $(PRODUCT_OUT)/ramdisk-recovery.img

    mkimage -A arm -C none -O linux -T ramdisk -d $(PRODUCT_OUT)/ramdiskrecovery.
img -a 0x00800000 -e 0x00800000 $(TARGET_RECOVERY_UIMAGE)

LOCAL_U_BOOT := $(TARGET_PREBUILT_U-BOOT)

ifeq ($(TARGET_PREBUILT_KERNEL),)

LOCAL_KERNEL := prebuilts/qemu-kernel/arm/kernel-qemu-armv7

else
```

```
LOCAL_KERNEL := $(TARGET_PREBUILT_KERNEL)
endif
LOCAL_KERNEL_UIMAGE := $(TARGET_KERNEL_UIMAGE)
LOCAL_RAMDISK_UIMAGE := $(TARGET_RAMDISK_UIMAGE)
LOCAL_RECOVERY_UIMAGE := $(TARGET_RECOVERY_UIMAGE)
PRODUCT_COPY_FILES += \
    $(LOCAL_U_BOOT):u-boot.bin \
    $(LOCAL_KERNEL):kernel \
    $(LOCAL_KERNEL_UIMAGE):system/zImage.uimg \
    $(LOCAL_RAMDISK_UIMAGE):system/ramdisk.uimg \
    $(LOCAL_RECOVERY_UIMAGE):system/ramdisk-recovery.uimg \
    device/generic/armemu/init.recovery.armemu.rc:root/init.recovery.armemu.rc \
    device/generic/armemu/init.recovery.armemu.sh:root/init.recovery.armemu.sh
```

full_armemu.mk에서, TARGET_KERNEL_UIMAGE, TARGET_RAMDISK_UIMAGE, 및 TARGET_RECOVERY_UIMAGE 변수들에서 커널, 램디스크, 램디스크 리커버리를 위한 U-Boot 이미지 경로를 정의한다. 우리는 또한 이 이미지들을 생성하기 위한 규칙을 정의한다. 모든 이미지를 갖게 되면 시스템 폴더에 그것들을 복사한다. 10장에서, 우리는 U-Boot 콘솔로부터 안드로이드를 부팅했고 커널 및 램디스크를 U-Boot 명령들로 수동으로 로드했다.

우리는 goldfish.h에서 CONFIG_BOOTCOMMAND의 정의를 변경함으로써 자동으로 NAND 플래시로부터 안드로이드를 부팅하기 위해 U-Boot에 요청할 수 있다.

```
#define CONFIG_BOOTCOMMAND "ydevconfig sys 0 0x0 0x7f0 ; ymount sys ; yrdm sys/
ramdisk.uimg 0x610000 ; yrdm sys/zImage.uimg 0x210000 ; yumount sys ; bootm
0x210000 0x610000"
```

CONFIG_BOOTCOMMAND의 구성은 커널 2.6.29과 커널 3.4 사이에 큰 차이가 존재한다. 크기 측면에서 커널 3.4는 커널 2.6.29보다 더 커서 U-Boot에서 이 커널 이미지를 로드하기 위해 메모리 공간이 더 많이 필요하다. 커널 2.6.29에서는 0x410000 주소에서 램디스크를 로드하고, 커널 3.4에서는 0x610000 주소에서 램디스크를 로드한다. 이제 빌드를 시작하고 나의 에뮬레이터 빌드를 이용해 우리의 롬을 테스트 한다.

```
$ cd out/host/linux-x86
$ bin/emulator -avd armemu -verbose -show-kernel —shell
…
U-Boot 2013.01.-rc1-00002-g259abc1-dirty (Feb 26 2015 - 17:59:35)
U-Boot code: 00010000 -> 00070F2C BSS: -> 000A9210
IRQ Stack: 0badc0de
FIQ Stack: 0badc0de
```

```
monitor len: 00099210
ramsize: 20000000
TLB table at: 1fff0000
```

우리는 램 크기가 0x20000000 (512MB)라는 것을 볼 수 있는데, 이는 안드로이드 가상 디바이스 매니저에 정의되어 있는 것이다.

```
Top of RAM usable for U-Boot at: 1fff0000
Reserving 612k for U-Boot at: 1ff56000
Reserving 4104k for malloc() at: 1fb54000
Reserving 32 Bytes for Board Info at: 1fb53fe0
Reserving 120 Bytes for Global Data at: 1fb53f68
Reserving 8192 Bytes for IRQ stack at: 1fb51f68
New Stack Pointer is: 1fb51f58
RAM Configuration:
Bank #0: 00000000 512 MiB
relocation Offset is: 1ff46000
goldfish_init(), gtty.base=ff012000
WARNING: Caches not enabled
monitor flash len: 00068C54
Now running in RAM - U-Boot at: 1ff56000
NAND: base=ff017000
goldfish_nand_init: id=0: name=nand0, nand_name=system
goldfish_nand_init: id=1: name=nand1, nand_name=userdata
goldfish_nand_init: id=2: name=nand2, nand_name=cache
```

NAND 플래시는 U-Boot에서 초기화되어 있다.

```
511 MiB
MMC: board_mmc_init called
goldfish_mmc: 0
Using default environment
Destroy Hash Table: 1ffb5bf0 table = 00000000
Create Hash Table: N=104
INSERT: table 1ffb5bf0, filled 1/107 rv 1fb542b0 ==> name="bootargs" value="qemu.
gles=1 qemu=1 console=ttyS0 android.qemud=ttyS1 androidboot.console=ttyS2
android.checkjni=1 ndns=1"
INSERT: table 1ffb5bf0, filled 2/107 rv 1fb54394 ==> name="bootcmd"
value="ydevconfig sys 0 0x0 0x7e8 ; ymount sys ; yrdm sys/ramdisk.uimg 0x410000 ;
yrdm sys/zImage.uimg 0x210000 ; yumount sys ; bootm 0x210000 0x410000"
```

우리는 또한 리눅스 커널이 사용할 커널 매개변수들을 준비한다.

```
INSERT: table 1ffb5bf0, filled 3/107 rv 1fb5440c ==> name="bootdelay" value="2"
INSERT: table 1ffb5bf0, filled 4/107 rv 1fb54478 ==> name="baudrate"
value="38400"
INSERT: table 1ffb5bf0, filled 5/107 rv 1fb54604 ==> name="bootfile" value="/
tftpboot/uImage"
INSERT: free(data = 1fb54008)
INSERT: done
In:     serial
Out:    serial
Err:    serial
Net:    SMC91111-0
Warning: SMC91111-0 using MAC address from net device

### main_loop entered: bootdelay=2

### main_loop: bootcmd="ydevconfig sys 0 0x0 0x7f0 ; ymount sys ; yrdm sys/
ramdisk.uimg 0x610000 ; yrdm sys/zImage.uimg 0x210000 ; yumount sys ; bootm
0x210000 0x610000"
Hit any key to stop autoboot: 0
Configures yaffs mount sys: dev 0 start block 0, end block 2024
Mounting yaffs2 mount point sys
Copy sys/ramdisk.uimg to 0x00610000...      [DONE]
Copy sys/zImage.uimg to 0x00210000...       [DONE]
Unmounting yaffs2 mount point sys
```

NAND 플래시로부터 램디스크와 커널을 로드한 후, 우리는 시스템을 부팅하기 위해 준비한다.

```
## Current stack ends at 0x1fb51b00 *  kernel: cmdline image address = 0x00210000
## Booting kernel from Legacy Image at 00210000 ...
   Image Name:
   Created:      2015-02-26   9:59:53 UTC
   Image Type:   ARM Linux Kernel Image (uncompressed)
   Data Size:    1645064 Bytes = 1.6 MiB
   Load Address: 00010000
   Entry Point:  00010000
   kernel data at 0x00210040, len = 0x00191a08 (1645064)
*  ramdisk: cmdline image address = 0x00610000
```

```
## Loading init Ramdisk from Legacy Image at 00610000 ...
   Image Name:
   Created:        2015-02-26    9:59:53 UTC
   Image Type:    ARM Linux RAMDisk Image (uncompressed)
   Data Size:     323724 Bytes = 316.1 KiB
   Load Address: 00800000
   Entry Point:  00800000
   ramdisk start = 0x00800000, ramdisk end = 0x0084f08c
   Loading Kernel Image ... OK
OK
   kernel loaded at 0x00010000, end = 0x001a1a08
using: ATAGS
## Transferring control to Linux (at address 00010000)...
```

우리는 이제 리눅스 커널에 있다.

```
Starting kernel ...
Uncompressing Linux... done, booting the kernel.
goldfish_fb_get_pixel_format:169: display surface,pixel format:
  bits/pixel:    16
  bytes/pixel:   2
  depth:         16
  red:           bits=5 mask=0xf800 shift=11 max=0x1f
  green:         bits=6 mask=0x7e0 shift=5 max=0x3f
  blue:          bits=5 mask=0x1f shift=0 max=0x1f
  alpha:         bits=0 mask=0x0 shift=0 max=0x0
Booting Linux on physical CPU 0
Initializing cgroup subsys cpu
Linux version 3.4.67-gad65975 (roger@sz-lin-003) (gcc version 4.7 (GCC) ) #1
PREEMPT Tue Mar 24 18:20:18 CST 2015
CPU: ARMv7 Processor [410fc080] revision 0 (ARMv7), cr=10c53c7d
CPU: PIPT / VIPT nonaliasing data cache, VIPT nonaliasing instruction cache
Machine: Goldfish
Memory policy: ECC disabled, Data cache writeback
Built 1 zonelists in Zone order, mobility grouping on. Total pages: 130048
Kernel command line: qemu.gles=0 qemu=1 console=ttyS0 android.qemud=ttyS1
androidboot.console=ttyS2 android.checkjni=1 ndns=1
PID hash table entries: 2048 (order: 1, 8192 bytes)
Dentry cache hash table entries: 65536 (order: 6, 262144 bytes)
```

```
Inode-cache hash table entries: 32768 (order: 5, 131072 bytes)
Memory: 512MB = 512MB total
Memory: 496864k/496864k available, 27424k reserved, 0K highmem
Virtual kernel memory layout:
    vector  : 0xffff0000 - 0xffff1000   (    4 kB)
    fixmap  : 0xfff00000 - 0xfffe0000   (  896 kB)
    vmalloc : 0xe0800000 - 0xff000000   (  488 MB)
    lowmem  : 0xc0000000 - 0xe0000000   (  512 MB)
    .text   : 0xc0008000 - 0xc045fe28   ( 4448 kB)
    .init   : 0xc0460000 - 0xc0485000   (  148 kB)
    .data   : 0xc0486000 - 0xc04bf9c8   (  231 kB)
    .bss    : 0xc04bf9ec - 0xc0609cb8   ( 1321 kB)
NR_IRQS:256
sched_clock: 32 bits at 100 Hz, resolution 10000000ns, wraps every 4294967286ms
Console: colour dummy device 80x30
Calibrating delay loop... 523.46 BogoMIPS (lpj=2617344)
pid_max: default: 32768 minimum: 301
Security Framework initialized
SELinux: Initializing.
Mount-cache hash table entries: 512
Initializing cgroup subsys debug
Initializing cgroup subsys cpuacct
Initializing cgroup subsys freezer
CPU: Testing write buffer coherency: ok
Setting up static identity map for 0x36c9e8 - 0x36ca40
NET: Registered protocol family 16
bio: create slab <bio-0> at 0
Switching to clocksource goldfish_timer
NET: Registered protocol family 2
IP route cache hash table entries: 4096 (order: 2, 16384 bytes)
TCP established hash table entries: 16384 (order: 5, 131072 bytes)
TCP bind hash table entries: 16384 (order: 4, 65536 bytes)
TCP: Hash tables configured (established 16384 bind 16384)
TCP: reno registered
UDP hash table entries: 256 (order: 0, 4096 bytes)
UDP-Lite hash table entries: 256 (order: 0, 4096 bytes)
NET: Registered protocol family 1
RPC: Registered named UNIX socket transport module.
RPC: Registered udp transport module.
```

```
RPC: Registered tcp transport module.
RPC: Registered tcp NFSv4.1 backchannel transport module.
Trying to unpack rootfs image as initramfs...
Freeing initrd memory: 316K
goldfish_new_pdev goldfish_interrupt_controller at ff000000 irq -1
goldfish_new_pdev goldfish_device_bus at ff001000 irq 1
goldfish_new_pdev goldfish_timer at ff003000 irq 3
goldfish_new_pdev goldfish_rtc at ff010000 irq 10
goldfish_new_pdev goldfish_tty at ff002000 irq 4
goldfish_new_pdev goldfish_tty at ff011000 irq 11
goldfish_new_pdev goldfish_tty at ff012000 irq 12
goldfish_new_pdev smc91x at ff013000 irq 13
goldfish_new_pdev goldfish_fb at ff014000 irq 14
goldfish_new_pdev goldfish_audio at ff004000 irq 15
goldfish_new_pdev goldfish_mmc at ff005000 irq 16
goldfish_new_pdev goldfish_memlog at ff006000 irq -1
goldfish_new_pdev goldfish-battery at ff015000 irq 17
goldfish_new_pdev goldfish_events at ff016000 irq 18
goldfish_new_pdev goldfish_nand at ff017000 irq -1
goldfish_new_pdev qemu_pipe at ff018000 irq 19
goldfish_new_pdev goldfish-switch at ff01a000 irq 20
goldfish_new_pdev goldfish-switch at ff01b000 irq 21
goldfish_pdev_worker registered goldfish_interrupt_controller
…
shell@armemu:/ $
```

로그를 보면 시스템이 U-Boot에서 시작되는 것을 알 수 있다. main_loop 함수가 실행된 후, 그것은 CONFIG_BOOTCOMMAND macro에 정의된 boot 명령들을 실행하기 위해 시도한다. 이러한 U-Boot 명령들이 사용되는 방식은 10장에서 우리가 사용한 명령 순서와 똑같다.

우리는 먼저 ymount 명령을 사용해 NAND 플래시를 마운트한다. 다음에 yrdm 명령으로 system root에서 램으로 커널 및 램디스크를 로드한다. 그리고 나서 커널과 램디스크의 메모리 주소를 전달하여 bootm 명령을 실행한다. 우리가 device/generic/armemu 아래 생성했던 모든 코드는 GitHub에서 찾을 수 있다. https://github.com/shugaoye/armemu.git.

부록 B에서는 local manifest를 사용해 AOSP를 다운로드하는 과정의 일부로 이 코드를 내려 받는 방법을 설명한다. 소스코드로부터 안드로이드 롬을 생성하기 위한 모든 과정을 진행해 보았는데, 이제 우리는 CyanogenMod처럼 타사(third-party) 롬에도 같은 방법을 적용하는 법을 알아본다.

CyanogenMod에서 새로운 하드웨어 지원하기

이제 우리는 AOSP에 있는 새 디바이스를 생성하는 과정을 거쳐 CyanogenMod에서 같은 작업을 하는 것을 보게 될 것이다. CyanogenMod는 개발자가 자동으로 새 디바이스의 뼈대를 생성하도록 큰 도움을 주었다. AOSP에서 우리의 armemu 디바이스에 대해 작업했던 그 업무는 AOSP 소스트리에서 새 디바이스를 생성하기 위한 수동적 과정으로 간주된다. CyanogenMod는 사실 이러한 단계들을 수행하기 위한 스크립트를 제공한다. 그래서 개발자들이 환경 설정에 대한 걱정은 덜어주는 반면 실제 작업에는 집중할 수 있게 해준다. 이 주제에 더 많은 정보를 얻으려면 CyanogenMod 위키[http://wiki.cyanogenmod.org/w/Doc:_porting_intro 를 찾아보자. 여기서는 새 디바이스의 뼈대 생성을 위한 세 가지 방법을 제안하고 있다.

- 1번 방법: 새 디바이스를 위한 뼈대 생성을 위해 CyanogenMod로부터 mkvendor.sh 스크립트를 사용할 수 있다. 이 스크립트는 CyanogenMod 소스트리의 root로부터 build/tools/device/mkvendor.sh 경로에서 찾을 수 있다. 이 절에서 나만의 armemu 디바이스를 생성하기 위해 이 스크립트를 사용한다.

- 2번 방법: 비슷한 디바이스 소스트리를 복사하여 이를 내 디바이스 소스트리가 되도록 수정할 수 있다. 이런 접근법은 비슷한 제품군에서 새 디바이스를 작업을 시작할 때 유용하다.

- 3번 방법: 내 소유의 모든 것을 만들 수 있다. 이것은 AOSP에서 내 armemu 디바이스를 위해 사용했던 방법이다.

이번 절에서 우리는 1번 방법으로 CyanogenMod에서 우리의 armemu 디바이스를 작업한다. 그러고 나서 1번 방법과 3번 방법 사이의 차이점을 고려한다. mkvendor.sh 스크립트를 사용하기 위해, 우리는 먼저 otatools package를 빌드해야 한다.

```
$ . build/envsetup.sh
$ lunch cm_goldfish-eng
$ make -j4 otatools
Install: /home/android/aosp/cm-11/out/host/linux-x86/bin/unpackbootimg
Install: /home/android/aosp/cm-11/out/host/linux-x86/bin/mkyaffs2image
Install: /home/android/aosp/cm-11/out/host/linux-x86/bin/fs_config
host StaticLib: libbz (/home/android/aosp/cm-11/out/host/linux-x86/obj/STATIC_
LIBRARIES/libbz_intermediates/libbz.a)
external/bsdiff/bsdiff.c: In function 'main':
external/bsdiff/bsdiff.c:196:5: warning: 'pos' may be used uninitialized in this
function [-Wmaybe-uninitialized]
host Executable: imgdiff (/home/android/aosp/cm-11/out/host/linux-x86/obj/
EXECUTABLES/imgdiff_intermediates/imgdiff)
```

```
host Executable: bsdiff (/home/android/aosp/cm-11/out/host/linux-x86/obj/
EXECUTABLES/bsdiff_intermediates/bsdiff)
Install: /home/android/aosp/cm-11/out/host/linux-x86/bin/bsdiff
Install: /home/android/aosp/cm-11/out/host/linux-x86/bin/imgdiff
```

다음에 우리는 기본 골격 파일들을 생성하기 위해 mkvendor.sh 스크립트를 사용할 수 있다. 이 스크립트를 사용하는 방법을 모른다면 단순하게 매개변수 없이 실행시켜 보자. 그러면 도움말이 나타날 것이다. mkvendor.sh를 사용하는 방법은 매우 간단하다.

```
$ build/tools/device/mkvendor.sh
Arguments:
Usage:
  mkvendor.sh manufacturer device [boot.img]
  The boot.img argument is the extracted recovery or boot image.
  The boot.img argument should not be provided for devices
  that have non standard boot images (ie, Samsung).
Example:
  mkvendor.sh motorola sholes ~/Downloads/recovery-sholes.img
```

이 스크립트는 작업을 하려면 부트 이미지가 필요하다. 우리가 입력하여 AOSP에서 armemu 디바이스에 대해 생성된 부트 이미지를 사용할 수 있다. 11장에서 AOSP 및 CyanogenMod 소스코드 모두를 다운로드하는 방법을 보았다. 부록 B에서도 효과적으로 AOSP 및 CyanogenMod를 다운로드하는 방법을 설명한다. 가장 좋은 방법으로, 같은 디렉토리 레벨에 CyanogenMod 소스와 AOSP 소스를 위치시키면, CyanogenMod의 root로부터 이 스크립트를 실행할 수 있게 된다.

```
$ build/tools/device/mkvendor.sh generic armemu ../android-4.4.4_r2/out/target/
product/armemu/boot.img
Arguments: generic armemu ../android-4.4.4_r2/out/target/product/armemu/boot.img
Output will be in /home/android/aosp/cm-11/device/generic/armemu
1151 blocks
Creating initial git repository.
/home/android/aosp/cm-11/device/generic/armemu /home/android/aosp/cm-11
Initialized empty Git repository in /home/android/aosp/cm-11/device/generic/
armemu/.git/
[master (root-commit) 3b0905f] mkvendor.sh: Initial commit of armemu
8 files changed, 96 insertions(+)
create mode 100644 AndroidBoard.mk
create mode 100644 AndroidProducts.mk
```

```
create mode 100644 BoardConfig.mk
create mode 100644 cm.mk
create mode 100644 device_armemu.mk
create mode 100644 kernel
create mode 100644 recovery.fstab
create mode 100644 system.prop
/home/android/aosp/cm-11
Done!
Use the following command to set up your build environment:
  lunch cm_armemu-eng
And use the following command to build a recovery:
  . build/tools/device/makerecoveries.sh cm_armemu-eng
```

이 출력에서 보듯, 그 스크립트는 새 디바이스 빌드가 필요한 모든 파일을 생성한다. 스크립트에 의해 생성된 파일을 살펴보자.

```
$ ls device/generic/armemu
AndroidBoard.mk       BoardConfig.mk   device_armemu.mk   LICENSE     recovery.fstab
AndroidProducts.mk  cm.mk             kernel             README.md  system.prop
```

스크립트는 armemu AOSP 빌드를 위해 생성했던 것과 마찬가지로 비슷한 설정 파일들을 생성한다. AOSP 빌드에서 했던 것처럼 BoardConfig.mk 및 device_armemu.mk를 수정할 것이다. device_armemu.mk 파일은 AOSP build 에서 full_armemu.mk 과 대응된다. CyanogenMod에서 커널과 U-Boot를 빌드하기 위해 이 두 파일에 변경해야 할 사항이 무엇인지 알아본다.

CyanogenMod와 함께 커널 빌드하기

앞서 언급했듯이 CyanogenMod는 커널 빌드를 위해 훨씬 깔끔한 접근법을 사용한다. 더 자세한 내용을 위해 다음 웹페이지 http://wiki.cyanogenmod.org/w/Doc:_integrated_kernel_building를 참고하자. CyanogenMod 빌드를 위해, 우리가 AOSP build에서 사용했던 코드보다 다른 폴더에 있는 커널 소스코드를 체크아웃 할 필요가 있다.

```
$ cd kernel
$ git clone https://github.com/shugaoye/goldfish.git armemu
$ git checkout -b android-armemu-3.4 remotes/origin/android-armemu-3.4
```

앞의 코드에서, 우리는 골드피시 커널 코드를 체크아웃했고 그 코드를 커널 폴더 대신 kernel/armemu에 위치시켰다. 커널을 빌드하려면 device_armemu.mk에 있는 TARGET_KERNEL_SOURCE 변수에 커널 경로를, TARGET_KERNEL_CONFIG 변수에 커널 구성을 정의해야 한다.

[예제 12.4](device_armemu.mk)에서 보여주듯이 BOARD_USES_UBOOT 변수를 true로 정의함으로써 U-Boot를 위한 커널 이미지를 생성할 수 있다. 빌드 시스템에서 실제 빌드 활동의 모든 것은 build/core/tasks/kernel.mk makefile에 의해 처리된다. CyanogenMod는 빌드 시스템에서 아무거나 변경할 수 있는 자유가 있어 실제로 AOSP를 위해 이전 절에서 우리가 했던 것보다 훨씬 멋진 일을 할 수 있다.

예제 12.4 Device Makefile device_armemu.mk in CyanogenMod

```
$(call inherit-product, $(SRC_TARGET_DIR)/product/languages_full.mk)
# The gps config appropriate for this device
$(call inherit-product, device/common/gps/gps_us_supl.mk)
$(call inherit-product-if-exists, vendor/generic/armemu/armemu-vendor.mk)
DEVICE_PACKAGE_OVERLAYS += device/generic/armemu/overlay
# build kernel
TARGET_KERNEL_SOURCE := kernel/armemu
TARGET_KERNEL_CONFIG := goldfish_armv7_defconfig
BOARD_KERNEL_IMAGE_NAME := uImage
BOARD_USES_UBOOT := true
LOCAL_PATH := out/target/product/armemu/obj/KERNEL_OBJ/arch/arm/boot
ifeq ($(TARGET_PREBUILT_KERNEL),)
    LOCAL_KERNEL := $(LOCAL_PATH)/$(BOARD_KERNEL_IMAGE_NAME)
else
    LOCAL_KERNEL := $(TARGET_PREBUILT_KERNEL)
endif
# convert kernel image to uImage
KERNEL_EXTERNAL_MODULES:
    echo "Build external kernel modules here."
TARGET_KERNEL_MODULES := KERNEL_EXTERNAL_MODULES
# build U-Boot
PRODUCT_OUT ?= out/target/product/armemu
TARGET_U_BOOT_SOURCE := u-boot
TARGET_U_BOOT_CONFIG := goldfish_config
include $(TARGET_U_BOOT_SOURCE)/AndroidU-Boot.mk
LOCAL_U_BOOT := $(TARGET_PREBUILT_U-BOOT)
# define U-Boot images
# TARGET_KERNEL_UIMAGE := $(PRODUCT_OUT)/zImage.uimg
TARGET_RAMDISK_UIMAGE := $(PRODUCT_OUT)/ramdisk.uimg
TARGET_RECOVERY_UIMAGE := $(PRODUCT_OUT)/ramdisk-recovery.uimg
```

```
# define build targets for kernel, U-Boot, and U-Boot images
.PHONY: $(TARGET_PREBUILT_KERNEL) $(TARGET_PREBUILT_U-BOOT) $(TARGET_RAMDISK_UIMAGE)
$(TARGET_RECOVERY_UIMAGE)
# $(TARGET_KERNEL_UIMAGE): $(TARGET_PREBUILT_KERNEL)
#    mkimage -A arm -C none -O linux -T kernel -d $(TARGET_PREBUILT_INT_KERNEL) -a
0x00010000 -e 0x00010000 $(TARGET_KERNEL_UIMAGE)
$(TARGET_RAMDISK_UIMAGE): $(INSTALLED_RAMDISK_TARGET)
    mkimage -A arm -C none -O linux -T ramdisk -d $(PRODUCT_OUT)/ramdisk.img -a
0x00800000 -e 0x00800000 $(TARGET_RAMDISK_UIMAGE)
$(TARGET_RECOVERY_UIMAGE): $(PRODUCT_OUT)/ramdisk-recovery.img
    mkimage -A arm -C none -O linux -T ramdisk -d $(PRODUCT_OUT)/ramdisk-recovery.img
-a 0x00800000 -e 0x00800000 $(TARGET_RECOVERY_UIMAGE)
# LOCAL_KERNEL_UIMAGE := $(TARGET_KERNEL_UIMAGE)
LOCAL_RAMDISK_UIMAGE := $(TARGET_RAMDISK_UIMAGE)
LOCAL_RECOVERY_UIMAGE := $(TARGET_RECOVERY_UIMAGE)
PRODUCT_COPY_FILES += \
    $(LOCAL_U_BOOT):u-boot.bin \
    $(LOCAL_KERNEL):kernel \
    $(LOCAL_KERNEL):system/zImage.uimg \
    $(LOCAL_RAMDISK_UIMAGE):system/ramdisk.uimg \
    $(LOCAL_RECOVERY_UIMAGE):system/ramdisk-recovery.uimg \
    device/generic/armemu/init.recovery.armemu.rc:root/init.recovery.armemu.rc \
    device/generic/armemu/init.recovery.armemu.sh:root/init.recovery.armemu.sh
$(call inherit-product, build/target/product/full.mk)
PRODUCT_BUILD_PROP_OVERRIDES += BUILD_UTC_DATE=0
PRODUCT_NAME := full_armemu
$(LOCAL_RECOVERY_UIMAGE):system/ramdisk-recovery.uimg \
```

[예제 12.4]에서, 우리는 커널을 위한 U-Boot 이미지를 생성하는 코드의 일부를 주석 처리했다. CyanogenMod makefile은 BOARD_USES_UBOOT가 true와 동일할 때 그 작업을 수행할 것이다. 그러나 여전히 나만의 램디스크에 대한 U-Boot 이미지를 생성해야 한다.

U-Boot 빌드하고 CyanogenMod 부팅하기

CyanogenMod에서 U-Boot 통합과 U-Boot를 사용한 안드로이드를 부팅하는 것은 AOSP에서 했던 것과 같다. 우리는 다음과 같이 U-Boot 소스코드를 CyanogenMod root로 체크아웃한다.

```
$ git clone https://github.com/shugaoye/u-boot.git u-boot
$ cd u-boot
$ git checkout -b android-armemu-3.4 remotes/origin/android-armemu-3.4
```

U-Boot 통합을 위해 [예제 12.4]를 참고하자. U-Boot AOSP 통합을 알아볼 때 언급했던 것과 마찬가지로, 우리는 안드로이드 4.4에서 디폴트 파일 시스템을 ext4에서 YAFFS2로 변경해야 한다. [예제 12.5]에서와 같이 우리는 지금 BoardConfig.mk에서 같은 방식으로 수정해야 한다.

예제 12.5 BoardConfig.mk in CyanogenMod

```
USE_CAMERA_STUB := true
# inherit from the proprietary version
-include vendor/generic/armemu/BoardConfigVendor.mk

TARGET_ARCH := arm
TARGET_NO_BOOTLOADER := true
TARGET_BOARD_PLATFORM := unknown
TARGET_CPU_ABI := armeabi-v7a
TARGET_CPU_ABI2 := armeabi
TARGET_ARCH_VARIANT := armv7-a-neon
TARGET_CPU_VARIANT := cortex-a7
TARGET_CPU_SMP := true
ARCH_ARM_HAVE_TLS_REGISTER := true
TARGET_BOOTLOADER_BOARD_NAME := armemu
BOARD_KERNEL_CMDLINE :=
BOARD_KERNEL_BASE := 0x10000000
BOARD_KERNEL_PAGESIZE := 2048

# fix this up by examining /proc/mtd on a running device
# TARGET_USERIMAGES_USE_EXT4 := true
#BOARD_SYSTEMIMAGE_PARTITION_SIZE := 576716800
#BOARD_USERDATAIMAGE_PARTITION_SIZE := 209715200
# BOARD_CACHEIMAGE_PARTITION_SIZE := 69206016
BOARD_CACHEIMAGE_FILE_SYSTEM_TYPE := yaffs2
# BOARD_FLASH_BLOCK_SIZE := 512
# TARGET_USERIMAGES_SPARSE_EXT_DISABLED := true

BOARD_HAS_NO_SELECT_BUTTON := true
```

우리는 또한 ext4에서 YAFFS2로 파일 시스템을 교환하기 위해 device/generic/goldfish/ 폴더에 있는 fstab.goldfish 및 init.goldfish.rc를 변경해야 한다. AOSP 빌드에서 했던 것과 마찬가지로 정확하게 똑같이 변경 가능하다. 이제 우리는 빌드를 시작하여 우리가 전에 했던 것과 똑같은 과정을 따라 내 디바이스를 테스트할 수 있다.

CyanogenMod에 대한 모든 소스코드는 우리가 생성한 device/generic/armemu 아래에 있다. CyanogenMod는 https://github.com/shugaoye/cm_armemu.git 의 GitHub에서 찾을 수 있다. 부록 B는 local manifest를 이용한 CyanogenMod 소스코드 다운로드 과정의 일부로써 이 코드를 다운로드하기 위한 방법을 설명한다.

요약

이 장에서 우리는 제조사의 엔지니어가 담당하는 역할을 맡았다. 우리는 AOSP와 CyanogenMod 소스트리 모두에서 armemu 가상 디바이스를 생성했다. AOSP와 CyanogenMod에서 서로 다른 접근법을 사용해 새 디바이스를 추가하는 방법을 배웠다. 우리는 그 때 두 가지 환경에서 커널 및 U-Boot를 통합했다. 또한 다른 밴더 고유의 소프트웨어 모듈을 통합하는데 사용될 AOSP 커널 통합에서 그 방법을 사용했는데, 가령 같은 방법으로 U-Boot 빌드를 통합할 수 있다. 마지막으로, 나만의 안드로이드 롬을 생성하고 U-Boot를 사용해 우리 자신의 안드로이드 이미지를 부팅할 수 있게 되었다.

부록

A_이 책의 소스코드 빌드하기

B_이 책과 관련된 저장소 사용하기

A_
이 책의 소스코드
빌드하기

책으로만 보기보다 직접 환경을 설정하고 프로젝트를 실행해 보길 권한다. 부록 A는 개발환경을 설정하는 방법과 이 책의 소스코드를 체크아웃하는 법을 설명한다. 인텔 코어 i5나 i7 CPU를 가지고 있다면, 이 책에 있는 모든 예제코드를 컴파일할 수 있다. 그러나 이 책의 1부와 2부의 코드를 연습하기 위해서는 요구사양은 3부에서 요구하는 사양과 차이가 많다.

1부와 2부에서는 베어 메탈 프로그래밍 예제을 구현하기 위해 필요한 하드웨어 사양들이 많다 3부에서는 AOSP 혹은 CyanogenMod를 컴파일하기 위해 대략 100GB~150GB의 여유 디스크 공간이 필요하다.

빌드 환경 설정하기

64비트 우분투 기반으로 AOSP 빌드를 하라는 구글의 공식 가이드라인이 있어 우분투 64비트 버전은 높은 것으로 권장한다. 다른 리눅스 배포판을 선택했다면, 자신의 AOSP 빌드 환경 설정을 파악해 두어야 한다. http://www.ubuntu.com에서 우분투 12.04 LTS(64비트)를 내려 받을 수 있다. 우분투 설정이 끝나면, AOSP 빌드 환경 설정을 위해 구글의 가이드 라인을 참고하자(https://source.android.com/source/building.html). 일단 우분투가 설치되고 AOSP 빌드 환경이 설정되었다면, GitHub로 부터 build 폴더를 체크아웃 한다(부록 표 4.1 참고). build 폴더는 빌드 환경을 설정하기 위해 도움을 줄 수 있는, 이 책에서 사용한 유틸리티와 스크립트를 포함하고 있다. 빌드 과정과 환경 설정은 앞서 소개했다.

GitHub로부터 build 폴더를 체크아웃하기 위한 단계는 다음과 같다.

```
$ mkdir src
$ cd src
$ git clone https://github.com/shugaoye/build.git
$ ls build/bin
clearup.sh       install.sh        setup_emu.sh       u-boot.gdb
goldfish.gdb     mkyaffs2image     setup.sh           unyaffs
```

이 폴더를 체크아웃하면 build/bin 폴더 아래 여러 유틸리티와 스크립트가 보인다. 환경을 설정하기 위해 install.sh 스크립트를 실행시킨다. ARM 툴체인, 안드로이드 SDK와 필요한 안드로이드 SDK 이미지를 다운로드하기 위해 시간이 조금 걸린다. 다운로드를 위해 기다린 후 설정 과정을 완료하기 위해 다음 명령을 따르자.

```
$ build/bin/install.sh
Initializing x86_64 version ...
This script will download and install CodeBench Lite and Android SDK for you.
Android SDK will be installed at:
    /home/aosp/adt-bundle-linux-x86_64-20140702/sdk
CodeBench Lite will be installed at:
    /home/aosp/arm-2013.11
Do you want to start the installation? [y/n]?y
Starting the installation...
Create download folder.
Downloading CodeBench Lite ...
--2015-03-26 13:20:34-- https://sourcery.mentor.com/public/gnu_toolchain/
arm-none-eabi/arm-2013.11-24-arm-none-eabi-i686-pc-linux-gnu.tar.bz2
Resolving sourcery.mentor.com (sourcery.mentor.com)... 54.83.42.164
Connecting to sourcery.mentor.com (sourcery.mentor.com)|54.83.42.164|:443...
connected.
HTTP request sent, awaiting response... 200 OK
Length: 46051600 (44M) [application/x-bzip2]
Saving to: '/home/aosp/src/download/arm-2013.11-24-arm-none-eabi-i686-pclinux-
gnu.tar.bz2'
100%[====================================>] 46,051,600 910K/s in 47s
2015-03-26 13:21:24 (953 KB/s) - '/home/aosp/src/download/arm-2013.11-24-
arm-none-eabi-i686-pc-linux-gnu.tar.bz2' saved [46051600/46051600]
--2015-03-26 13:21:24-- http://sourcery.mentor.com/public/gnu_toolchain/
arm-none-linux-gnueabi/arm-2013.11-33-arm-none-linux-gnueabi-i686-pc-linux-gnu.
tar.bz2
Resolving sourcery.mentor.com (sourcery.mentor.com)... 54.83.42.164
Connecting to sourcery.mentor.com (sourcery.mentor.com)|54.83.42.164|:80...
connected.
HTTP request sent, awaiting response... 200 OK
Length: 101630521 (97M) [application/x-bzip2]
Saving to: '/home/aosp/src/download/arm-2013.11-33-arm-none-linux-gnueabi-i686-
pc-linux-gnu.tar.bz2'
100%[====================================>] 101,630,521 1.20M/s in 91s
2015-03-26 13:22:56 (1.07 MB/s) - '/home/aosp/src/download/arm-2013.11-33-
arm-none-linux-gnueabi-i686-pc-linux-gnu.tar.bz2' saved [101630521/101630521]
```

```
Downloading Android SDK ...
--2015-03-26 13:22:56-- https://dl.google.com/android/adt/adt-bundlelinux-
x86_64-20140702.zip
Resolving dl.google.com (dl.google.com)... 173.194.38.137, 173.194.38.128,
173.194.38.135, ...
Connecting to dl.google.com (dl.google.com)|173.194.38.137|:443... connected.
HTTP request sent, awaiting response... 200 OK
Length: 372259418 (355M) [application/zip]
Saving to: '/home/aosp/src/download/adt-bundle-linux-x86_64-20140702.zip'

<!-- output omitted -->
Installing Archives:
  Preparing to install archives
  Downloading SDK Platform Android 4.0.3, API 15, revision 5
  Installing SDK Platform Android 4.0.3, API 15, revision 5
  Downloading ARM EABI v7a System Image, Android API 15, revision 2
  Done. 2 package installed.
Please refer to chapter 2 to create an Android Virtual Device.
Please add /home/aosp/src/build/bin in your path and
add /home/aosp/src/build/bin/setup.sh in your .bashrc.
```

이전 출력에서 볼수 있듯이, 안드로이드 SDK 플랫폼 4.0.3과 시스템 이미지는 설치 스크립트에 의해 설치된다. 이것은 우리가 2장에서 사용한 안드로이드 버전이다. 2장에 있는 절차를 따르고 안드로이드 가상 디바이스 hd2를 생성하기 위해 그림 2.3을 참고하자. 이제 우리의 빌드 환경은 사용할 준비가 되었다. 환경 변수들과 실행 경로들을 설정하기 위해, 우리는 bashrc 스타트업 스크립트에서 다음 라인을 추가할 수 있다.

```
. ~/src/build/bin/setup.sh
```

이 라인을 추가한 후, 새 콘솔을 생성할 때 다음과 같은 출력 메시지를 볼 수 있다.

```
Setup development environment for Android SDK and Sourcery CodeBench.
Using CodeBench Lite arm-2013.11-24-arm-none-eabi-i686-pc-linux-gnu.tar.bz2
Android SDK 24.1.2 and API 22
Initializing x86_64 version ...
Find API level 15.
Find AVD hd2.
TOOLROOT=/home/aosp/arm-2013.11
Android SDK path is /home/aosp/adt-bundle-linux-x86_64-20140702/sdk.
```

이제 당신은 새 콘솔에서 개발 환경을 사용할 수 있다.

가상 머신 설정하기

우분투를 설치하기 위한 머신이 없다면, 당신은 어느때라도 VMware 또는 VirtualBox 둘 중 하나를 사용해 빌드 환경을 설정할 수 있다. 그들은 다음에서 내려 받을 수 있다.

- VMware Player　　　: http://www.vmware.com

- VirtualBox : http://www.virtualbox.org

사용 중인 운영체제가 윈도우나 리눅스라면, VMware Player나 VirtualBox 중에서 선택할 수 있다. OS X 사용자라면 VirtualBox를 사용해도 좋다. 다만 이 책은 OS X에서 가상 머신 설정이 테스트되지는 않았고, 윈도우에서 VMware 혹은 VirtualBox 중 하나가 사용되었다.

소스코드 체계

이 책의 모든 예제코드는 완벽히 테스트 되었고 GitHub: https://github.com/shugaoye 에서 찾을 수 있다.

[표 A.1]은 이 책을 위해 GitHub에서 이용 가능한 git repositories 목록을 제공한다. 필자는 수시로 코드 문제를 해결해 두고 있어, 독자 여러분은 업데이트된 안정적 버전의 릴리즈 태그를 체크아웃 할 수 있다. 릴리즈 히스토리를 얻으려면 각 git repository에 대한 README.md 파일을 읽어보자.

표 A.1 이 책의 GitHub에 있는 소스코드

Git Repositories	URL	Description
bo	https://github.com/shugaoye/bo.git	Example code (Chapters 3-8)
build	https://github.com/shugaoye/build.git	Build scripts (Chapters 3-12)
u-boot	https://github.com/shugaoye/u-boot.git	U-Boot (Chapters 9-12)
goldfish	https://github.com/shugaoye/goldfish.git	Goldfish kernel (Chapters 9-12)
armemu	https://github.com/shugaoye/armemu.git	Device armemu for AOSP (Chapter 12)
cm_armemu	https://github.com/shugaoye/cm_armemu.git	Device armemu for CyanogenMod (Chapter 12)

1부를 위한 소스코드

1부(3장~8장 예제 포함)의 예제코드를 작업하기 위해, 다음과 같이 git repository를 복제할 수 있다.

```
$ cd src
$ git clone https://github.com/shugaoye/bo.git
```

빌드하고 개별적으로 예제코드를 테스트할 수 있다. 이 예제코드의 디렉토리 구조는 장 별로 정렬되어 있다. 예를 들면, 3장의 예제코드는 bo/c03 폴더에 저장되어 있다. 한 장에는 하나 이상의 예제가 있다, 그래서 각 장에 대한 main 폴더 아래 하위 폴더들이 있다. 가령, 4장에는 네 개의 예제들이 있다.

```
$ ls -F bo/c04
c04e1/   c04e2/   c04e3/   c04e4/
```

빌드하고 커맨드 라인 또는 이클립스 둘중 하나에서 이 예제들을 테스트할 수 있다.

커맨드 라인에서 빌드하고 테스트하기

커맨드 라인에서 예제를 빌드하려면 다음의 명령들을 사용할 수 있다. 여기서 예제로 사용한 것은 c04e1 를 빌드하는 명령이다.

```
$ cd bo/c04/c04e1
$ make DEBUG=1 VERBOSE=1
arm-none-eabi-gcc -marm -mno-thumb-interwork -mabi=aapcs-linux -march=armv5te
-fno-common -ffixed-r8 -msoft-float -fno-builtin -ffreestanding -MD -g -D DEBUG
-Dgcc -o gcc/c04e1.o -c c04e1.S

arm-none-eabi-gcc -marm -mno-thumb-interwork -mabi=aapcs-linux -march=armv5te
-fno-common -ffixed-r8 -msoft-float -fno-builtin -ffreestanding -MD -g -D DEBUG
-Dgcc -o gcc/sum-sub.o -c sum-sub.S

arm-none-eabi-ld -T c04e1.ld --entry ResetISR -o gcc/c04e1.axf gcc/c04e1.o gcc/
sum-sub.o /media/u64/home/sgye/CodeSourcery/Sourcery_CodeBench_Lite_for_ARM_EABI/
bin/../lib/gcc/arm-none-eabi/4.6.3/../../../../arm-none-eabi/lib/libm.a /media/
u64/home/sgye/CodeSourcery/Sourcery_CodeBench_Lite_for_ARM_EABI/bin/../lib/
gcc/arm-none-eabi/4.6.3/../../../../arm-none-eabi/lib/libc.a /media/u64/home/
sgye/CodeSourcery/Sourcery_CodeBench_Lite_for_ARM_EABI/bin/../lib/gcc/arm-noneeabi/
4.6.3/libgcc.a
arm-none-eabi-objcopy -O binary gcc/c04e1.axf gcc/c04e1.bin
```

c04e1.bin 실행 이미지는 gcc 폴더에 있다. 예제를 테스트하려면 에뮬레이터 명령을 사용할 수 있다.

```
$ emulator –verbose –avd hd2 –qemu –kernel gcc/c04e1.bin
```

또는 타겟이 디버그되도록 만들 수 있다.

```
$ make debug
```

이클립스에서 빌드하고 테스트하기

구글은 2014년 12월 안드로이드 스튜디오 1.0을 릴리즈했다. 애플리케이션 개발자라면(ADT 플러그인과 함께) 이클립스를 사용하는 대신 안드로이드 스튜디오로 교체하길 원했을 수 있다. 안드로이드 시스템 개발자들은 C와 자바, 심지어 어셈블리어까지 모두 작업하기 위해 여전히 이클립스가 최적이라고 생각할 수도 있다. 여전히 안드로이드 SDK와 함께 ADT 번들을 사용한다면 바로 이클립스를 사용할 수 있다. installation script (build/bin/install.sh)는 당신을 위해 ADT 번들을 설치한다. 만일 없다면, 안드로이드 개발자 웹사이트에서 최신 SDK 툴을 내려 받고 별도로 이클립스를 설치한다. 이후 ADT 플러그인을 설치하려면 구글의 지침을 따르자. http://developer.android.com/sdk/installing/installing-adt.html.

이클립스에서 3장~8장까지의 예제들을 빌드하고 테스트하려면 이클립스에서 프로젝트를 설정하는 다음 과정을 따른다.

[그림 A.1]처럼 이클립스를 시작하고 C/C++ perspective를 선택한다.

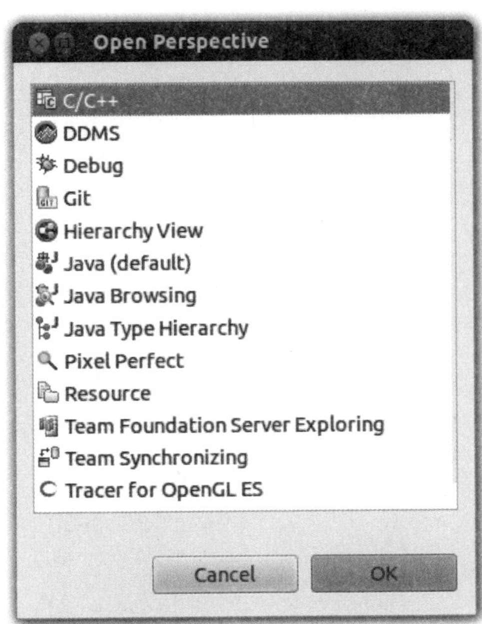

그림 A.1 이클립스에서의 perspective 선택

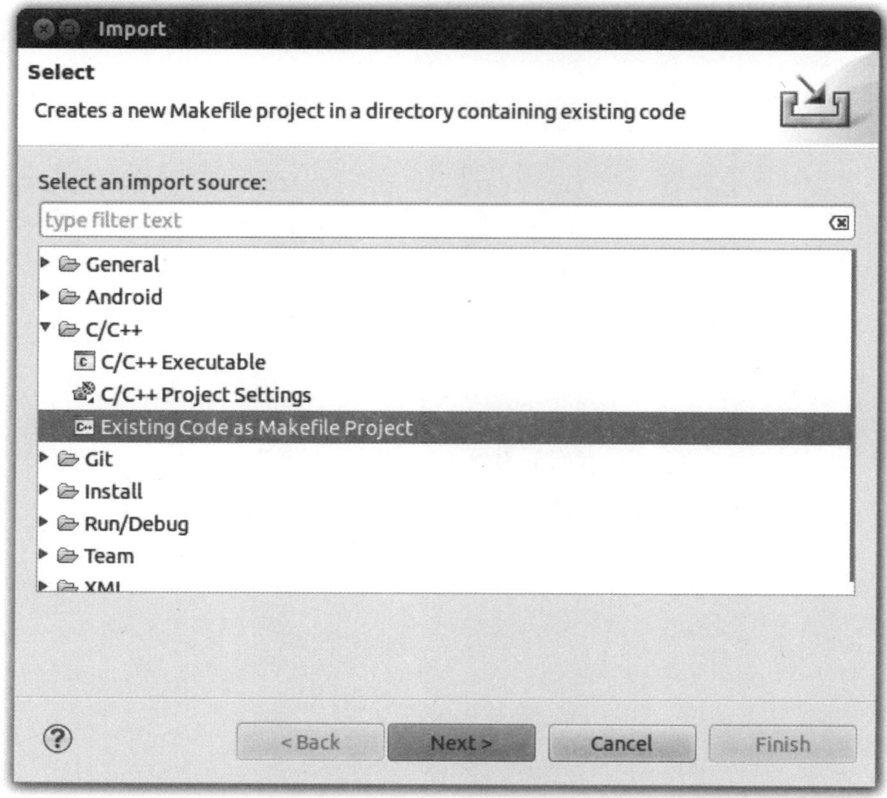

그림 A.2 Selecting Existing Code as Makefile Project

[그림 A.2]처럼 [File]-[Import] 메뉴의 C/C++ 에서, C/C++ 프로젝트를 임포트하기 위해 Existing Code as the Makefile Project를 선택한다. [Next] 버튼을 클릭하고 example project를 선택한다. [그림 A.3]처럼 이 예제로 c03e1 Project가 사용되었다.

프로젝트를 이클립스로 임포트했다면 프로젝트를 빌드하거나 삭제하기 위해 각각 Build Project 또는 Clean Project를 선택한다.

Build Project 항목은 당신의 release build를 빌드할 것이다. debug build를 빌드하거나 project를 디버그하길 원한다면 [그림 A.4]에서처럼 [Project]-[Make Target] 에서 [Create]를 선택한 후 수동으로 두 개의 빌드 타겟을 추가할 수 있다.

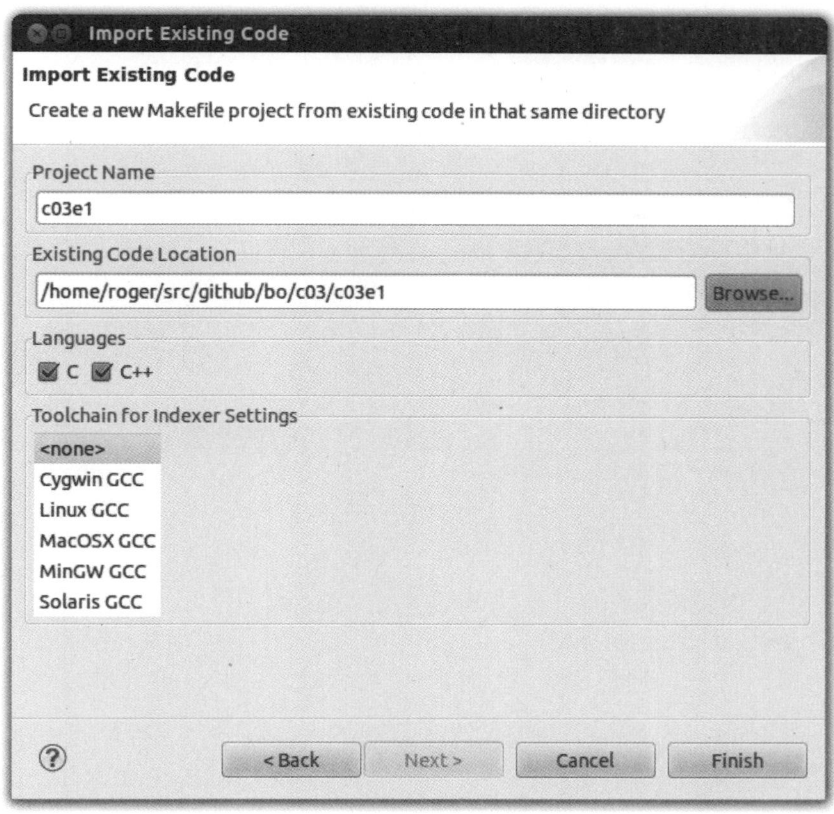

그림 A.3 프로젝트 선택하기

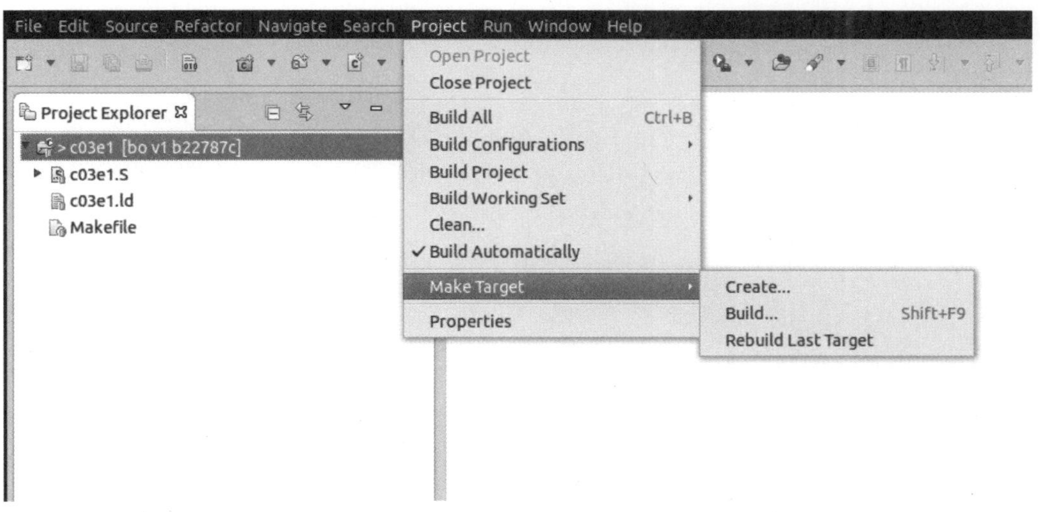

그림 A.4 make targets 선택하기

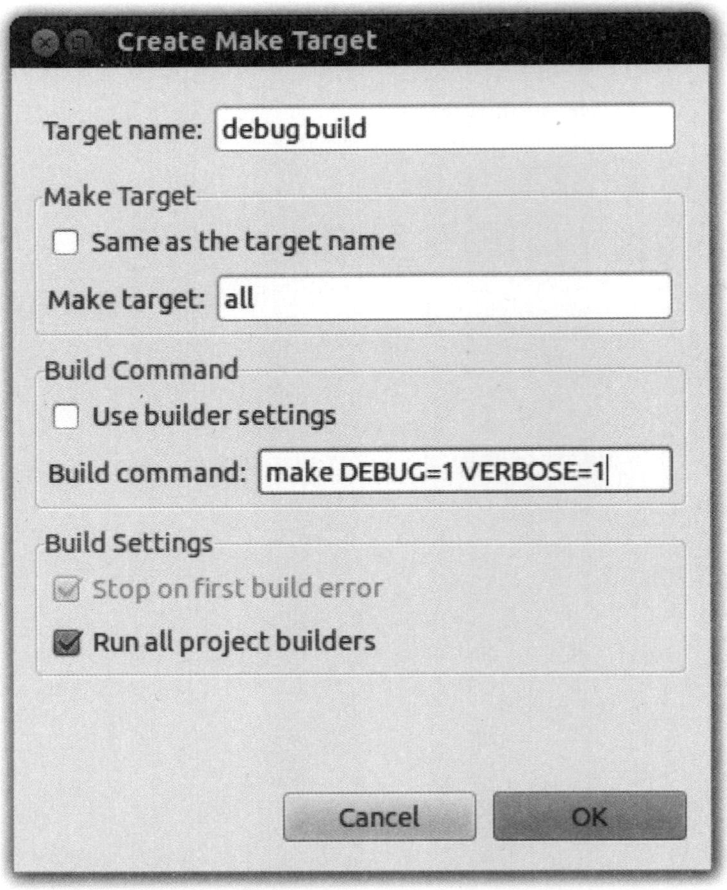

그림 A.5 debug build target 생성하기

Create Make Target dialog box에서, [그림 A.5]에서 처럼 Target name은 debug build로 채우고, Make target은 all로 지정, Build command는 make DEBUG=1 VERBOSE=1 로 채운다. 당신이 debug build를 생성하기 위해 이 옵션을 사용할 수 있다.

[그림 A.6]처럼 debug target에 같은 작업을 수행한다. 이 경우에는, 단지 Target name을 debug로 채우고 나머지는 디폴트 값으로 놔둔다.

프로젝트를 디버그하기 위해 이 옵션을 사용할 수 있다. 같은 과정으로, 모든 다른 프로젝트를 이클립스로 임포트할 수 있다.

그림 **A.6** debug target 생성하기

2부의 소스코드

2부(9장과 10장)에서 소스코드를 빌드하고 테스트하기 위해, u-boot와 골드피시 git repositories를 복제해야 한다.

```
$ cd ~/src
$ git clone https://github.com/shugaoye/u-boot.git
$ cd u-boot
$ git checkout -b android-armemu-2.6.29 remotes/origin/android-armemu-2.6.29
Branch android-armemu-2.6.29 set up to track remote branch android-armemu-2.6.29
from origin.
Switched to a new branch 'android-armemu-2.6.29'
$ cd ~/src
$ git clone https://github.com/shugaoye/goldfish.git
$ cd goldfish
$ git checkout -b android-armemu-2.6.29 remotes/origin/android-armemu-2.6.29
Branch android-armemu-2.6.29 set up to track remote branch android-armemu-2.6.29
from origin.
Switched to a new branch 'android-armemu-2.6.29'
```

리눅스 커널 2.6.29를 빌드하는 android-armemu-2.6.29 branch를 살펴보자. 이 버전은 1부와 2부에서 안드로이드 4.0.3을 사용하기 때문에 이를 적용했다. 2부의 예제들을 위해, top-level Makefile 은 U-Boot, 리눅스 커널 및 파일 시스템 이미지의 빌드 과정을 더 쉽게 만들기 위해 별도의 build 폴더에 있다. 이 Makefile은 9장 및 10장에서 사용한 다양한 빌드 단계들을 위한 wrapper이다. 또한 이 폴더에는 빌드 및 디버그 구성요소들과 관계된 다양한 스크립트가 포함되어 있다. 우리는 이 장의 시작 부분에서 build 폴더를 체크아웃했다. 이제 그 내용을 살펴보자.

```
$ ls -F build
bin/                cm_local_manifest.xml   LICENSE      prep.sh
busybox.config      initrd.list             Makefile     README.md
local_manifest.xml
```

우리가 build 폴더의 내용을 나열하면, 거기서 Makefile을 볼 수 있다. 또한 initrd.list 와 prep.sh 두 개의 파일들도 나타난다. 이들은 램디스크 이미지를 생성하기 위해 사용되었다.

부록 B는 심도 있게 local_manifest.xml 과 cm_local_manifest.xml 를 논의한다. gdb를 위한 U-Boot 와 골드피시 디버그 스크립트 u-boot.gdb 및 goldfish.gdb 는 bin 폴더에서 찾을 수 있다.

```
$ ls -F build/bin
clearup.sh*     install.sh*      setup_emu.sh*    u-boot.gdb
goldfish.gdb    mkyaffs2image*   setup.sh*        unyaffs*
```

U-Boot를 빌드하려면 리눅스 커널이나 파일 시스템 이미지를 다음과 같이 targets을 선택할 수 있다.

```
$ cd build
$ make {target}
```

다음은 build targets의 목록이다 우리는 그것을 이 make 명령에서 선택할 수 있다.

- u-boot_config : U-Boot 구성 생성.

- u-boot_build : U-Boot 빌드. 결과는 build/u-boot 에서 찾을 수 있다.

- goldfish_config : 골드피시 구성 생성.

- goldfish_build : 골드피시 커널 빌드. 결과는 build/goldfish 에서 찾을 수 있다.

- flash.bin : 10장에서 NOR 플래시를 부팅하기 위해 이미지 빌드.

- rootfs : 10장에서 NAND 플래시를 부팅하기 위해 이미지 빌드.

다음 명령만으로 모든 이미지를 생성할 수 있다.

```
$ make
```

3부의 소스코드

11장과 12장에서 AOSP와 CyanogenMod의 빌드 과정을 위해 절차를 AOSP 및 CyanogenMod 소스트리에서 git repositories를 복제해야 한다. AOSP 및 CyanogenMod 소스트리를 설정하는 방법에 대한 내용은 11장을 참고하자. 이 절에서는 armemu 가상 장치를 빌드하는 절차를 설명한다.

AOSP 빌드하기

armemu 가상 장치를 위해 AOSP를 빌드하기 위해, 골드피시, u-boot 및 armemu git repositories를 AOSP로 체크아웃해야 한다. 가장 좋은 시나리오는, 당신이 이미 android-4.4.4_r2 폴더에서 안드로이드 4.4를 위해 AOSP를 설정한 것이다. 필요한 git repositories를 체크아웃해 보자 :

```
$ cd android-4.4.4_r2
$ . build/envsetup.sh
including device/samsung/manta/vendorsetup.sh
including device/lge/mako/vendorsetup.sh
including device/lge/hammerhead/vendorsetup.sh
including device/asus/flo/vendorsetup.sh
including device/asus/deb/vendorsetup.sh
```

```
including device/asus/tilapia/vendorsetup.sh
including device/asus/grouper/vendorsetup.sh
including device/generic/x86/vendorsetup.sh
including device/generic/armv7-a-neon/vendorsetup.sh
including device/generic/mips/vendorsetup.sh
including sdk/bash_completion/adb.bash
$ git clone https://github.com/shugaoye/goldfish.git kernel
$ cd kernel
$ git checkout -b android-armemu-3.4 remotes/origin/android-armemu-3.4
$ croot
$ git clone https://github.com/shugaoye/u-boot.git
$ cd u-boot
$ git checkout -b android-armemu-3.4 remotes/origin/android-armemu-3.4
$ croot
$ cd device/generic
$ git clone https://github.com/shugaoye/armemu.git
$ croot
$ lunch full_armemu-eng

$ make -j4
```

3부에서 U-Boot와 커널에 대해 다른 branch를 체크아웃하고 나서 코드를 처리했다. 우리는 11장과 12장에서 안드로이드 4.4를 사용해서 리눅스 커널 버전 3.4.x인 android-armemu-3.4 branch가 필요하다. 빌드가 끝나면 모든 이미지가 out/target/product/armemu/ 폴더에 있을 것이다.

CyanogenMod 빌드하기

armemu 가상 디바이스에 대한 CyanogenMod를 빌드하는 유사한 과정을 따른다. 골드피시, u-boot, 및 cm_armemu git repositories를 CyanogenMod 소스트리로 체크아웃하는 게 필요하다. 이상적인 것은, 당신이 cm-11 폴더에서 CyanogenMod 11 빌드를 이미 설정해 놓는 것이다. 필요한 git repositories를 체크아웃하자.

```
$ cd cm-11
$ . build/envsetup.sh
including device/generic/armv7-a-neon/vendorsetup.sh
including device/generic/goldfish/vendorsetup.sh
including device/generic/mips/vendorsetup.sh
including device/generic/x86/vendorsetup.sh
including vendor/cm/vendorsetup.sh
including sdk/bash_completion/adb.bash
```

```
including vendor/cm/bash_completion/git.bash
including vendor/cm/bash_completion/repo.bash
$ cd kernel
$ git clone https://github.com/shugaoye/goldfish.git armemu
$ cd armemu
$ git checkout -b android-armemu-3.4 remotes/origin/android-armemu-3.4
$ croot
$ git clone https://github.com/shugaoye/u-boot.git
$ cd u-boot
$ git checkout -b android-armemu-3.4 remotes/origin/android-armemu-3.4
$ croot
$ cd device/generic
$ git clone https://github.com/shugaoye/cm_armemu.git armemu
$ croot
$ lunch cm_armemu-eng

$ make -j4
```

빌드를 끝내면, 모든 이미지가 out/target/product/armemu/ 폴더에 있을 것이다.

B_
이 책과 관련된
저장소 사용하기

더욱 효과적으로 이 책의 예제들을 작업하는데 도움을 받으려면 특히 AOSP와 CyanogenMod 소스트리 모두에서 armemu 가상 디바이스를 빌드한다. 부록 B에서는 Repo에 대해 간략히 소개하고 CyanogenMod 빌드에서 알아두어야 할 주요 특징들을 알아본다. Repo는 이러한 AOSP 와 CyanogenMod를 포함하는 것과 같은 큰 규모의 프로젝트들을 위해 여러 git repositories를 관리하는데 도움을 줄 수 있는 repository 관리 도구다. AOSP나 CyanogenMod를 빌드하려면 실제 빌드를 시작하기 전에 먼저 수백 개의 다른 git repositories와 함께 놓아야 한다. 이는 AOSP와 CyanogenMod의 소스트리 전체를 다운로드하기 위한 시간 소모적인 과정이다. 부록에서 제공하는 팁들이 다양한 git repositories로부터 소스코드를 다운로드할 때 상당량의 시간을 절약하는데 도움을 줄 것이다.

저장소(Repo)에 있는 자원들

11장에서, 우리는 AOSP 및 CyanogenMod에 대한 모든 소스코드를 내려 받기 위해 repo 도구를 사용한다. 이 도구에 대한 공식 레퍼런스는 https://source.android.com/source/using-repo.html를 참고하자. 인터넷에 효과적으로 repo를 사용하는 방법에 대해 유용한 팁들이 많다. Xdadeveloper 포럼으로 부터 게시된 두 사이트 글들을 부록에서 참고했다.

- "Repo: Tips & Tricks": http://xda-university.com/as-a-developer/repo-tips-tricks

- "Learn about the Repo Tool, Manifests and Local Manifests and 5 Important Tips!" : http://forum.xda-developers.com/showthread.php?t=2329228

즉시 새 소스트리 동기화하기

11장과 12장에서 AOSP 및 CyanogenMod 모두를 빌드하도록 요청했다. 각 크기가 10GB를 초과할 것이다. 보통의 인터넷 연결로 필요한 소스코드를 내려 받으려면 하루가 걸릴 수 있지만, 이미 AOSP 또는 CyanogenMod 빌드를 갖고 있다면, 새 소스트리를 내려 받을 때 당신이 현재 AOSP 또는

CyanogenMod 소스트리를 기반으로 참고하여 상당한 시간을 절약할 수 있다. 또한 먼저 AOSP 소스트리를 받을 수 있고, 그 다음 CyanogenMod 소스트리를 내려 받는 동안 이를 참고할 수 있다.

다음 예제는 이것을 사용하는 방법을 보여주기 위해 CyanogenMod를 사용한다. 부록 A에서 언급했듯이, 이 예제는 같은 폴더에 AOSP와 CyanogenMod 둘 다 넣었다고 가정한다. 또한 AOSP를 다운로드해서 빌드했고 이제 CyanogenMod를 내려 받을 거라고 가정한다.

CyanogenMod를 다운로드하기 위해 다음의 명령을 사용한다.

```
$ mkdir cm-11
$ cd cm-11
$ ls -F ..
android-4.4.4_r2/ cm-11/
$ repo init --reference=../android-4.4.4_r2 -u git://github.com/CyanogenMod/
android.git -b cm-11.0
$ repo sync -j 4
```

--reference 추가 옵션에 주목하자. 이 옵션은 많은 시간을 절약할 수 있다. repo는 AOSP에서 CyanogenMod로 동일한 git repositories를 빨리 복사하기 때문이다. repo 도구는 다운로드한 git repositories를 repo/projects 폴더에 저장한다. 우리가 AOSP와 CyanogenMod 모두 지역 git repositories를 본다면, 그들의 많은 부분이 동일하다는게 명백하다. 다음은 다운로드된 AOSP git repositories 의 목록이다.

```
$ ls -F android-4.4.4_r2/.repo/projects
abi/          cts.git/          docs/          libnativehelper.git/    sdk.git/
art.git/      dalvik.git/       external/      ndk.git/                system/
bionic.git/   developers/       frameworks/    packages/               tools/
bootable/     development.git/  hardware/      pdk.git/
build.git/    device/           libcore.git/   prebuilts/
```

다음은 다운로드된 CyanogenMod git repositories의 목록이다.

```
$ ls -F cm-11/.repo/projects
abi/          cts.git/          external/      ndk.git/           system/
android.git/  dalvik.git/       frameworks/    packages/          tools/
art.git/      developers/       hardware/      pdk.git/           vendor/
bionic.git/   development.git/  kernel/        prebuilt.git/
bootable/     device/           libcore.git/   prebuilts/
build.git/    docs/             libnativehelper.git/ sdk.git/
```

지역 매니페스트를 사용하여 Git Repositories 다운로드하기

AOSP 또는 CyanogenMod 둘 중 하나를 빌드할 때 커널, U-Boot, 디바이스 폴더를 개별적으로 다운로드했다. 내 git repositories를 AOSP 또는 CyanogenMod 소스트리로 다운로드하기 위해 사실 local manifest 로 불리는 파일을 사용할 수 있다. 이 경우, 자신의 git repositories를 만들고 빌드하기 위해 이를 사용하고 가상 디바이스를 테스트하기 위해 당신은 여기에 수록된 git repositories로 부터 실제로 벗어날 수 있다. AOSP 소스트리에서 다음의 내용과 함께 repo/local_manifests 폴더 아래에 local_manifest.xml 파일을 생성할 수 있다.

```xml
<?xml version="1.0" encoding="UTF-8"?>
<manifest>
    <remote   name="shugaoye"
            fetch="https://github.com/shugaoye/" />
        <project path="kernel" name="goldfish" remote="shugaoye" revision="android-armemu-3.4"/>
        <project path="u-boot" name="u-boot" remote="shugaoye" revision="android-armemu-3.4" />
        <project path="device/generic/armemu/" name="armemu" remote="shugaoye" revision="master" />
</manifest>
```

이 파일은 GitHub로부터 다운로드할 수 있다.

https://github.com/shugaoye/build/blob/master/local_manifest.xml.

당신은 CyanogenMod를 위해 다음과 유사한 파일을 생성할 수 있다.

```xml
<?xml version="1.0" encoding="UTF-8"?>
<manifest>
    <remote   name="shugaoye"
            fetch="https://github.com/shugaoye/" />
        <project path="kernel/armemu" name="goldfish" remote="shugaoye" revision="android-armemu-3.4"/>
        <project path="u-boot" name="u-boot" remote="shugaoye" revision="android-armemu-3.4" />
        <project path="device/generic/armemu/" name="cm_armemu" remote="shugaoye" revision="master" />
</manifest>
```

이 파일은 GitHub에서 내려 받을 수 있다.

https://github.com/shugaoye/build/blob/master/cm_local_manifest.xml.

당신은 repo/local_manifests CyanogenMod 폴더에서 cm_local_manifest.xml을 local_manifest.xml로 이름을 변경해야 한다. local_manifest.xml 파일이 준비된 후, 당신은 git repositories from GitHub로부터 모든 git repositories를 얻기 위해 repo sync를 단순히 실행할 수 있다. 지역 매니페스트(manifest)는 디폴트 매니페스트를 오버라이드(override)할 수 있는 방법을 제공한다. 부록의 처음에 언급했던 자원(resources)을 참고하여 당신 자신의 지역 매니페스트에 대하여 더 많은 정보를 찾을 수 있다.

안드로이드 임베디드 프로그래밍 깊게 들어가기

초판 1쇄 발행 / 2017년 07월 20일

지은이 / 로저 예
옮긴이 / 이상훈, 김은혜

편집 / 조서희, 김부장
디자인 / 서당개

펴낸이 / 김일희
펴낸곳 / 스포트라잇북

등록번호 / 제2014-000086호 (2013년 12월 05일)
주소 / 서울특별시 영등포구 도림로 464, 1-1201 (우)07296
전화 / 070-4202-9369   팩스 / 02-6442-9369
이메일 / spotlightbook@gmail.com

주문처 / 신한전문서적   (전화)031-919-9851 (팩스)031-919-9852

책값은 뒤표지에 있습니다.
잘못된 책은 구입한 곳에서 바꾸어 드립니다.

Copyright ⓒ 로저 예 2017, Printed in Korea.
저작권법에 의해 보호 받는 저작물이므로
무단전재와 복제를 금합니다.

ISBN 979-11-87431-08-4 13560

스포트라잇북은 주목받는
잇북(IT Book)을 만듭니다.